"十二五"普通高等教育本科国家级规划教材

高等学校工程应用型土建类系列教材

土木工程施工 Ⅱ
——施工组织
（第2版）

主　编　蔡雪峰
副主编　周继忠　林　奇

高等教育出版社·北京

内容提要

本书在第1版的基础上，参照国家最新规范修订而成。全书主要分为6个部分：流水施工原理与应用实例，网络计划方法与应用实例，土木工程施工准备、施工现场管理及主要内业资料的收集与核查，土木工程施工组织设计和单位工程施工组织设计及其编制方法，房屋建筑、道桥、轨道等工程施工组织设计实例，专项（分部）施工方案及实例。

本书可作为高等学校土木工程、工程造价、工程管理、房地产管理等专业的教材，也可供土木、建筑类工程技术人员参考。

图书在版编目（CIP）数据

土木工程施工.Ⅱ,施工组织／蔡雪峰主编.--2版.--北京：高等教育出版社,2019.2(2023.2重印)
ISBN 978-7-04-051143-7

Ⅰ.①土… Ⅱ.①蔡… Ⅲ.①土木工程-施工组织-高等学校-教材 Ⅳ.①TU7

中国版本图书馆CIP数据核字（2019）第010294号

策划编辑	葛　心	责任编辑	赵向东	封面设计	李小璐	版式设计	马　云
插图绘制	于　博	责任校对	李大鹏	责任印制	刁　毅		

出版发行	高等教育出版社	网　　址	http://www.hep.edu.cn
社　　址	北京市西城区德外大街4号		http://www.hep.com.cn
邮政编码	100120	网上订购	http://www.hepmall.com.cn
印　　刷	山东新华印务有限公司		http://www.hepmall.com
开　　本	787mm×1092mm 1/16		http://www.hepmall.cn
印　　张	20.75	版　　次	2011年8月第1版
字　　数	460千字		2019年2月第2版
购书热线	010-58581118	印　　次	2023年2月第5次印刷
咨询电话	400-810-0598	定　　价	42.80元

本书如有缺页、倒页、脱页等质量问题，请到所购图书销售部门联系调换
版权所有　侵权必究
物　料　号　51143-A0

土木工程施工 II
——施工组织

1. 计算机访问 http://abook.hep.com.cn/1239227，或手机扫描二维码、下载并安装 Abook 应用。
2. 注册并登录，进入"我的课程"。
3. 输入封底数字课程账号（20位密码，刮开涂层可见），或通过 Abook 应用扫描封底数字课程账号二维码，完成课程绑定。
4. 单击"进入课程"按钮，开始本数字课程的学习。

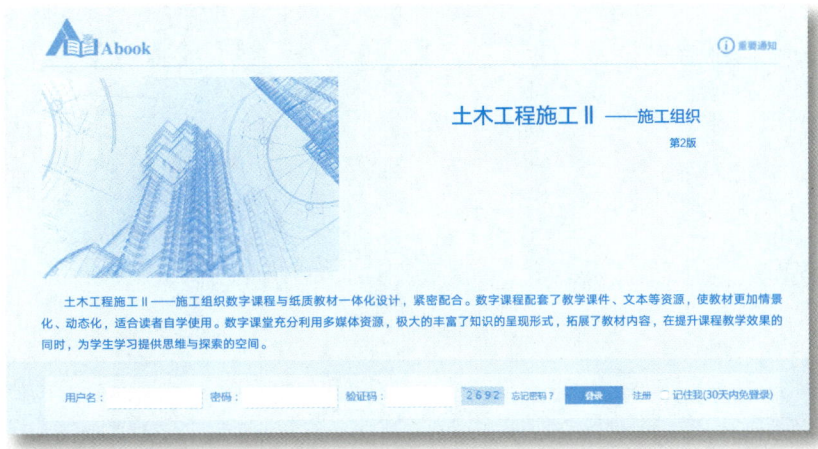

课程绑定后一年为数字课程使用有效期。受硬件限制，部分内容无法在手机端显示，请按提示通过计算机访问学习。

如有使用问题，请发邮件至 abook@hep.com.cn。

扫描二维码
下载 Abook 应用

http://abook.hep.com.cn/1239227

第 2 版前言

这套书(《土木工程施工技术》《土木工程施工组织》)多年来受到许多读者的欢迎,不胜荣幸。此次再版,结合新规范和新工艺进行增补修订,使内容更加充实;配套了丰富的数字资源,涵盖教学课件、工程实例、补充阅读等内容,以动画、视频、图片、文字等形式呈现,使抽象的内容更加生动易懂。本次修订仍然分为两册:《土木工程施工Ⅰ——施工技术》《土木工程施工Ⅱ——施工组织》。

本书反映了日新月异的土木工程施工技术,根据本学科实践性强的特点,结合本科应用型人才培养的要求,以工程项目为系统,体现了土木工程施工现场各个分部施工应用技术;结合国家对节能减排的要求,以及高速铁路突飞猛进的发展,特别补充了建筑节能工程和轨道工程内容,同时吸收了当前施工现场应用的先进技术和方法,并注重贯彻我国现行规范及有关文件,使内容体现适应性、应用性、先进性、科学性。每章开头有导言,每节开头有提示,章后附有复习思考题、习题,并在重点章节编入应用性较强的计算实例。

本书由福建工程学院蔡雪峰教授主编,周继忠教授、林奇高级工程师任副主编,东南大学罗斌教授主审。具体编写分工如下:第1、2、3、4章、第9章实例2、第10章实例1由蔡雪峰编写,第5章由周继忠、蔡雪峰编写,第6章、第9章实例1由郑莲琼编写,第7章由林奇、张雪丽、蔡雪峰编写,第8章由周继忠编写,第10章实例2由欧智箐编写,第11章由陈小平编写。全书由蔡雪峰统稿。

本书中的插图得到李琰、聂小龙、吴建亮、虞明贝、张雪丽、刘春亮等同志的帮助,还得到福建工程学院土木工程系施工教研室全体教师和有关施工单位的大力支持,在此一并表示感谢。

编者
2018 年 10 月

第 1 版前言

《土木工程施工组织》一书,是参照最新国家规范并结合编者 30 余年的教学经验和工程实践编写的。

本教材针对本学科实践性和综合性较强的特点,同时结合本科应用型人才培养的要求,在保证全书系统性和完整性的前提下,侧重于以项目为导向的工程应用实例,结合目前住房和城乡建设部对施工现场质量和安全的要求,特别补充了专项(分部)施工方案设计,三级网络计划的编制方法,房屋建筑、桥梁、轨道等工程施工组织设计实例。本书吸取了当前建筑企业改革中所应用的施工现场组织和管理方法,注重贯彻我国现行规范及有关文件,力求体现适应性、可应用性,并具有时代特征。每章开头有导言、每节开头有提示,章后附有例题、思考题、习题,并在重点章节编入应用性较强且较完整的多种结构类型工程实例,通过实例综合应用本学科内容。

本书由福建工程学院蔡雪峰教授主编,周继忠教授、林奇高级工程师担任副主编,同济大学应惠清教授主审。第 1、2、3、4 章、第 9 章实例 2、第 10 章实例 1 由蔡雪峰编写,第 5 章由周继忠、蔡雪峰编写,第 6 章、第 9 章实例 1 由郑莲琼编写,第 7 章由林奇、蔡雪峰编写,第 8 章由周继忠编写,第 10 章实例 2 由欧智箐编写,第 11 章由陈小平编写。全书由蔡雪峰统稿。本书的插图工作得到李琰、聂小龙、吴建亮、庹明贝、张雪丽、刘春亮等同志的帮助,还得到福建工程学院土木工程系施工教研室全体教师和有关施工单位的大力支持,在此一并表示感谢。

编者
2010 年 11 月

目 录

第1章 绪 论 ……………………… 1
1.1 土木工程施工组织的概念 ……………………… 1
1.2 绿色建筑和智能建筑对施工组织的要求 ……… 3
1.3 施工组织设计的分类与作用 …………………… 4
1.4 土木工程产品与施工的特点 …………………… 5

第2章 项目施工准备 ……………… 7
2.1 施工准备工作内容 …………… 7
2.2 建立项目管理班子 …………… 13

第3章 流水施工原理及应用 …… 15
3.1 流水施工概述 ………………… 15
3.2 流水施工参数的确定 ………… 19
3.3 流水施工的图表形式 ………… 22
3.4 流水施工方式 ………………… 23
3.5 流水施工在工程中的应用 …… 33

第4章 网络计划技术及其应用 … 46
4.1 网络计划技术概述 …………… 46
4.2 双代号网络图 ………………… 48
4.3 单代号网络图 ………………… 64
4.4 单代号搭接网络图 …………… 72
4.5 双代号时标网络计划 ………… 73
4.6 三级施工网络计划在工程中的应用 ……………… 76
4.7 网络计划优化 ………………… 81
4.8 网络计划控制 ………………… 92

第5章 工程项目施工现场管理 … 99
5.1 项目施工现场管理概述 ……… 99
5.2 项目施工现场技术管理 ……… 100
5.3 项目施工现场机械设备管理 ………………………… 105
5.4 项目施工现场料具管理 …… 107
5.5 项目施工现场安全生产管理 ………………………… 108
5.6 项目施工现场劳动管理 …… 112
5.7 现场文明施工与环境管理 … 113
5.8 项目施工现场主要内业资料管理 ………………… 118

第6章 施工组织总设计 ………… 152
6.1 施工组织总设计概述 ……… 152
6.2 工程概况 …………………… 154
6.3 施工部署 …………………… 155
6.4 施工总进度计划 …………… 156
6.5 总体施工准备与主要资源配置计划 ……………… 160
6.6 主要施工方法 ……………… 162
6.7 施工总平面布置 …………… 163
6.8 技术经济指标 ……………… 184

第7章 单位工程施工组织设计 … 186
7.1 单位工程施工组织设计概述 ………………… 186
7.2 单位工程施工组织设计的编制依据 ………… 189
7.3 工程概况 …………………… 189
7.4 施工部署 …………………… 191
7.5 单位工程施工进度计划 …… 205
7.6 单位工程施工平面图的设计 ………………… 211
7.7 单位工程施工组织设计的技术经济分析 …… 216

第8章 专项施工方案设计及案例 … 220
8.1 专项施工方案概述 ………… 220
8.2 专项施工方案编制 ………… 222
8.3 专项施工方案案例 ………… 226

第 9 章 房屋建筑工程施工组织设计实例 ………… 239

9.1 实例 1——某小区住宅建筑群项目施工组织总设计 ……… 239

9.2 实例 2——某办公大楼单位工程施工组织设计 ……… 239

第 10 章 道桥工程施工组织设计实例 ………… 270

10.1 实例 1——某桥梁工程施工组织设计 ……… 270

10.2 实例 2——某道桥工程施工组织设计 ……… 270

第 11 章 轨道工程施工组织设计实例 ………… 294

11.1 工程施工组织设计的编制依据 ……… 294

11.2 工程概况 ……… 294

11.3 施工部署 ……… 295

11.4 工程施工进度计划 ……… 306

11.5 各项管理及保证措施 ……… 316

11.6 工程施工总平面图的设计 ……… 316

参考文献 ………… 318

第 1 章 绪 论

任何项目都有组成和实施程序,我们的任务就是去明晰这些程序和组成,并把它变成团队的共识。

1.1 土木工程施工组织的概念

学习本节后,你将能够
1. 明确土木工程施工组织的概念。
2. 了解与土木工程施工组织有关的基本概念。
3. 了解基本建设、基本建设程序与施工程序的含义。
4. 了解基本建设项目及其组成。

1.1.1 土木工程施工组织的概念

土木工程施工组织是研究和制定组织土木工程施工全过程既合理又经济的方法和途径。它是针对不同工程施工的复杂程度来研究工程建设的统筹安排与系统管理的客观规律的一门学科。具体地说,土木工程施工组织的任务是根据项目施工特点、技术规范、规程、标准,实现工程建设计划和设计的要求,提供各阶段的施工准备工作内容,对人、资金、材料、机械和施工方法等进行合理安排,协调施工中各专业施工单位、各工种、资源与时间之间的合理关系。

现代土木工程是许许多多施工过程的组合体,每一种施工过程都能用多种不同的方法和机械来完成。即使是同一种工程,由于施工进度、气候条件及其他许多因素的关系,所采用的方法也不同。施工组织要善于在每一独特的场合下,找到相对最合理的施工方法和组织方法,并善于应用它。为此,必须运用科学方法来解决建筑施工组织的问题。

1.1.2 与土木工程施工组织有关的基本概念

1. 基本建设

基本建设是利用国家预算内的资金、自筹资金、国内外基本建设贷款以及其他专项资金进行的,以扩大生产能力或新增工程效益为主要目的的新建、扩建工程及有关工作。基本建设是国民经济的组成部分,是社会扩大再生产、提高人民物质文化生活和加强国防实力的重要手段。

2. 基本建设程序与施工程序

（1）基本建设程序

基本建设程序是基本建设全过程中各项工作必须遵循的先后顺序。这个顺序反映了人们进行建设活动中所必须遵守的工作制度，是经过大量实践工作所总结出来的工程建设过程的客观规律的反映。我国基本建设程序一般可分为决策、设计、准备、实施及竣工验收五个阶段（见表1-1-1）。

表 1-1-1　基本建设程序五个阶段

决策阶段	（1）项目建议书 是业主向国家提出要求建设某一项目的建议文件，是对建设项目的轮廓设想，是从拟项目的必要性及可能性加以考虑的	（2）可行性研究 是通过多方案比较对项目在技术上是否可行和经济上是否合理进行科学的分析和论证并提出评价意见。可行性研究是在项目建议书批准后着手进行的	（3）可行性研究报告编制与审批 在可行性研究通过的基础上，选择经济效益最好的方案进行编制，它是确定建设项目、编制设计文件的重要依据
设计阶段	设计文件是指工程图及说明书，它一般由业主通过招标投标或直接委托设计单位编制。编制设计文件时，应根据批准的可行性研究报告，将建设项目的要求逐步具体化为可用于指导建筑施工的工程施工图及其说明书。对一般不太复杂的中小型项目采用两阶段设计，即扩大初步设计（或称初步设计）和施工图设计；对重要的、复杂的、大型的项目，可采用三阶段设计，即初步设计、技术设计和施工图设计		
建设准备阶段	建设项目在实施之前需做好各项准备工作，其主要内容是：征地拆迁和三通一平；工程地质勘察；组织设备、材料订货；准备必要的施工图纸；组织施工招标投标，择优选定施工单位		
建设实施阶段	建设实施阶段是根据设计图纸，进行建筑安装施工。建筑施工是基本建设程序中的一个重要环节。要做到计划、设计、施工三个环节相互衔接，要做到投资、工程内容、施工图纸、设备材料、施工力量等五个方面的落实，以保证建设计划的全面完成		
竣工验收	按批准的设计文件和合同规定的内容建成的工程项目，其中生产性项目经负荷试运转和试生产合格，并能够生产合格产品的；非生产性项目符合设计要求，能够正常使用的，都要及时组织验收，办理移交手续，交付使用		

（2）施工程序

施工程序是拟建工程项目在整个施工阶段中必须遵循的先后顺序。这个顺序反映了整个施工阶段必须遵循的客观规律，它一般包括以下五个阶段：

①承接施工任务→②签订施工合同→③做好施工准备，提出开工报告→④组织施工→⑤竣工验收，交付使用。

3. 基本建设项目及其组成

（1）基本建设项目的概念

基本建设项目简称建设项目。凡是按一个总体设计组织施工，建成后具有完整的系统，可以独立地形成生产能力或使用价值的工程，称为一个建设项目。如一个钢铁厂、一个棉纺厂、一所学校、一所医院、一条高速公路、一座特大桥等。

（2）基本建设项目的组成

一个建设项目按建筑工程施工质量验收要求规定可由一个或若干个单位（子单位）工程组成，一个单位（子单位）工程可由若干个分部（子分部）工程组成，一个分部（子分部）工程可由若干个分项工程组成。

一个建设项目按公路工程质量检验评定标准规定可由路基工程、路面工程、桥梁工程、互通立交工程、隧道工程、交通安全设施等单位工程组成。一个单位工程可由若干个分部工程组成，一个分部工程又由若干个分项工程组成，可示意如下：

```
┌──────────────────┐
│   基本建设项目组成   │
└──────────────────┘
         │
┌────┬───────────────────────────────────────────┐
│单位│ 单位工程是指具有独立施工条件，可以单独作为成本计算对象的工程。│
│工程│ 如：办公楼、实验大楼、一个生产车间、一座桥、一个标段的路基或路面、一座│
│    │ 隧道等。建设规模较大的单位工程，可将其能够形成独立使用功能的部分划│
│    │ 为一个子单位工程。如：一幢大厦的裙楼若能形成独立使用功能，可划分为子│
│    │ 单位工程                                      │
└────┴───────────────────────────────────────────┘
         │
┌────┬───────────────────────────────────────────┐
│分部│ 分部工程是单位工程的组成部分，分部工程根据专业性质、工程部位来│
│工程│ 确定。若按建筑工程质量验收要求，房屋建筑工程可划分为地基与基础、主体、│
│    │ 建筑装饰装修、建筑屋面、建筑给水排水及采暖、建筑电气、智能建筑、通风与│
│    │ 空调、电梯九个分部。若按公路工程质量检验评定标准要求，路桥工程可划分为│
│    │ 路基土石方工程、排水工程、涵洞、砌筑工程、大型挡土墙、路面工程、桥梁基础│
│    │ 及下部构造、桥梁上部构造等                       │
└────┴───────────────────────────────────────────┘
         │
┌────┬───────────────────────────────────────────┐
│分项│ 分项工程是分部工程的组成部分，分项工程应按主要工种、材料、施工│
│工程│ 工艺设备类别等进行划分。如无支护土方，可分为土方开挖、土方回填等分项│
│    │ 工程                                          │
└────┴───────────────────────────────────────────┘
```

1.2　绿色建筑和智能建筑对施工组织的要求

　学习本节后，你将能够

1. 了解绿色建筑和智能建筑的概念。
2. 了解绿色建筑和智能建筑对施工组织设计的要求。

1.2.1　绿色建筑的含义

随着人们对全球生态环境的普遍关注和可持续发展思想的广泛深入，土木工程的响应从能源方面扩展到全面审视土木工程活动对全球生态环境、周边生态环境和居住者所生活的环境的影响，包括原材料、建造、使用、维修等各个环节。能够较好地对环境问题作出全面响应的建筑称为"绿色建筑"。

1.2.2 智能建筑的含义

由于信息社会的发展,建筑技术与信息技术的相互渗透结合而产生了新的建筑类型——智能建筑。智能建筑的兴建是社会信息化与经济国际化的需要,是传统建筑技术的巨大变革,它以建筑为平台,兼备通信自动化(CA)系统、办公自动化(OA)系统、楼宇自动化(BA)系统,为人们提供了一个高效舒适的建筑环境,它将成为21世纪建筑发展的主流。

1.2.3 现代土木工程对施工组织设计的要求

绿色建筑和智能建筑的兴建为人类提供了健康、舒适、高效的工作、活动空间,是全球生态环境与社会信息化的需要。施工组织目前所面对的施工项目是具有不同绿色建筑和智能标准的各种现代化建筑,它们除了传统建筑系统的施工外,还有超低耗能建筑技术和智能化系统工程实施的问题,这些建筑不论在规模上,还是在功能上都是以往任何时代的建筑所不能比拟的。它们反映在施工技术上的特征是高耸、大跨度、超深基础、超低耗能建筑技术新工艺;反映在安装技术上的特征是都配备有通信、监控、办公、环境等自动化系统及其综合布线系统等内容;在安全施工方面要求有严格的安全措施和消防措施;反映在质量方面要求严格按照ISO国际标准实施,以及高效优质地施工;在环境保护、文明施工上要求做到无污染、无噪声、无公害、整洁、形象美观等;这些都给施工组织带来了广泛的研究内容,提出了许多新的要求。为此,现场组织施工应针对上述要求与特点,采用科学方法来解决施工组织的问题。

1.3 施工组织设计的分类与作用

> 学习本节后,你将能够
> 1. 了解施工组织设计有哪些分类。
> 2. 了解施工组织设计的作用。

施工组织设计是规划和指导土木工程投标、签订承包合同、施工准备和施工全过程的全局性的技术经济文件。

施工组织设计的种类可以根据编制时间和编制对象的不同来划分。若按施工组织设计的编制时间分类,施工组织设计可以划分为两类:一类是投标前编制的施工组织设计,简称"标前设计";另一类是中标后编制的施工组织设计,简称"标后设计"。若按土木工程施工组织设计的工程对象分类,施工组织设计可分为三类:施工组织总设计、单项(或单位)工程施工组织设计、分部(或专项)工程施工组织设计。根据《中华人民共和国建筑法》第38条的规定,对专业性较强的工程项目,应当编制专项安全施工组织设计,并采用安全技术措施。

1-1:施工组织分类

1.4 土木工程产品与施工的特点

学习本节后,你将能够
1. 了解土木工程产品的特点。
2. 了解土木工程施工的特点。

土木工程产品是指各种建筑物或构筑物,如一栋房屋、一座桥梁。它与一般工业产品相比较,不但是产品本身,而且在生产过程中都有其特点。

1.4.1 土木工程产品的特点

1. 土木工程产品的固定性

一般土木工程产品都是在选定的地点上建造,在建造过程中直接与地基基础连接,因此,只能在建造地点固定地使用,而无法转移。这种一经建造就在空间固定的属性,称为土木工程产品的固定性。固定性是土木工程产品与一般工业产品最大的区别。

2. 土木工程产品的体积庞大性

土木工程产品与一般工业产品相比,其体形远比工业产品庞大,自重也大。因为无论是复杂的还是简单的土木工程产品,均是为构成人们生活和生产活动空间或满足交通及某种使用功能而建造的,所以土木工程产品要占用大量的土地或高耸的空间。

3. 土木工程产品的多样性

土木工程产品不能像一般工业产品那样批量生产,例如,房屋建筑产品、桥梁建筑产品不仅要满足使用功能的要求,还具有艺术价值以及体现地方或民族风格,同时也受到地点的自然条件诸因素的影响,从而使土木工程产品在外形、构造、装饰等方面具有千变万化的差异。

4. 土木工程产品的综合性

土木工程产品是一个完整的固定资产实物体系,不仅土建工程的艺术风格、建筑功能、结构安全、装饰做法等方面堪称一种复杂的产品,而且工艺设备、采暖通风、供水供电、卫生设备、办公自动化系统、通信自动化系统等各类设施错综复杂。

1.4.2 土木工程施工的特点

1. 土木工程施工的流动性

土木工程产品的固定性决定了土木工程施工的流动性。一般工业产品,生产者和生产设备是固定的,产品在生产线上流动,而土木工程产品则相反,产品是固定的,生产者和生产设备不仅要随着工程地点的变更而流动,而且还要随着工程的施工部位的改变而在不同的空间流动。这就要求事先有一个周密的施工组织设计,使流动的人、机、物等互相协调配合,做到连续、均衡施工。

2. 土木工程施工的周期长

土木工程产品的庞大性决定了土木工程施工的工期长。土木工程产品在建造过程中要投入大量劳动力、材料、机械等,因而与一般工业产品相比,其生产周期较长,少则几个月,多则几年。这就要求事先有一个合理的施工组织设计,尽可能缩短工期。

3. 土木工程施工的复杂性

土木工程产品的综合性决定了土木工程施工的复杂性。土木工程产品是露天或高空作业,甚至有的是地下作业,加上施工的流动性和个别性,必然造成施工的复杂性,这就要求施工组织设计不仅从质量、技术组织方面考虑措施,还要从安全等方面综合考虑施工方案,使土木工程顺利地进行施工。

4. 土木工程施工的单件性

土木工程产品的多样性决定了土木工程施工的单件性。不同的甚至相同的土木工程,在不同的地区、季节及现场条件下,施工准备工作、施工工艺和施工方法等也不尽相同,因此,土木工程产品的生产基本上是单个"订做",这就要求施工组织设计根据每个工程特点、条件等因素制定出可行的施工方案。

5. 土木工程施工协作单位多

土木工程产品施工涉及面广,在施工企业内部,要组织多专业、多工种的综合作业。在施工企业外部,需要不同种类的专业施工企业以及城市规划、土地征用、勘察设计、公安消防、环保、质量监督、科研试验、交通运输、银行业务、物资供应等单位和主管部门协作配合。

思 考 题

1. 试述土木工程施工组织的研究对象。
2. 试述土木工程产品的施工特点。
3. 一项建设项目是如何组成的?
4. 什么叫施工程序?
5. 一个建设项目应遵循哪些基本程序?
6. 施工组织设计按编制时间如何分类,其特点和作用有哪些不同?

第 2 章　项目施工准备

良好的准备是成功的一半。我们以参加奥林匹克运动会为例,运动员不能随随便便上场,找到100米跑道就开始跑。在赛跑发令枪响之前,需要做一系列的准备工作。本章内容是让读者了解项目施工前应着手准备哪些工作。

2.1　施工准备工作内容

 学习本节后,你将能够
1. 了解原始资料的调查种类及其各自的作用与内容。
2. 明确技术、物资、现场和冬雨季施工准备都包括哪些内容。

2.1.1　原始资料的调查

1. 自然条件的调查与作用

自然条件调查的主要内容和作用见表 2-1-1。

表 2-1-1　自然条件调查与作用

序号	项目	调查内容	调查目的
1	气温	年平均,最高,最低,最冷、最热月份的逐月平均温度	确定夏季防暑降温及冬季施工的有关措施
2	雨(雪)	月平均降雨(雪)量、最大降雨(雪)量、一昼夜最大降雨(雪)量	确定雨季防洪及防雷等施工措施
3	风	主导风向及频率(风玫瑰图)	确定临时设施、高空作业及吊装的技术安全措施
4	地形	工程位置地形图、经纬坐标桩、水准基桩的位置	布置施工总平面图、场地平整及土方量计算

续表

序号	项目	调查内容	调查目的
5	工程地质	土层类别、厚度；天然含水率、孔隙比、塑性指数、渗透系数、压缩试验及地基土强度；断层滑块、流砂；最大冻结深度；枯井、古墓、防空洞及地下构筑物；最高、最低水位及时间；水质分析；水的流向、流速及流量	1. 土方施工方法的选择； 2. 地基土的处理方法； 3. 基础施工方法； 4. 复核地基基础设计； 5. 拟定障碍物拆除计划
6	地震	地震等级、烈度大小	确定对基础影响、注意事项

2. 给水排水、供电、供暖资料的调查与作用

建设地区给水排水、供电、供暖等调查的主要内容和作用见表2-1-2。

表2-1-2　水、电、暖条件调查与作用

序号	项目	调查内容	调查目的
1	给水排水	1. 工地用水与当地现有水源连接的可能性； 2. 可供水量、管径、材料、埋深、水压、水质及水费，至工地距离，沿途地形地物状况； 3. 利用永久性排水设施的可能性，施工排水的去向、距离和坡度，有无洪水影响，防洪设施状况	1. 确定生活、生产供水方案； 2. 拟定供排水设施的施工进度计划
2	供电	1. 当地电源位置，引入的可能性，可供电的容量、电压、导线截面和电费；引入方向，接线地点及其至工地距离，沿途地形地物状况； 2. 建设单位和施工单位自有的发、变电设备的型号、台数和容量	1. 确定供电方案； 2. 拟定供电、通信设施的施工进度计划
3	供暖等	1. 蒸汽来源，可供蒸汽量，接管地点、管径、埋深，至工地距离，沿途地形地物状况，蒸汽价格； 2. 建设、施工单位自有锅炉的型号、台数和能力，所需燃料及水质标准； 3. 当地或建设单位可能提供的压缩空气、氧气的能力，至工地距离	1. 确定生产、生活用汽的方案； 2. 确定压缩空气、氧气的供应计划

3. 交通运输资料的调查与作用

通常交通运输方式有铁路、公路、水路等，交通运输资料可向当地铁路、公路运输和航运管理部门进行调查，主要用作组织施工运输业务、选择运输方式的依据。如表2-1-3所示。

表2-1-3　交通运输条件调查与作用

序号	项目	调查内容	调查目的
1	铁路	1. 邻近铁路专用线、车站至工地的距离及沿途运输条件，货线长度，起重能力和储存能力； 2. 装载单个货物的最大尺寸、重量的限制	1. 选择运输方式； 2. 拟定运输计划

续表

序号	项目	调查内容	调查目的
2	公路	1. 主要材料产地至工地的公路等级、路面构造、路宽及完成情况,允许最大载重量,途经桥涵等级、允许最大尺寸、最大载重量; 2. 当地专业运输机构及附近村镇能提供的装卸、运输能力(吨公里),汽车、畜力、人力车的数量及运输效率,运费、装卸费; 3. 当地有无汽车修配厂、修配能力和至工地距离	1. 选择运输方式; 2. 拟定运输计划
3	航运	1. 货源、工地至邻近河流、码头渡口的距离,道路情况,码头装卸能力、最大起重量、运费; 2. 洪水、枯水期时,通航的最大船只及吨位,取得船只的可能性	

4. 主要土木工程材料的调查与作用

土木工程材料是指水泥、钢材、木材、砂、石、砌块、预制构件、半成品以及成品等。这些资料可在当地建材市场进行调查,主要用作确定材料采购供应计划、加工方式、储存和堆放场地以及建造临时设施的依据。如表2-1-4所示。

表2-1-4 主要土木工程材料调查与作用

序号	项目	调查内容	调查目的
1	三材	本省或本地区钢材、木材、水泥生产情况,质量、规格、等级、供应能力等	制定材料供应计划;确定临时设施和堆放场地
2	特殊材料	需要的品种、规格、数量;预制、加工和供应情况	制定供应计划和储存方式
3	地材	本省或本地区砂子、石子、砌块供应情况、规格、等级、数量等	制定供应计划和堆放场地

5. 劳动力与生活条件的调查与作用

这些资料可向当地劳动、卫生、教育等部门进行调查,主要用作拟定劳动力安排计划、建立职工生活基地、确定临时设施面积的依据。如表2-1-5所示。

表2-1-5 劳动力与生活条件调查与作用

序号	项目	调查内容	调查目的
1	社会劳动力	1. 少数民族地区的风俗习惯; 2. 当地能支援的劳动力人数、技术水平和来源	1. 拟定劳动力计划; 2. 安排临时设施
2	房屋设施	1. 必须在工地居住的单身人数和户数; 2. 能作为施工用的现有的房屋栋数、每栋面积、结构特征、总面积,位置,水、暖、电、卫设备状况; 3. 上述建筑物的适宜用途:作宿舍、食堂、办公室的可能性	1. 确定原有房屋为施工服务的可能性; 2. 安排临时设施

续表

序号	项目	调查内容	调查目的
3	生活服务	1. 文化教育、消防治安等机构能为施工提供的支援； 2. 邻近医疗单位至工地的距离，可能就医的情况； 3. 周围是否存在有害气体、污染情况，有无地方病	安排职工生活基地，解除后顾之忧

2.1.2 技术的准备

技术准备内容主要包括：熟悉和审查施工图纸、编制施工图和施工预算、编制施工组织设计、"四新"试验、试制。

1. 熟悉与审查施工图纸

熟悉与审查施工图纸的程序见图 2.1.1。

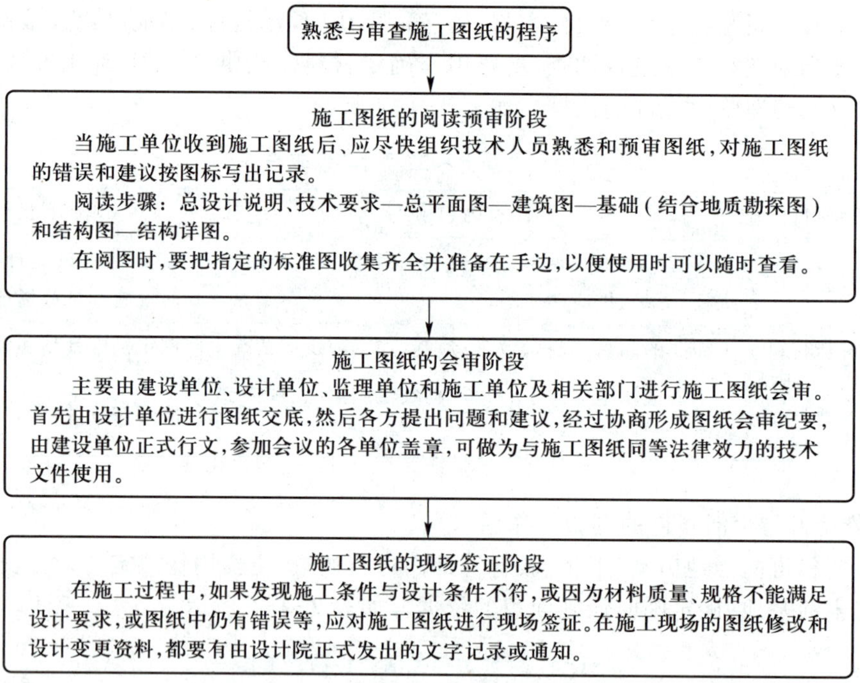

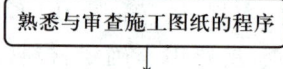

图 2.1.1 熟悉与审查施工图纸的程序

2. 编制施工图预算和施工预算

（1）编制施工图预算

施工图预算是施工单位按照施工图计算工程量，套有关单价及其取费标准，编制的土木工程造价的经济文件。它是施工单位签订承包合同，进行成本核算、工程结算的依据。

（2）编制施工预算

施工预算是施工单位根据施工图预算、施工图纸、施工组织设计、施工定额等文件进行编制的。它是施工单位内部控制成本支出、考核用工、两算对比,以及基层进行经济核算的依据。

3. 编制施工组织设计

施工组织设计是指导施工现场全部生产活动的技术经济文件。土木工程施工过程是个很复杂的物质创造过程,为了正确处理人力、物力、财力以及它们在空间和时间上的排列关系,必须根据建设工程的规模、结构特点和建设单位的要求,在原始资料调查分析的基础上,编制出一份确实能指导该工程全部施工活动的科学方案(见第6、7章)。

4. "四新"试验、试制

按照施工图纸和施工组织设计的要求,认真进行新技术、新结构、新材料、新工艺等项目试验和试制。

2.1.3 物资准备

见表2-1-6。

表2-1-6 物资准备

序号	准备内容	具体实施方法
1	垂直运输机械及其他机具的准备	根据所采用的施工方案和施工进度计划,确定施工机械的类型、数量、进场时间、供应方法、进场后的安装或存放地点,编制建筑机械的需要量计划,为组织运输、确定堆场面积等提供依据
2	建筑材料的准备	根据工料分析,按照施工进度计划要求,按材料名称、规格、使用时间、材料储备定额和消耗定额进行汇总,编制出材料需要量计划,为组织备料、签订供货合同、确定仓库、堆场面积和运输等提供依据
3	模板和脚手架的准备	模板和脚手架是施工量大、堆放占地大的周转材料。进场后应按施工平面图的布置位置进行堆放,同规格放在一起,不能混放,做好防水、防潮措施,拆下的脚手架和模板应注意维修和保养
4	预拌混凝土及其他半成品的准备	对于采用预拌混凝土的工程,应到生产单位签订供货合同,明确品种、强度等级、数量、需要时间及送货地点等。 半成品的准备是根据施工预算提供的构件、半成品的名称、规格、质量和数量,确定加工方案和供应方法以及进场后的存放地点,编制出其需要量计划

2.1.4 施工现场的准备

施工现场的准备工作是给拟建工程的施工创造有利的施工条件和物资保证。它一般包括清除障碍物、三通一平、施工测量、搭设临时设施等内容(表2-1-7)。

表 2-1-7 施工现场的准备

序号	准备内容	具体实施方法
1	清除障碍物	清除障碍物一般由建设单位完成，但有时委托施工单位完成。清除时，一定要了解现场实际情况，对原有建筑物复杂、原始资料不全时，应采取相应的措施，防止发生事故。对于电力、通信、给水排水、煤气、热网、树木等设施的拆除，要与有关部门联系并办好手续后，方可进行。一般由专业公司来拆除。房屋只有在水、电、气切断后才能进行拆除
2	三通一平	"三通一平"是指水通、电通、路通和场地平整。 ① 水通须在拟建工程开工之前，按照施工平面图的要求，接通施工用水和生活用水的管线，尽可能与永久性的给水系统结合，管线铺设尽量短。要做好施工现场的排水工作，如排水不畅，会影响施工和运输计划的顺利进行。 ② 电通须在拟建工程开工之前，按照施工组织设计的要求，接通电力、电信设施，确保施工现场动力设备和通信设备正常运行。 ③ 路通须在拟建工程开工之前，按照施工平面图的要求，修好施工现场永久性道路和临时性道路，形成完整的运输网络。应尽可能利用原有道路，为使施工时不损坏路面，可先修路基或在路基上铺简易路面，施工完毕后，再铺路面。 ④ 场地平整须按照建筑平面图的要求，首先拆除障碍物，然后根据建筑总平面图规定的标高，计算挖、填土方量，进行土方调配，确定场地平整的施工方案，进行场地平整的工作。 如果施工中需要煤气通、热气通等，应按施工组织设计的要求完成
3	施工测量	施工测量是把设计图上的建筑物，通过测量手段"搬"到地面上去，并用各种标志表现出来，作为施工依据。为了做好测量放线工作，保证精度。施工人员应做到以下几点： ① 对测量仪器的正确使用和校正。熟悉所使用的测量仪器和工具，并经常对它们进行维修、保养。凡在使用中发现仪器不准确或有损伤，应立即送计量检测及维修单位进行检修，从而保证仪器的精度。 ② 对施工图进行熟悉并校核。认真学习施工图纸，弄懂设计总图和图纸的构造；并能对图纸进行校对和审核。进行图纸的审核是为了预先在图纸上解决掉测量中可能遇到的问题。 ③ 校核红线位置和水准点。施工测量定位时，必须了解规定的红线位置，然后才能进行定位，经过测绘，规划部门验核后，才能动工破土。红线位置和水准点经校核发现问题，应提交建设单位处理。 ④ 制定测量、放线方案。根据设计图纸的要求和施工方案，制定切实可行的测量、放线方案，主要包括平面控制、标高控制、±0.00 以下施测、±0.00 以上施测、沉降观测和竣工测量等项目。 建筑物定位、放线，一般通过设计图中平面控制轴线来确定建筑物的四廓位置，测定并经自检合格后，提交有关部门和甲方（或监理人员）验线，以保证定位的正确性
4	搭设临时设施	施工现场临时设施应按照施工总平面图的布置来建造，报请规划、市政、消防、环保等部门批准。各种生产、生活临时设施均应按批准的施工组织设计规定的数量、标准、面积等要求修建。应尽量利用原有建筑物，以便节省投资。为了施工方便和安全，应用围墙将施工用地围护起来。围墙的形式、材料和高度应符合市政有关规定和要求，在主要出入口设置标牌，标明工地名称、施工单位、负责人等

2.1.5 冬、雨季施工准备

由于土木工程产品的固定性和体积庞大，决定了土木工程产品生产的露天作业的特性，因此，冬雨季对施工带来较大影响。为保证施工顺利进行，必须做好冬雨季施工准备工作（表2-1-8）。

表 2-1-8 冬、雨季施工准备

序号	准备内容	具体实施方法
1	雨季施工作业准备	在多雨地区，认真做好雨季施工准备，对于提高施工连续性、均衡性，增加全年施工天数具有重要作用。 ① 首先在施工进度安排上，注意晴雨结合。晴天多进行室外工作，为雨天创造工作面。不宜在雨天施工的项目，应安排在雨季之前或之后进行。 ② 做好施工现场排水防洪准备工作。经常疏通排水管沟，防止堵塞。 ③ 注意道路防滑措施，保证施工现场内外交通畅通。 ④ 加强施工物资的保管，注意防水和控制工程质量
2	冬季施工作业准备	① 合理安排冬季施工项目和进度。在南方地区，对于采取冬季施工措施费用增加不大的项目，如吊装、打桩工程等可列入冬季施工范围；而对于冬季施工措施费用增加较大的项目，如土方、基础、防水工程等，尽量安排在冬季之前进行。 ② 重视冬季施工对临时设施布置的特殊要求。施工临时给水排水管网应采取防冻措施，尽量埋设在冰冻线以下，外露的管网应用保暖材料包扎，避免受冻；注意道路的清理，防止积雪的阻塞，保证运输畅通。 ③ 及早做好物资的供应和储备。及早准备好混凝土促凝剂等特殊施工材料和保温材料以及锅炉、蒸汽管、劳保防寒用品等。 ④ 加强冬季防火保安措施，及时检查消防器材和装备的性能

2.2 建立项目管理班子

 学习本节后，你将能够

1. 了解施工项目经理部建立的基本原则。
2. 了解项目经理部中的部门设置及人员配备情况。

施工现场项目经理部是企业临时性的基层施工管理机构，建立施工现场项目经理部的目的，是为了使施工现场更具有生产组织功能，更好地实现施工项目管理的总目标。它是施工项目管理的工作班子，置于项目经理的领导之下。

2.2.1　建立施工项目经理部基本原则

要根据所设计的项目组织形式设置项目经理部。因为项目组织形式与企业对施工项目的管理方式有关,与企业对项目经理部的授权有关。不同的组织形式对项目经理部的管理力量和管理职责提出了不同要求,提供了不同的管理环境,因此必须根据项目组织形式设置项目经理部。

2.2.2　部门的设置

项目经理部的部门设置尚无统一规定,通常设以下五个部门:

(1) 工程技术部,主要负责技术管理、生产调度、文明施工、施工组织设计、计划统计等工作。

(2) 经营核算部,主要负责合同、预算、索赔、资金收支、成本核算、劳动配置及劳动分配等工作。

(3) 物资设备部,主要负责材料的询价、采购、计划、供应、管理、运输、工具管理、机械设备的租赁配套使用等工作。

(4) 监控管理部,主要负责工程质量、安全管理、消防保卫、环境保护等工作。

(5) 测试计量部,主要负责计量、测量、试验等工作。

2.2.3　人员配备

项目经理部可以按项目经理、项目工程师、施工员、质检员、预算员、材料员、安全员、机管员、内业资料员、总务员等配备。可采用一职多岗,所有岗位职责覆盖项目施工全过程。实行全面管理,不留死角。

施工班组的调集要考虑专业、工种的配合,技工、普工的比例要合理,符合流水施工组织方式的要求,施工队组要精干。按照开工日期和劳动力需要量计划,组织劳动力进场。

思 考 题

1. 简述施工准备工作的内容。
2. 原始资料的调查包括哪些方面?
3. 原始资料调查应如何进行?
4. 技术准备工作包括哪些内容?
5. 应如何熟悉图纸?
6. 熟悉与审查施工图纸分几个阶段?
7. 施工现场的准备工作包括哪些内容?
8. 什么是"三通一平"?
9. 物资准备工作应如何进行?
10. 雨季施工准备工作应如何进行?

第 3 章　流水施工原理及应用

> 理想的进度计划应从多种计划方案中优选,多种流水施工方式能使你的施工进度计划更加完美,更加易于实现工期要求。

3.1　流水施工概述

　学习本节后,你将能够
1. 了解流水施工组织的基本原理及其表示方法。
2. 掌握流水施工与平行、依次、搭接施工的概念与特点。
3. 明确组织流水施工的基本要求。

3.1.1　流水施工基本原理

流水施工是一种施工组织方式,它使各个施工过程按一定时间间隔依次投入施工,各个施工过程陆续开工,陆续完工,使同一施工过程的施工班组保持连续、均衡施工,不同施工过程尽可能平行搭接施工,同时前后施工过程的最后一个施工段都能紧密衔接,使得工程资源供应呈现一定规律的均衡性。如图 3.1.1 所示。

3.1.2　流水施工与平行、依次、搭接施工的比较

除了上述流水施工组织方式外,常用的施工组织方式还有:平行施工,依次施工,搭接施工。现以两栋房屋底层的主体工程施工为例,采用上述四种方式组织施工并进行效果分析。

例如,某两栋房屋框架结构底层施工有五个施工过程:每栋立柱筋 1 天,柱梁板模板 3 天,柱混凝土 1 天,梁板筋 2 天,梁板混凝土 2 天,每幢作为一个施工段。现分别采用平行、依次、搭接、流水施工方式组织施工。

1. 平行施工

平行施工是指各施工段同时开工、同时完成的一种施工组织方式。将上述两栋框架结构底层主体工程组织平行施工。其施工进度安排如图 3.1.2 所示,从图可知,完成两栋房屋底层框架主体工程所需时间等于完成一幢房屋底层框架主体工程施工时间,但单位时间内投入的劳动力和物资资源较多。

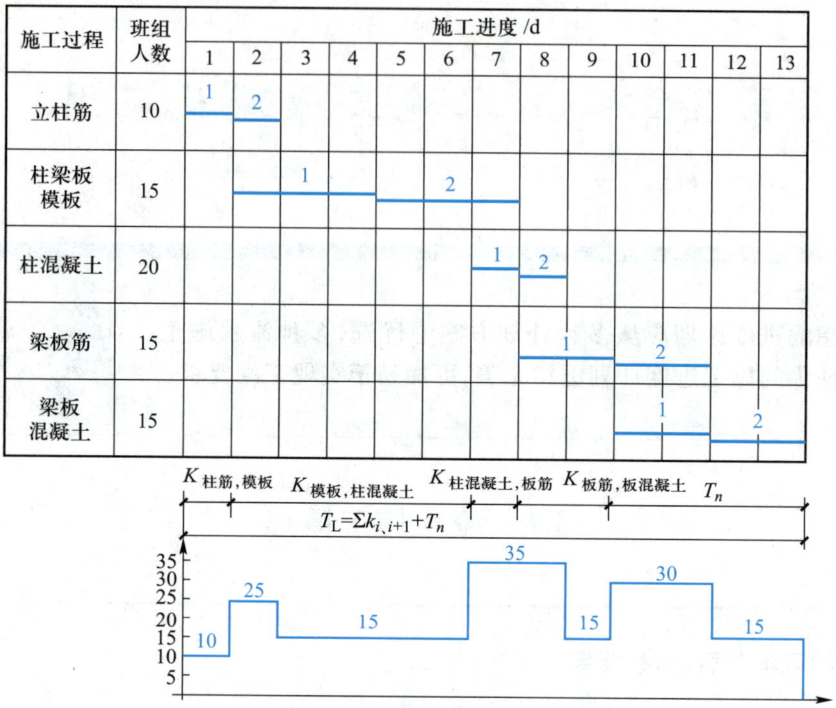

图 3.1.1 流水施工

注:图中 $K_{柱筋,模板}$,$K_{模板,柱混凝土}$,$K_{柱混凝土,板筋}$,$K_{板筋,板混凝土}$,分别表示各施工过程之间的流水步距(指两个相邻的施工过程先后进入同一施工段开始施工的时间间隔,以 d 为单位)。T_L——流水施工工期;$\sum K_{i,i+1}$——各流水步距之和;T_n——流水施工中最后一个施工过程的持续时间。

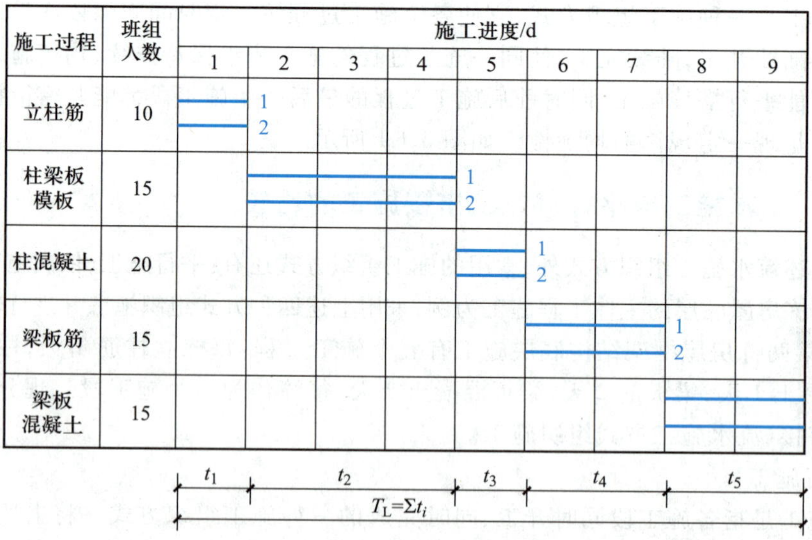

图 3.1.2 平行施工

2. 依次施工

依次施工是指各个施工过程或各个施工段依次开工、依次完成的一种施工组织方式,即按次序一个个施工过程或一段段地进行施工。将上述两栋框架结构房屋的底层主体工程组织依次施工,其施工进度安排如图 3.1.3 所示。这种方法的优点就是单位时间内投入的劳动力和物资资源较少,施工现场管理简单。但专业工作队的工作有间歇,工地物资资源消耗也有间断性,工期显然很长。它适用于工作面有限、规模小、工期要求不紧的工程。每段施工工期为各施工过程作业时间之和,即 $\sum t_i$。总工期 T_L = 段数 × 每段施工工期 = $m \times \sum t_i$。

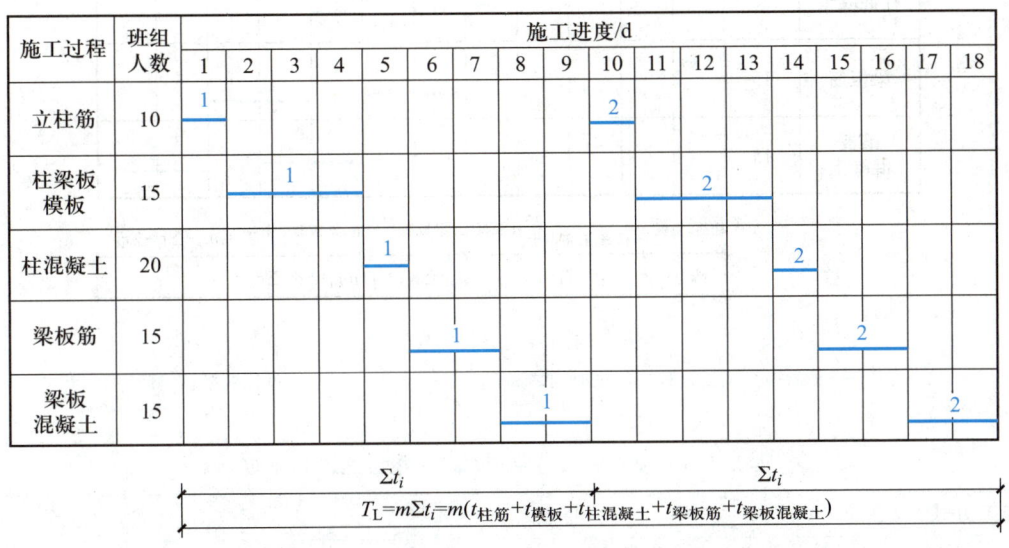

图 3.1.3 依次施工

3. 搭接施工

搭接施工是指对各个施工过程,按照施工顺序和工艺过程的自然衔接关系进行安排的一种方法。将上述两栋框架结构房屋的底层主体工程组织搭接施工,如图 3.1.4 所示。这种方法是最常见的组织方式,它既不是将 m 段施工过程依次进行施工,也不是平行施工,而是陆续开工、陆续竣工,同时把各施工过程最大限度的搭接起来。因此,前后施工过程之间安排紧凑,充分利用工作面,有利于缩短工期,但有些施工过程会出现不连续现象。如图 3.1.4 柱混凝土、梁板筋、梁板混凝土等施工过程中工人作业有间断。但工期比流水施工(图 3.1.1)提前 1 天。

4. 流水施工

流水施工是搭接施工的一种特定形式,它最主要的特点是每个施工过程的作业均能连续施工,前后施工过程的最后一个施工段都能紧密衔接,使得整个工程的资源供应呈现一定规律的均匀性。

将上述两栋框架结构房屋的底层主体工程组织流水施工,其施工进度如图 3.1.1 所示。从图 3.1.1 可以看出,流水施工方法的优点是保证了各工作队的工作和物资的消耗具有连续性和均衡性,能消除依次和平行施工方法的缺点,同时保留了它们的优点。

5. 流水施工与搭接施工、平行施工、依次施工的优缺点

现将流水施工同其他施工方式进行比较。如表 3-1-1 所示。

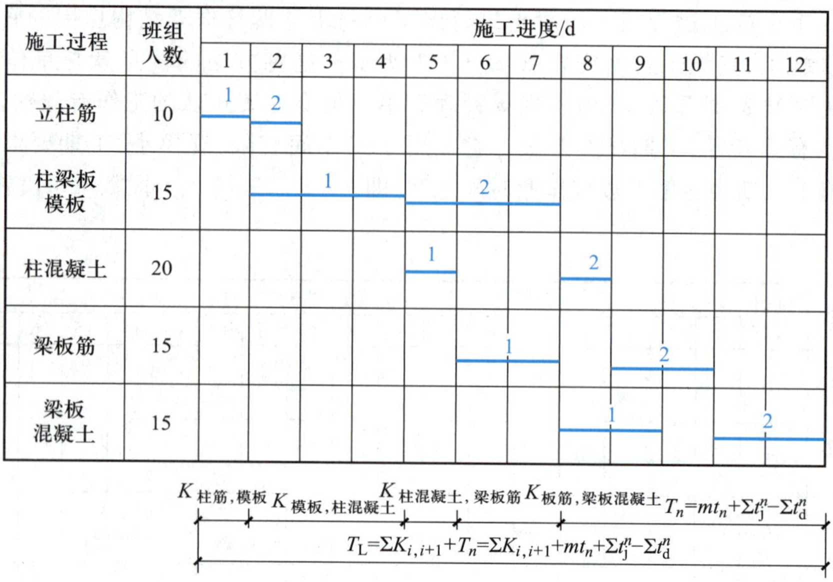

施工过程	班组人数	施工进度/d											
		1	2	3	4	5	6	7	8	9	10	11	12
立柱筋	10	1	2										
柱梁板模板	15			1			2						
柱混凝土	20					1			2				
梁板筋	15							1		2			
梁板混凝土	15										1	2	

$T_L = \Sigma K_{i,i+1} + T_n = \Sigma K_{i,i+1} + mt_n + \Sigma t_j^n - \Sigma t_d^n$

$T_n = mt_n + \Sigma t_j^n - \Sigma t_d^n$

图 3.1.4 搭接施工

注：Σt_j^n——最后一个施工过程的间歇时间之和；Σt_d^n——最后一个施工过程的搭接时间之和。

表 3-1-1 流水施工与平行、依次、搭接施工的比较

施工方式	特点	适用范围
平行施工	优点：工期短，充分利用工作面。 缺点：专业工作队数目成倍增加，现场临时设施增加，物资资源消耗集中，这些情况都会带来不良的经济效果	适用于工期紧、大规模的建筑群
依次施工	优点：单位时间内投入的劳动力和物资资源较少，施工现场管理简单。 缺点：专业工作队的工作有间歇，工地物资资源消耗也有间断性，工期很长	适用于工作面有限、规模小、工期要求不紧的工程
搭接施工	优点：各施工过程最大限度的搭接，前后施工过程之间安排紧凑，充分利用工作面，有利于缩短工期。 缺点：有些施工过程会出现不连续现象	适用于各种工程
流水施工	优点：保证了各工作队的工作和物资消耗具有连续性和均衡性，能消除依次和平行施工方法的缺点，同时保留了它们的优点	适用于各种工程

3.1.3 组织流水施工基本要求

1. 划分施工段

根据组织流水施工的需要，将拟建工程尽可能地划分为劳动量大致相等的若干个施工段（区），也可称为流水段。

2. 划分施工过程

划分施工过程就是将拟建工程的整个建造过程分解为若干施工过程。划分施工过程

的目的,是为了对施工对象的建造过程进行分解,以便于逐一实现局部对象的施工,从而使施工对象整体得以实现。

3. 主要施工过程必须连续施工

主要施工过程是指工作量较大、作业时间较长的施工过程。对于主要施工过程必须保证其连续、均衡地施工;对其他次要施工过程,可考虑与相邻的施工过程合并。如不能合并,为缩短工期,可安排间断施工,即采用流水施工与搭接施工相结合的方式。

4. 不同施工过程尽可能组织平行搭接施工

在有工作面的条件下,除必要的技术和组织间歇时间外,不同施工过程之间在时间上和空间上都应尽可能组织平行、搭接施工。

5. 每个施工过程组织独立的施工班组

在一个流水分部中,每个施工过程尽可能组织独立的施工班组,其形式可以是专业班组也可以是混合班组,这样可使每个施工班组按施工顺序,依次地、连续地、均衡地从一个施工段转移到另一个施工段进行相同的操作。

3.2 流水施工参数的确定

学习本节后,你将能够
1. 了解流水施工参数的分类及各参数的概念。
2. 掌握各流水参数的确定方法。

流水施工参数是指在组织流水施工时,为了表达流水施工在工艺流程、空间布置和时间排列等方面相互依存的关系,引入一些描述施工进度计划特征的数据。按其性质和作用不同,一般可分为工艺参数、空间参数和时间参数。

3.2.1 工艺参数

1. 施工过程数 n

施工过程数是指一组流水的施工过程个数,以符号"n"表示。一栋房屋或一座桥梁的建造过程,通常由许多施工过程组成。施工过程可以是一道工序,如绑扎钢筋;也可以是一个分项或分部工程。施工过程划分的数目多少,粗细程度与下列几个因素有关:

(1) 施工过程数与施工方案有关

不同的施工方案,其施工顺序和施工方法也不相同,如框架主体结构采用钢模的施工顺序为:柱筋→柱模→柱混凝土→梁板模→梁板筋→梁板混凝土,共有六个施工过程;而采用梁柱同时支模时,施工顺序为:柱筋→柱梁板模→柱混凝土→梁板筋→梁板混凝土,共为五个施工过程。

(2) 施工过程数与施工进度计划的作用有关

不同作用的施工进度计划,其施工过程数目有较大的差异。当编制控制性施工进度计划时,施工过程划分可粗一些,一般只列出分部工程名称,如房屋工程可分为基础工程、主体结构工程、装饰工程、屋面工程等;桥梁工程可分为基础及下部构造、上部构造、防护工程等。当编制实施性施工进度计划时,施工过程划分可细一些,将分部工程再分解为若干个分项工程,如将路面工程分解为底基层、基层、面层等。

(3) 施工过程数与劳动量大小有关

当劳动量小的施工过程组织流水施工有困难时,可与其他施工过程合并。例如,垫层劳动量较小时,可与挖土合并为一个综合性的施工过程。这将使计划简单明了。

一个工程需要确定多少施工过程数,目前没有统一规定,一般以能表达一个完整的施工过程,又能做到简单明了进行安排为原则。

2. 流水强度 V

流水强度是每一个施工过程在单位时间内所完成的工程量。

① 机械施工过程的流水强度按下式计算:

$$V = \sum_{i=1}^{x} R_i \times S_i \tag{3.1}$$

式中　R_i——某种施工机械台数;

　　　S_i——该种施工机械产量定额;

　　　x——用于同一施工过程的主导施工机械种类数。

② 手工操作过程的流水强度按下式计算:

$$V = R \times S \tag{3.2}$$

式中　R——每一工作队工人人数(R 应小于工作面上允许容纳的最多人数);

　　　S——每一工人每班产量定额。

3.2.2　时间参数

1. 流水节拍 t

流水节拍是指一个施工过程在一个施工段上的作业时间,用符号 t_i 表示($i=1,2,\cdots,n$)。流水节拍的计算方法有如下三种:定额计算法,工期计算法,经验估算法。

(1) 定额计算法

它是根据各施工段的工程量、能够投入的资源量(工人数、机械台数和材料量等),按公式(3.3)或公式(3.4)进行计算:

$$t_i = \frac{Q_i}{S_i R_i Z_i} = \frac{P_i}{R_i Z_i} \tag{3.3}$$

或

$$t_i = \frac{Q_i H_i}{R_i Z_i} = \frac{P_i}{R_i Z_i} \tag{3.4}$$

式中　t_i——某施工过程流水节拍;

　　　Q_i——某施工过程在某施工段上的工程量;

　　　S_i——某施工过程的每工日产量定额;

　　　R_i——某施工过程的施工班组人数或机械台数;

　　　Z_i——每天工作班制;

　　　P_i——某施工过程在某施工段所需要的劳动量;

　　　H_i——某施工过程采用的时间定额。

(2) 工期计算法

对某些在规定日期内必须完成的工程项目,往往采用倒排进度法。具体步骤如下:

① 根据工期按经验估算出各分部所需的施工时间。

② 根据各分部估算出的时间,确定各施工过程时间,然后根据公式(3.3)或(3.4)求出各施工过程所需的人数或机械台数。

(3) 经验估算法

经验估算法适用于没有定额可循的工程,它是根据以往的施工经验进行估算。一般为了提高其准确程度,往往先估算出该流水节拍的最长、最短和正常(即最可能)三种时间值,然后据此求出期望时间值作为某专业工作队在某施工段上的流水节拍。一般按下面公式进行计算:

$$t_i = \frac{a+4c+b}{6} \tag{3.5}$$

式中 t_i——某施工过程在某施工段上的流水节拍;

a——某施工过程在某施工段上的最短估算时间;

b——某施工过程在某施工段上的最长估算时间;

c——某施工过程在某施工段上的正常估算时间。

2. 流水间歇时间 t_j

流水间歇时间是指在组织流水施工中,由于施工过程之间的工艺或组织上的需要,必须要留的时间间隔。用符号 t_j 表示。它包括技术间歇时间和组织间歇时间。

技术间歇时间是指在同一施工段的相邻两个施工过程之间必须留有的工艺技术间隔时间。如混凝土浇筑施工完成后,后续施工过程不能立即投入作业,必须有足够的时间间歇。

组织间歇时间是指由于施工组织上的需要,同一段相邻两个施工过程在规定流水步距之外所增加的必要的时间间隔。如标高抄平、弹线、基坑验槽、浇筑混凝土前检查预埋件等。

3. 流水步距 $K_{i,i+1}$

流水步距是指两个相邻的施工过程先后进入同一施工段开始施工的时间间隔。用符号 $K_{i,i+1}$ 表示(i 表示前一个施工过程,$i+1$ 表示后一个施工过程)。在施工段不变的情况下,流水步距越大,工期越长;流水步距越小,则工期越短。

流水步距的数目等于 $n-1$,其中 n 为参加流水施工的施工过程数。

4. 流水工期 T_L

流水工期是指完成一个流水施工所需的时间,一般可采用下式计算:

$$T_L = \sum K_{i,i+1} + T_n \tag{3.6}$$

式中 $K_{i,i+1}$——流水施工中各流水步距之和;

T_n——流水施工中最后一个施工过程的持续时间,$T_n = \sum t_n$,其中 t_n 是指最后一个施工过程的流水节拍。

3.2.3 空间参数

1. 施工段数 m

施工段是指组织流水施工时将施工对象在平面上划分为若干个劳动量大致相等的施工区段。它的数目以 m 表示。每个施工段在某一段时间内只供一个施工过程的工作队使用。划分施工段应考虑以下因素。

① 各施工段的劳动量尽可能大致相等,以保证各施工班组连续、均衡的施工。

② 施工段的分界线与施工对象的结构界限或幢号相一致,以便保证施工质量。如温度缝、沉降缝、高低层交界线、单元分隔线等。

③ 施工段的数目要适宜。施工段数过多势必要减少人数,工作面不能充分利用,拖长施工期;施工段数过少则会引起劳动力、机械和材料供应过分集中,有时还会造成"断流"的现象。

④ 以主导施工过程为依据。划分施工段时,以主导施工过程的需要来划分。主导施工过程是指对总工期起控制作用的施工过程。

⑤ 当组织流水施工对象有层间关系时,应使各队能够连续施工。即各施工过程的工作队做完第一段,能立即转入第二段;做完第一层的最后一段,能立即转入第二层的第一段。因而每层最少施工段数目 m 应满足: $m \geq n$。

2. 工作面 a

工作面是指施工对象上可能安置多少工人操作或布置施工机械场所的大小。对于某些施工过程,在施工一开始时就已经同时在整个长度或广度上形成了工作面,这种工作面称为完整的工作面(如挖土)。而有些施工过程的工作面是随着施工过程的进展逐步形成的,这种工作面称为部分的工作面(如砌墙)。不论是哪一种工作面,不仅要考虑前一施工过程为后一个施工过程所可能提供的工作面的大小,也要遵守保证安全技术和施工技术规范的规定。

3.3 流水施工的图表形式

学习本节后,你将能够
1. 了解流水施工的图形表达形式的种类。
2. 通过流水施工图之间的对比掌握各种施工图形的特点。

3.3.1 流水施工横道计划图

流水施工横道计划图,如图 3.1.1 所示。用横线表示施工进度计划,横线上方填写的是施工段编号或施工过程,其横坐标表示作业时间,纵坐标表示施工过程或施工段编号。

3.3.2 流水施工斜线计划图

流水施工斜线计划图,如图 3.3.1 所示。用斜向指示线表示施工进度计划,其横坐标表示作业时间,纵坐标表示施工过程或施工段编号。

3.3.3 流水施工网络计划图

流水施工网络计划图,如图 3.3.2 所示。将双代号网络图与横道图结合起来表达流水施工计划。

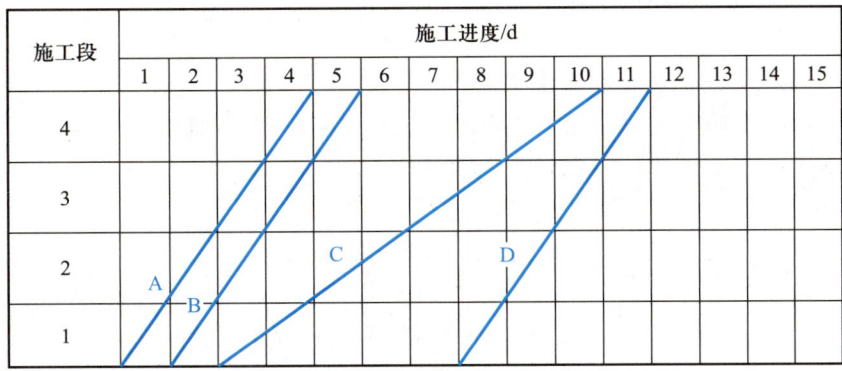

图 3.3.1　流水施工斜线计划

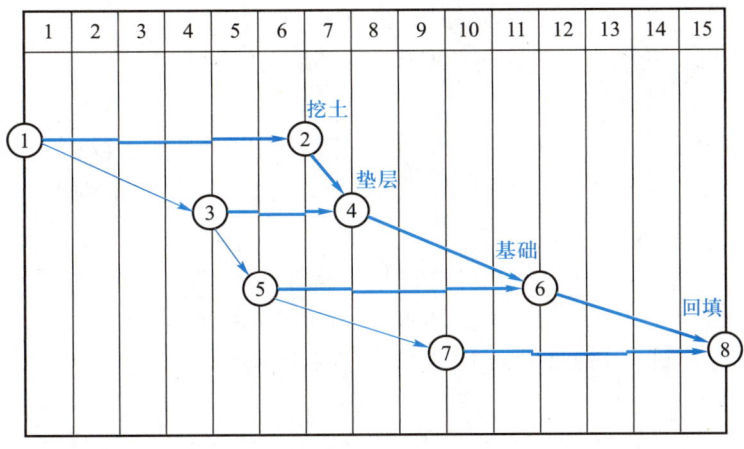

图 3.3.2　流水施工网络计划

3.4　流水施工方式

　学习本节后，你将能够

1. 了解流水施工方式的种类及其各自的特点。
2. 掌握各种流水施工方式步距和工期的计算。

流水施工方式根据流水施工节拍特征的不同，可分为有节奏流水、无节奏流水。
1. 有节奏流水施工
有节奏流水可分为全等节拍流水、异节拍流水、成倍节拍流水。
（1）全等节拍流水施工
全等节拍流水施工是指各个施工过程的流水节拍均为常数的一种流水施工方式。即同一施工过程或不同施工过程在各施工段上的流水节拍都相等的一种流水方式。

① 全等节拍流水步距的确定

$$K_{i,i+1} = t_i + t_j \qquad (3.7)$$

式中　t_i——第 i 个施工过程的流水节拍；

　　　t_j——第 i 个施工过程与第 $i+1$ 个施工过程之间的间歇时间。

② 全等节拍流水施工的工期计算

$$T_L = \sum K_{i,i+1} + T_n$$

∵

$$\sum K_{i,i+1} = (n-1)t_i + \sum t_j - \sum t_d$$

$$T_n = m \cdot t_i$$

∴

$$T_L = \sum K_{i,i+1} + T_n = (n-1)t_i + mt_i + \sum t_j - \sum t_d$$
$$= (m+n-1)t_i + \sum t_j - \sum t_d \qquad (3.8)$$

式中　$\sum t_j$——所有间歇时间总和。

若为两层以上的工程组织固定节拍流水施工，其计算公式如下：

$$T_L = (mj+n-1)t + \sum t_j - \sum t_d \qquad (3.9)$$

式中　$\sum t_j$——第一个施工层所有间歇时间总和（层内间歇）；

　　　j——施工层数目。

例　某分部工程有甲、乙、丙、丁四个施工过程，分为两个施工段；各个施工过程的流水节拍均为 3 天，甲过程完成后，停 1 天才能进行乙过程，请组织流水施工。

解：① 计算流水施工工期

$$T_L = (m+n-1)t_i + \sum t_j$$
$$= [(2+4-1) \times 3 + 1] \text{天} = 16 \text{ 天}$$

② 用横线图绘制流水施工进度计划，如图 3.4.1 所示。

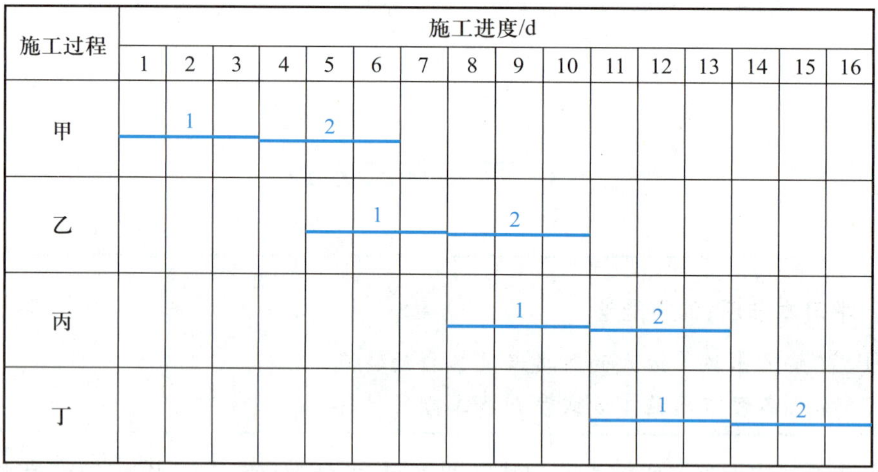

施工过程	施工进度/d															
	1	2	3	4	5	6	7	8	9	10	11	12	13	14	15	16
甲	1			2												
乙					1			2								
丙								1			2					
丁											1			2		

图 3.4.1　某分部工程全等节拍流水施工进度计划（横线图）

例　某工程有 2 个施工层（层间的间歇用 t_c 表示），三个施工过程 A、B、C，已知流水节拍 t 均为 2 天，第二、三施工过程之间间歇 1 天。层间间歇 1 天，试组织流水施工。

解：该流水属于有层间关系有间歇的全等节拍流水，$K=t=2$ 天

① 确定施工段数

$$m = n + \frac{\sum t_i + t_c}{K} = 3 + \frac{1+1}{2} = 4$$

式中　t_c——层与层之间间歇。

② 计算工期

$$T_L = (mj+n-1)t_i + \sum t_j = [(4\times2+3-1)\times2+1]\text{天} = 21\text{ 天}$$

③ 绘制进度计划如图 3.4.2 所示。

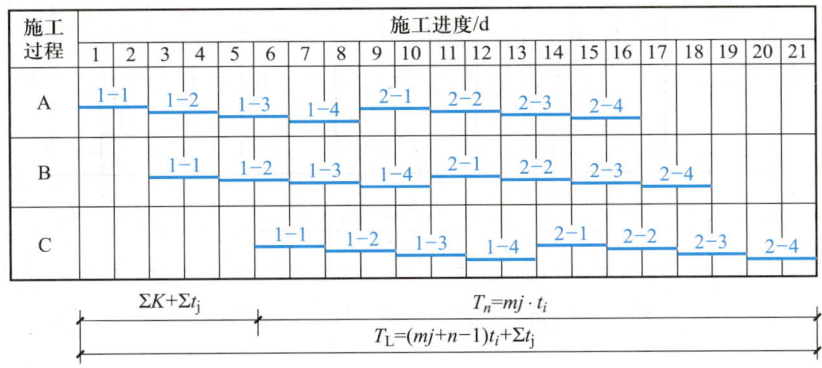

图 3.4.2　某工程有层间关系有间歇全等节拍流水施工

(2) 异节拍流水施工

异节拍流水施工是指同一施工过程在各个施工段的流水节拍相等,不同施工过程之间的流水节拍不一定相等的流水施工方式。

① 异节拍流水步距的确定

$$K_{i,i+1} = t_i + t_j \quad (\text{当 } t_i \leq t_{i+1} \text{ 时}) \tag{3.10}$$

$$K_{i,i+1} = mt_i - (m-1)t_{i+1} + t_j \quad (\text{当 } t_i > t_{i+1} \text{ 时}) \tag{3.11}$$

② 异节拍流水施工工期的计算

$$T_L = \sum K_{i,i+1} + T_n = \sum K_{i,i+1} + mt_n$$

例　某桥梁分部工程划分为 A、B、C、D 四个施工过程,分为 3 个施工段,各施工过程的流水节拍分别为:$t_A = 2$ 天、$t_B = 3$ 天、$t_C = 2$ 天、$t_D = 1$ 天,B 施工过程完成后需有 1 天的技术间歇时间。试求各施工过程之间的流水步距及该工程的工期。

解：① 计算流水步距

∵　$t_A < t_B$；$t_j = 0$

∴　$K_{A,B} = t_A = 2$ 天

∵　$t_B > t_C$；$t_j = 1$

∴　$K_{B,C} = mt_B - (m-1)t_C + t_j = [3\times3-(3-1)\times2+1]\text{天} = 6$ 天

∵　$t_C > t_D$；$t_j = 0$

∴　$K_{C,D} = mt_C - (m-1)t_D + t_j = [3\times2-(3-1)\times1+0]\text{天} = 4$ 天

② 计算流水施工工期　$T_L = \sum K_{i,i+1} + T_n = (2+6+4+3\times1)\text{天} = 15$ 天

根据计算的流水参数绘制施工进度计划表,分别用横道图和斜线图表示,如图 3.4.3、图 3.4.4 所示。

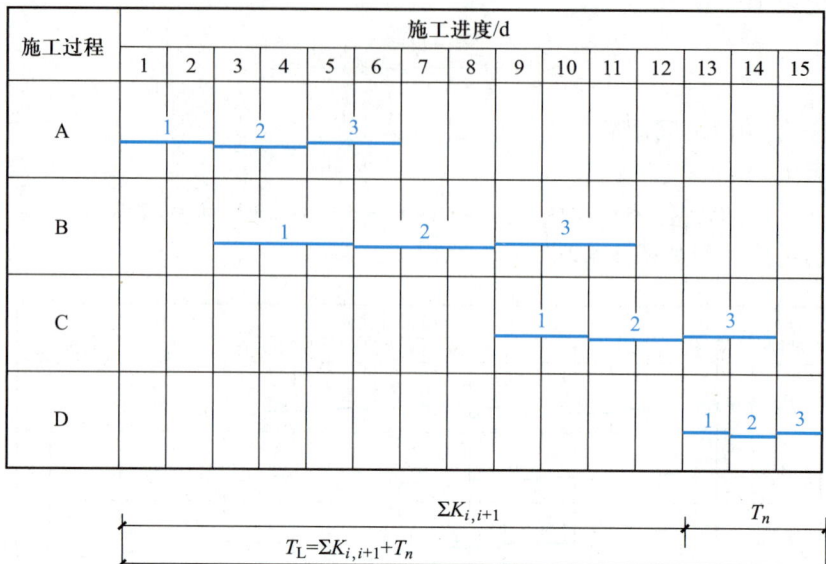

图 3.4.3 异节拍流水施工进度计划(横线图)

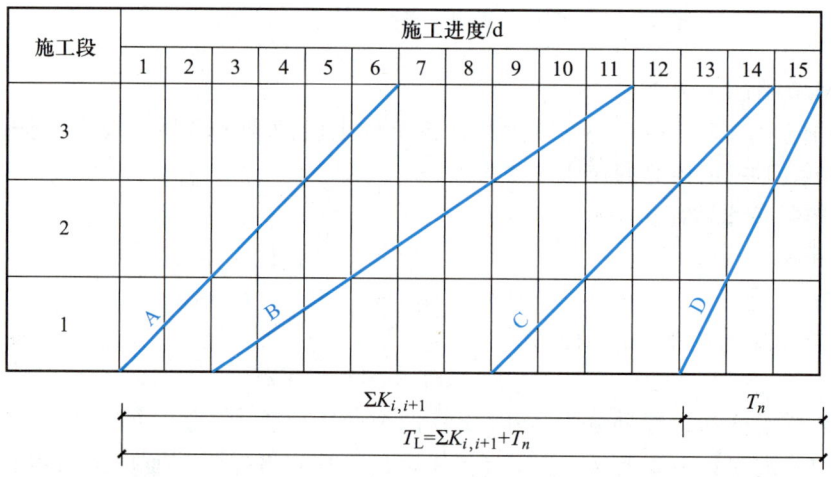

图 3.4.4 异节拍流水施工进度计划(斜线图)

(3)成倍节拍流水施工

成倍节拍流水施工是指同一施工过程在各个施工段的流水节拍相等,不同施工过程之间的流水节拍不完全相等,但各个施工过程的流水节拍均为其中最小流水节拍的整数倍的流水施工方式。

① 成倍节拍流水步距的确定

$$K_{i,i+1} = t_{\min} + \sum t_j \tag{3.12}$$

② 成倍节拍流水工期的计算

$$T_L = (m + n' - 1) t_{\min} + \sum t_j \tag{3.13}$$

式中 n'——施工班组总数目,$n' = \sum D_i$;

D_i——各施工过程的施工班组数,$D_i = \dfrac{t_i}{t_{min}}$。

例 某路基分部工程有甲、乙、丙、丁四个施工过程,$m=6$,流水节拍分别为:$t_a = 4$ 天,$t_b = 6$ 天,$t_c = 2$ 天,$t_d = 4$ 天,试组织成倍节拍流水施工。

解:∵ $t_{min} = 2$ 天

则

$$D_a = \dfrac{t_a}{t_{min}} = \dfrac{4}{2} = 2 \text{ 个}$$

$$D_b = \dfrac{t_b}{t_{min}} = \dfrac{6}{2} = 3 \text{ 个}$$

$$D_c = \dfrac{t_c}{t_{min}} = \dfrac{2}{2} = 1 \text{ 个}$$

$$D_d = \dfrac{t_d}{t_{min}} = \dfrac{4}{2} = 2 \text{ 个}$$

施工班组总数:$n' = \sum_{i=1}^{4} D_i = (2+3+2+1) \text{ 个} = 8 \text{ 个}$

流水施工工期为:$T_L = (m+n'-1)t_{min} + \sum t_j = [(6+8-1) \times 2 + 0]$ 天 $= 26$ 天

根据计算的流水参数绘制施工进度计划表,如图 3.4.5 所示。

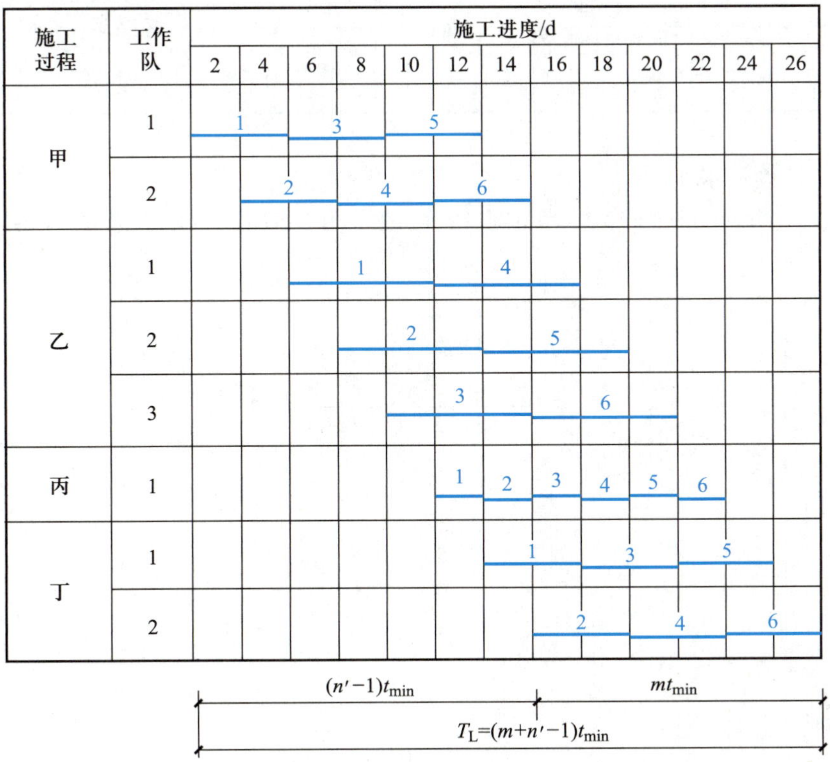

施工过程	工作队	施工进度/d												
		2	4	6	8	10	12	14	16	18	20	22	24	26
甲	1	1		3		5								
甲	2		2		4		6							
乙	1			1			4							
乙	2				2			5						
乙	3					3			6					
丙	1						1	2	3	4	5	6		
丁	1								1		3		5	
丁	2									2		4		6

图 3.4.5 成倍节拍流水施工进度计划

2. 无节奏流水施工

无节奏流水施工是指各个施工过程的流水节拍均不完全相等的一种流水施工方式。

在实际工程中,无节奏流水施工是较常见的一种流水施工方式。因为它不像有节奏流水施工那样有一定的时间规律约束,在进度安排上比较灵活、自由。

(1)无节奏流水步距的确定

无节奏流水步距的计算是采用"累加斜减取大差法",即:

第一步:将每个施工过程的流水节拍逐段累加;

第二步:错位相减,即从前一个施工班组由加入流水起到完成该段工作止的持续时间和减去后一个施工班组由加入流水起到完成前一个施工段工作止的持续时间和(即相邻斜减),得到一组差数;

第三步:取上一步斜减差数中的最大值作为流水步距。

(2)无节奏流水工期的确定

$$T_L = \sum K_{i,i+1} + T_n + \sum t_j$$

例 某分部工程流水节拍如表3-4-1所示,试计算流水步距和工期。

表 3-4-1 某分部工程流水节拍

施工过程 \ 施工段	1	2	3	4
A	3	2	1	3
B	2	4	2	1
C	2	3	1	2
D	3	2	3	2

解: ① 计算流水步距

由于每一个施工过程的流水节拍不相等,故采用"累加斜减取大差法"计算。现计算如下。

求 $K_{A,B}$:

```
  3 5 6 9
-   2 6 8 9
  ─────────
  3 3 0 1 -9
```

∴ $K_{A,B} = 3$ 天

求 $K_{B,C}$:

```
  2 6 8 9
-   2 5 6 8
  ─────────
  2 4 3 3 -8
```

∴ $K_{B,C} = 4$ 天

求 $K_{C,D}$:

```
  2 5 6 8
-   3 5 8 10
  ─────────
  2 2 1 0 -10
```

∴ $K_{C,D} = 2$ 天

② 流水施工工期计算

$$T_L = \sum K_{i,i+1} + T_n = (3+4+2+10) \text{天} = 19 \text{天}$$

根据计算的流水参数绘制施工进度计划表,如图 3.4.6 所示。

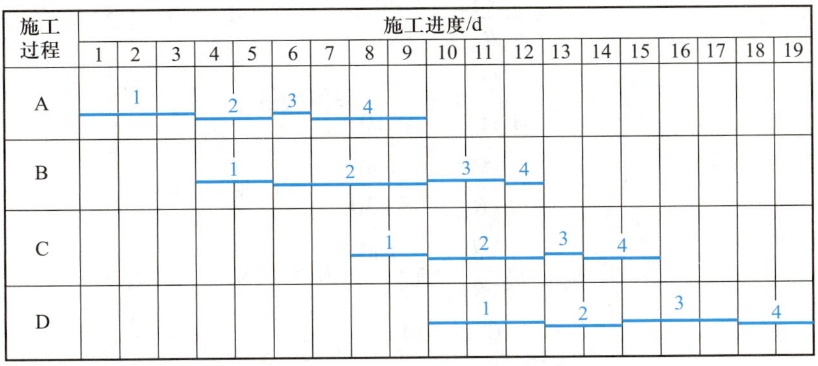

施工过程	施工进度/d
	1 2 3 4 5 6 7 8 9 10 11 12 13 14 15 16 17 18 19
A	1——2—3—4
B	1——2——3—4
C	1——2—3—4
D	1——2—3—4

图 3.4.6 无节奏流水施工进度计划

例 某分部工程有 A、B、C、D、E 五个施工过程,A 完成后停歇 1 天进行 B 工作,有关数据如表 3-4-2 所示,试求:

(1) 若工期不规定,试组织异节拍流水施工,画出其横道图和劳动力动态变化曲线图。

(2) 若工期规定不超过 19 天,试组织全等节拍流水施工,并分别画出横道图和劳动力动态图。

表 3-4-2 数据资料表

施工过程	总工程量		产量定额	班组人数		流水段数
	单位	数量		最低	最高	
A	m²	480	4 m²/工日	10	15	5
B	m²	800	5 m²/工日	15	30	5
C	m²	720	3 m²/工日	20	30	5
D	m²	600	5 m²/工日	10	25	5
E	m²	300	2 m²/工日	10	15	5

解:根据已知,得施工过程数 $n=5$,施工段数 $m=5$。各施工过程在每一段上的工程量为:

$$Q_A = \frac{480}{5} \text{ m}^2 = 96 \text{ m}^2$$

$$Q_B = \frac{800}{5} \text{ m}^2 = 160 \text{ m}^2$$

$$Q_C = \frac{720}{5} \text{ m}^2 = 144 \text{ m}^2$$

$$Q_D = \frac{600}{5} \text{ m}^2 = 120 \text{ m}^2$$

$$Q_E = \frac{300}{5} \text{ m}^2 = 60 \text{ m}^2$$

① 按异节拍流水组织施工。

a. 首先根据各班组最高和最低限制人数，求出各施工过程的最小和最大流水节拍。

$$t_{A\min} = \frac{Q_A}{S_A R_{A\max}} = \frac{96}{4 \times 15} \text{ 天} \approx 1.5 \text{ 天}$$

$$t_{A\max} = \frac{Q_A}{S_A R_{A\min}} = \frac{96}{4 \times 10} \text{ 天} \approx 2.5 \text{ 天}$$

$$t_{B\min} = \frac{Q_B}{S_B R_{B\max}} = \frac{160}{5 \times 30} \text{ 天} \approx 1 \text{ 天}$$

$$t_{B\max} = \frac{Q_B}{S_B R_{B\min}} = \frac{160}{5 \times 15} \text{ 天} \approx 2 \text{ 天}$$

$$t_{C\min} = \frac{Q_C}{S_C R_{C\max}} = \frac{144}{3 \times 30} \text{ 天} \approx 1.5 \text{ 天}$$

$$t_{C\max} = \frac{Q_C}{S_C R_{C\min}} = \frac{144}{3 \times 20} \text{ 天} \approx 2.5 \text{ 天}$$

$$t_{D\min} = \frac{Q_D}{S_D R_{D\max}} = \frac{120}{5 \times 25} \text{ 天} \approx 1 \text{ 天}$$

$$t_{D\max} = \frac{Q_D}{S_D R_{D\min}} = \frac{120}{5 \times 10} \text{ 天} \approx 2.5 \text{ 天}$$

$$t_{E\min} = \frac{Q_E}{S_E R_{E\max}} = \frac{60}{2 \times 15} \text{ 天} = 2 \text{ 天}$$

$$t_{E\max} = \frac{Q_E}{S_E R_{E\min}} = \frac{60}{2 \times 10} \text{ 天} = 3 \text{ 天}$$

考虑到尽量缩短工期，并且使各班组人数变化趋于均衡，因此，取：

$$t_A = 2.5 \text{ 天}; \quad R_A = 10 \text{ 人}$$
$$t_B = 2 \text{ 天}; \quad R_B = 15 \text{ 人}$$
$$t_C = 2.5 \text{ 天}; \quad R_C = 20 \text{ 人}$$
$$t_D = 2.5 \text{ 天}; \quad R_D = 10 \text{ 人}$$
$$t_E = 2 \text{ 天}; \quad R_E = 15 \text{ 人}$$

b. 确定流水步距：

$\because t_A > t_B$

$\therefore K_{A,B} = mt_A - (m-1)t_B + t_j = (5 \times 2.5 - 4 \times 2 + 1) \text{天} = 5.5 \text{ 天}$

$\because t_B < t_C$

$\therefore K_{B,C} = t_B = 2 \text{ 天}$

$\because t_C = t_D$

$\therefore K_{C,D} = t_C = 2.5 \text{ 天}$

$\because t_D > t_E$

$\therefore K_{D,E} = mt_D - (m-1)t_E = (5 \times 2.5 - 4 \times 2) \text{天} = 4.5 \text{ 天}$

c. 计算流水施工工期：

根据公式 $T_L = \sum K_{i,i+1} + mt_n (i=1,2,\cdots,n)$，得

$$T_L = K_{A,B} + K_{B,C} + K_{C,D} + K_{D,E} + mt_E = (5.5+2+2.5+4.5+5\times 2)\text{天} = 24.5 \text{ 天}$$

d. 绘制流水施工进度，如图 3.4.7 所示。

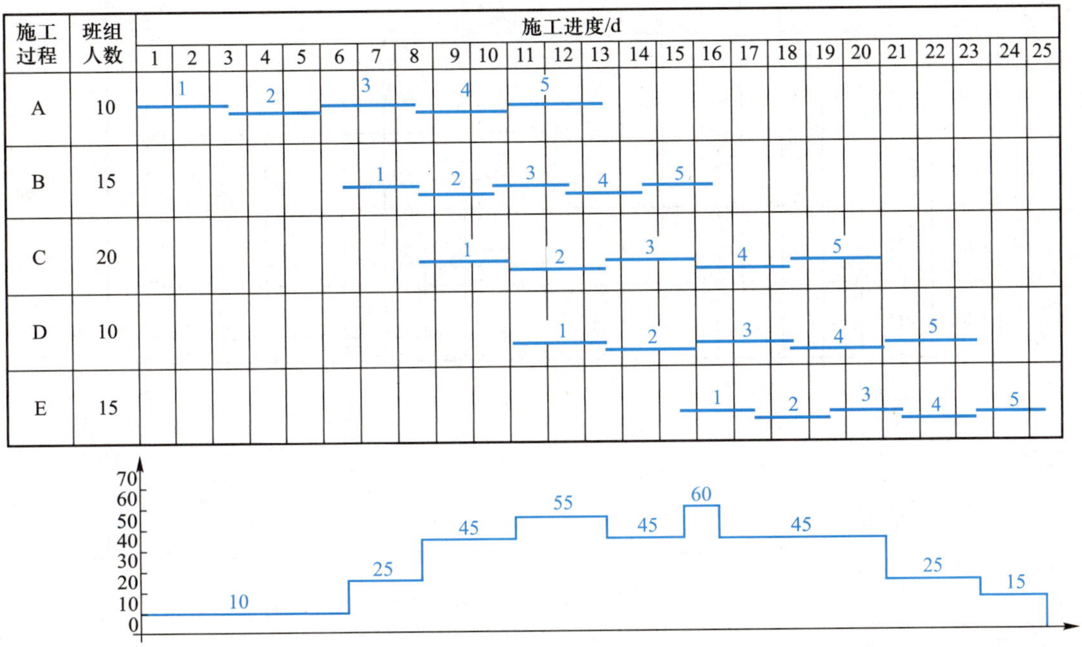

图 3.4.7 流水施工进度

② 按规定工期要求组织全等节拍流水。

a. 根据题意已知：流水施工工期 $T_L = 19$ 天，流水节拍 $t_1 = t_2 = t_3 = t_4 = t_5 =$ 常数。

b. 根据公式 $T_L = (5+5-1)t_i + t_j$；可求出流水节拍，即：

$$t_i = \frac{T_L - t_j}{m+n-1} = \frac{19-1}{5+5-1}\text{天} = 2 \text{ 天}$$

c. 又根据公式 $t = \frac{Q}{SR}$ 可求出各施工班组所需人数：

$$R_A = \frac{Q_A}{S_A t_i} = \frac{96}{4\times 2}\text{人} = 12 \text{ 人} \quad （可行）$$

$$R_B = \frac{Q_B}{S_B t_i} = \frac{160}{5\times 2}\text{人} = 16 \text{ 人} \quad （可行）$$

$$R_C = \frac{Q_C}{S_C t_i} = \frac{144}{3\times 2}\text{人} = 24 \text{ 人} \quad （可行）$$

$$R_D = \frac{Q_D}{S_D t_i} = \frac{120}{5\times 2}\text{人} = 12 \text{ 人} \quad （可行）$$

$$R_E = \frac{Q_E}{S_E t_i} = \frac{60}{2\times 2}\text{人} = 15 \text{ 人} \quad （可行）$$

流水步距：$K_{1,2}=K_{2,3}=K_{3,4}=K_{4,5}=2$ 天（不包括间歇时间）

d. 绘制流水施工进度计划，如图3.4.8所示。

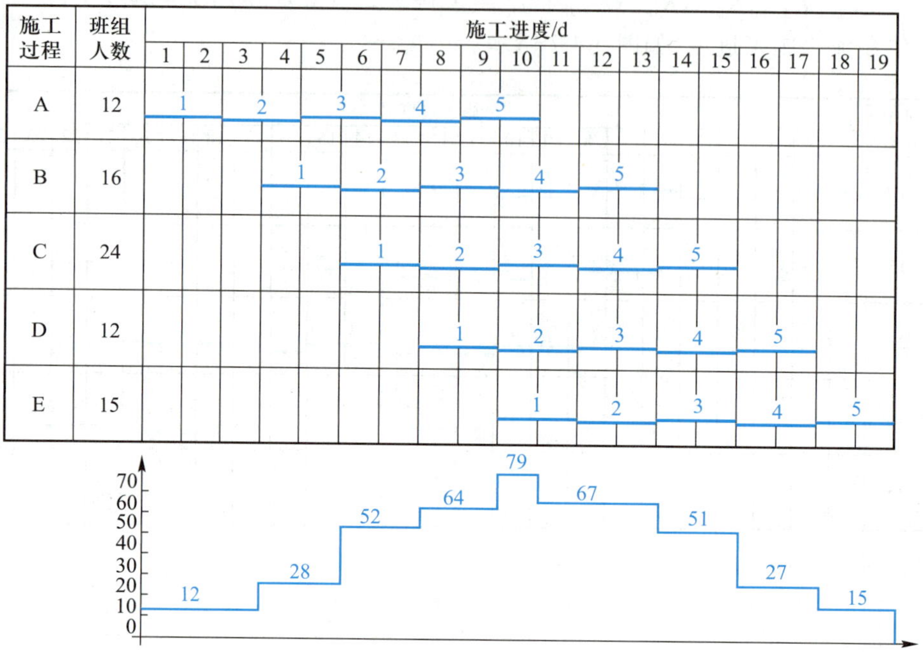

施工过程	班组人数	施工进度/d
		1 2 3 4 5 6 7 8 9 10 11 12 13 14 15 16 17 18 19
A	12	1——2——3——4——5
B	16	1——2——3——4——5
C	24	1——2——3——4——5
D	12	1——2——3——4——5
E	15	1——2——3——4——5

劳动力动态变化曲线数值：12, 28, 52, 64, 79, 67, 51, 27, 15

图 3.4.8　全等节拍流水施工横道图及劳动力动态变化曲线

比较上述两种情况，各有利弊，前者工期虽比后者多4.5天，但劳动力动态变化曲线较平缓，劳力最高峰60人，最大变化幅度50人。后者工期比前者提前，但劳动力动态曲线变化幅度较前者大。因此，若工期允许23.5天以内完成，建议采用第一种方法，若工期规定19天以内完成，就采用第二种方法。

3. 各种流水施工方式的比较（表3-4-3）

表 3-4-3　各种流水施工方式的比较

流水施工方式	有节奏流水施工			无节奏流水施工
	全等节拍流水	成倍节拍流水	异节拍流水	
特点	各个施工过程的流水节拍均为常数	各个施工过程的流水节拍为其中最小流水节拍的整数倍	同一施工过程在各施工段的流水节拍相等，不同施工过程之间的流水节拍不一定相等	各个施工过程的流水节拍均不完全相等
适用范围	适用于分部工程流水（专业流水），不适用于单位工程和大型的建筑群	适用于线形工程（如道路、管道等）的施工	适用于分部和单位工程流水施工，它允许不同施工过程采用不同的流水节拍，因此，在进度安排上比全等节拍流水施工灵活	适用于各种不同结构性质和规模的工程施工组织。它在进度安排上比较灵活、自由

3.5　流水施工在工程中的应用

学习本节后,你将能够
1. 了解流水施工在工程中的运用。
2. 掌握流水施工方式选择的思路。

在土木工程施工中,流水施工是一种行之有效的科学组织施工的计划方法。编制施工进度计划时应根据施工对象的特点,选择适当的流水施工方式组织施工,以保证施工的节奏性、均衡性和连续性。

3.5.1　选择流水施工方式的思路

在上节中已阐述有节奏流水施工(全等节拍流水施工、异节拍流水施工、成倍节拍流水施工)和无节奏的流水施工方式。如何正确选用上述流水方式,须根据工程具体情况而定。通常做法是将单位工程流水先分解为分部工程流水,然后根据分部工程的各施工过程劳动量的大小、施工班组人数来选择流水施工方式。若分部工程的过程数目不多(3~5个),可以通过调整班组人数使得各施工过程的流水节拍相等,从而采用全等节拍流水施工方式,这是一种最理想、最合理的流水施工方式。若分部工程的施工过程数目较多,要使其流水节拍相等较困难,因此,可考虑流水节拍的规律,分别选择成倍节拍、异节拍、无节奏流水施工方式。组织一个项目施工时,往往是流水施工与搭接施工混合应用,这样可以缩短工期又能使大部分的工种连续施工。

3.5.2　流水施工在工程中的应用案例

3.5.2.1　工程案例1——框架结构房屋的流水施工和搭接施工结合应用

某四层教学楼,建筑面积为 2 400 m²。基础为钢筋混凝土条形基础,主体工程为现浇框架结构。装饰工程为铝合金窗、胶合板门,外墙用白色外墙砖贴面,内墙为中级抹灰,建筑涂料。屋面工程为现浇细石钢筋混凝土屋面板,防水层为改性沥青防水涂料,挤塑板隔热层,细石混凝土保护层。其劳动量见表3-5-1。

表 3-5-1　某工程劳动量一览表

序号	分项工程	劳动量/工日
	基础工程	
1	基础土方开挖	300
2	基础垫层	30
3	基础模板	85
4	基础钢筋	173

续表

序号	分项工程	劳动量/工日
5	基础混凝土	93
6	回填土	85
	主体工程	
7	脚手架	149
8	柱筋	133
9	柱梁板模板	1 600
10	柱混凝土	500
11	梁板钢筋	533
12	梁板混凝土	920
13	拆模	267
14	砌筑工程	1 200
	屋面工程	
15	屋面防水层	85
16	屋面隔热层	24
17	屋面保护层	48
	装饰工程	
18	水泥砂浆地面	800
19	天棚内墙抹灰	1 067
20	天棚内墙涂料	80
21	铝合金窗	133
22	胶合板门	79
23	油漆工程	80
24	外墙面砖	640
25	室外工程	
	水电安装工程	
26	水卫设备安装	
27	电器设备安装	

本工程是由基础分部、主体分部、屋面分部、装饰分部、水电分部组成,因其各分部的劳动量差异较大,应采用分别流水法。先分别组织各分部的流水或搭接施工,然后再考虑各分部之间的相互搭接施工。具体组织方法如下:

1. 基础工程

基础工程包括基础土方开挖、浇筑基础垫层、安装基础模板、绑扎基础钢筋、浇筑基础混凝土、回填土等施工过程。考虑到劳动力、工作面等因素,将其划分为两个施工段($m=2$),流水节拍和流水施工工期计算如下:

基坑挖土的劳动量为300工日,施工班组人数30人,$m=2$,采用一班制,其流水节拍计算如下:

$$t_{挖土} = \frac{300}{30 \times 2} 天 = 5 \; 天$$

浇筑基础垫层的劳动量为30工日,施工班组人数20人,$m=2$,采用一班制,其流水节拍计算如下:

$$t_{垫层} = \frac{30}{20 \times 2} 天 \approx 1 \; 天$$

安装基础模板劳动量为85工日,施工班组人数20人,$m=2$,采用一班制,其流水节拍计算如下:

$$t_{基模} = \frac{85}{20 \times 2} 天 \approx 2 \; 天$$

绑扎基础钢筋劳动量为173工日,施工班组人数30人,$m=2$,采用一班制,其流水节拍计算如下:

$$t_{基筋} = \frac{173}{30 \times 2} 天 \approx 3 \; 天$$

浇筑基础混凝土劳动量为93工日,施工班组人数30人,$m=2$,采用二班制,基础混凝土完成后需要养护1 d,其流水节拍计算如下:

$$t_{基混} = \frac{93}{30 \times 2 \times 2} 天 \approx 1 \; 天$$

基础回填土的劳动量为85工日,施工班组人数25人,$m=2$,采用一班制,其流水节拍计算如下:

$$t_{回填} = \frac{85}{25 \times 2} 天 \approx 2 \; 天$$

基础分部工程采用异节拍流水施工方式,其流水步距与流水工期计算如下:

∵ $T_{挖} > T_{垫}$

$t_j = 0, t_d = 0$

∴ $K_{挖,垫} = mt_i - (m-1)t_{i=1} + t_j - t_d = [2 \times 5 - (2-1) \times 1]$ 天 $= 9$ 天

∵ $T_{垫层} < T_{基模}$

$t_j = 0, t_d = 0$

∴ $K_{垫,模} = t_i + t_j - t_d = 1$ 天

∵ $T_{基模} < T_{基筋}$

$t_j = 0, t_d = 0$

∴ $K_{基模,筋} = t_i + t_j - t_d = 2$ 天

∵ $T_{基筋} > T_{基混}$

$t_j = 0, t_d = 0$

$\therefore K_{\text{基筋,混}} = mt_i - (m-1)t_{i+1} + t_j - t_d = [2\times 3-(2-1)\times 1]\text{天} = 5 \text{ 天}$

$\therefore T_{\text{基混}} < T_{\text{回填}}$

$t_j = 1, t_d = 0$

$\therefore K_{\text{混,填}} = t_i + t_j - t_d = (1+1)\text{天} = 2 \text{ 天}$

基础分部工程工期计算为：

$$T_{\text{L基}} = \sum K_{i,i+1} + T_n = (9+1+2+5+2+2\times 2)\text{天} = 23 \text{ 天}$$

2. 主体工程

主体工程包括立柱钢筋，安装柱、梁、板、楼梯模板，浇捣柱混凝土，安装梁、板、楼梯钢筋，浇捣梁、板、楼梯混凝土，搭设脚手架，拆木模板，砌墙等分项工程。

主体工程由于有层间关系 $m=2, n=5, m<n$，工作班组会出现窝工现象。但本工程要求模板工程施工班组一定要连续施工，其余施工过程的施工班组与其他的工地统一考虑调度安排。根据上述条件，主体工程采用搭接施工较适宜。其流水节拍、流水步距、施工工期计算如下。

绑扎柱钢筋的劳动量为 133 工日，施工班组人数 20 人，施工段数 $m=2\times 4$，采用一班制，其流水节拍计算如下：

$$t_{\text{柱筋}} = \frac{133}{20\times 2\times 4}\text{天} \approx 1 \text{ 天}$$

安装柱、梁、板模板（含楼梯模板）的劳动量为 1 600 工日，施工班组人数 30 人，施工段数 $m=2\times 4$，采用一班制，其流水节拍计算如下：

$$t_{\text{模板}} = \frac{1\ 600}{30\times 2\times 4}\text{天} \approx 7 \text{ 天}$$

浇捣柱混凝土的劳动量为 500 工日，施工班组人数 30 人，施工段数 $m=2\times 4$，采用二班制，其流水节拍计算如下：

$$t_{\text{柱混}} = \frac{500}{30\times 2\times 4\times 2}\text{天} \approx 1 \text{ 天}$$

绑扎梁、板钢筋（含楼梯钢筋）的劳动量为 533 工日，施工班组人数为 25 人，施工段数 $m=2\times 4$，采用一班制，其流水节拍计算如下：

$$t_{\text{梁板筋}} = \frac{533}{25\times 2\times 4}\text{天} \approx 3 \text{ 天}$$

浇捣梁、板混凝土（含楼梯混凝土）的劳动量为 920 工日，施工班组人数为 40 人，施工段数 $m=2\times 4$，采用三班制，其流水节拍计算如下：

$$t_{\text{梁板混}} = \frac{920}{40\times 2\times 4\times 3}\text{天} \approx 1 \text{ 天}$$

实际中拆柱模可比拆梁、板模提前，但计划安排上可视为一个施工过程，即待梁、板混凝土浇捣 8 d 拆模板（掺早强剂）。拆除柱、梁、板模板（含楼梯模板）的劳动量为 267 工日，施工班组人数 20 人，施工段数 $m=2\times 4$，采用一班制，其流水节拍计算如下：

$$t_{\text{拆模}} = \frac{267}{20\times 2\times 4}\text{天} = 2 \text{ 天}$$

砌墙的劳动量为 1 200 工日,施工班组人数 30 人,施工段数 $m=2\times4$,采用一班制,其流水节拍计算如下:

$$t_{砌筑}=\frac{1\,200}{30\times2\times4}\text{天}=5\text{ 天}$$

主体施工工期计算:

由于脚手架不分层不分段与主体平行施工,主体施工只有安装柱、梁、板模板时采用连续施工,其余工序均采用间断式流水施工,故无法用公式计算本工程主体施工工期。须采用分析计算方法,即8层(每层两段)梁、板模板的安装时间之和加上其他工序的流水节拍,再加上养护间歇时间,即可求得主体阶段施工工期。

$$T_{L主体}=8\times t_{模板}+t_{柱筋}+t_{柱混}+t_{梁钢筋}+t_{梁板混}+t_{拆模}+t_{砌筑}+t_{养护}$$
$$=(8\times7+1+1+3+1+2+5+7)\text{天}=76\text{ 天}$$

3. 屋面工程

屋面工程包括屋面防水层、隔热层和保护层,考虑到屋面防水要求高且不占工期,所以不分段施工。即采用依次施工的方式。

屋面防水层劳动量为 85 工日,施工班组人数为 8 人,采用一班制,其施工延续时间为:

$$t_{防水}=\frac{85}{8\times1}\text{天}\approx11\text{ 天}$$

屋面挤塑板隔热层劳动量为 24 工日,施工班组人数为 8 人,采用一班制,其施工延续时间为:

$$t_{隔热}=\frac{24}{8}\text{天}=3\text{ 天}$$

屋面细石混凝土保护层劳动量为 48 工日,施工班组人数为 16 人,采用一班制,其施工延续时间为:

$$t_{保护层}=\frac{48}{16}\text{天}=3\text{ 天}$$

4. 装饰工程

装饰工程包括楼地面、楼梯地面、天棚内墙抹灰、天棚内墙涂料、铝合金窗、胶合板门、油漆工程、外墙面砖等。由于装修阶段施工过程多,组织固定节拍较困难,若每一层视为一段,共为 4 段。由于各施工过程劳动量不同,同时泥工需要量比较集中,所以采用异节拍流水施工,其流水节拍、流水步距、施工工期计算如下。

楼地面和楼梯地面合为一项,劳动量为 800 工日,施工班组人数 35 人,一层为一段,施工段数 $m=4$,采用一班制,其流水节拍计算如下:

$$t_{地面}=\frac{800}{35\times4}\text{天}\approx6\text{ 天}$$

天棚和墙面抹灰合为一项,劳动量为 1 067 工日,施工班组人数 35 人,一层为一段,施工段数 $m=4$,采用一班制,其流水节拍计算如下:

$$t_{抹灰}=\frac{1\,067}{35\times4}\text{天}\approx8\text{ 天}$$

铝合金窗的劳动量为 133 工日,施工班组人数 11 人,一层为一段,施工段数 $m=4$,采

用一班制,其流水节拍计算如下:

$$t_{窗} = \frac{133}{11 \times 4} \text{ 天} \approx 3 \text{ 天}$$

胶合板门的劳动量为 79 工日,施工班组人数 5 人,一层为一段,施工段数 $m=4$,采用一班制,其流水节拍计算如下:

$$t_{门} = \frac{79}{5 \times 4} \text{ 天} \approx 4 \text{ 天}$$

内墙涂料的劳动量为 80 工日,施工班组人数 5 人,一层为一段,施工段数 $m=4$,采用一班制,其流水节拍计算如下:

$$t_{涂} = \frac{80}{5 \times 4} \text{ 天} = 4 \text{ 天}$$

油漆工程的劳动量为 80 工日,施工班组人数 5 人,一层为一段,施工段数 $m=4$,采用一班制,其流水节拍计算如下:

$$t_{油} = \frac{80}{5 \times 4} \text{ 天} = 4 \text{ 天}$$

外墙面砖自上而下不分层不分段施工(不参加主体流水),劳动量为 640 工日,施工班组人数 30 人,采用一班制,其施工延续时间计算如下:

$$t_{外墙} = \frac{640}{30} \text{ 天} \approx 21 \text{ 天}$$

考虑工艺之间的技术间歇,装饰工程流水步距和流水施工工期计算如下:

∵ $T_{地面} < T_{抹灰}$

$t_j = 3, t_d = 0$

∴ $K_{地,抹} = t_i + t_j - t_d = (6+3) \text{ 天} = 9 \text{ 天}$

∵ $T_{抹灰} > T_{涂料}$

$t_j = 5, t_d = 0$

∴ $K_{抹,涂} = mt_i - (m-1)t_{i+1} + t_j - t_d = [4 \times 8 - (4-1) \times 4 + 5] \text{ 天} = 25 \text{ 天}$

∵ $T_{涂料} > T_{窗}$

$t_j = 0, t_d = 0$

∴ $K_{涂,窗} = mt_i - (m-1)t_{i+1} + t_j - t_d = [4 \times 4 - (4-1) \times 3] \text{ 天} = 7 \text{ 天}$

∵ $T_{窗} < T_{门}$

$t_j = 0, t_d = 0$

∴ $K_{窗,门} = t_i + t_j - t_d = 3 \text{ 天}$

∵ $T_{门} = T_{油}$

$t_j = 0, t_d = 0$

∴ $K_{门,油} = t_i + t_j - t_d = 4 \text{ 天}$

装饰分部工程工期计算为:

$$T_{L装饰} = \sum K_{i,i+1} + T_n = (9+25+7+3+4+4 \times 4) \text{ 天} = 64 \text{ 天}$$

考虑各分部工程之间的搭接,单位工程施工总工期为:

$$T_L = T_{L基础} + T_{L主体} + T_{L装饰} - \sum t_d = (23+76+64-2) \text{ 天} = 161 \text{ 天}$$

综上,组织分别流水施工进度计划图,如图 3.5.1 所示。

3.5 流水施工在工程中的应用

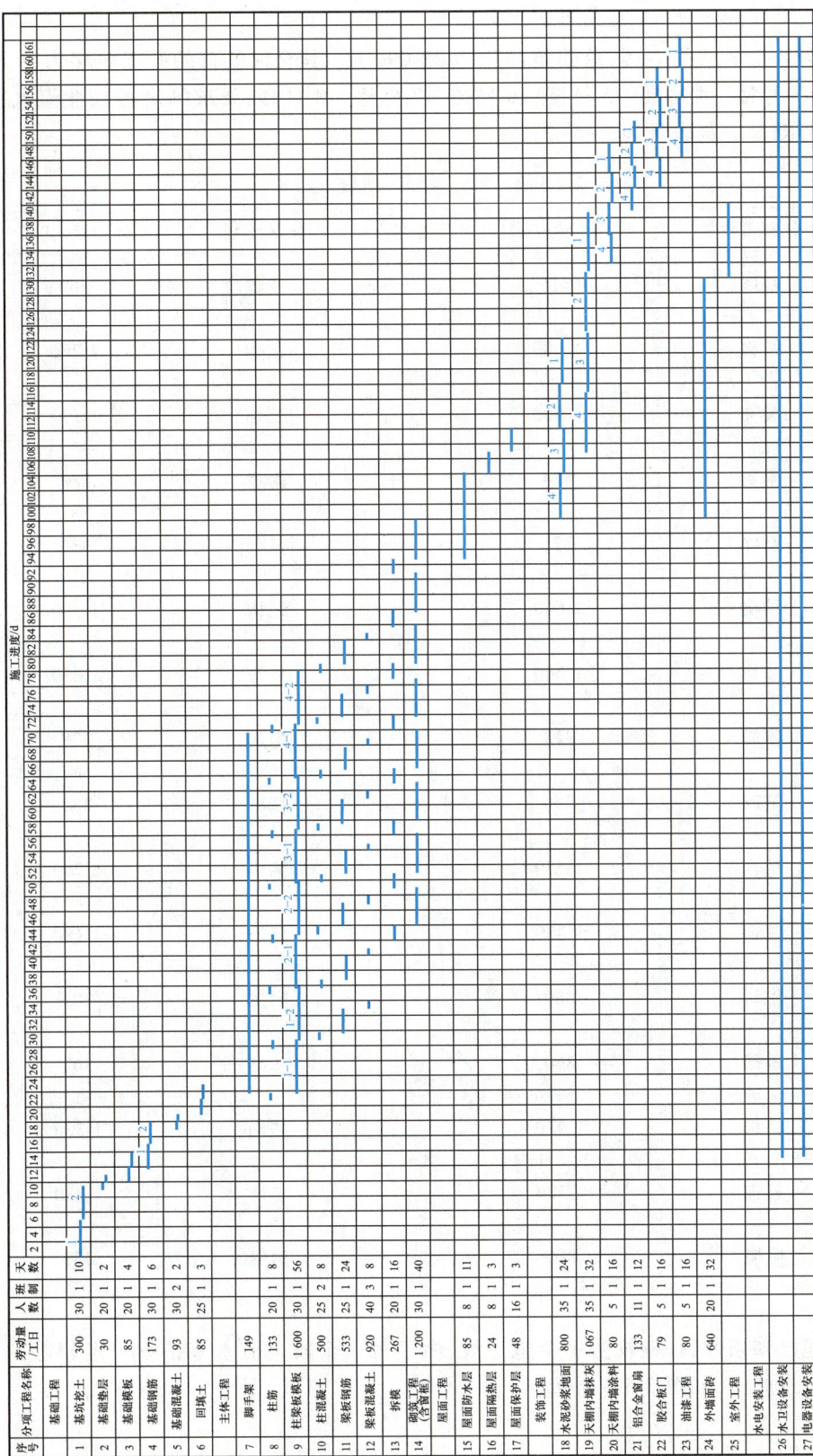

图 3.5.1 流水施工工程案例 1——框架结构房屋流水施工与搭接施工结合应用

3.5.2.2 工程案例 2——建筑群的流水施工

某工程为 8 幢 8 层住宅楼,总建筑面积为 28 090 m^2,其合同签订的开工顺序为:1 号楼→2 号楼→3 号楼→4 号楼→5 号楼→6 号楼→7 号楼→8 号楼,要求画出控制性流水进度计划。其劳动量一览表见表 3-5-2。

表 3-5-2　8 幢 8 层住宅楼劳动量一览表

序号	分部工程	劳动量/工日	序号	分部工程	劳动量/工日
1 号	基础	345	5 号	基础	360
	结构	1 689		结构	1 256
	装饰	1 600		装饰	1 170
	附属	424		附属	280
2 号	基础	325	6 号	基础	336
	结构	1 600		结构	1 790
	装饰	1 560		装饰	1 650
	附属	328		附属	378
3 号	基础	350	7 号	基础	380
	结构	1 580		结构	1 200
	装饰	1 489		装饰	1 180
	附属	380		附属	302
4 号	基础	360	8 号	基础	367
	结构	1 470		结构	1 350
	装饰	1 320		装饰	1 330
	附属	305		附属	305

根据上述已知条件,一幢视为一个施工段,由于每一个段上流水节拍不一定相等,故组织无节奏流水施工,如图 3.5.2 所示。

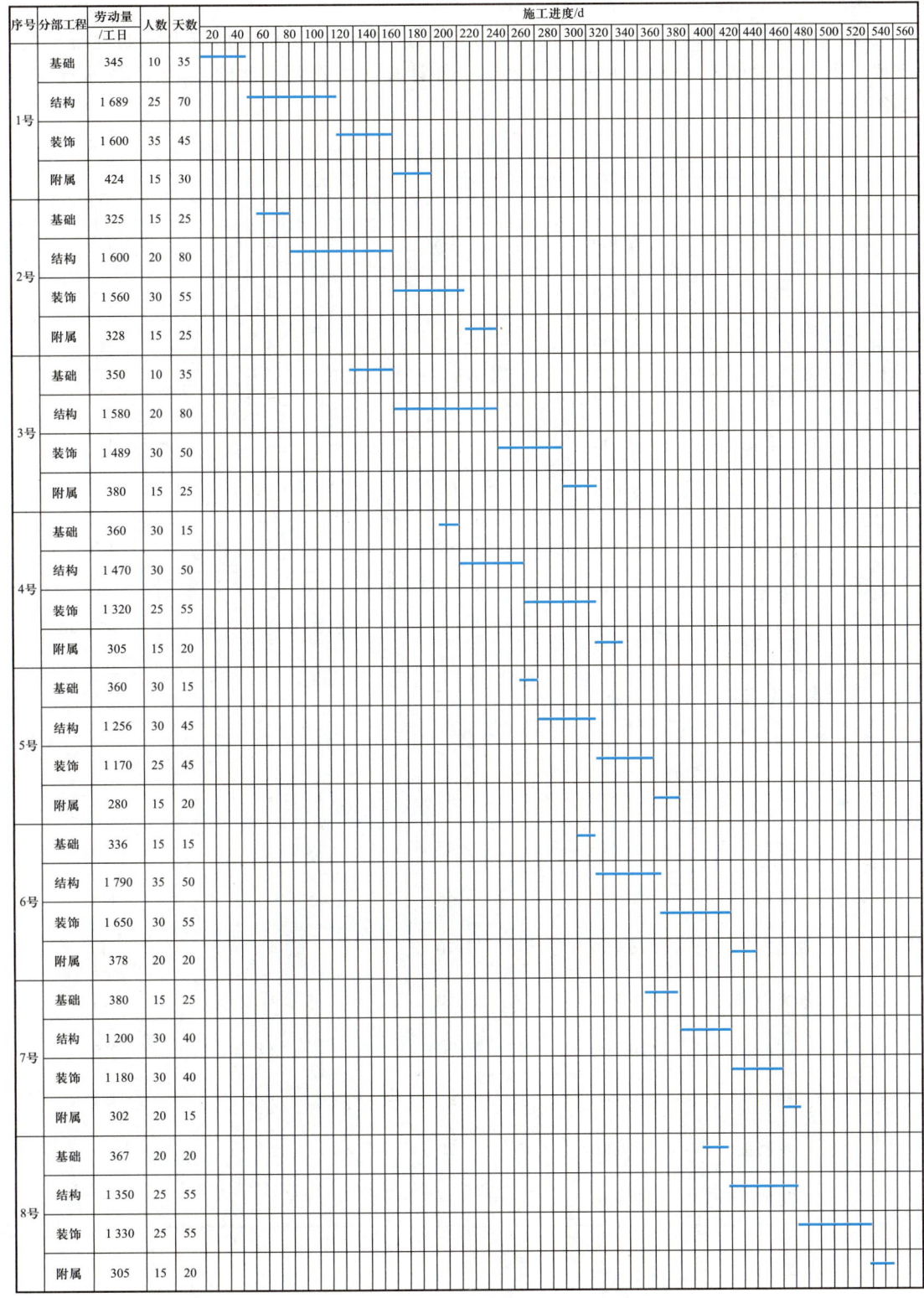

图 3.5.2 流水施工工程案例 2——建筑群流水施工计划

3.5.2.3 工程案例 3——某大桥的流水施工

某大桥全长 1 500 m，主桥为钢筋混凝土现浇连续箱梁，引桥为预应力钢筋混凝土简支梁。其劳动量见表 3-5-3，根据上述已知条件计算各工作延续时间，并组织流水施工，如图 3.5.3 所示。

表 3-5-3 某大桥劳动量一览表

	分项名称	劳动量/工日	工种人数	段数	流水节拍/月
东引桥	基础	6 400	35	4	1.5
	墩身	8 400	45	4	1.5
	墩帽	4 300	35	4	1
	简支梁制作	8 800	35	4	2
	简支梁安装	6 400	35	4	1.5
西引桥	基础	6 600	35	4	1.5
	墩身	8 000	45	4	1.5
	墩帽	4 200	35	4	1
	简支梁制作	8 100	35	4	2
	简支梁安装	5 989	35	4	1.5
主桥	桩基	43 800	70	4	5
	承台	10 800	45	4	2
	墩身	15 400	45	4	3
	墩帽	8 800	45	4	1.5
	现浇支架	36 800	70	4	4
	现浇箱梁	8 800	50	4	1.5
桥面工程	人行道	10 200	70	2	2.5
	栏杆	3 069	35	2	1.5
	沥青路面	7 800	70	2	2
	其他	7 800	67	2	2

3.5 流水施工在工程中的应用

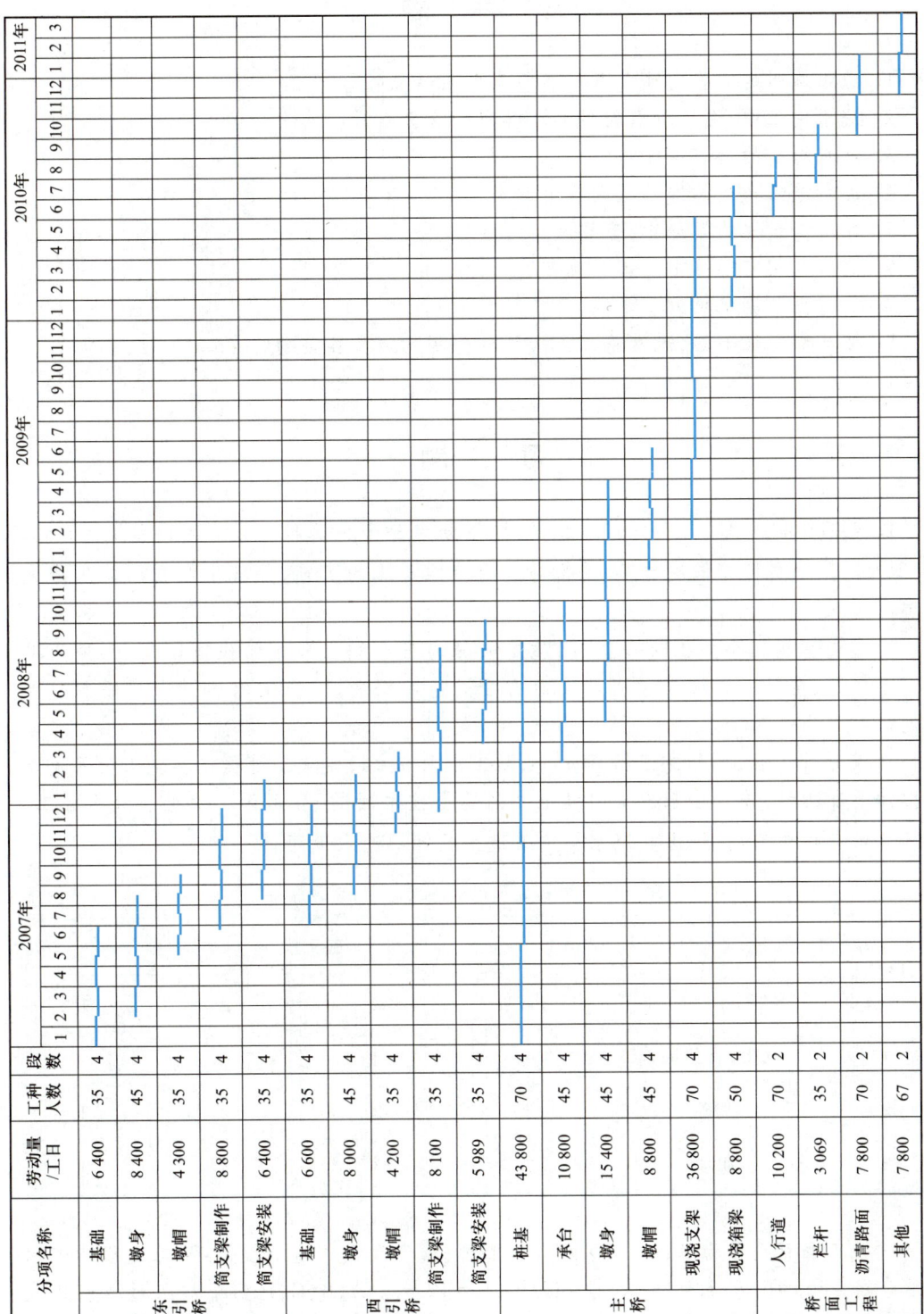

图 3.5.3　流水施工工程案例 3——某大桥的流水施工计划

思 考 题

1. 组织施工的方式有哪几种？各自有什么特点？
2. 流水施工中，主要参数有哪些？各自的含义是什么？
3. 流水施工的特点有哪些？
4. 流水施工产生的经济效益有哪些？
5. 在施工过程的划分中，需要考虑哪些因素？
6. 流水节拍有哪些主要因素确定？
7. 简述划分流水段的基本要求。
8. 按节奏特征不同，流水施工方式可分为哪几类及各自的特点？

习　　题

1. 某工程有 A、B、C 三个施工过程，均划分为三个施工段。设 $t_A = 1$ 天，$t_B = 3$ 天，$t_C = 2$ 天。试分别计算依次施工、平行施工及流水施工的工期，并绘出各自的施工进度计划。

2. 某工程由四个施工过程组成，施工时分为三个施工段来组织流水施工，流水节拍均为 3 天，在第一个施工过程结束后有 2 天组织间歇时间，试组织流水并绘制进度计划。

3. 某分部工程，已知施工过程 $n = 3$，施工段数 $m = 4$，各施工过程在各施工段的流水节拍如下表所示，并且在基础与回填土之间要求技术间歇 $t_j = 1$ 天。试组织流水施工，计算流水步距和工期，绘出其流水施工横道图且标明流水步距。

某分部工程各施工过程的流水节拍/天

序号	工序	施工段			
		①	②	③	④
1	挖土（含垫层）	4	4	4	4
2	基础	2	2	2	2
3	回填	3	3	3	3

4. 某工程可划分为 A、B、C、D 四个施工过程，分为 5 个施工段，各施工过程的流水节拍分别为：$t_A = 6$ 天，$t_B = 18$ 天，$t_C = 12$ 天，$t_D = 12$ 天。A、B、C、D 四个施工过程班组人数分别为：5 人、7 人、3 人、8 人。试组织成倍节拍流水施工，绘制出横道图和劳动力动态变化图。

5. 某分部分项工程由 4 个施工过程组成,施工时在平面上划分为 5 个施工段如下表所示,试组织流水施工。

各施工过程的流水节拍/天

施工过程 \ 施工段	1	2	3	4	5
A	2	1	2	4	3
B	1	4	2	3	4
C	3	2	2	3	4
D	4	3	3	1	3

第4章 网络计划技术及其应用

> 时间是最稀缺的资源,只有它得到管理时,其他东西才能加以管理。
> ——彼得·德鲁克

4.1 网络计划技术概述

学习本节后,你将能够

1. 理解网络计划技术含义。
2. 明确网络计划的表示方法。
3. 了解网络计划的基本原理。
4. 了解网络计划的特点。

网络计划技术是用来计划、安排、控制项目进度的工具。网络是项目工作计划的一种流程图,它展现了必须完成的活动,表达了各项工作的先后顺序和相互关系,这种方法逻辑严密,主要矛盾突出,有利于计划的优化调整和计算机的应用。因此,在工程管理、军事、航天、科学研究等领域广泛使用,取得了显著的效果。

4.1.1 工程项目施工网络计划的表示方法

工程项目施工网络计划是一种以网状图形表示工程项目施工顺序的工作流程图。通常有双代号和单代号两种表示方法,如图 4.1.1 和图 4.1.2 所示。

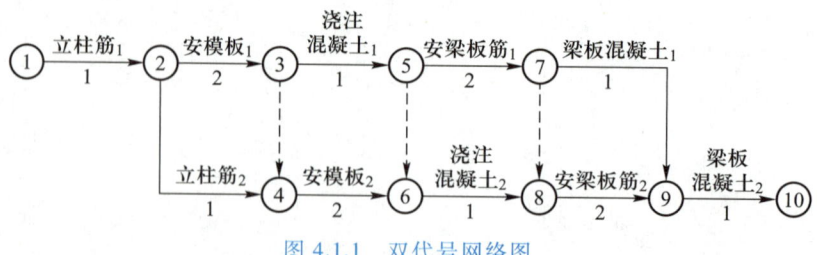

图 4.1.1 双代号网络图

随着工程实践不断应用,将网络图与时间坐标有机结合起来应用形成了时间坐标网络计划,如图 4.1.3 所示;将单代号网络图与搭接施工原理有机结合起来应用形成了单代

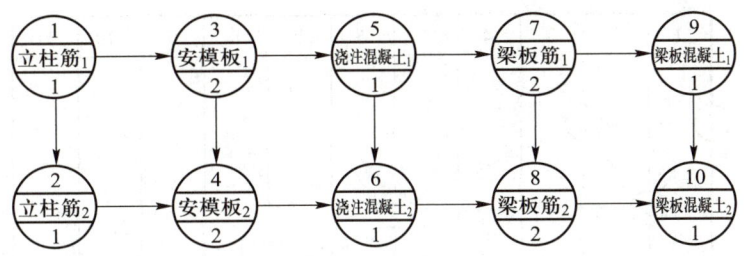

图 4.1.2 单代号网络图

号搭接网络计划,如图 4.1.4 所示;将双代号网络图与流水施工原理有机结合起来应用形成了流水施工网络计划,如图 4.1.5 所示。

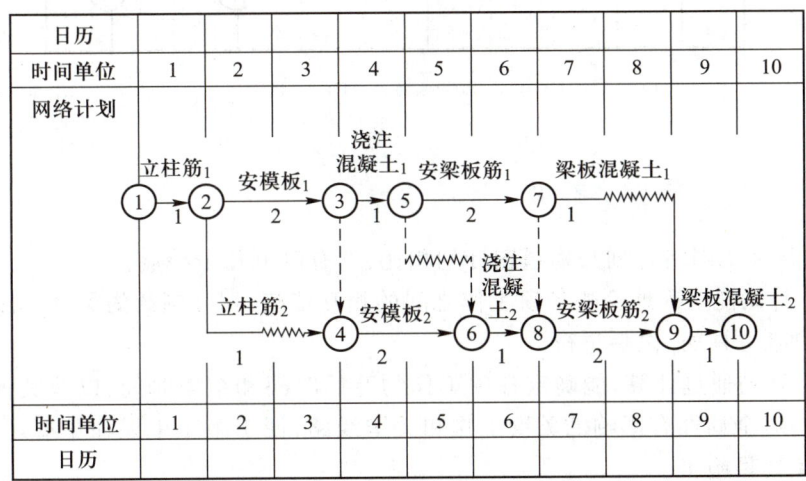

图 4.1.3 时间坐标网络计划图

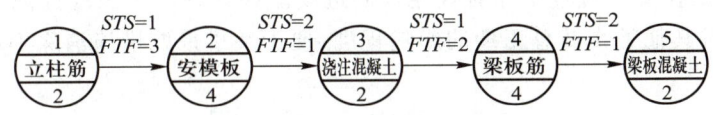

图 4.1.4 单代号搭接网络计划图

4.1.2 工程项目施工网络计划的基本原理

施工网络计划的原理是先将工程项目分成若干项工作,采用节点和箭线表达施工计划中各工作先后顺序和逻辑关系,然后通过计算确定关键工作及关键路线,接着按选定目标不断改善计划安排,并付诸实施,最后在执行过程中进行控制、监督和调整,以达到缩短工期、提高工效、降低成本、增加经济效益的目的。

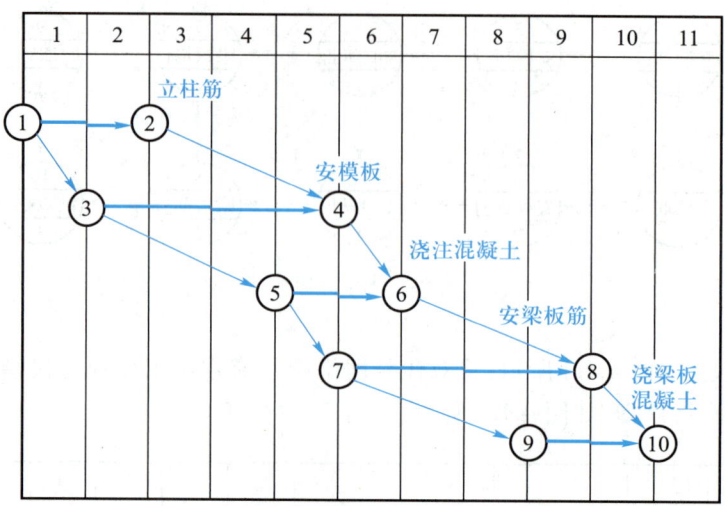

图 4.1.5 流水施工网络计划图

4.1.3 工程项目施工网络计划的特点

工程项目施工网络计划与横道图计划相比,具有以下几个特点:

① 网络计划能明确地反映各项工作之间的相互依赖、相互制约的关系。比如图 4.1.1 中安模板₁须在立柱筋₁之后进行。

② 网络计划通过计算,能确定各项工作的开始时间和结束时间,以及其他各种时间参数;并找出对全局性有影响的关键工作和关键线路,便于施工中抓住主要矛盾,确保竣工工期,避免盲目施工。

③ 网络计划可以利用非关键工作的机动时间,对复杂的网络计划进行调整与优化,调配人力、物力,达到降低成本的目的,实现计划的科学管理。

④ 网络计划在实施过程中能有效地控制进度。如某一工序因故提前或拖后时,能从计划中预测它对其他工作及总工期的影响程度,便于及早采取措施消除不利因素。

4.2 双代号网络图

 学习本节后,你将能够

1. 明确双代号网络图三要素。
2. 掌握双代号网络图的绘制方法。
3. 掌握双代号网络图时间参数的计算方法。
4. 判断关键工作和关键线路。

4.2.1 双代号网络图三要素

1. 节点

双代号网络图的节点用圆圈(○)表示。它有以下几种含义：

① 节点根据其位置不同可以表示为起点节点、终点节点和中间节点。起点节点是网络图的第一个节点，它表示一项工程的开始；终点节点是网络图的终止节点，它表示一项工程的结束；中间节点是网络图中的任何一个中间节点，它既表示其紧前各工作的结束，又表示其紧后各工作的开始，如图 4.2.1(a)、(b)所示。节点也称事件。

② 节点表示前面工作结束和后面工作开始的瞬间，节点不需要消耗时间和资源。

③ 节点内必须编号，每根箭线前后两个节点的编号表示一项工作，如图 4.2.1(b)中①和②表示挖土工作。

④ 对一个节点而言，可以有许多箭线通向该节点，这些箭线称为"内向箭线"或"内向工作"，如图 4.2.2(a)所示；同样也可以有许多箭线从同一节点出发，这些箭线称为"外向箭线"或"外向工作"，如图 4.2.2(b)所示。

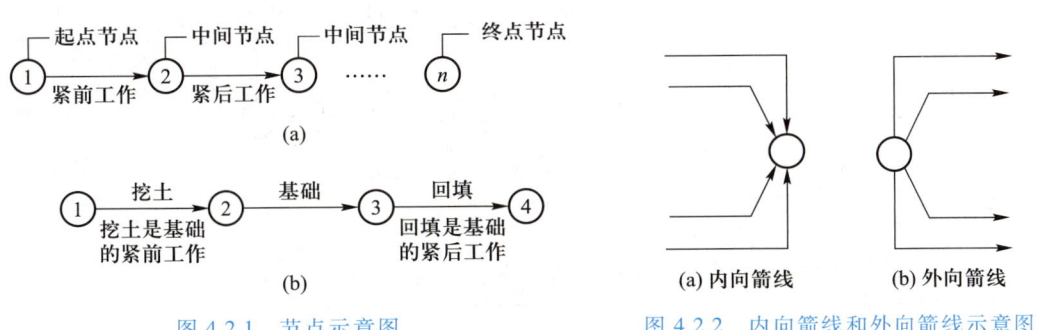

图 4.2.1 节点示意图

图 4.2.2 内向箭线和外向箭线示意图

2. 箭线

箭线可分为实箭线和虚箭线，两种箭线表达不同的含义，应用时不要混淆。

① 实箭线。一项工作或一个施工过程用一根实箭线表示，通常将工作名称标注在箭线上方，工作时间或资源数量标注在箭线的下方，箭头表示工作的结束。如图 4.2.3(a)所示。一般而言，每项工作都要消耗一定的时间及资源，只消耗时间不需要消耗资源的工作，如混凝土养护、砂浆找平层干燥等技术间歇，若为单独考虑时，也应作为一项工作对待，均用实箭线表示，如图 4.2.3(b)所示。

图 4.2.3 双代号网络图实箭线表达示意图

② 虚箭线。虚箭线既不消耗时间，也不消耗资源，它仅表示工作之间的逻辑关系，一般不标注名称，持续时间为零，表示方式如图 4.2.4 所示。

图 4.2.4　双代号网络图虚箭线两种表示方法

3. 线路和关键线路

线路是指从网络图的起点节点,顺着箭头所指的方向,通过一系列的节点和箭线不断地到达终止节点的通路。一个网络图中,从开始工作到结束工作,一般都存在着许多线路。图 4.2.5 中有 7 条线路,每条线路都包含着若干项工作,这些工作的持续时间之和就是这条线路的时间长度,即线路的总持续时间。图 4.2.5 中 7 条线路均有各自的总持续时间,见表 4-2-1。

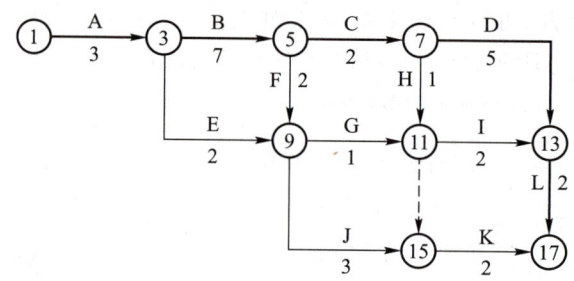

图 4.2.5　双代号网络图

表 4-2-1　各线路的总持续时间

线路	总持续时间/天	关键线路
①→③→⑤→⑦→⑬→⑰	19	19 天
①→③→⑤→⑦→⑪→⑬→⑰	17	
①→③→⑤→⑦→⑪→⑮→⑰	15	
①→③→⑤→⑨→⑪→⑬→⑰	17	
①→③→⑤→⑨→⑮→⑰	15	
①→③→⑨→⑪→⑬→⑰	10	
①→③→⑨→⑪→⑮→⑰	8	
①→③→⑨→⑮→⑰	17	
①→③→⑨→⑮→⑰	10	

一个网络图中至少存在一条线路的总时间最长,如图 4.2.5 中的工作线路①—③—⑤—⑦—⑬—⑰的持续时间决定了此网络计划的工期,这条线路是如期完成工程计划的关键所在,因此称为关键线路。在关键线路上的工作称为关键工作。一般用双线或粗线表示(如图 4.2.5 所示),其他线路长度均小于关键线路,称为非关键线路。

在一定条件下,关键线路和非关键线路会互相转化,所以关键线路不是一成不变的。若当关键工作的施工时间缩短,或非关键工作的施工时间拖延时,就有可能使关键线路发生转移。但在网络计划图中,关键工作的比重往往不宜过大,否则不利于工程组织者集中力量抓好主要矛盾。

4.2.2 双代号网络图的绘制方法

网络计划技术应用的关键是正确绘制网络计划图。网络计划图的绘制应:① 遵守绘图的基本规则;② 正确表达各种逻辑关系;③ 选择恰当的绘图排列方法。

1. 双代号网络图的绘制规则

① 双代号网络图中,一根箭线只能代表一个施工过程,一根箭线箭头节点的编号必须大于箭尾节点编号。一张网络图中节点编号顺序一般是从左至右,从上到下进行编号,节点编号不能重复,按自然数从小到大编号,也可以跳号。两个代号只能代表一个施工过程,如图 4.2.6(a)所示是错误的。

② 双代号网络图中,严禁出现循环回路。因为它会导致计划工作无结果。如图 4.2.7 中工作②——④——⑤——③形成了循环回路,它所表达的逻辑关系是错误的。

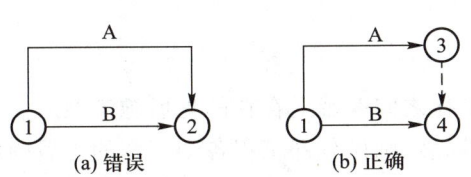

图 4.2.6　两个代号只能代表一个施工过程

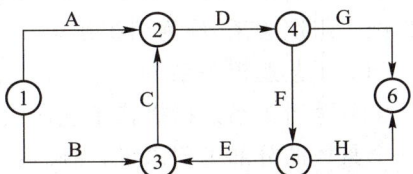

图 4.2.7　不允许出现循环回路

③ 双代号网络图中,严禁出现带双向箭头或无箭头的连线,它会导致工作顺序不明确。如图 4.2.8 中的②↔③和③—④连线都是错误的。

④ 双代号网络图中,某些节点有多条外向箭线或多条内向箭线时,在保证一项工作只有唯一的一条箭线和相应的一对节点编号的前提下,可使用母线法绘图。如图 4.2.9 所示。

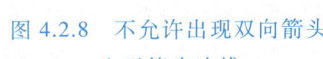

图 4.2.8　不允许出现双向箭头和无箭头连线

⑤ 绘制网络图时,当交叉不可避免时,可用过桥法或指向法。如图 4.2.10 所示。

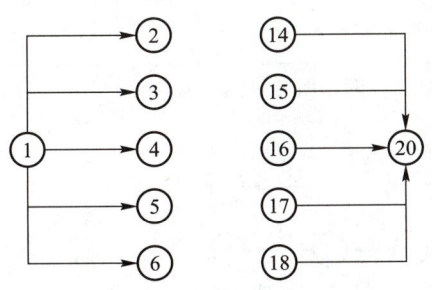

图 4.2.9　母线法

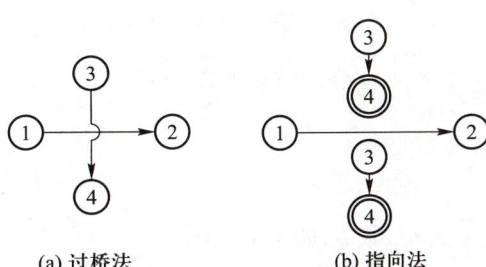

图 4.2.10　箭线交叉的处理办法

⑥ 双代号网络图中,严禁出现没有箭尾节点或没有箭头节点的箭线。如图 4.2.11 (a)、(b)所示。

⑦ 双代号网络图中只能有一个起点节点,在不分期完成任务的网络图中,只能有一个终点节点,而其他所有节点均应是中间节点。如图 4.2.12 中出现①、③两个起点节点,出现⑥、⑦两个终点节点均为错误。

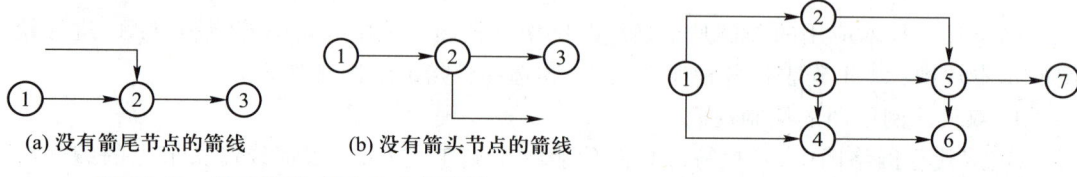

图 4.2.11　没有箭尾、箭头节点的箭线

图 4.2.12　不允许出现多个起点节点和多个终点节点

2. 网络图的逻辑关系

网络图中的逻辑关系是指网络图中所表示的各个工作之间客观上存在或主观上安排的先后顺序关系。这种顺序关系划分为两类:一类是施工工艺关系,称为工艺逻辑;另一类是施工组织关系,称为组织逻辑。

（1）工艺逻辑关系

工艺逻辑关系是指操作工艺所决定的各个工作之间客观上存在的先后施工顺序。对于一个具体的分部工程来说,当确定了施工方法以后,则该分部工程各个工作的先后顺序一般是固定的,有的是绝对不能颠倒的。例如,条形基础施工必须先挖基槽,才能施工垫层。

（2）组织逻辑关系

组织逻辑关系是指施工组织安排中,考虑机具、劳动力、材料或工期等影响,在各工作之间主观上安排的先后顺序关系。这种关系不受施工工艺的限制,不是工程性质本身决定的,而是在保证施工质量、安全和工期等前提下,在施工方案指导下,可以人为安排的顺序关系。比如有甲、乙两幢房屋基础工程的土方开挖,如果施工方案确定使用一台挖土机,那么开挖的顺序究竟是先 A 后 B、还是先 B 后 A,应该取决于施工方案所做出的决定。

（3）正确表示各种逻辑关系

在绘制网络计划时,必须正确反映各工作之间的逻辑关系,其表示方法见表 4-2-2。

表 4-2-2　各工作之间逻辑关系在网络图中的表示方法

序号	各工作之间的逻辑关系	用双代号网络图的表达方式
1	A 完成后,进行 B、C、D	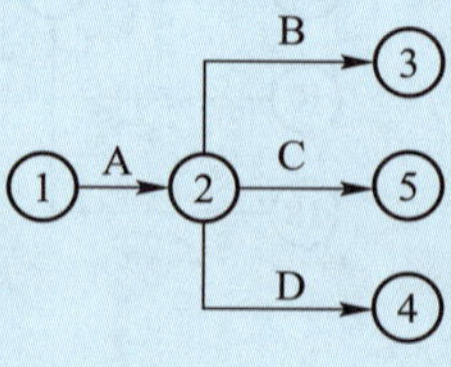

续表

序号	各工作之间的逻辑关系	用双代号网络图的表达方式
2	A、B 完成后,进行 C、D、F	
3	A、B 完成后,进行 C、D	
4	A 完成后,进行 C、D; B 完成后,进行 D、F	
5	A、B 完成后,进行 D; A、B、C 完成后,进行 E; D、E 完成后,进行 F	
6	A、B、C 活动分成三个施工段: A_1 完成后,进行 A_2、B_1; A_2 完成后,进行 A_3、B_2; B_1 完成后,进行 B_2、C_1; A_3 及 B_2 完成后,进行 B_3; B_2、C_1 完成后进行 C_2; B_3、C_2 完成后进行 C_3	

序号	各工作之间的逻辑关系	用双代号网络图的表达方式
7	A完成后,进行B; B、C完成后,进行D、E	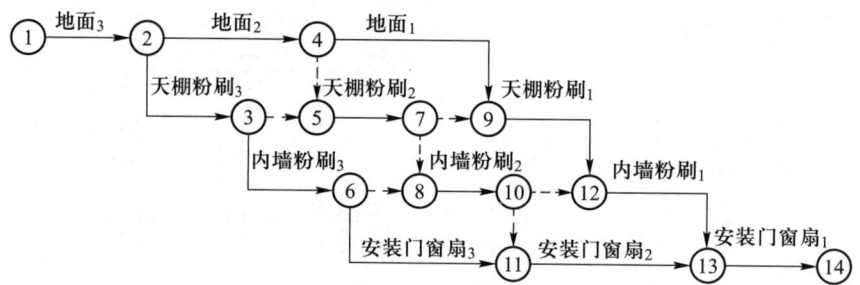

3. 双代号施工网络图的排列方法

（1）施工段按水平方向排列

这种方法是将各工作的施工段按水平方向排列,工艺顺序按垂直方向排列。其形式如图4.2.13所示。

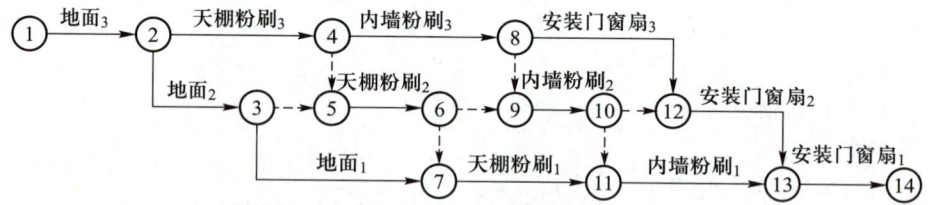

图4.2.13　施工段按水平方向排列

（2）工艺顺序按水平方向排列

这种方法是将各工作的工艺顺序按水平方向排列,施工段按垂直方向排列。其形式如图4.2.14所示。

图4.2.14　工艺顺序按水平方向排列

4. 网络图的连接

一项工程规模比较大或有多幢房屋工程的网络计划编制时,一般先编制各个分部工程网络计划图,然后根据其相互之间的逻辑关系进行连接,形成一个总体网络图。图4.2.15所示为某工程的基础、主体和装饰三个分部工程网络图连接而成的总体网络图。

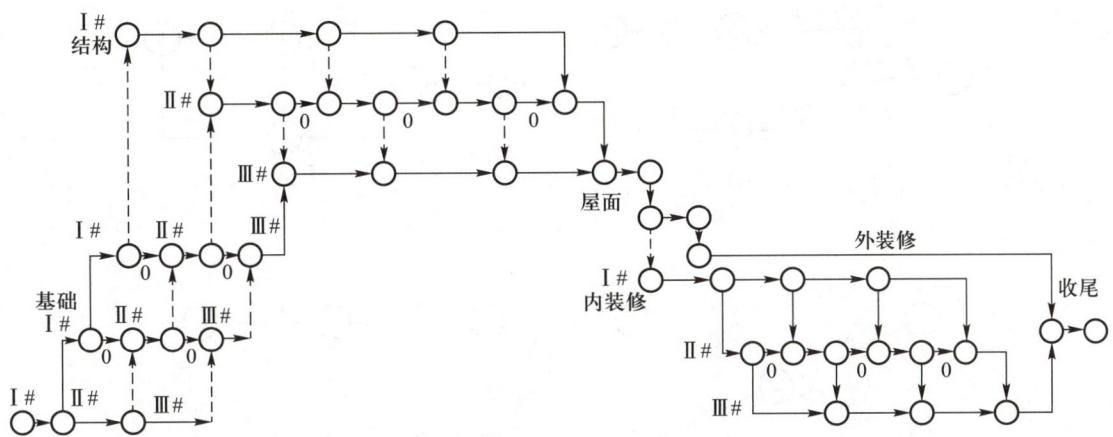

图 4.2.15　网络图的连接

说明：Ⅰ#—1段；Ⅱ#—2段；Ⅲ#—3段。

5. 绘制网络图应注意的问题

（1）构图形式要简捷、易懂

网络计划图绘制时，通常的箭线应以水平线为主，竖线、斜线为辅，如图 4.2.16（a）所示，应尽量避免用曲线，如图 4.2.16（b）所示。

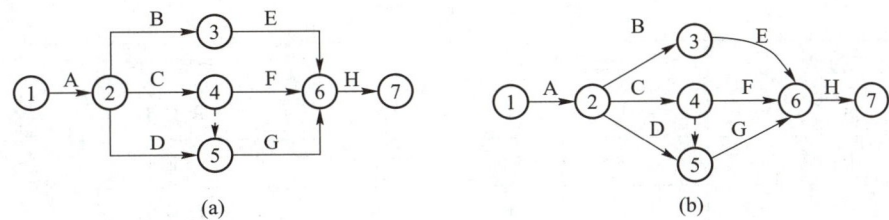

图 4.2.16　构图形式

（2）层次分明，重点突出

网络计划图绘制时，首先遵循网络图的绘制规则，画出一张符合工艺和组织逻辑关系的网络计划图初稿，在此基础上进一步检查、修改、完善、整理出一幅条理清楚、层次分明、重点突出的网络计划图。

（3）正确应用虚箭线

网络计划图绘制时，正确应用虚箭线可以使网络计划中逻辑关系更加明确、清楚，它起到"连"和"断"的作用。

① 虚箭线起"连"的作用。

应用虚箭线连接逻辑关系：如图 4.2.17（a）所示的 B 和 E 工作无联系，如果 E 工作必须在 B 工作完成后进行，那么就要增加虚箭线，如图 4.2.17（b）所示。

② 虚箭线起"断"的作用。

应用虚箭线切断逻辑关系：如图 4.2.18（a）所示的 A、B 工作的紧后工作 C、D 工作，如果要去掉 A 工作与 D 工作的联系，那么就要增加虚箭线，增加节点，如图 4.2.18（b）所示。

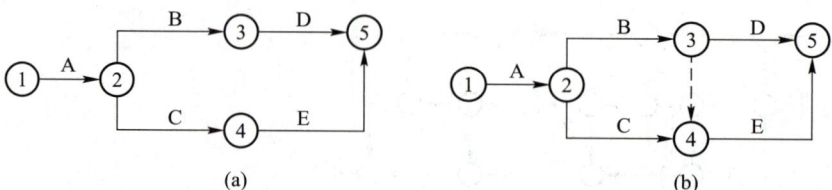

图 4.2.17 虚箭线连接逻辑关系

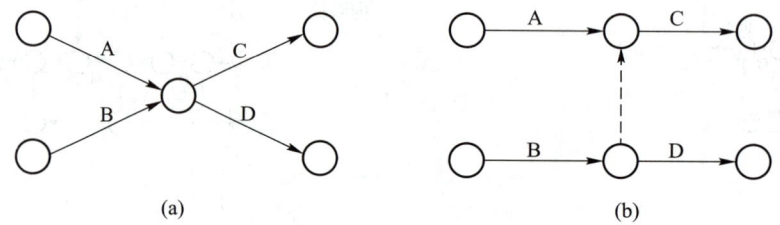

图 4.2.18 虚箭线切断逻辑关系

6. 双代号网络图的示例

由表 4-2-3 中各工作的逻辑关系，绘制出的双代号网络图并进行节点编号，如图 4.2.19 所示。

表 4-2-3　工作逻辑关系

施工过程	紧前工作	紧后工作
A	—	B、C、D
B	A	E
C	A	F、G、E
D	A	G
E	B、C	H
F	C	J
G	C、D	I
H	E	J
I	G	J
J	F、H、I	—

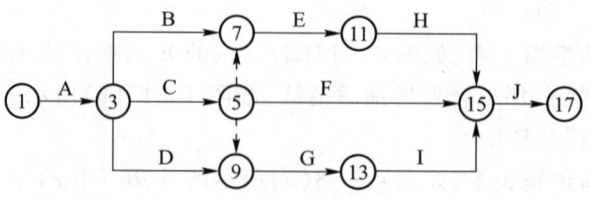

图 4.2.19　表 4-2-3 所示工作的双代号网络图

4.2.3 双代号网络图时间参数的计算与关键线路的确定

1. 各时间参数的含义

(1) 工作持续时间(duration)

工作持续时间就是一项工作或施工过程从开始到完成所需的时间,以符号 D_{i-j} 表示。

(2) 工作的最早开始时间(earliest start time)

工作的最早开始时间就是在紧前工作全部完成后,本工作有可能开始的最早时刻,以符号 ES_{i-j} 表示。

(3) 工作的最早完成时间(earliest finish time)

工作最早完成时间就是在紧前工作全部完成后,本工作有可能完成的最早时刻,以符号 EF_{i-j} 表示。

(4) 工作的最迟开始时间(latest start time)

工作最迟开始时间就是在不影响整个任务按期完成的条件下,工作必须开始的最迟时刻,以符合 LS_{i-j} 表示。

(5) 工作最迟完成时间(latest finish time)

工作最迟完成时间就是在不影响整个任务按期完成的条件下,工作必须完成的最迟时刻,以符号 LF_{i-j} 表示。

(6) 事件(event)

事件就是工作开始或完成的时间点。

(7) 节点最早时间(earliest event time)

节点最早时间就是以该节点为起点节点的各项工作的最早开始时间。以符号 ET_i 表示。

(8) 节点最迟时间(latest event time)

节点最迟时间就是以该节点为完成节点的各项工作的最迟完成时间,以符号 LT_i 表示。

(9) 工作的自由时差(free float)

工作的自由时差就是各项工作按最早时间开始,且不影响其紧后工作最早开始时间的条件下本工作所具有的机动时间(富余时间),以符号 FF_{i-j} 表示。

(10) 工作的总时差(total float)

工作的总时差就是各项工作在不影响总工期的前提下,本工作可以利用的机动时间,以符号 TF_{i-j} 表示。

(11) 计算工期(calculated project duration)

计算工期就是根据时间参数计算所得到的工期,以符号 T_c 表示。

(12) 要求工期(required project duration)

要求工期就是项目法人在合同中所要求的工期,以符号 T_r 表示。

(13) 计划工期(planed project time)

计划工期就是在要求工期和计算工期的基础上综合考虑所确定的作为实施目标的工期,以符号 T_p 表示。($T_p \leq T_r$)

2. 计算网络图时间参数目的

① 确定关键线路,使工作能抓住主要矛盾,向关键线路要时间。

② 确定非关键线路上的富余时间,明确非关键工作存在多少机动时间,向非关键线路要劳力、要资源。

③ 确定总工期,做到工程进度心中有数。

3. 双代号网络图时间参数计算

计算双代号网络图的时间参数的方法有工作计算法和节点计算法,计算手段有分析法、图上作业法、表上作业法、矩阵法、电算法等。

(1) 节点计算的分析法

① 计算节点最早时间 ET_i。

通常规定网络计划起点节点的最早开始时间为零,其他节点的最早开始时间应从网络计划的起点节点开始,顺着箭线方向依次逐项计算取各线路各个工作作业时间之和中的最大者。其计算公式如下:

4-1:例
计算节点
最早时间

$$ET_i = 0 \ (i \text{ 为起点节点编号}) \tag{4.1}$$

$$ET_j = \max\{ET_i + D_{i-j}\} \tag{4.2}$$

② 计算节点最迟时间 LT_i。

通常节点的最迟时间应从网络计划的终点节点开始,逆着箭线的方向依次逐项计算。终点节点 n 的最迟时间 LF_n 应按网络计划的计划工期 T_p 确定,即:

4-2:例
计算节点
最迟时间

$$LT_n = T_p \tag{4.3}$$

其他节点的最迟时间 LT_i 应为

$$LT_i = \min\{LT_j - D_{i-j}\} \tag{4.4}$$

式中 LT_j——工作 ⓘ→ⓙ 的箭头节点 j 的最迟时间。

③ 计算工作 ⓘ→ⓙ 的自由时差 FF_{i-j}。

工作 ⓘ→ⓙ 的自由时差 FF_{i-j} 应按下式计算:

4-3:例
计算自由
时差

$$FF_{i-j} = ET_j - ET_i - D_{i-j} \tag{4.5}$$

④ 计算工作 ⓘ→ⓙ 的总时差 TF_{i-j}。

工作 ⓘ→ⓙ 的总时差 TF_{i-j} 应按下式计算:

$$TF_{i-j} = LT_j - ET_i - D_{i-j} \tag{4.6}$$

(2) 工作计算的分析法

① 计算工作的最早开始时间 ES_{i-j}。

4-4:例
计算总
时差

工作最早开始时间应从网络计划的起点节点开始顺着箭线方向依次逐项计算。

以起点节点 i 为箭尾节点的工作 ⓘ→ⓙ,当未规定其最早开始时间 ES_{i-j} 时,其值应等于 0,即:

$$ES_{i-j} = 0 \ (i \text{ 为起点节点}) \tag{4.7}$$

4-5:例
计算最早
开始时间

其他工作的最早开始时间 ES_{i-j} 应为:

$$ES_{i-j} = \max\{ES_{h-i} + D_{h-i}\} \tag{4.8}$$

或

$$ES_{i-j} = ET_i \tag{4.9}$$

式中 ES_{h-i}——工作 ⓘ→ⓙ 的紧前各项工作 ⓗ→ⓘ 的最早开始时间;

D_{h-i}——工作$i→j$的紧前各项工作$h→i$的持续时间。

② 计算工作的最早完成时间 EF_{i-j}。

工作$i→j$的最早完成时间 EF_{i-j} 应按下式计算：
$$EF_{i-j} = ES_{i-j} + D_{i-j} \tag{4.10}$$

网络计划的计算工期 T_c 应按下式计算：
$$T_c = \max \{EF_{i-n}\} \tag{4.11}$$

4-6：例
计算最早
完成时间

式中 EF_{i-n}——以终点节点($j=n$)为箭头节点的工作 $i-n$ 的最早完成时间。

网络计划的计划工期 T_p 的计算应按下列情况分别确定：

当已规定了要求工期 T_r 时： $T_p \leq T_r$ (4.12)

当未规定要求工期 T_r 时： $T_p = T_c$ (4.13)

③ 计算工作最迟完成时间 LF_{i-j}。

工作$i→j$最迟完成时间 LF_{i-j} 应从网络计划的终点节点开始，逆着箭线方向依次逐项计算。以终点节点($j=n$)为箭头节点的工作的最迟完成时间 LF_{i-n}，应按网络计划的计划工期 T_p 确定，即：
$$LF_{i-n} = T_p \tag{4.14}$$

4-7：例
计算最迟
完成时间

$T_p \leq T_r$ （规定了要求工期）

$T_p = T_c$ （未规定工期）

其他工作$i→j$的最迟完成时间 LF_{i-j} 应为：
$$LF_{i-j} = \min \{LF_{j-k} - D_{j-k}\} \tag{4.15}$$

或
$$LF_{i-j} = LT_j \tag{4.16}$$

式中 LF_{j-k}——工作$i→j$的紧后各项工作$j→k$的最迟完成时间；

D_{j-k}——工作$i→j$的紧后各项工作$j→k$的持续时间。

④ 计算工作的最迟开始时间 LS_{i-j}。

工作$i→j$的最迟开始时间应按下式计算：
$$LS_{i-j} = LF_{i-j} - D_{i-j} \tag{4.17}$$

4-8：例
计算最迟
开始时间

⑤ 计算工作$i→j$的自由时差 FF_{i-j}。

工作$i→j$的自由时差 FF_{i-j} 应按下式计算：
$$FF_{i-j} = ES_{j-k} - ES_{i-j} - D_{i-j} \tag{4.18}$$

或
$$FF_{i-j} = ES_{j-k} - EF_{i-j} \tag{4.19}$$

式中 ES_{j-k}——工作$i→j$的紧后工作最早开始时间。

4-9：例
计算自由
时差

⑥ 计算工作$i→j$的总时差 TF_{i-j}。

工作$i→j$的总时差 TF_{i-j} 应按下式计算：
$$TF_{i-j} = LS_{i-j} - ES_{i-j} \tag{4.20}$$

或
$$TF_{i-j} = LF_{i-j} - EF_{i-j} \tag{4.21}$$

4-10：例
计算总时差

⑦ 关键线路的确定。

网络计划中总时差最小的工作称为关键工作。在网络图上通常用双线或粗线标示，关键工作连成的自始至终的线路,就是关键线路。在工程进度管理中,应把关键工作作为重点来抓,保证各项工作如期完成,同时要注意挖掘非关键工作的潜力,合理安排资源,节省工程费用。关键线路有以下特点:

a. 关键线路在网络计划中不一定只有一条,有时存在两条或两条以上;

b. 若合同工期等于计算工期时,关键线路上的工作总时差等于零;

c. 关键线路以外的工作称非关键工作,如果非关键线路上的工作时间延长且超过它的总时差时,关键线路就变成非关键线路。

(3) 图上作业法

图上作业法就是直接在网络图上计算时间参数的一种方法。它是根据分析法的计算公式,边计算边将所得时间参数填入图中相应的位置上,比较直观、简便,所以较小的网络图手算一般都采用此种方法。

① 时间标注形式。

双代号网络计划的图上作业法,根据所计算的时间参数内容不同,可以分为节点时间计算法和工作时间计算法两种标注形式,如图 4.2.21(a)、(b)所示。

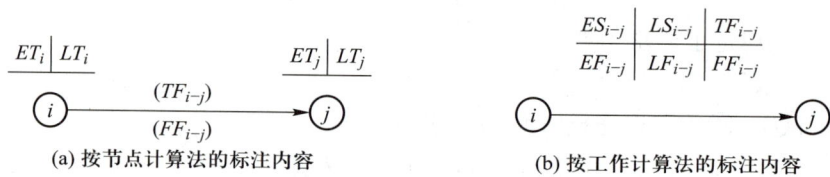

(a) 按节点计算法的标注内容　　(b) 按工作计算法的标注内容

图 4.2.21　图上作业法

② 图上计算时间参数。

a. 按节点计算法计算时间参数

(a) 计算节点最早时间。

起点节点:网络图中一般规定起点节点的最早时间为 0,把 0 注在起点节点的左上方位置上,如图 4.2.22 中节点①。

中间节点和终点节点:网络图中间节点和终点节点的最早时间可采用"沿线累加、逢圈取大"的计算方法,也就是从网络图的第一个节点起,沿着每条线路将各工作的作业时间累加起来,在每一个圆圈(即节点)处取到达该圆圈的各条线路累计时间的最大值,就是该节点的最早时间。将计算结果直接标注在相应的节点左上方,如图 4.2.22 所示。

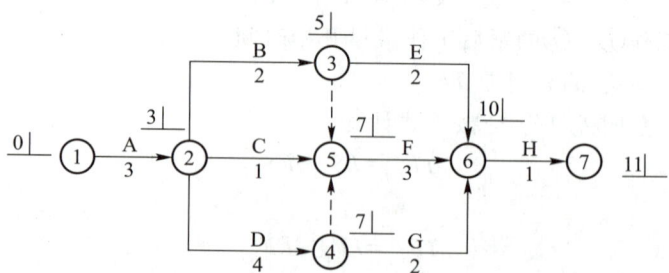

图 4.2.22　图上计算节点最早时间

(b) 计算节点最迟时间。

节点最迟时间的计算,是以网络图的终点节点逆箭头方向,从右到左逐个节点进行计算,并将计算的结果标注在相应节点右上方。

终点节点:当网络计划有规定工期时(计划工期<要求工期),终点节点的最迟时间就等于规定工期。当没有规定工期时,终点节点的最迟时间等于终点节点最早时间(计算工期)。

中间节点和起点节点:网络图中间节点和起点节点的最迟时间可采用"逆线累减、逢圈取小"的计算方法,也就是以网络图的终点节点 n 逆着每条线路将计划总工期依次减去各工作的作业时间,在每一圆圈上取其后续线路累减时间的最小值,就是该节点的最迟时间。将计算结果标注在相应节点的右上方。如图 4.2.23 所示。

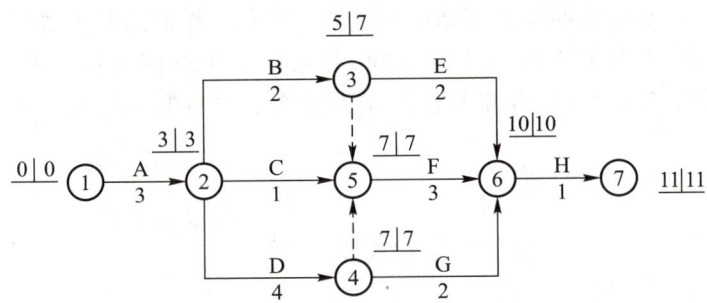

图 4.2.23 图上计算节点最迟时间

(c) 图上计算自由时差。

在节点计算法中自由时差等于本道工作右节点最早时间减去左节点最早时间再减去本道工作作业时间,将其结果标注在箭线下方括弧内,如图 4.2.24 所示。

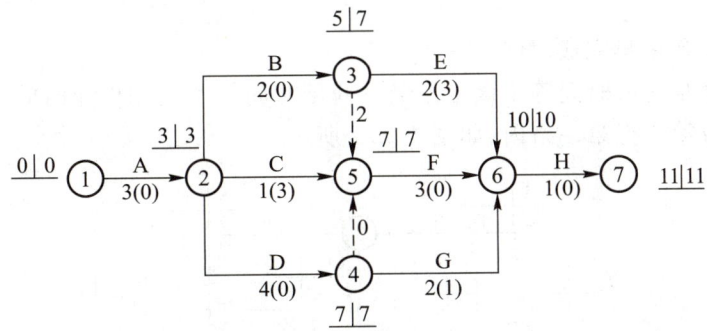

图 4.2.24 图上计算工作自由时差

(d) 图上计算工作总时差。

在节点计算法中总时差等于该工作的右节点最迟时间减去左节点最早时间再减去本道工作作业时间。将其计算结果标注在箭线上方括弧内,如图 4.2.25 所示。

b. 按工作计算法计算时间参数

(a) 计算工作最早开始时间。

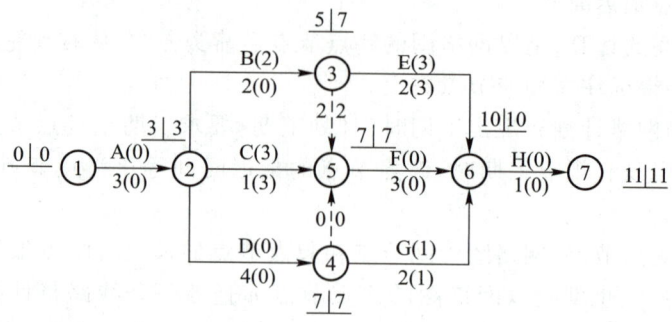

图 4.2.25 图上计算工作总时差

网络图的第一项工作的最早开始时间为零,其余工作的最早开始时间等于紧前工作最早开始时间加上紧前工作的作业时间,若紧前工作有两项以上者,应取其中大者作为本道工作最早开始时间,并将其标注在本箭线上方的第一行第一格内,如图 4.2.26 所示。

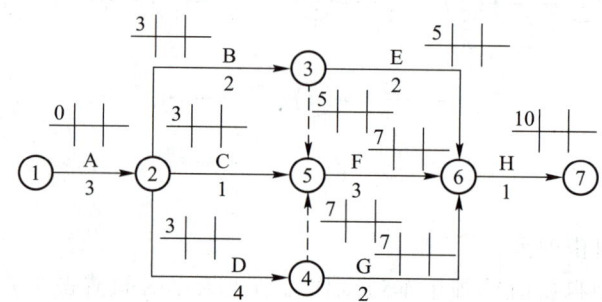

图 4.2.26 图上计算工作最早开始时间

(b) 计算工作最早完成时间。

每项工作最早完成时间等于该工作最早开始时间与本工作作业时间之和,计算结果标注在箭线上方第二行第一格内,如图 4.2.27 所示。

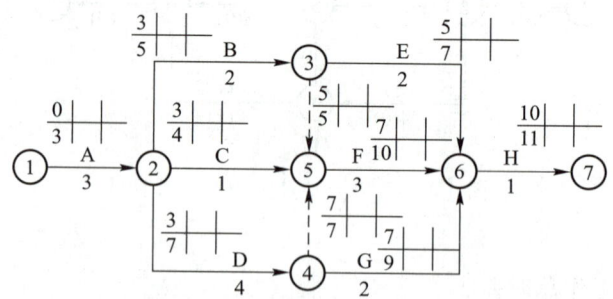

图 4.2.27 图上计算工作最早完成时间

(c) 计算工作最迟完成时间。

当工期无要求时,最后一项工作的最迟完成时间等于计算工期,其余工作的最迟完成时间等于紧后工作最迟完成时间减去紧后工作作业时间,若紧后工作有两项以上,应取其中小者作为本道工作最迟完成时间,并将其标注在箭线上方第二行第二格内,如图 4.2.28 所示。

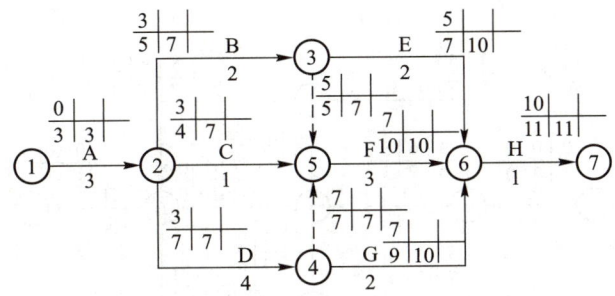

图 4.2.28　图上计算工作最迟完成时间

（d）图上计算工作最迟开始时间。

工作最迟开始时间等于该工作最迟结束时间减去本工作作业时间,计算结果标注在箭线上方第一行第二格内,如图 4.2.29 所示。

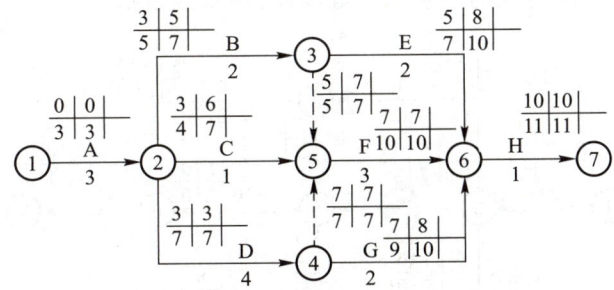

图 4.2.29　图上计算工作最迟开始时间

（e）图上计算工作自由时差。

在工作计算法中,自由时差等于紧后工作的最早开始时间减去本道工作的最早完成时间,将其计算结果标注在箭线上方第二行第三格内。如图 4.2.30 所示。

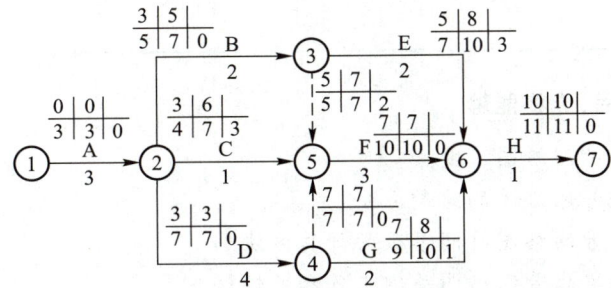

图 4.2.30　图上计算工作自由时差

(f) 图上计算工作总时差。

在工作计算法中,总时差等于本工作最迟开始时间减去本工作最早开始时间;或等于本工作最迟完成时间减去本工作最早完成时间。将其结果标注在第一行第三格内。如图 4.2.31 所示。

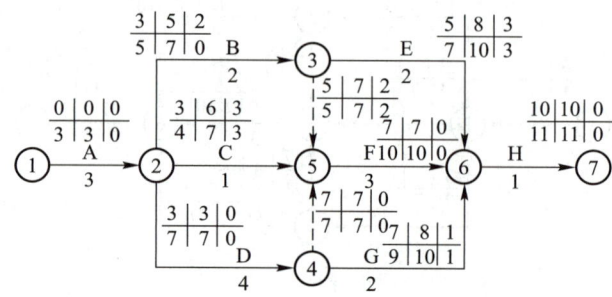

图 4.2.31　图上计算工作总时差

(g) 关键线路。

图 4.2.31 中总时差最小是零,因此该图中总时差为零的工作即为关键工作,用双线表示,如图 4.2.32 所示而连成的线路为关键线路,用双线表示。

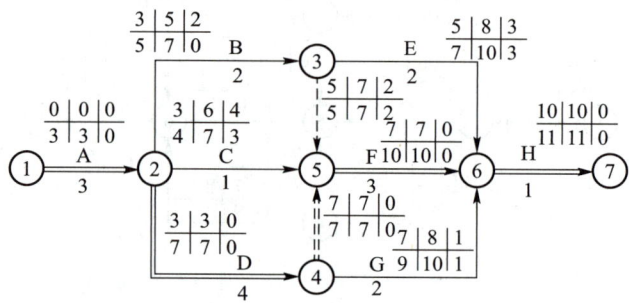

图 4.2.32　关键线路示意图

4.3　单代号网络图

　学习本节后,你将能够

1. 明确单代号网络图三要素。
2. 掌握单代号网络图的绘制方法。
3. 掌握单代号网络图时间参数的计算方法。
4. 能够判断单代号网络图关键工作和关键线路。

单代号网络图也称节点网络图,它是网络计划的一种表示方法。它是用圆圈或方框代表一项工作,将工作代号、工作名称和完成工作所需要的时间写在圆圈或方框里面,箭线仅用来表示工作之间的逻辑关系。用这种表示方法将一项工程中所有工作按先后顺序及相互之间的逻辑关系,从左至右绘制而成的图形,就叫单代号网络图,用这种网络图表示的计划称为单代号网络计划。

图 4.3.1 为一单代号网络图的示例,图 4.3.2 是常见的两种单代号表示法。

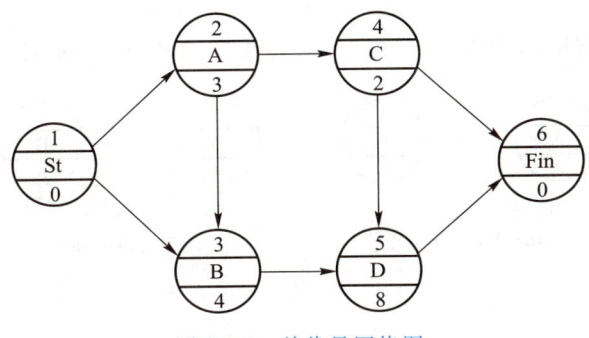

图 4.3.1 单代号网络图

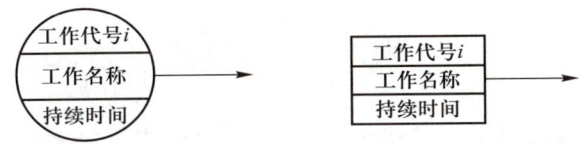

图 4.3.2 单代号网络图工作的表示方法

4.3.1 单代号网络图的三要素

单代号网络图由节点、箭线、线路三个基本要素组成,如图 4.3.1 所示。

1. 节点

单代号网络图中,每一个节点表示一项工作,用圆圈或矩形表示。节点所表示的工作名称、持续时间和工作代号均标注在节点内。如图 4.3.2 所示。

2. 箭线

单代号网络图中,箭线表示紧邻工作之间的逻辑关系(图 4.3.2),箭线可画成水平直线、折线或斜线。箭线水平投影的方向自左向右,表示工作的行进方向。

3. 线路

单代号网络图的线路同双代号网络图的线路的含义是相同的。即从网络计划起点节点到终点节点之间持续时间最长的线路叫关键线路。

4.3.2 单代号网络图的绘制方法

1. 单代号网络图的绘制规则

① 单代号网络图中的节点必须编号。编号标注在节点内上方,其号码可以跳号,但严禁重复。箭线的箭尾节点编号应小于箭头节点编号,如图 4.3.3 所示。

② 严禁出现双向箭头或无箭头的连线,如图 4.3.4 所示。

图 4.3.3　单代号网络图的编号标注

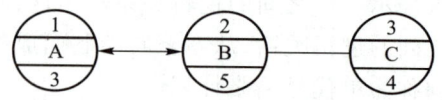
图 4.3.4　不允许出现双向箭头和无箭头连线

③ 严禁出现没有箭尾节点的箭线和没有箭头节点的箭线,如图 4.3.5(a)、(b)所示。

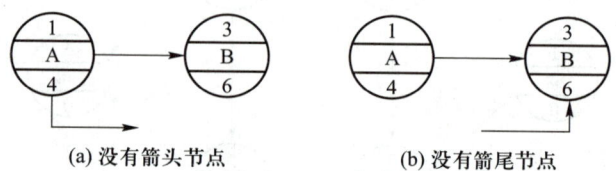

(a) 没有箭头节点　　　　(b) 没有箭尾节点

图 4.3.5　没有箭头节点和没有箭尾节点

④ 绘制网络图时,箭线尽量不要交叉,当交叉不可避免时,可采用过桥法和指向法绘制,如图 4.3.6(a)、(b)所示。

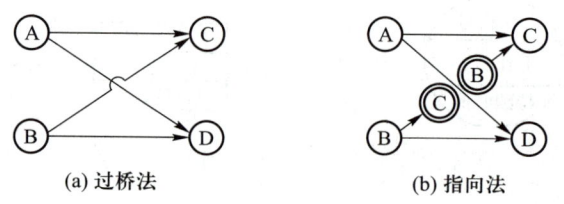

(a) 过桥法　　　　(b) 指向法

图 4.3.6　箭线交叉时处理方法

⑤ 单代号网络图中只能有一个起点节点和一个终点节点,当网络图中有多项起点节点或多项终点节点时,应在网络图的两端分别设置一虚拟节点,作为网络图的起点节点(St)和终点节点(Fin),如图 4.3.7(a)、(b)所示。

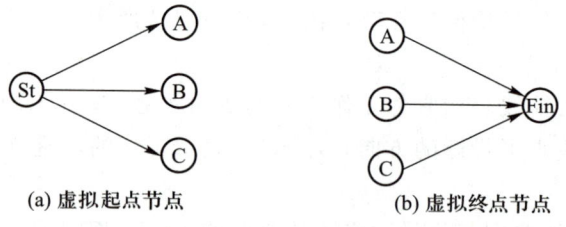

(a) 虚拟起点节点　　　　(b) 虚拟终点节点

图 4.3.7　虚拟节点表示法

⑥ 严禁出现循环回路。

2. 正确表示各种逻辑关系

根据工程计划中各工作的工艺、组织等逻辑关系来确定其紧前紧后工作的关系,见表 4-3-1 所示。

表 4-3-1 各工作之间的逻辑关系在网络图中的表示方法

序号	工作间的逻辑关系	单代号表示方法
1	A、B 两项工作，依次进行施工	A→B
2	A、B、C 三项工作，同时开始施工	St→A, St→B, St→C
3	A、B、C 三项工作，同时结束施工	A→Fin, B→Fin, C→Fin
4	A、B、C 三项工作，只有 A 完成之后，B、C 才能开始	A→B, A→C
5	A、B、C 三项工作，C 工作只能在 A、B 完成之后开始	A→C, B→C
6	A、B、C、D 四项工作，当 A、B 完成之后，C、D 才能开始	A→C, A→D, B→C, B→D

4.3.3 单代号网络图与双代号网络图的比较

1. 易于修改

单代号网络图具有便于说明，容易被非专业人员所理解和易于修改的优点。

2. 没有虚箭线

单代号网络图作图方便，图面简洁，不必增加虚箭线，与双代号网络图相比，不容易产生逻辑错误。

3. 无法与时间坐标相结合

单代号网络图用节点表示工作,没有长度概念,与双代号网络图相比不够形象,不便于绘制带时间坐标网络计划。

4. 单代号和双代号网络图均适宜于应用计算机绘制计算、优化和调整。

由于单代号和双代号网络图具有上述各自的优缺点,且两种表示法在不同情况下,其表现的繁简程度是不同的。有些情况下,应用单代号表示法较为简单;有些情况下,使用双代号表示法则更为清楚。因此,单代号和双代号网络图是两种互为补充、各具特色的表现方法。

4.3.4 单代号网络图的计算

单代号网络图的计算内容和时间参数的意义与双代号网络图基本相同,但计算步骤略有区别。单代号网络图时间参数共有7个,其内容包括:工作最早开始时间,工作最早结束时间,工作最迟开始时间,工作最迟完成时间,工作自由时差,工作总时差,前后工作的时间间隔。

计算单代号网络图时间参数的方法有:分析法、图上作业法、表上作业法、矩阵法、电算法等,本节只介绍前两种计算法。

1. 分析法

单代号网络图分析计算的公式采用下列符号进行计算。

(1) 常用符号

ES_i——i 工作最早开始时间;

EF_i——i 工作最早完成时间;

LS_i——i 工作最迟开始时间;

LF_i——i 工作最迟完成时间;

TF_i——i 工作的总时差;

FF_i——i 工作的自由时差;

$LAG_{i,j}$——相邻两项工作 i 和 j 之间的时间间隔。

(2) 各种时间参数的计算

① 工作(或节点)的最早开始时间(ES_i)。

工作 i 的最早开始时间应从网络图的起点节点开始,顺着箭线方向依次逐项计算。当起点节点 i 的最早开始时间 ES_i 无规定时,其值应等于零,其他工作的最早开始时间等于它的各紧前工作的最早完成时间的最大值。其计算公式如下:

$$ES_i = 0 \quad (\text{起点节点}) \qquad (4.22)$$

$$ES_i = \max\{EF_h\} \quad (h<i) \qquad (4.23)$$

或

$$ES_i = \max\{ES_h + D_h\}$$

式中　ES_h——工作 i 的各项紧前工作 h 的最早开始时间;

　　　D_h——工作 i 的各项紧前工作 h 的持续时间。

② 工作最早完成时间(EF_i)。

工作(或节点)的最早完成时间等于其最早开始时间和本工作作业时间之和。其计算公式如下：

$$EF_i = ES_i + D_i \tag{4.24}$$

$$T_c = EF_n（终点节点） \tag{4.25}$$

式中 T_c——网络计划计算工期。

③ 工作的最迟完成时间（LF_i）。

工作（或节点）的最迟完成时间应从网络计划的终点节点开始，逆着箭线方向依次逐项计算。终点节点所代表的工作 n 的最迟完成时间 LF_n，应按网络计划的计划工期 T_p 确定。其他工作 i 的最迟完成时间等于其紧后工作最迟开始时间的最小值。其计算公式如下：

$$LF_n = T_p（T_p 为计划工期） \tag{4.26}$$

$$LF_n = T_c（当工期无规定时）$$

$$LF_i = \min\{LS_j\}（i<j） \tag{4.27}$$

④ 工作的最迟开始时间（LS_i）。

工作（或节点）的最迟开始时间等于其最迟完成时间减去本工作作业时间，其计算公式如下：

$$LS_i = LF_i - D_i \tag{4.28}$$

⑤ 相邻两项工作 i 和 j 之间的时间间隔（$LAG_{i,j}$）。

工作 i 的最早完成时间与其紧后工作 j 的最早开始时间的差，称为工作 i-j 之间的时间间隔，用 $LAG_{i,j}$ 表示，其计算公式如下：

$$LAG_{i,n} = T_p - EF_i（终点节点） \tag{4.29}$$

$$LAG_{i,j} = ES_j - EF_i（其他节点） \tag{4.30}$$

⑥ 工作的自由时差（FF_i）。

工作的自由时差是在不影响紧后工作最早开始的条件下，工作所具有的机动的时间。自由时差等于紧后工作最早开始时间减去本工作最早结束时间，若紧后工作两项以上，应取最小值。自由时差也可取该工作与紧后诸工作时间间隔的最小值。其计算公式如下：

$$FF_i = \min(ES_j - EF_i)（i<j） \tag{4.31}$$

$$FF_i = \min(LAG_{i,j}) \tag{4.32}$$

⑦ 工作总时差（TF_i）。

工作总时差是在不影响计划工期或不影响紧后工作最迟必须开始的条件下，工作所具有的机动时间。工作总时差等于工作的最迟开始时间减去工作最早开始时间。工作总时差可以用该项工作与紧后工作的时间间隔 $LAG_{i,j}$ 与紧后工作的总时差 TF_j 之和来表示，当紧后工作有多项时应取其中最小值，其计算公式如下：

$$TF_i = LS_i - ES_i \tag{4.33}$$

$$TF_i = LF_i - EF_i$$

$$TF_i = \min\{TF_j + LAG_{i,j}\} \tag{4.34}$$

4-11：例时间参数计算实例

2. 图上作业法

单代号网络图的图上作业法是根据分析法的公式，边计算边将所得时间参数按图 4.3.9（a）或（b）所示的方式标注。下面通过题例说明图上作业方法。

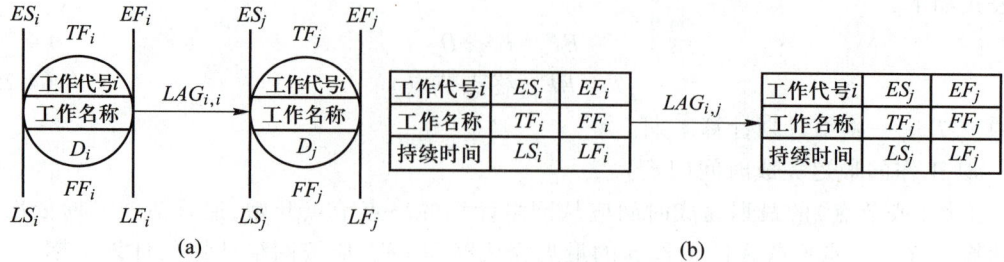

图 4.3.9　图上作业法示意图

第一步,计算工作最早开始时间和最早完成时间。

① 起点节点的最早开始时间为零,其余节点的最早开始时间均等于紧前工作的最早完成时间的最大者。

② 每道工作的最早完成时间等于本道工作最早开始时间与本道工作作业时间之和。将上述计算结果标注在节点的左上方、右上方,如图 4.3.10 所示。

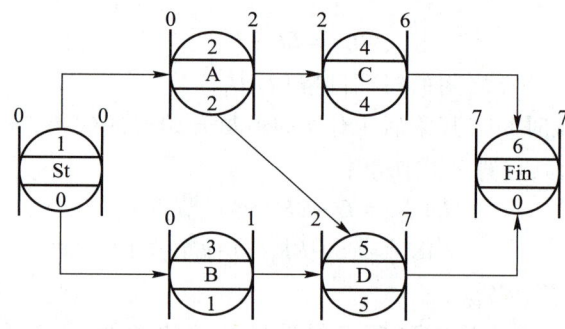

图 4.3.10　图上计算最早开始和最早完成时间

第二步,计算工作的最迟完成时间和最迟开始时间。

假设终点节点的最迟完成时间等于计算工期,其余节点的最迟完成时间等于紧后工作最迟开始时间的最小者。每道工作的最迟开始时间等于本道工作最迟完成时间减去本道工作作业时间。将上述计算结果标注在节点的左下方和右下方,如图 4.3.11 所示。

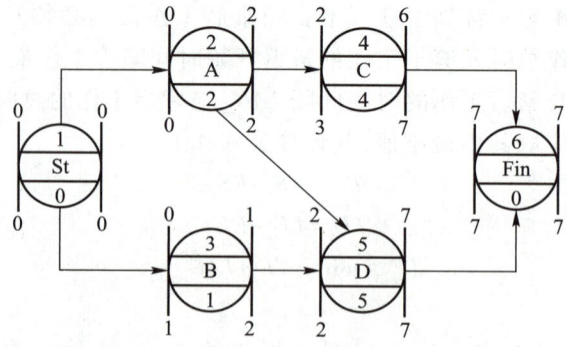

图 4.3.11　图上计算最迟完成和最迟开始时间

第三步,计算ⓘ→ⓙ工作之间的间隔时间。

前后两项工作的时间间隔是等于后一项工作的最早开始时间减去前面一项工作的最早完成时间。将上述计算结果标注在两项工作之间的箭线的上方,如图 4.3.12 所示。

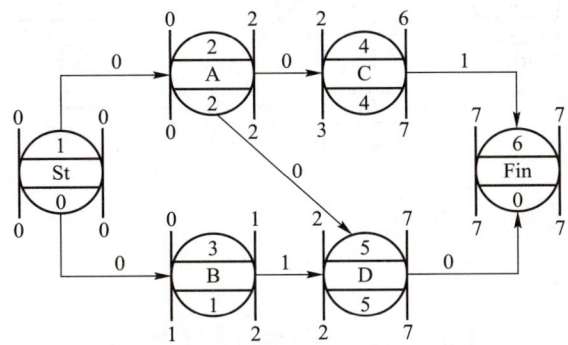

图 4.3.12　图上计算工作之间的间隔时间

第四步,计算工作的自由时差。

根据自由时差的定义,在不影响紧后工作最早开始的条件下,工作所具有的机动时间。因此,任意一项工作的自由时差应取该工作与紧后工作时间间隔的最小值,将上述结果标注在节点的正下方,如图 4.3.13 所示。

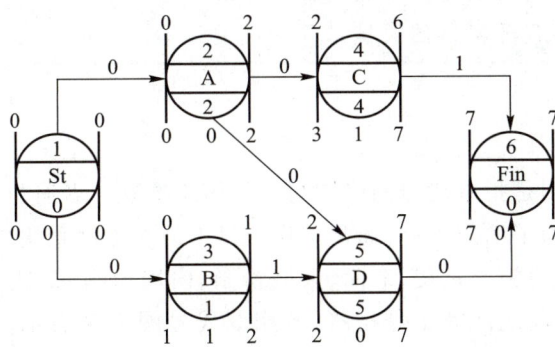

图 4.3.13　图上计算工作自由时差

第五步,计算工作的总时差。

工作的总时差等于本道工作的最迟开始时间减去本道工作的最早开始时间,或等于本道工作的最迟结束时间减去本道工作的最迟开始时间。将其计算结果标注在节点的正上方,如图4.3.14 所示。

第六步,确定关键线路。

在图 4.3.14 中找出总时差最小的工作就是关键工作,从起点节点到终点节点由关键工作和时间间隔为 0 的箭线。连成的线路就是关键线路,用粗线标注。如图 4.3.14 所示。

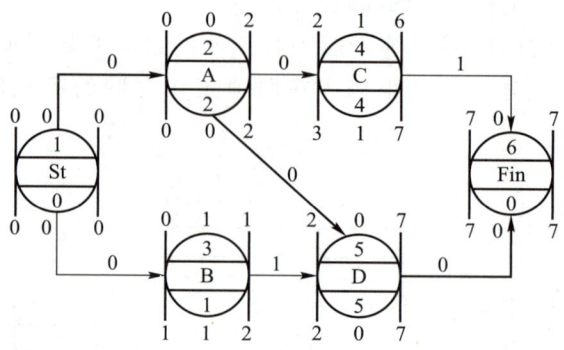

图 4.3.14　图上计算工作总时差

4.4　单代号搭接网络图

> 　学习本节后,你将能够
>
> 1. 明确单代号搭接网络图概念。
> 2. 掌握单代号搭接网络图的表达方法。
> 3. 掌握单代号网络图时间参数的计算方法。
> 4. 能够判断单代号网络图关键工作和关键线路。

4.4.1　概念

单代号搭接网络图是指单代号网络图与搭接施工原理二者有机结合起来应用的一种网络图的表示方法。为了缩短工期,通常工程项目中许多工序采用平行搭接的方式进行。例如,某装饰工程有四道施工过程,地面、天棚粉刷、内墙粉刷、安装门窗扇。若分为三个施工段施工时,各施工段之间的工作搭接,若用双代号网络来表示,必须使用虚箭线才能严格表示它们的逻辑关系,如图 4.4.1 所示。从图中可看出,当施工段和施工过程较多时,虚箭线也相应多了,这不仅增加了绘图和计算工作量,还会使画面复杂,容易产生逻辑错误。

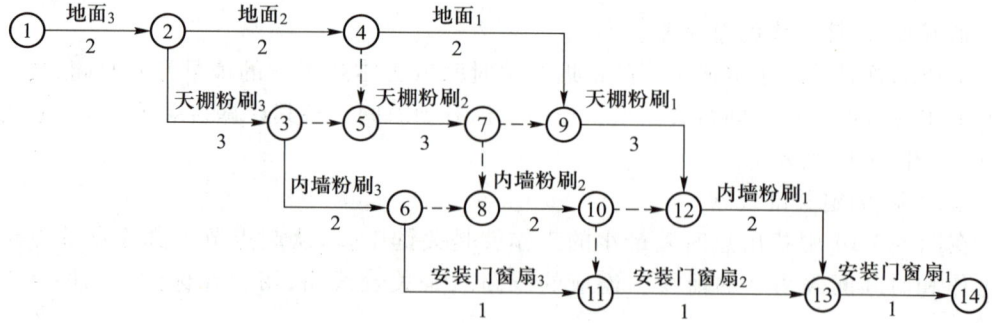

图 4.4.1　某装饰工程双代号网络计划

现将图 4.4.1 内容改为用单代号搭接网络来表达,计划如图 4.4.2 所示。

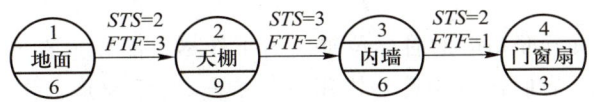

图 4.4.2　某装饰工程单代号搭接网络计划

图 4.4.2 装饰工程施工单代号搭接网络图中有四项工作,地面、天棚、内墙、门窗扇。分别用四个圆圈表示,工作代号、工作名称、工作持续时间均标注在圆圈内,工作之间的分段搭接关系通过相互之间的时距来反映。如图中 表示地面装饰施工开始两天后可以进行天棚粉刷施工,天棚粉刷施工比地面装饰施工迟三天结束。图中 表示天棚粉刷开始三天后可以进行内墙粉刷施工,内墙粉刷施工比天棚粉刷施工迟两天结束。图中 表示内墙粉刷开始两天后可以开始安装门窗扇施工,安装门窗扇施工比内墙粉刷施工迟一天结束。

4.4.2　单代号搭接网络图表达方式

4.4.3　单代号搭接网络计划五种搭接关系

4-12：单代号搭接网络表达方式和五种搭接关系

4.5　双代号时标网络计划

学习本节后,你将能够

1. 掌握时标网络计划的概念及特点。
2. 了解时标网络计划的编制方法。

4.5.1　双代号时标网络计划的概念与特点

1. 概念

双代号时标网络计划是综合应用横道图时间坐标和网络计划的原理,汲取了二者长处,使其结合起来应用的一种网络计划方法。

2. 双代号时标网络计划特点

① 箭线的长短与时间有关,双代号时标网络计划必须以水平时间坐标为尺度表示工作时间。时标的时间单位应根据需要在编制网络计划之前确定,可为时、天、周、月或季。

② 双代号时标网络计划应以实箭线表示工作,以虚箭线表示虚工作,以波形线表

示工作的时差。若按最早开始时间编制网络图,其波形线所表示的是工作的自由时差。

③ 节点中心必须对准相应的时标位置。虚工作尽可能以垂直方式的虚箭线表示,若按最早开始时间编制,有时出现虚箭线占用时间情况,其原因是工作面停歇或班组工作不连续。

④ 双代号时标网络图可直接在坐标下方绘出资源动态图。

⑤ 双代号时标网络图不会产生闭合回路。

⑥ 双代号时标网络图修改不方便。

4.5.2 双代号时标网络计划的编制方法

时标网络计划可按最早时间编制,也可按最迟时间编制,一般安排计划宜早不宜迟,因此通常是按最早时间编制。

按最早时间编制时标网络计划,其编制方法有直接和间接两种绘制法。

(1) 直接绘制法

直接绘制法是不计算网络时间参数,直接在时间坐标上进行绘图的方法。其编制步骤和方法如下:

① 定坐标线。编制时标网络计划之前,应先按已确定的时间单位绘出时标计划表。时标可标注在时标计划表的顶部或底部,时标的长度单位必须注明。必要时,可在顶部时标之上或底部时标之下加注日期的对应时间。时标计划表中部的刻度线宜为细线,为使图面清楚,此线也可以不画或少画。时标计划表格式宜基本符合表 4-5-1 的规定。

表 4-5-1 时标计划表

日历											
时间单位	1	2	3	4	5	6	7	8	9	10	11
网络计划											
时间单位	1	2	3	4	5	6	7	8	9	10	11

② 将起点定位于时标表的起始刻度线上。

③ 按工作持续时间长短在时标表上绘制起点节点的外向箭线。

④ 除起点节点以外的其他节点必须在其所有内向箭线绘出以后,定位在这些内向箭线中完成时间最迟的那根箭线末端。其他内向箭线长度不足以到达该节点时,用波形线补足,波形线长度就是自由时差的大小。

⑤ 用上述方法从左至右依次确定其他节点位置,直至终点节点定位绘完,箭线尽量以水平线表示,以斜线和垂直线辅助表示。

⑥ 工艺上或组织上有逻辑关系的工作,要用虚箭线表示。若虚箭线占用时间,说明工作面停歇或人工窝工。

绘图口诀:箭线长短坐标限,曲直斜平应相连;
　　　　箭杆到齐画节点,画完节点补波线;
　　　　零杆尽量画垂直,否则安排有缺陷。

（2）间接绘制法

间接绘制方法是先计算网络计划时间参数,再根据时间参数在时间坐标上进行绘制的方法。

其步骤如下：

① 绘制无时标网络计划草图,计算时间参数,确定关键工作及关键线路。

② 根据需要确定时间单位并绘制时标横轴。时间可标注在时标网络图的顶部或底部,时标的长度单位必须注明。

③ 根据网络图中各节点的最早的时间（或各工作的最早开始时间）,从起点节点开始将各节点（或各工作的起点节点）逐个定位在时间坐标的纵轴上。

④ 依次在各节点绘出箭线长度及时差。

绘制时宜先画关键工作、关键线路,再画非关键工作。箭线最好画成水平或由水平线和竖直线组成的折线箭线,以表示其持续时间。如箭线画成斜线,则以其水平投影长度为其持续时间。如箭线长度不够与该工作的终点节点直接相连,则用波形线从箭线端部画至终点节点处。波形线的水平投影长度,即为该工作的时差。

⑤ 用虚箭线连接其工艺和组织逻辑关系。在时标网络计划中,有时会出现虚线的投影长度不等于零的情况,其水平投影长度为该虚工作与前、后工作的公共时差,可用波形线表示。

⑥ 把时差为零的箭线从起点节点到终点节点连接起来,并用粗线或双箭线或彩色箭线表示,即形成时标网络计划的关键路线。

4-13：
图 4.5.3

（3）举例

根据已知双代号网络图用直接绘制法,绘制出时标网络图（按最早开始时间绘制）。

例 图 4.5.1 为双代号网络图,将其改绘制成的时标网络图如图 4.5.2 所示。

例 根据第三章工程案例 1 的已知条件,用时标网络图绘出其施工进度计划。如图 4.5.3 所示。

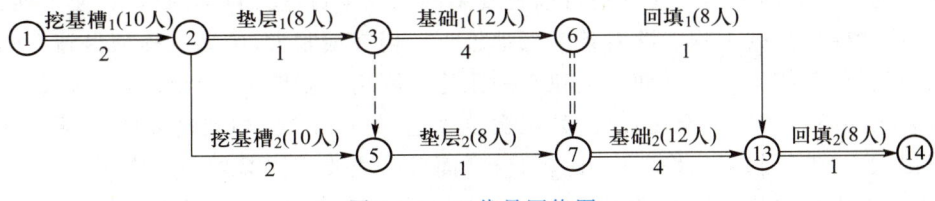

图 4.5.1　双代号网络图

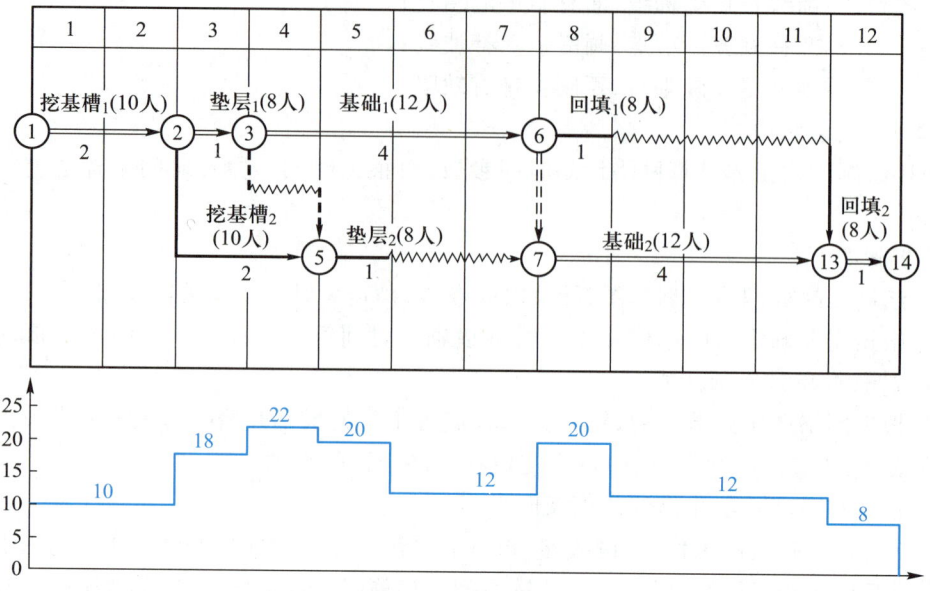

图 4.5.2 时标网络图

4.6 三级施工网络计划在工程中的应用

> 学习本节后,你将能够
> 1. 了解网络图的级别种类及其各自的概念及性质。
> 2. 了解网络图分级编制的原则与方法。

4.6.1 概述

应用网络图编制工程进度计划可以将复杂的工程项目进行科学的组织,使工期紧、工艺复杂、质量要求高的工程能够有条不紊地施工。但在编制大、中型工程项目施工网络计划时,若将各分部依次内容详细地反映在一张施工网络计划图上,会出现以下问题:① 大型建筑施工网络图箭线多至几百根,其层次也多达二、三十层,如此之多的箭线组成的网络图篇幅太大,编制起来工作量大,比较繁琐,而且箭线关系错综复杂。② 由于计划篇幅大,应用计算机绘制的时标网络图篇幅也大,有的长度达 1 米多,各级管理人员使用不方便。③ 不利于计划动态管理。包含着多分部分项工程大篇幅的网络图,由于种种原因,在实际工程执行过程中必然需要调整。一旦调整起来,一动百动,十分繁琐和不便。

鉴于上述网络计划在实际运用中存在的问题,可以采用分级网络法予以解决。分级网络法可以根据管理的需要和使用对象不同,按工程项目大小和性质要求,建立一张总控制(一级)网络图,如图 4.6.1 所示,若干张阶段性分部、分段或标准层、非标准层(二级)施工网络图,如图 4.6.2 所示,若干张分项工程(三级)施工作业网络图,如图 4.6.3 所示。

4.6 三级施工网络计划在工程中的应用

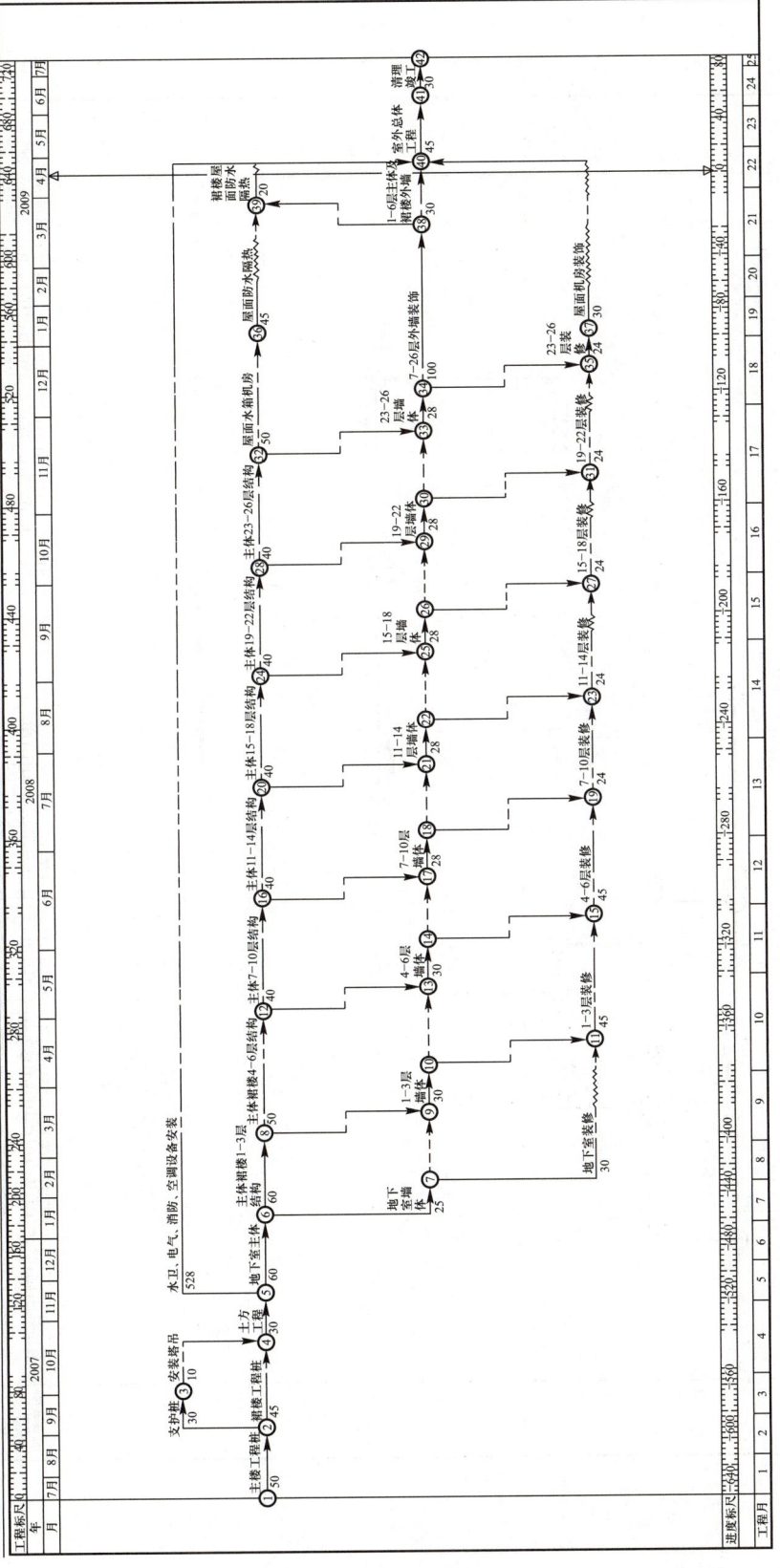

图 4.6.1 某大厦一级网络施工计划图

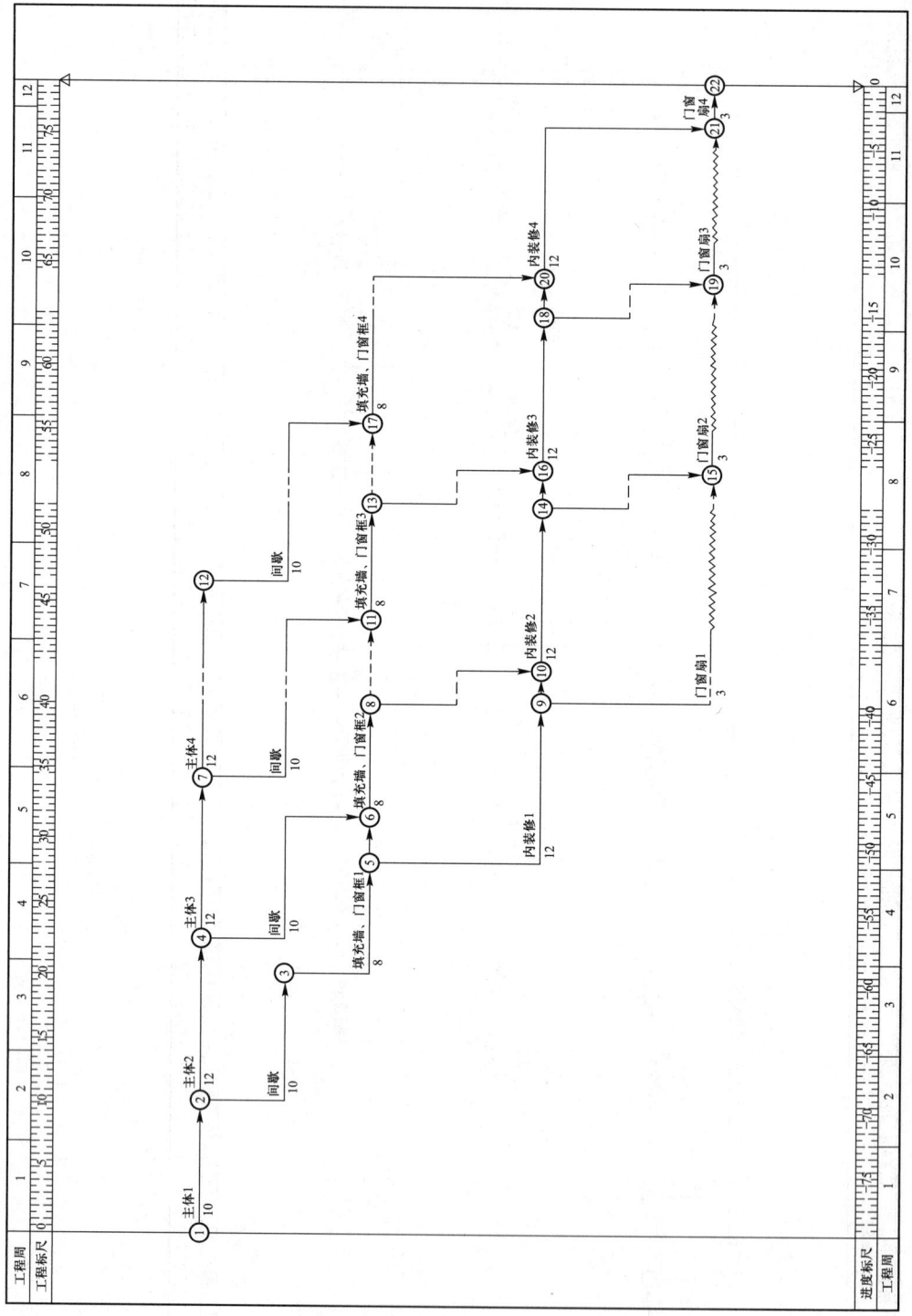

图 4.6.2 某大厦一级网络施工计划图

4.6 三级施工网络计划在工程中的应用

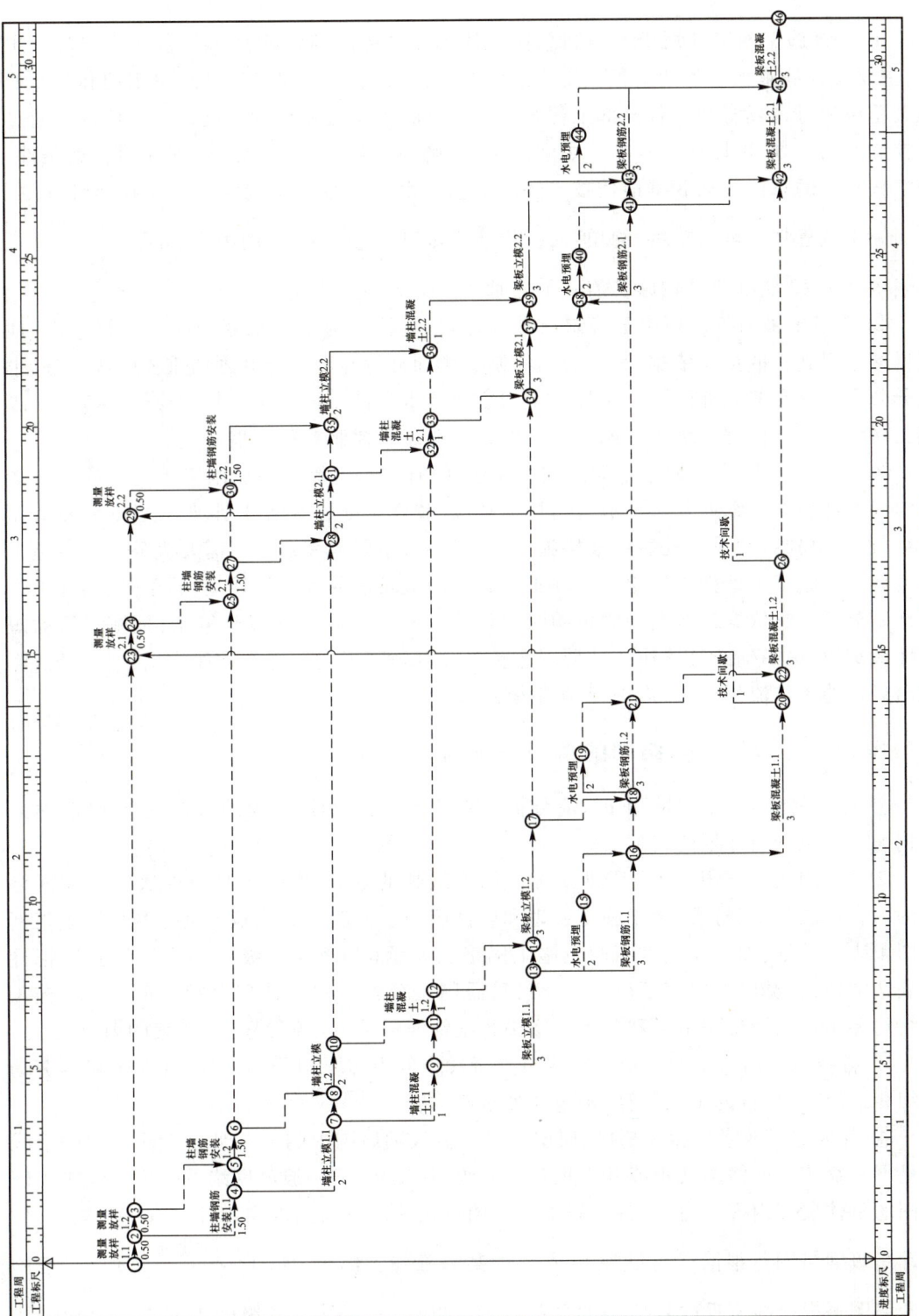

图 4.6.3 某大厦三级网络施工计划图

4.6.2 三级网络图的性质与作用

① 一级施工网络计划用于编制总控制计划和总体战略性质计划。它从总体观点出发，主要反映从施工准备到工程竣工全过程的流程；它的作用是控制建筑总工期和各专业施工单位的进退场时间及各分部工程开、竣工时间，也是公司编制年度计划的依据。通过总控制网络计划，可以协调各单位之间的关系，解决矛盾，从而充分、合理利用客观条件，使工程施工的总体活动获得最佳技术经济效益。由于一级施工网络计划是控制性计划，因而施工过程划分可以粗些，简单些，一根箭线可以表示 4~5 层的内容，如 $\overset{9—12框}{\underset{一个月}{i \longrightarrow j}}$。它表示 9 至 12 层框架结构施工需一个月时间。

② 二级施工网络计划用于编制指导性计划，它按分部工程来划分施工项目，是工地项目部组织施工的重要依据，是分公司编制季度和月份施工生产计划的重要组成部分，也是分公司领导和职能部门检查指导施工的主要技术文件。因此项目划分应详细些。二级施工网络图必须依据一级施工网络计划的施工顺序和控制时间来展开编制。

③ 三级施工网络计划用于编制施工作业计划，它是二级或一级网络计划上的一根箭线的局部计划的详细展开。一般有结构标准层、装修标准层网络计划，如设备安装量大而复杂，也可单独编制设备安装标准层施工网络计划，主要为满足施工需要服务。三级施工网络计划是施工工地操作层组织分项工程施工的最具体的实施性计划，属于月、旬施工作业计划范畴。它依据二级网络规定的时间和劳力资源数详细地展开编制，是施工活动短期性最细致、最明确的具体作业计划。它首先要对施工工艺和施工顺序作出分析研究，制定出最佳的工艺流程，然后再进行详细编制。

4.6.3 分级施工网络图的编制原则与方法

① 在编制分级施工网络图时，应分析工程特点，充分利用工程的共性进行研究，达到简化编制施工网络计划的目的。

② 根据工程的规模、复杂程度来确定网络级数的划分，原则上划分的级数要使网络图的内容层次分明、易懂，便于施工管理和软件应用。一般一类建筑可划分为三级施工网络图来表示计划；二类建筑可用两级施工网络图表示（一级与三级），不设二级就能把计划表达清楚；三类以下建筑不设一、二级，只需用三级施工网络计划表示即可。各级施工网络均要确定网络最小单元和各级网络中每根箭线或节点（单代号）所代表的内容。

③ 各级施工网络图的每根箭线或节点所代表的内容要同分部工程、分项工程的劳动组织相适应，同现行的施工预算、班组任务书相吻合。

④ 各级施工网络图相互衔接、层层深入。分级网络图中的上一级施工网络图的箭线均是下一级施工网络图几根或几十根箭线的浓缩；反之，下一级的网络图是上一级施工网络图的具体展开内容。目前，各级施工网络图每根箭线所表达的内容并没有统一规定，但通常一级网络图每根箭线可反映 4~6 层的某分部施工内容，如 $\overset{6—10层框}{i \longrightarrow j}$。二级施工网络图每根箭线可反映 1~2 层的分部内容，如 $\overset{6层框}{p \longrightarrow q}$。三级施工网络图每根箭线可详细反映某层的分项内容，如 $\overset{6层墙柱扎筋}{m \longrightarrow n}$。通常二级施工网络图的 1~2 根箭线就

是三级的一张施工作业网络图。如图 4.6.3 所示标准层施工作业网络计划,在图 4.6.2 施工网络图中仅用五层框、六层框两根箭线表示。如果二级网络图中个别箭线内容比较简单,可不设三级网络图加以补充,同样,一级网络图个别箭线内容比较简单的,也不需设二级网络图,直接跳设三级网络图。

⑤ 在编制施工网络图时,既要重视工程的共性,又要针对具体工程的特点来考虑如何使施工网络图做到既简洁明了又能完整表达施工内容。如高层建筑的特点是层数多且标准层多,从结构、平面布置、设备安装及建筑装修来看,大部分是采用标准化技术,标准层设计图纸是采用多层通用,因此组织施工标准化、装配化、机械化程度高,为施工组织的管理科学化提供了条件,而住宅工程除了有标准层外,还有标准单元。因此,在编制施工网络计划时,可充分利用标准层和标准单元的共性条件,先编出一个标准层或标准单元的工序网络图,对相同的各层就不需要重复绘制,而后在组合总网络图时就可用一根箭线来代替一个层或一个单元的工序安排。工序的粗细结合,就能减少网络图的箭线数,达到简化编制施工网络计划工作的目的。

4.6.4 示例

图 4.6.1 为某大厦一级施工网络图,图 4.6.2 为某大厦二级施工网络图,图 4.6.3 为某大厦三级施工作业网络图。

4.7 网络计划优化

学习本节后,你将能够

1. 了解网络计划优化的目标。
2. 掌握工期优化、费用优化、资源优化的方法。

网络计划优化是在既定约束条件下,按某一目标通过不断改善网络计划的最初方案,得到相对最佳的网络计划。网络计划的优化包括以下几个方面:工期优化、资源优化、费用优化等。

4.7.1 工期优化

工期优化是指在一定约束条件下,通过延长或缩短计算工期以达到合同工期的目标。目的是使网络计划满足工期,保证按期完成工程任务。

1. 计算工期小于或等于合同工期时

当计算工期小于合同工期不多或两者相等时,一般可不必优化。

当计算工期小于合同工期较多时,则宜进行优化。优化方法是:首先延长个别关键工作的持续时间(相应减少这些工作的资源需要量),相应变化非关键工作的时差;然后重新计算各工作的时间参数,反复进行。直至满足合同工期为止。

2. 计算工期大于合同工期时

计算工期大于合同工期时,可通过压缩关键工作的作业时间,满足合同工期,与此同时必须相应增加被压缩作业时间的关键工作的资源需要量。

由于关键线路的缩短,次关键线路可能转化为关键线路,即有时需要同时缩短次关键线路上有关工作的作业时间,才能达到合同工期的要求。

优化步骤:

(1) 计算并找出网络计划中的关键线路及关键工作;
(2) 计算工期与合同工期对比,求出应压缩的时间;
(3) 确定各关键工作能压缩的作业时间;
(4) 选择关键工作,压缩其作业时间,并重新计算网络计划的工期。

选择压缩作业时间的关键工作应考虑以下因素:

① 备用资源充足;
② 压缩作业时间对质量和安全影响较小;
③ 压缩作业时间所需增加的费用最少;

(5) 通过上述步骤,若计算工期仍超过合同工期,则重复以上步骤,直到满足工期要求;

(6) 当所有关键工作的作业时间都已达到其能缩短的极限而工期仍不满足要求时,应对计划的技术、组织方案进行调整或对合同工期重新审定。

例 已知某网络计划初始方案如图 4.7.1 所示。图中箭线上数据为工作正常作业时间,括号内数据为工作最短作业时间。假定合同工期为 130 天。

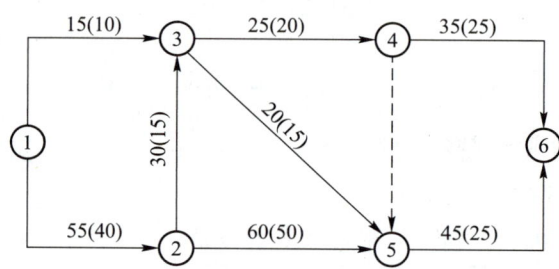

图 4.7.1 初始网络计划

解:假设②→⑤工作有充足的资源,且缩短时间对质量无太大影响,⑤→⑥缩短时间所需费用最省,且资源充足。①→②工作缩短时间的有利因素不如②→⑤与⑤→⑥。

第一步,根据工作正常时间计算各个节点的最早和最迟时间,并找出关键工作及关键线路。计算结果如图 4.7.2 所示。图中①→②→⑤→⑥为关键线路。

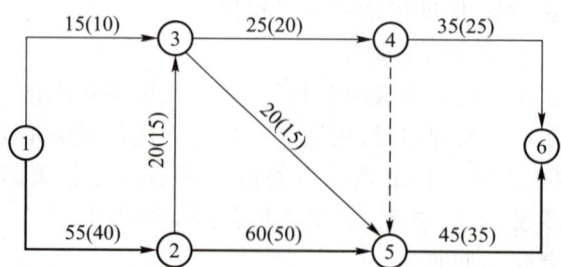

图 4.7.2 初始网络计划中的关键线路

第二步,计算需缩短的工期。根据图 4.7.2 计算工期为 160 天,合同工期为 130 天。需要缩短时间 30 天。

第三步,关键工作①→②可缩短 15 天,②→⑤可缩短 10 天,⑤→⑥可缩短 10 天。共计可缩短时间 45 天。

第四步,选择关键工作,考虑选择因素。由于⑤→⑥缩短时间所需费用最省,且资源充足,优先考虑压缩其工作时间。由原 45 天压缩为 35 天,即得网络计划图 4.7.3。

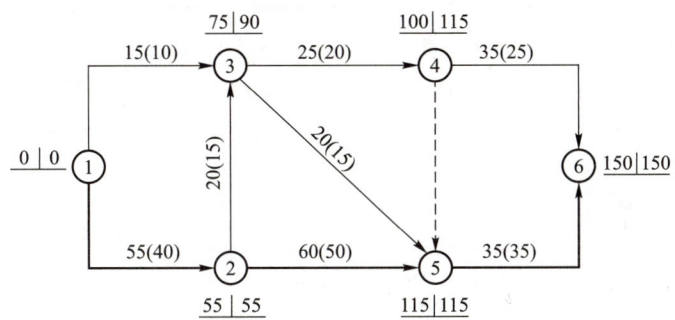

图 4.7.3　缩短⑤→⑥工作后的网络计划

图 4.7.3 计算工期为 150 天,与合同工期 130 天相比尚需压缩 20 天,考虑进度因素。选择②→⑤工作,因为有充足的资源,且缩短工期对质量无太大的影响。由原 60 天压缩为 50 天即得网络计划图 4.7.4。

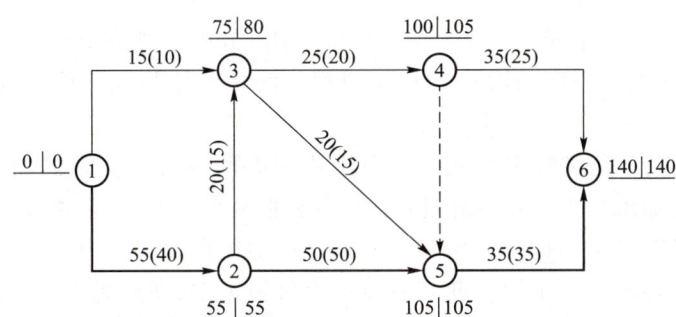

图 4.7.4　缩短②→⑤工作后的网络计划

图 4.7.4 计算工期为 140 天,与合同工期 130 天相比尚需压缩 10 天,考虑进度因素。选择①→②工作,因为关键线路上可压缩时间工作只剩①→②工作。由原 55 天压缩为 45 天,即得网络计划图 4.7.5。

4.7.2　费用优化

费用优化是通过不同工期及其相应工程费用的比较,寻求与工程费用最低相对应的最优工期。

1. 工程费用与工期的关系

工程费用包括直接费用和间接费用两部分。它们与工期有密切关系。在一定范围内,直接费用随着时间的延长而减少,而间接费用则随着时间延长而增加(见图 4.7.6)。

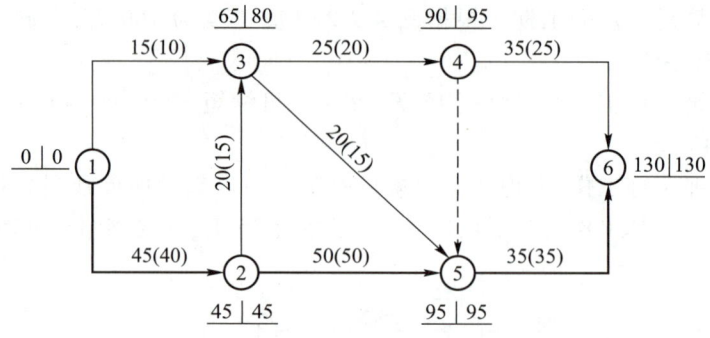

图 4.7.5 优化后的网络计划

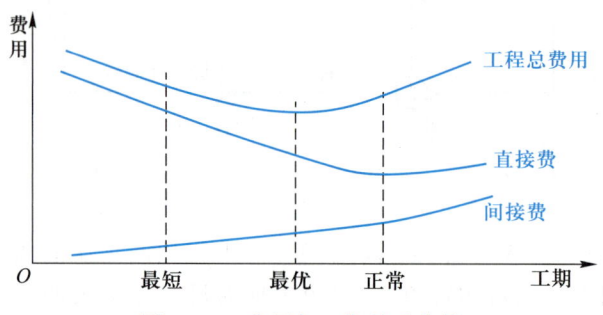

图 4.7.6 费用与工期关系曲线

间接费用曲线是表示间接费用(或称正常费用)和时间成正比关系的曲线。其斜率表示间接费用在单位时间内的增加(或减少)值。间接费用与施工单位的管理水平、施工条件、施工组织等有关。

如图 4.7.7 所示,直接费用是在一定范围内和时间成反比关系的曲线。因施工时要缩短时间,须采取加班加点多班制作业,增加许多非熟练工人,并且增加机械设备和材料、照明费用等,所以直接费用也随之增加。然而工期缩短存在着一个极限,也就是无论增加多少直接费,也不能再缩短工期。此临界点称为最短工期,在最短工期条件下组织施工所

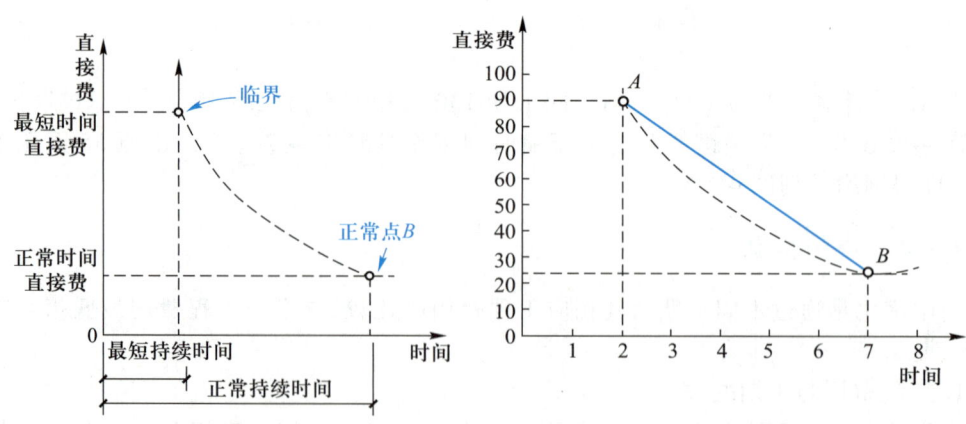

图 4.7.7 直接费用曲线

需的直接费称为最短时间直接费。如图4.7.7中的 A 点。反之,若延长时间,则可减少直接费。然而时间延长至某一极限,则无论将工期延至多长,也不能再减少直接费。此极限称为正常点,此时的工期称为正常工期,此时的费用称为正常时间直接费用(或称最低费用)。如图4.7.7中的 B 点。

直接费用曲线实际上并不像图中那样圆滑,而是由一系列线段组成的折线段,并且越接近最短时间直接费,其曲线越陡。为了简化计算,一般将其曲线近似表示为直线。其斜率称为费用率,它的实际含义是表示单位时间内所需增加的直接费。工作$i \rightarrow j$的直接费用率用 ΔC_{i-j} 表示,其计算公式如下:

$$\Delta C_{i-j}=\frac{C_{i-j}^{C}-C_{i-j}^{N}}{D_{i-j}^{N}-D_{i-j}^{C}} \tag{4.35}$$

式中 C_{i-j}^{C}——工作$i \rightarrow j$的最短时间直接费,即将工作$i \rightarrow j$持续时间缩短为最短持续时间后,完成该工作所需直接费用;

C_{i-j}^{N}——工作$i \rightarrow j$的正常时间直接费,即在正常条件下完成工作$i \rightarrow j$所需直接费;

D_{i-j}^{C}——工作$i \rightarrow j$的最短持续时间,即工作$i \rightarrow j$即使再增加费用也不能进一步使其工期缩短的工作持续时间;

D_{i-j}^{N}——工作$i \rightarrow j$的正常持续时间,即在正常条件下完成工作$i \rightarrow j$所需持续时间。

由于施工过程的性质不同,其工作持续时间和费用之间的关系通常有以下两种情况:

(1) 连续型变化关系

连续型变化关系是指直接费用随着工作持续时间的改变而改变,介于正常持续时间和最短持续时间之间的任意持续时间的直接费用可根据其费用斜率的数学表达式推算出来,其时间和费用之间的关系是连续变化的。

如某施工过程的正常持续时间为9天,所需费用400元。在综合考虑增加机械设备、劳力、加班等情况下,其最短时间为5天,而所需费用为800元。则其单位时间变化率为:

$$\Delta C_{i-j}=\frac{C_{i-j}^{C}-C_{i-j}^{N}}{D_{i-j}^{N}-D_{i-j}^{C}}=\frac{800元-400元}{9天-5天}=100元/天$$

即每缩短一天,其费用增加100元。

(2) 非连续型变化关系

非连续型变化关系是指某些施工过程的直接费用与持续时间之间的关系是根据不同施工方案分别估算的。介于正常持续时间与最短持续时间之间的关系不能用线性关系表示,也不能通过数学表达式计算,只存在几种情况供选择。

如某单层工业厂房吊装工程,采用三种不同的吊装机械,其费用和持续时间见表4-7-1。

表4-7-1 持续时间与费用表

机械类型	A	B	C
持续时间	4天	6天	9天
费用	3 200元	2 800元	1 900元

因此在确定施工方案时,根据工期要求,只能在上表中的三种不同机械中选择。

2. 费用优化的方法与步骤

费用优化的基本方法就是从网络计划图上各工作的持续时间和费用关系中,依次找出既能使计划工期缩短又能使其直接费用增加最少的工作。不断地缩短其持续时间,同时考虑相应的间接费的叠加,即可求出工程成本最低时的相应最优工期。现举例说明费用优化的步骤。

例 某工程任务的网络计划如图4.7.8所示。箭线上方括号外为正常时间直接费,括号内为最短时间直接费,箭线下方括号外为正常持续时间,括号内为最短持续时间。假定平均每天的间接费(综合管理费)为100元。试对其进行费用优化。

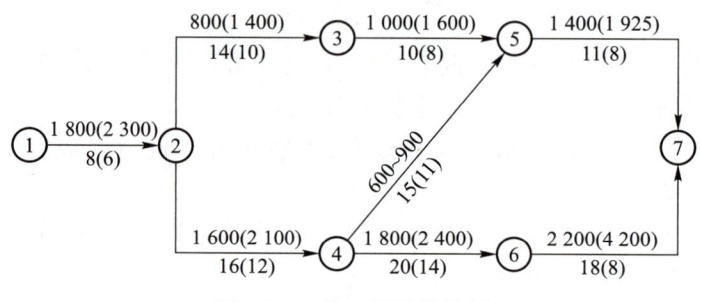

图 4.7.8 某工程网络计划

解: 第一步,列出时间和费用的原始数据表,并计算各工作的费用率(表4-7-2)。

第二步,分别计算各工作在正常持续时间和最短持续时间下网络计划时间参数,确定其关键线路,如图4.7.9和图4.7.10所示。

表 4-7-2 时间-费用数据表

工作代号	正常工期		最短工期		相差		费用率 ΔC_{i-j}/(元/天)	费用与时间变化情况
	时间 D_{i-j}^N/天	直接费 C_{i-j}^N/元	时间 D_{i-j}^C/天	直接费 C_{i-j}^C/元	$D_{i-j}^N - D_{i-j}^C$/天	$C_{i-j}^C - C_{i-j}^N$/元		
①→②	8	1 800	6	2 300	2	500	250	连续
②→③	14	800	10	1 400	4	600	150	连续
②→④	16	1 600	12	2 100	4	500	125	连续
③→⑤	10	1 000	8	1 600	2	600	300	连续
④→⑤	15	600	11	900	4	300	75	连续
④→⑥	20	1 800	14	2 280	6	480	80	连续
⑤→⑦	11	1 400	8	1 925	3	525	175	连续
⑥→⑦	18	2 200	8	4 200	10	2 000	200	连续
合计		11 200		16 705				

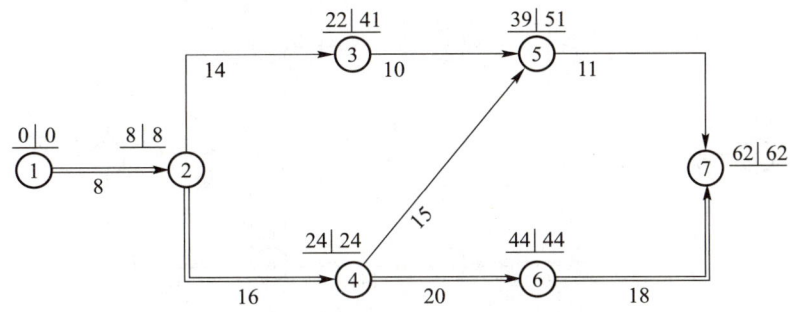

图 4.7.9 正常持续时间网络计划图

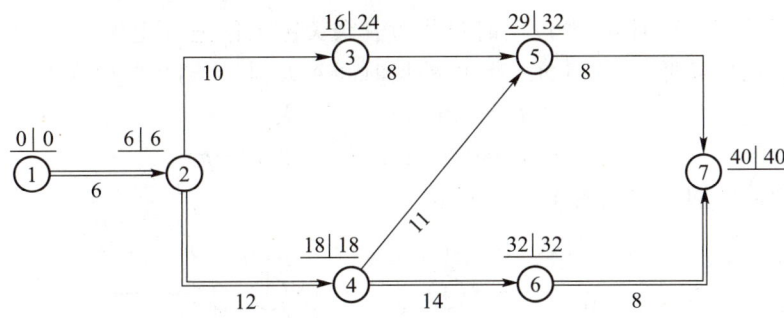

图 4.7.10 最短持续时间网络计划图

从图 4.7.9、图 4.7.10 和表 4-7-2 可以看到正常持续时间网络计划的计算工期为 62 天,关键线路为①→②→④→⑥→⑦,正常时间直接费为 11 200 元。最短持续时间网络计划的计算工期为 40 天,关键线路为①→②→④→⑥→⑦,最短时间直接费为 16 705 元。

第三步,进行工期缩短,从直接费用增加额最少的关键工作入手进行优化。优化通常需经过多次循环,而每一个循环又分为以下几步:

① 通过计算找出上次循环后网络图的关键线路和关键工作;
② 从各关键工作中找出缩短单位时间所增加费用最少的工作;
③ 通过计算确定该工作可能缩短的天数;
④ 计算由于缩短工作持续时间所引起的直接费用的增加或此循环后的直接费用。

在本例中,循环一:

在正常持续时间原始网络计划图 4.7.9 中,关键工作为①→②、②→④、④→⑥、⑥→⑦,在表 4-7-2 中可以看到:④→⑥工作费用(变化)率为最小:80 元/天,时间可缩短 6 天,则:

工期　　　　　　　　$T_1 = (62-6)$ 天 $= 56$ 天
直接费　　　　　　　$C_1 = (11\,200 + 80 \times 6)$ 元 $= 11\,680$ 元

关键线路没有改变(图 4.7.11)。

循环二:

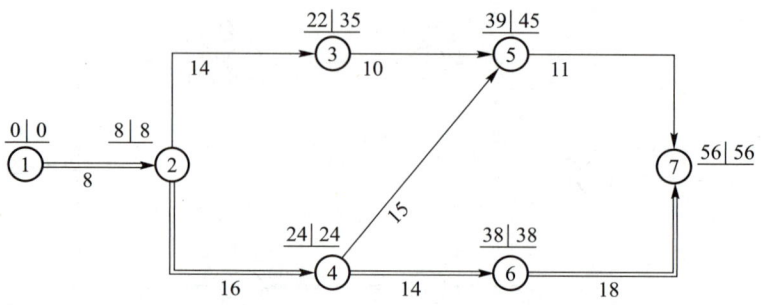

图 4.7.11 优化网络图(循环一)

从图 4.7.11 可以看到,关键工作仍为①→②、②→④、④→⑥、⑥→⑦,由于工作④→⑥已经优化至最短持续时间,所以此时只能对其余关键工作进行优化,由表 4-7-2 可知:工作②→④费用率最低,为 125 元/天,可缩短时间 4 天,其工期和费用为:

$$T_2 = (56-4)\text{天} = 52\text{天}$$
$$C_2 = (11\,680+4\times125)\text{元} = 12\,180\text{元}$$

缩短工期后的网络图如图 4.7.12 所示。

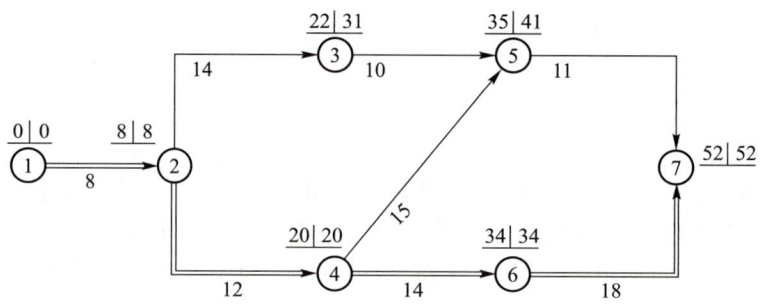

图 4.7.12 优化网络图(循环二)

循环三:

从图 4.7.12 可以看到关键线路仍为①→②→④→⑥→⑦。此时可优化的工作是除已优化至最短持续时间的其余关键工作,即工作①→②、⑥→⑦。由表 4-7-2 可知:工作⑥→⑦的费用率较低为 200 元/天,可压缩 10 天,所以将⑥→⑦工作缩短 6 天,压缩后的工期和费用为:

$$T_3 = (52-6)\text{天} = 46\text{天}$$
$$C_3 = (12\,180+6\times200)\text{元} = 13\,380\text{元}$$

缩短后的网络图见图 4.7.13 所示。

循环四:

从图 4.7.13 可以看到,关键线路变为两条:①→②→④→⑤→⑦,①→②→④→⑥→⑦。可进行优化的关键工作为①→②、④→⑤、⑤→⑦、⑥→⑦。压缩方案如下:

方案一 压缩工作①→②,每天增加费用 250 元,可压缩 2 天。

方案二 压缩工作⑥→⑦、④→⑤,每天增加费用 275 元,可压缩 4 天。

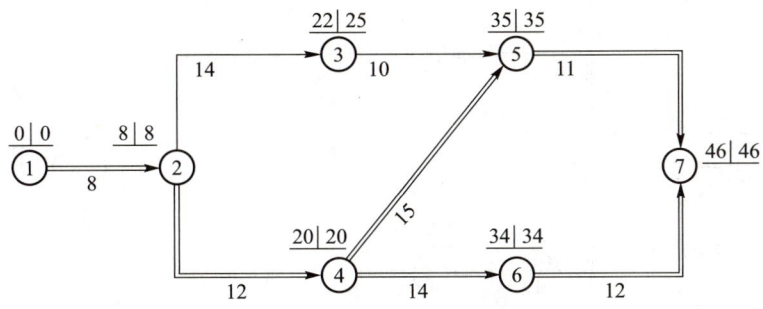

图 4.7.13 优化网络图(循环三)

方案三 压缩工作⑥→⑦、⑤→⑦,每天增加费用 375 元,可压缩 3 天。

根据增加费用最少原则,通过比较选择方案一进行优化,压缩后的工期和费用为:

$$T_4 = (46-2) 天 = 44 天$$

$$C_4 = (13\ 380+2\times250) 元 = 13\ 880 元$$

缩短后的网络图如图 4.7.14 所示。

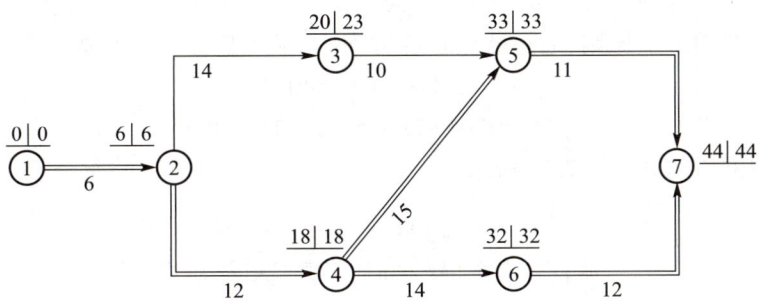

图 4.7.14 优化网络图(循环四)

循环五:

从图 4.7.14 可以看到,关键线路仍为两条:①→②→④→⑤→⑦,①→②→④→⑥→⑦。压缩方案如下:

方案一 压缩工作⑥→⑦、④→⑤,每天增加费用 275 元,可压缩 4 天。

方案二 压缩工作⑥→⑦、⑤→⑦,每天增加费用 375 元,可压缩 3 天。

根据增加费用最少的原则,通过比较选择方案一进行优化,由于对方案一压缩 4 天后会导致关键工作变成非关键工作,所以对方案一只压缩 3 天(由非关键工作的总时差决定),压缩后的工期和费用为:

$$T_5 = (44-3) 天 = 41 天$$

$$C_5 = (14\ 705+3\times275) 元 = 14\ 705 元$$

缩短后的网络图如图 4.7.15 所示。

循环六:

从图 4.7.15 可以看到,关键线路变为三条:①→②→③→⑤→⑦,①→②→④→⑤→⑦,①→②→④→⑥→⑦。压缩方案如下:

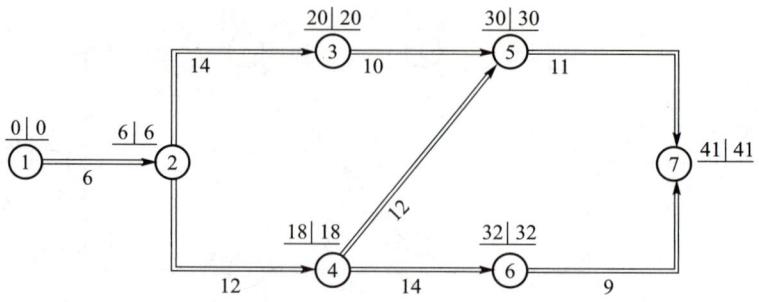

图 4.7.15 优化网络图(循环五)

方案一　压缩⑥→⑦,④→⑤,②→③工作,每天增加费用 425 元,可压缩 1 天。
方案二　压缩⑥→⑦,④→⑤,③→⑤工作,每天增加费用 575 元,可压缩 1 天。
方案三　压缩⑥→⑦,④→⑤,⑤→⑦工作,每天增加费用 450 元,可压缩 1 天。
方案四　压缩⑥→⑦,⑤→⑦,②→③工作,每天增加费用 525 元,可压缩 1 天。
方案五　压缩⑥→⑦,⑤→⑦,③→⑤工作,每天增加费用 675 元,可压缩 1 天。
方案六　压缩⑥→⑦,⑤→⑦工作,每天增加费用 375 元,可压缩 1 天。
根据增加费用最少原则,通过比较选择方案六,缩短后的工期和费用为:

$$T_6 = (41-1) \text{天} = 40 \text{天}$$
$$C_6 = (14\ 705 + 1 \times 375) \text{元} = 15\ 080 \text{元}$$

缩短后的网络图如图 4.7.16 所示。

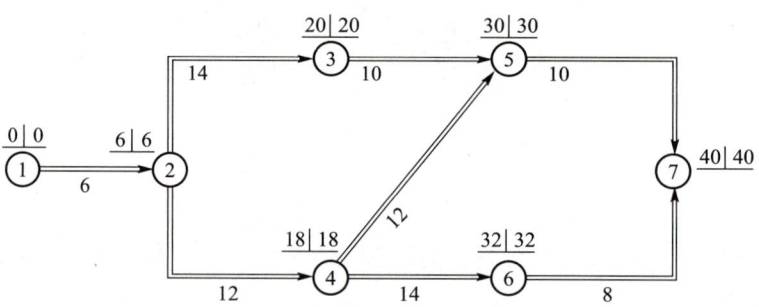

图 4.7.16 优化网络图(循环六)

从图 4.7.16 可以看出,②→③、③→⑤、⑤→⑦、④→⑤工作还可继续缩短,其费用增加到 $T = (15\ 080 + 4 \times 150 + 2 \times 300 + 2 \times 175 + 1 \times 75)$ 元 = 16 705 元。但是当压缩这些工作时与其平行的其他工作不能再缩短了,即已达到极限时间。所以,尽管缩短②→③、③→⑤、⑤→⑦、④→⑤工作,费用增加了,但工期并没有再缩短。那么,缩短②→③、③→⑤、⑤→⑦、④→⑤工作是徒劳的。

第四步,列表计算,将优化后的每一循环的结果汇总列表。并将直接费与间接费叠加。确定工程费用曲线,求出最低费用及相对应的最佳工期。

将上述时间-费用的计算结果汇总于表 4-7-3 中。从表可知,本工程的最优工期为 56 天,与此相对应的工程总费用为 17 280 元(最低费用)。

表 4-7-3 费用优化结果

循环次数 (1)	工期/天 (2)	直接费/元 (3)	间接费/元 (4)	总费用/元 (5)	最低费用/元
原始网路	62	11 200	6 200	17 400	
1	56	11 680	5 600	17 280	17 280
2	52	12 180	5 200	17 380	
3	46	13 380	4 600	17 980	
4	44	13 880	4 400	18 280	
5	41	14 705	4 100	18 805	
6	40	15 080	4 000	19 080	

本例中,根据表 4-7-3 和图 4.7.17,均得到最低总费用为 17 280 元,对应的最(低)优工期为 56 天。

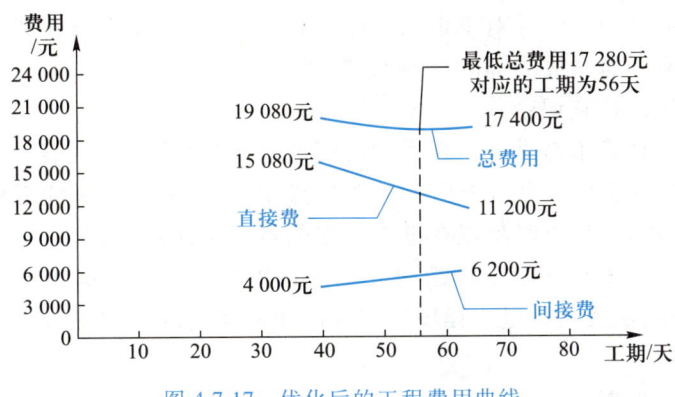

图 4.7.17 优化后的工程费用曲线

4.7.3 资源优化

资源优化就是在工期固定的条件下,如何使资源均衡或在资源限制的条件下如何使工期最短。

资源优化的方法是通过改变工作的开始时间,使资源按时间的分布符合优化目标。

4-14:
资源优化

4.8 网络计划控制

学习本节后,你将能够

1. 了解网络计划控制的概念。
2. 掌握网络计划检查的方法。
3. 了解网络计划分析的方法。
4. 明确网络计划调整的相关内容和方法。

4.8.1 概念

网络计划控制与调整是指网络计划在执行中的记录、检查、分析与调整。它贯穿于网络计划执行的全过程。

4.8.2 网络计划检查

1. 网络计划检查方法

进行网络计划检查,首先要在网络计划图上进行记录,然后根据记录的结果进行进度分析,判断进度的实际状况,并对未来的进度进行预测,为网络调查提供信息。网络计划常用的检查方法有"前锋线法"和"切割线法"两种。

(1) 用前锋线法检查记录

前锋线法是一种简单地进行工程实际进度与计划进度的比较方法。它主要适用于时标网络计划。其主要方法是从检查时刻的时标点出发,首先连接其相邻的工作箭线的实际进度点,以此类推,将检查时刻正在进行工作的点都依次连接起来,组成一条一般为折线的前锋线。按前锋线与计划工作箭线交点的位置判定工程实际进度与计划进度的偏差。简言之,前锋线法就是通过工程项目实际进度前锋线,比较工程实际进度与计划进度偏差的方法。

前锋线比较法步骤如下。

① 绘制前锋线:一般从上方时间坐标的检查日划起,依次连接相邻工作箭线的实际进度点,最后与下方时间坐标的检查日连接。如图 4.8.1 所示。

② 比较实际进度与计划进度。

前锋线明显反映出检查日有关工作实际进度与计划进度的关系有以下三种情况:

a. 工作实际进度点位置与检查日时间坐标相同,则该工作实际进度与计划进度一致;

b. 工作实际进度点位置在检查日时间坐标右侧,则该工作实际进度超前,超前天数为二者之差;

c. 工作实际进度点位置在检查日时间坐标左侧,则该工作实际进度拖后,拖后天数为二者之差。

③ 前锋线比较法举例

例 已知时标网络计划如图 4.8.1 所示,在第 4 天下班时检查,发现工作 A 已完成,工作 B 尚未开始,工作 C 已进行 3 天,工作 D 已进行了 2 天。试用前锋线法进行实际进度与计划进度比较。

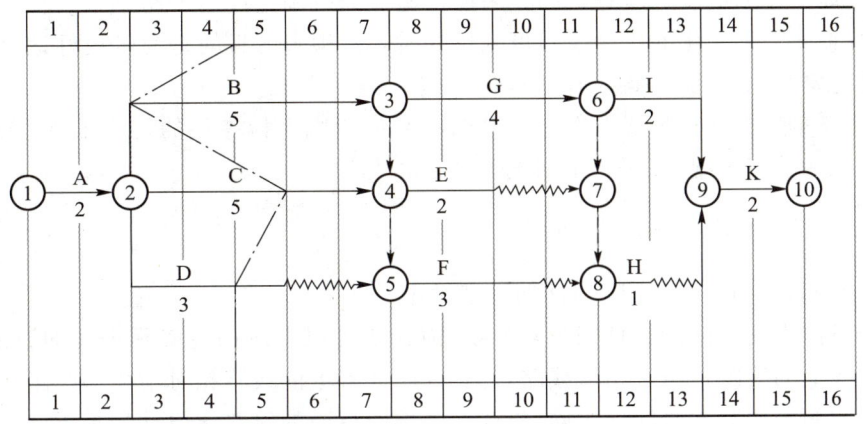

图 4.8.1　用前锋线记录

解:按第 4 天检查实际进度情况绘制前锋线,如图 4.8.1 所示。

实际进度与计划进度比较,从图 4.8.1 前锋线可以看出:工作 B 拖延了 2 天,工作 C 提前 1 天,工作 D 与计划一致。

(2) 用切割线法检查记录

当采用无时标网络计划时,可采用直接在网络图上用点画线等符号记录。如图 4.8.2 是双代号网络计划的检查实例,检查第 4 天的计划执行情况,点画线(即"切割线")代表其实际进度。

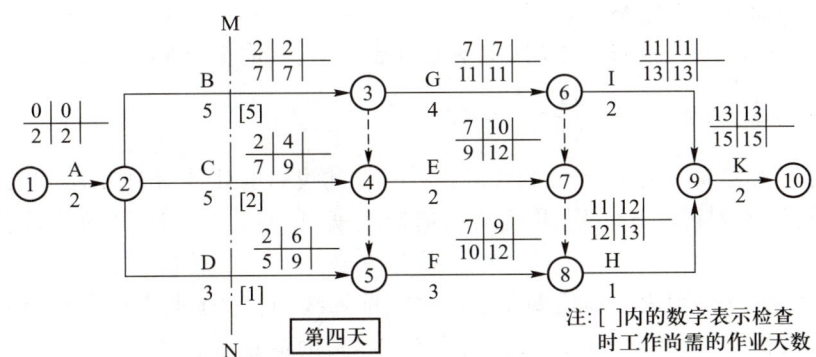

图 4.8.2　用切割线法检查记录

2. 网络计划的检查时间

网络计划的检查时间可随机而定。强调进行定期检查。定期检查根据计划的作业性、控制性程度不同,可按一日、双日、五日、周、旬、半月、一月、一季、半年等为周期。定期检查有利于检查的组织工作,使检查有计划性,还可使网络计划检查成为例行性工作。

"应急检查"是当计划执行突然出现意外情况而进行的检查,或上级派人检查(或进行特别检查)。应急检查以后可采取"应急措施",目的是保证资源供应、排除障碍等,以保证或加快原计划进度。

3. 网络计划检查的内容

① 关键工作的进度。检查目的是采取措施保证或调整计划工期。

② 检查非关键工作的进度及尚可利用的时差。检查的目的是为了更好地挖掘潜力,调整或优化资源,并保证关键工作按计划实施。

③ 检查实际进度对各项工作之间逻辑关系的影响。检查目的是为了观察工艺关系或组织关系的执行情况,以进行适时的调整。

4.8.3 网络计划分析

1. 分析目前进度——实际与计划进度对比

分析目前进度是以检查日期为基准线,前锋线可以看成描述实际进度的波形图。前锋处于波峰上的线路相对于相邻线路超前,处于波谷上的线路相对于相邻线路滞后;前锋在基准线前面的线路比原计划提前;前锋在基准线后面的线路比原计划拖后。如图 4.8.3 中 F 比原计划滞后,G 与原计划一致,H 比原计划超前。

2. 预测未来进度

将该时刻的前锋线与前一次检查时的前锋线进行对比分析,可以在一定范围内对工程未来的进度和变化趋势作出预测。

这里要引进进度比的概念:前后两条前锋线在某线路上截取的线段 ΔX 与这两条前锋线之间的检查时间间隔 ΔT 之比,叫进度比,用 B 表示:$B = \dfrac{\Delta X}{\Delta T}$

B 的大小反映了该线路的实际进展速度的大小,某线路的实际进展速度与原计划相比是快、是慢或相等时,B 相应地大于 1 或小于 1 或等于 1。根据 B 的大小,就有可能对该线路未来的速度作出定量的预测。

以图 4.8.3 中 7 月 19 日和 23 日两条前锋线为例,其时间间隔 4 天,它们在 Ⅱ 线路上截取 X 长度为 5 天,那么,$B = \dfrac{\Delta X}{\Delta T} = \dfrac{5}{4} = 1.25$

即平均每天完成原定 1.25 天的任务,7 月 24 日线路 Ⅱ 比原计划超前 1 天,如果进展速度不变,可以预测再过 3.5 天,Ⅱ 线路的前锋线就可到达 7 月 28 日的位置。比原计划提前 1.5 天。

通常,如果 i、j 分别表示前后两条实际进度前锋线,它们的时间间隔 $\Delta T = T_j - T_i$,在某线路上截取的长度 $\Delta X = X_j - X_i$,那么,该线路在这段时间里的进度比:

$$B = \frac{X_j - X_i}{T_j - T_i} = \frac{\Delta X}{\Delta T} \tag{4.36}$$

第 n 天以后该线路的前锋到达的位置为:

$$X_n = X_j + nB \tag{4.37}$$

这时该线路与原计划相比的进度差(即超前或落后的天数)

$$C_n = C_j + n(B-1) \tag{4.38}$$

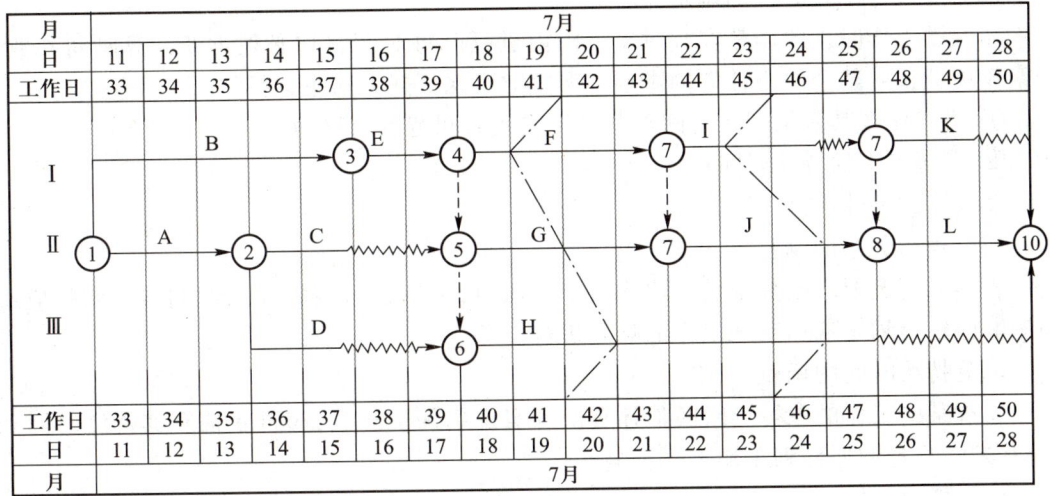

图 4.8.3 前锋线示意图

式中 C_j——现在时刻该线路的进度差。

应用上述公式计算图 4.8.3 中的进度比和进度差：

∵ $T_j = 45$ $T_i = 41$

则 $\Delta T = T_j - T_i = 45 - 41 = 4$

对于 Ⅱ 线路而言，$X_j = 46, X_i = 41$

则 $\Delta X = X_j - X_i = 46 - 41 = 5$

故 $B = \dfrac{\Delta X}{\Delta T} = \dfrac{5}{4} = 1.25$

计算 5 天以后线路 Ⅱ 的前锋到达的位置，$n = 5$，则 $X_n = X_j + nB = 46 + 5 \times 1.25 \approx 53$，计算这时该线路与原计划相比的进度差，$C_j = 1$，则 $C_5 = 1 + 5 \times (1.25 - 1) \approx 2$。

4.8.4 网络计划调整

1. 网络计划调整的内容

网络计划调整的内容包括：关键线路长度的调整；非关键工作时差的调整；增减工作项目；调整逻辑关系；重新估计某些工作的持续时间；对资源的投入做相应调整。

2. 网络计划调整的方法

（1）关键线路长度的调整

调整关键线路的长度可以针对不同情况采用不同方法：

① 当关键工作的实际进度比计划进度提前时，有两种调整方法：若拟提前工期时应将计划的未完成部分作为一个新计划，重新确定关键工作的持续时间，按新计划实施。若不需要提前工期时应选用资源占用量大或直接费高的后续关键工作，适当延长其持续时间，以降低其资源强度或费用。

② 关键工作的实际进度比计划进度拖后时，应在未完成的关键工作中选择资源强度小或费用低的工作，缩短其持续时间，并把计划的未完成部分作为一个新计划，进行调整。

（2）非关键工作时差的调整

非关键工作时差的调整在其时差范围内进行。每次调整均必须重新计算时间参数，观察该项调整对整个网络计划的影响。调整时可在下述方法中选择：

① 将工作在其最早开始时间与其最迟完成时间范围内移动；
② 缩短工作的持续时间；
③ 延长工作持续时间。

（3）逻辑关系的调整

若实际情况要求改变施工方法或组织方法时，可以进行逻辑关系的调整。调整应避免影响原定计划工期和其他工作的顺利进行。

（4）持续时间的调整

发现某些工作的原持续时间估计有误或实现条件不充分，应重新估算其持续时间和时间参数，尽量使原计划工期不受影响。

（5）增减工作

增减工作应做到不打乱原计划的逻辑关系，只对局部逻辑关系进行调整；在增减工作以后应重新计算时间参数；分析对原网络计划的影响。当对工期有影响时，应采用调整措施，保证计划工期不变。

（6）资源的调整

若资源供应发生异常，应采用资源优化方法对计划进行调整，或采取应急措施，使其对工期影响最小。

习　题

1. 按下列工作的逻辑关系，分别绘出其双代号网络图。
① A、B 均完成后进行 C、D；C 完成后进行 E；D 完成后进行 F。
② A、B 均完成后进行 C；B、D 均完成后进行 E；C、E 均完成后进行 F。
③ A、B、C 均完成后进行 D；B、C 均完成后进行 E；D、E 均完成后进行 F。
④ A 完成后进行 B、C、D；B、C、D 均完成后进行 E；C、D 均完成后进行 F。

2. 请指出习题 2 图所示网络图中的错误。

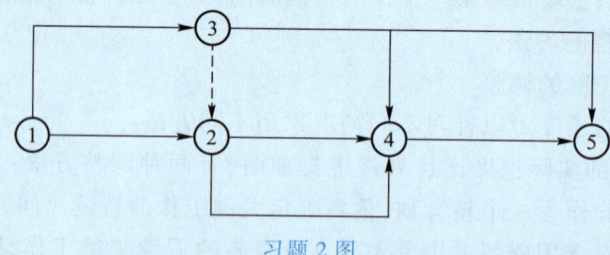

习题 2 图

3. 按下表中给定的工作编号和工作持续时间，绘制出双代号网络图，并用图上作业法计算出各工作的时间参数：ES_{i-j}，EF_{i-j}，LS_{i-j}，LF_{i-j}，FF_{i-j}，TF_{i-j}。

工作编号	持续时间/天	工作编号	持续时间/天
①→②	4	③→④	0
①→③	2	③→⑤	4
①→④	5	③→⑥	5
②→③	3	④→⑥	7
②→⑤	3	⑤→⑥	4

4. 根据下表给定的各施工过程的逻辑关系,分别绘制双代号网络图和单代号网络图,比较两图,其主要差别是什么?

施工过程	A	B	C	D	E	F	G	H	I	J	K
紧前工作	—	A	A	B	B	E	A	D、C	E	F、G、H	I、J
紧后工作	B、C、G	D、E	H	H	F、I	J	J	J	K	K	—
作业时间	2	3	5	2	4	3	2	5	2	3	1

5. 根据习题5图所示各种工作名称和延续时间,请用图上作业法计算单代号网络图的时间参数:ES_i,EF_i,LS_i,LF_i,FF_i,TF_i,LAG_{i-j}。

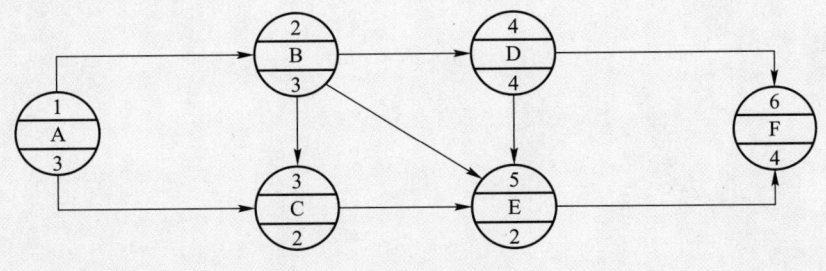

习题5图

6. 将第三题绘出的双代号网络图改画成时标网络图。

7. 某房屋工程施工有A、B、C、D四个施工过程,分两个施工段组织施工,每个施工过程均由一个施工队施工,持续时间分为:2天、6天、1天、2天,用时间坐标网络图按最早开始时间绘制其进度计划。

8. 结合本地区情况,选择一个实际工程(一级建筑)为对象编制其三级施工网络计划。

9. 某工程各工作之间逻辑关系及费用和工作持续时间如下表所示,假定该工程平均每天间接费为350元,试绘制该工程的网络计划并对其进行费用优化。

紧前工作	工作名称	正常费用		最快	
		持续时间/天	费用/元	持续时间/天	费用/元
—	A	7	2 600	4	3 700
—	B	8	2 500	5	3 300
A	C	13	1 600	9	2 700
B	D	10	1 700	5	2 200

第 5 章 工程项目施工现场管理

你想要什么？期望通过工程项目施工现场的科学管理，获得皆大欢喜的结局吗？

5.1 项目施工现场管理概述

 学习本节后，你将能够
1. 了解项目施工现场管理的含义。
2. 了解项目施工现场管理包括哪些内容。

5.1.1 项目施工现场管理概念

项目施工现场管理就是运用科学的管理思想、管理方法和管理手段，对项目施工现场的各种生产要素（人、机料、法、环境、能源、信息）进行合理配置和优化组合，通过计划、组织、控制、协调、激励等管理职能，保证项目施工现场按预定的目标优质、高效、低耗、按期、安全、文明地进行生产。

高层、大跨、精密、复杂的工程项目愈来愈多，信息技术与土木工程技术相互渗透结合而产生的智能化建筑、桥梁对项目施工现场管理要求越来越高。因此，项目施工现场管理如何适应现代化大生产的要求，如何协调多专业、多工种、多个施工单位的和谐施工，已成为项目施工现场管理深化改革的一个重要内容。施工现场管理必须按标准化、规范化和科学化的要求，建立起科学的管理体系、严格的规章制度和管理程序，才能保证专业化分工和协作，符合现代化生产的要求。

5.1.2 项目施工现场管理内容

项目施工现场管理不仅包括现场施工过程中各个生产环节的管理工作，而且包括企业管理的基础工作在施工现场的落实和贯彻。施工现场管理的主要内容包括以下几个方面：(1) 现场组织机构的建立；(2) 签订内部承包合同，落实施工任务；(3) 准备工作；(4) 施工现场平面布置；(5) 施工现场计划管理；(6) 施工安全管理；(7) 施工现场质量管理；(8) 施工现场成本管理；(9) 施工现场技术管理；(10) 施工现场料具管理；(11) 施工现场机械管理；(12) 施工现场劳动管理；(13) 施工现场文明与环境保护管理；(14) 施工现场资料管理。

上述(3)、(4)、(5)内容已在本书相关章节介绍,(2)、(7)、(8)内容在本系列教材建筑工程项目管理中介绍,为避免重复,本章仅介绍(1)、(6)、(9)、(10)、(11)、(12)、(13)、(14)内容。

5.2 项目施工现场技术管理

学习本节后,你将能够

1. 懂得项目施工有哪些技术管理制度。
2. 懂得如何进行技术交底。
3. 懂得项目施工技术复核哪些内容。
4. 懂得设计变更的程序。
5. 懂得施工图翻样的内容。
6. 了解施工现场材料检验包括哪些项目。
7. 了解如何进行施工现场见证取样、送样。
8. 了解技术管理措施内容。

项目施工现场技术管理是对项目现场施工中所有技术活动进行一系列组织管理工作的总称。它的任务是保证施工过程中的各项工艺和技术建立在先进技术基础上,对设计图纸、技术方案、技术操作、技术检验和技术革新等因素进行合理安排;使施工过程符合技术规定要求;充分发挥材料的性能和设备的潜力,提高生产率,降低成本;保证科学技术充分发挥作用,不断提高施工现场的技术水平。

5.2.1 技术管理制度

项目施工现场技术管理制度是项目施工现场中的一切技术管理准则的总和。技术管理制度是技术管理中一项重要基础工作,它主要包括以下内容:编制施工组织设计、施工图会审制度、技术交底制度、技术复核与核定制度、材料检验制度、计量管理、翻样与加工定货制度、工程质量检验与验收制度、施工工艺的编制与执行、设计变更和技术核定制度、工程技术资料与档案管理制度。

1. 技术交底制度

技术交底是指各分部或分项工程施工之前,由各级技术负责人将有关技术要点逐级向下贯彻,直至作业班组。其目的是使参与工程施工的技术人员和工人明确所承担的任务特点、技术要求等。做到参与者心中有数,确保施工顺利进行。

项目现场技术交底的内容主要包括:施工方案、施工图纸、施工进度、施工平面布置、施工工艺、施工方法、技术安全措施、规范要求、质量标准、设计变更等。对于特殊工程、新结构、新工艺和新材料的技术要求,需做更详细的技术交底工作。

技术交底工作应分层次进行。通常分为四个层次进行技术交底:(1)设计单位向施工单位技术负责人进行技术交底;(2)企业技术负责人(总工)向项目部技术负责人进行交底;(3)项目部技术负责人向各专业施工员或工长交底;(4)施工员或工长向班组长进行交底。

技术交底的最基层是施工员或工长向班组长的交底工作,这是技术交底的关键,施工员或工长在向班组交底时,要结合具体操作部位,明确关键部位的质量要求,操作要点及注意事项。对关键性项目、部位、新技术的推广项目应反复、细致地向操作班组进行交底。

技术交底应视工程技术复杂程度不同,采取不同的形式。一般采用文字、图形形式交底(表5-2-1)或采用示范操作和样板的形式交底。

表 5-2-1　技术交底记录

工程名称			编号	
			交底日期	
施工单位			分项工程名称	
交底摘要			页数	共　页,第　页
交底内容:				
签字栏	交底人		审核人	
	接受交底人			

注:本表由施工单位填写,交底单位与接受交底单位各保存一份。

2. 技术复核

技术复核是指在施工过程中,对重要的和涉及工程全局的技术工作,依据设计图纸和有关技术标准进行的复查和校核。技术复核的目的是为避免发生重大差错,影响工程的质量和使用,以维护正常的技术工作秩序。

技术复核除按质量标准规定的复查、检查内容外,一般在分项工程正式施工前,应重点检查表5-2-2所列项目和内容。建筑企业应将技术复核工作形成制度,发现问题及时纠正。

表 5-2-2　技术复核项目及内容表

项目	复核内容
建(构)筑物定位	测量定位的标准轴线桩、水平桩、龙门桩、轴线标高
基础及设备基础	土质、位置、标高、尺寸
模板	尺寸、位置、标高、预埋件预留孔、牢固程度、模板内部的清理工作、湿润情况
钢筋混凝土	现浇混凝土的配合比,现场材料的质量和水泥品种、强度等级,预拌混凝土的各项技术指标,预制构件的位置、标高型号、搭接长度、焊缝长度、吊装构件的强度
墙砌体	墙身轴线,皮数杆,砂浆配合比
大样图	钢筋混凝土柱,屋架、吊车梁,以及特殊项目大样图的形状、尺寸、预制位置
其他	根据工程需要复核的项目

3. 设计变更

设计变更通知单是设计单位针对施工图存在的问题进行变更或修改的文字记载（其格式见表 5-2-3）。变更施工图的内容可由设计单位提出，也可由监理单位、建设单位、施工单位提出，但设计变更通知单必须由设计单位签发（重要的设计变更还需经图审单位审查和原行政审批单位的同意）。设计单位发出设计变更通知后，由监理单位（建设单位）转发给施工单位。

表 5-2-3　设计变更通知单

工程名称		编号	
		日期	
设计单位名称		专业名称	
变更摘要		页数	共　页，第　页
序号	图号	变更内容	
签字栏	建设单位	监理单位	设计单位	施工单位

注：本表一式五份：建设、施工、监理、设计、存档各一份。

4. 翻样制度

施工图翻样是施工单位为了方便施工，进一步细化砌筑、木工作业、钢筋等分项工程的图纸内容，按施工要求将施工图绘制成翻样图的工作。有时由于原设计图纸表达不清楚，或图纸比例太小，按图施工有困难，或施工过程中图纸修改且工程比较复杂等，也需要绘制施工翻样图。

（1）施工图翻样的作用

① 通过翻样，可以进一步熟悉图纸，能更好地领会设计意图。

② 通过翻样，把施工图上所注尺寸详细核对，如有不符之处，及时提出，经过设计单位核实改正，避免差错。

③ 通过翻样，各工种分别绘制翻样图，可以节省各个专业工人翻阅图纸的时间，而且翻样图纸简单明了、通俗易懂、方便施工。

④ 通过翻样，便于提出有关委托外单位加工的定货和申请工程用料的清单。

（2）施工图翻样的内容

施工图翻样的内容通常包括：模板翻样图，钢筋翻样图，委托外单位加工（或申请材料）的构件翻样图。如果工程比较复杂，施工图质量不理想，施工队伍经验不足，可按分部工程和工种绘制施工翻样图。

① 模板翻样图。对于比较复杂的工程，需绘制模板大样图与排列图。模板需要量是根据模板与混凝土的接触面计算，所以大梁是以三面展开计算，柱子是以四面展开计算。支撑的计算方法根据楼板或大梁的重量来决定。

② 钢筋翻样图。钢筋翻样主要是将结构施工图中各种现浇钢筋混凝土结构需用的钢

筋,按不同的规格和型号,摘出列成细表,并算出各种规格和型号钢筋的断料尺寸和根数,便于送交加工。

5. 材料检验制度

材料检验就是对进场的原材料用必要的检测仪器设备进行检验。因为建筑材料质量的好坏,直接影响建筑产品的优劣,所以项目施工现场必须建立和健全材料试验及检验制度,严把质量关,才能确保工程质量。

工程施工中须检验试验的材料种类很多,每一种材料都有相应的试验项目。这里仅列出土建常用的试验项目(表5-2-4)。

表5-2-4 建筑材料检验项目

序号	名称		必验项目	必要时需验项目	备注
1	水泥		胶砂强度、安定性、初凝时间	胶砂流动度	
2	钢筋		拉伸试验、冷弯试验、反复弯曲试验	化学成分分析	
3	焊条		化学成分		
4	砌块		外观规格、强度	吸水率、抗冻	
5	沥青		针入度、软化点、延度		
6	砌筑砂浆		拌合物性能、抗压强度	抗冻性、收缩	
7	混凝土		拌合物性能、抗压强度、干表观密度(轻集料混凝土)	抗渗、抗冻	
8	防水材料	(1)水性沥青基防水材料	延伸性、柔韧性、耐热性、不透水性、黏结性		
		(2)聚氨酯防水材料	拉伸强度、延伸率、低温柔性、不透水性		
9	石油沥青油毡		拉力、耐热度、不透水性、柔度		
10	弹性体沥青防水卷材		拉力、延伸度、不透水性、耐热度、柔度		
11	三元乙丙防水卷材		拉伸强度、扯断延长率、不透水性、脆性温度、耐热度		
12	聚氯乙烯、氯化聚乙烯防水卷材		拉伸强度、断裂伸长率、低温弯折、抗渗透性		
13	混凝土外加剂		固体含量、减水率、泌水率、抗压强度比、钢筋锈蚀	含气量、凝结时间、坍落度损失、其他性能	
14	钢筋焊接		抗拉、弯曲(闪光对焊)、抗剪(点焊)		
15	其他		根据工程情况具体规定		

同时材料试块、试件检验实行施工现场见证取样和送检制度。所谓见证取样和送检，是指在建设单位或监理单位具有见证取样和送样的资格人员的见证下，由施工单位的试验人员对工程中涉及结构安全和使用功能的试块、试件、材料在现场按规定进行取样、制样和标识，并送至经过省级建设行政主管部门对其资质认可和质量技术监督部门对其计量认证的质量检测单位进行检测。

试块、试件、材料见证取样时，见证人员应按见证取样计划，对施工现场的取样进行见证，取样人员应在试样或包装上作出标志和封志。标志和封志应标明工程名称、取样部位、取样日期、样品名称和样品数量，并由见证人员和取样人员签字。见证人员应进行见证记录，并将见证记录归入技术档案。见证人员和取样人员应对试样的代表性和真实性负责。

见证取样的试块、试件、材料送检时，应由送检单位填写委托单，委托单应有见证人员、送检人员签字。检测单位应检查委托单及试样上的标志和封志，确认无误后方可接收样品并进行检测试验。

检测单位应严格按照有关管理规定和技术标准进行检测，出具公正、真实、准确的检测报告。见证取样和送检的检测报告必须加盖见证取样检测的专用章。

涉及结构安全和使用功能的试块、试件和材料，其见证取样和送检的比例不得低于有关技术标准中规定的应取样数量的30%。

下列试块、试件和材料必须实施见证取样和送检：
① 用于承重结构的混凝土试块；
② 用于承重墙体的砌筑砂浆试块；
③ 用于承重结构的钢筋及连接接头试件；
④ 用于承重墙的各种砌块；
⑤ 用于拌制混凝土和砌筑砂浆的水泥；
⑥ 用于承重结构混凝土中使用的外加剂；
⑦ 地下、屋面、厕浴间使用的防水材料；
⑧ 国家规定必须实行见证取样和送检的其他试块、试件和材料。

6. 工程技术档案制度和技术资料管理

5.2.2 施工现场技术管理组织措施

在施工中，为了提高工程质量、节约原材料、降低工程成本、加快进度、提高劳动生产率和改善劳动条件，而在技术组织上采取一系列的措施，这种措施就称作施工现场技术组织措施。

1. 施工技术组织措施的内容
① 缩短工期、加快施工进度方面的措施；
② 提高和保证工程质量的措施；
③ 充分利用地方材料、综合利用工业废渣、废料，同时降低施工成本的措施；
④ 革新技术和工艺、推广新技术、新工艺、新结构、新材料的措施；
⑤ 改进施工机械设备的组织和管理，提高设备完好率、利用率的措施；
⑥ 提高机械化水平和提高劳动生产率的措施；
⑦ 保证文明安全施工的措施；

⑧ 发动群众广泛提出合理化建议,献计献策的措施;
⑨ 各种经济技术指标的控制措施;
⑩ 季节性施工技术措施(高温、低温、雨季、台风、洪水)。

2. 施工技术组织措施计划的编制和贯彻

项目工程的施工技术组织措施计划应列入相应的项目工程施工组织设计,由编制施工组织设计的部门进行编制。施工技术组织措施计划一经批准,就要认真贯彻执行,其要求如下:

施工技术组织措施计划与效果执行表参见表 5-2-5。

表 5-2-5　技术　组织措施计划表

序号	措施项目名称	措施内容	工程对象	执行指标/%	经济效果	执行者
(1)	(2)	(3)	(4)	(5)	(6)	(7)

5.3　项目施工现场机械设备管理

学习本节后,你将能够
1. 了解施工现场选用施工机械应考虑哪些因素。
2. 懂得如何正确使用施工机械。
3. 懂得施工现场如何保养施工机械。
4. 能够区分大修、中修、小修。

5.3.1　项目施工现场机械设备使用管理

1. 正确选择机械是合理使用机械的前提

合理使用设备的前提是在编制施工组织设计时,正确选择施工机械。在选择机械设备时应考虑以下因素:

① 施工方法。首先确定主要机械设备的机种和规格,而后配以辅助机械,使机械效能得到充分发挥。

② 工程量。工程量小而分散时,宜选用一专多用或移动灵活的中小型机械设备;工程量大而集中时,应选用大型机械设备。

③ 工期。施工机械设备的台数是根据工期和机械设备的生产能力,通过计算来确定,避免能力不足或窝工。

④ 效益。尽量使机械能在相邻工程项目上综合流水,多次使用,减少拆、装、运次数,发挥机械效能,避免停多用少,提高经济效益。

2. 施工现场应为机械运行创造良好条件

① 设计好机械开行路线,清除一切妨碍机械施工的障碍物,合理布置材料、构件等的堆放位置,为机械施工创造工作面。

② 根据施工方法和机械设备特点,合理安排施工顺序,并给机械设备留出维修时间。

③ 夜间施工要有充足的照明设备。

3. 合理使用机械的要求

① 实行"三定"制度(定机、定人、定岗)。"人机固定"就是由谁操作哪台机械固定后不随意变动,并把机械使用、维护保养各环节的具体责任落实到每个人身上。

② 实行"上岗证"制度。每台机械的专门操作人员必须经过培训和统一考试,确认合格,发给操作合格证书。这是安全生产的重要前提,也是保证机械得到合理使用的必要条件。

③ 实行"交接班制度"。交接班制度由值班司机执行,多班制作业、"歇人不歇机"时,多人操作的机械,除岗位交接外,值班负责人应全面交接。

④ 遵守磨合期使用规定。新购机械或经过大修机械必须经过一段试运转,称为磨合期。遵守磨合期使用规定可以延长机械使用寿命,防止零件早期磨损。

⑤ 实行安全交底制度。现场分管机械设备技术人员在机械作业前应向操作人员进行安全操作交底,使操作人员对施工要求、场地环境、气候等安全生产要素有详细的了解。项目经理部须按安全操作要求安排工作,不得要求操作人员违章作业,也不得强令操作人员和机械带病操作。

5.3.2 施工现场机械设备的保养与维修

1. 施工现场机械设备的保养

根据机械设备技术状况变化规律及现场施工实践,机械设备保养内容主要有:保持机械清洁、检查运转情况、防止螺丝脱落和零件腐蚀、按技术要求润滑,等等。

(1) 人工清洁

保持机械清洁不仅是机容整洁卫生的需要,更是保持机械设备安全和正常工作的需要。尤其是在施工现场,灰尘、污物较多,必然引起机械内外及系统各部位的脏污,有些关键部位脏污将使机械不能正常工作。

(2) 防止螺丝松动脱落

现场施工中由于机械不断振动和交变负荷的影响,有些螺丝可能松动或脱落,必须及时检查,予以紧固,并及时调整零部件相对位置。以免造成机械设备事故性损坏及可能的人员伤亡。

(3) 防止零件的受腐蚀

机械设备在运行过程中,不可避免地造成一些金属零件表面保护层的脱落。因此,必须进行补漆或涂油脂等防腐涂料。

(4) 按要求润滑

润滑是防止机械磨损最有效的手段。正常的润滑工作能保证机械持久而良好地运转,防止减少机械故障的发生,同时也降低能源消耗,使机械更能充分发挥其技术性能,延长使用寿命。

2. 施工现场机械设备的修理

机械设备的修理可分为大修、中修、小修。

① 大修是对机械设备进行全面检查修理,修复各零部件的可靠性和精度工作性能,保证其满足质量和配合要求,使其达到良好的技术状态,延长机械的使用寿命。

② 中修是大修间隔期间对少数零部件进行大修,对不进行大修的其他零部件只做检

查保养。中修的目的是对不能延续使用的部件进行修复,使其达到技术性能的要求,同时也使整机状态到达平衡,以延长机械设备大修的间隔。

③ 小修是临时安排修理,其目的是消除操作人员无法排除的突然故障,个别零部件损坏,或一般事故性损害等问题,一般都是和保养相结合,不列入修理计划,而大、中修要列入计划,并形成制度。

5.4 项目施工现场料具管理

学习本节后,你将能够
1. 懂得施工现场如何控制原材料质量。
2. 了解如何进行材料进场、发放数量管理。
3. 懂得如何管理现场施工工具。

项目施工现场料具管理是对现场施工中一切材料和机具进行组织管理工作的总称。料具占建筑产品造价70%,因此对施工耗用的料具进行管理,具有重要意义。

5.4.1 项目施工现场材料管理

1. 项目施工现场材料质量管理

项目现场材料质量管理是指在现场验收中有凭证,在保管中不变质,在发料时附质量证明。

(1) 材料质量凭证检查

水泥、钢材、墙体砌块、砂、石子、沥青、卷材、焊条等材料必须提供出厂合格证或试验报告。其具体要求见本章5.9。

(2) 大宗材料的保管

① 水泥库应设在搅拌设备附近,水泥入库应分规格品种、进料日期堆放;超过储存期限的水泥,用前应进行试验。库内要有防雨、防潮、排水、通风、防盗等措施。库内地板垫离地面的高度、水泥垛与壁墙的距离、水泥堆垛的高度、垛间通道,都要符合保管规程的规定。

② 水泥露天存放时,要选择地势高而干燥的场地,下面垫离地面30~50cm,上面用苫布盖严,防止雨水侵入。

③ 砂石按品种、规格、产地分别堆放;砂石堆上禁倒垃圾、液体、油脂;要注意防止风吹、车辆碾扎、人畜践踏。

④ 石灰应存放在离施工地点较远的地方。石灰容易吸收水分,自然消化,抹灰容易被风吹雨冲造成损失,所以放线和灰土所用干灰宜放在棚内保管外,其余均应淋化为石灰膏保存。

(3) 砂、墙体砌块、生石灰外观检查

① 砂的外观检查:颗粒坚硬,粒度均匀,表面洁净。

② 墙体砌块的外观检查:外形方正,棱方整齐,不得有弯曲;颜色均匀;尺寸测定不得超过误差规定。

③ 生石灰外观:碎屑一般不得超过30%;煤渣、石块等杂质含量要少于8%;过火、欠

火灰要少。

2. 项目现场材料数量管理

项目现场材料数量管理是指材料进场的验收、堆放、保管和发放的定额管理。材料消耗定额(施工定额)是材料消耗的数量标准,是核发材料的定量依据。

① 材料进场时,应保证数量相符。

② 对于实行经济承包制的工程,按照承包范围的施工预算对幢号班组实行总量控制供料。至于在经济承包范围内对班组的材料供应办法,应由承包班组结合内部承包形式决定。

③ 对于实行统一施工管理的现场,分部分项工程对班组实行定额供料。这是依据分部分项工程量和施工定额中的材料消耗定额,由定额员计算、工长签发定额供料单,并与施工任务书同时下达施工班组,作为班组供料的凭证,也是耗料的限额和班组材料核算、业务核算、成本核算的依据。

5.4.2 施工现场工具管理

施工现场工具管理是对现场施工所用的工具(如镐、铣、锤子、靠尺等)进行使用管理的总称。

1. 施工现场工具使用方法

采用外包班组形式的工程,外包班组使用的随手工具,其工具费用已包括在包工单价中,一律执行购买和租用的办法。租用的具体做法如下:

① 外包队使用低值工具,向项目经理部租用,按实际使用天数付租赁费。

② 外包队委托所在项目部修理工具,按现行标准付维修费。

③ 各单位与外包队签订工程承包合同时,要有体现工具租用、丢失赔偿等的条款。

④ 外包队退场时,料具手续不清,劳资部门不准结算工资,财务部门不得付款。

2. 施工现场工具管理办法

① 为加强班组工具保管,现场要提供存放工具的地方。

② 班组要有兼职工具员负责保管工具,督促组内人员爱护工具和记载保管手册。

③ 个别工具可由班组交给个人保管,丢件赔偿。

④ 对工具要精心爱护使用,每日收工时由使用人员做好清理洗刷工作,由工具员检查数量和保洁情况后妥善保管。

5.5 项目施工现场安全生产管理

学习本节后,你将能够

1. 懂得项目施工安全控制目标。
2. 懂得项目安全生产基本要求。
3. 编制项目安全技术措施计划。
4. 懂得如何实施施工安全技术措施。
5. 懂得如何进行安全教育和检查。

5.5.1 项目施工安全生产概念

项目施工安全生产是指施工过程处于避免人身伤害、设备损坏及其他不可接受的损害风险(危险)的状态。不可接受的损害风险(危险)通常是指超出了法律、法规和规章的要求;超出了方针、目标和企业规定的其他要求;超出了人们普遍接受(通常是隐含的)的要求。因此,安全与否要对照风险接受程度来判定,是一个相对性的概念。

5.5.2 项目施工安全控制

安全控制是通过对生产过程中涉及的计划、组织、监控、调节和改进等一系列致力于满足生产安全所进行的管理活动。

1. 安全控制方针

安全控制的目的是为了生产安全,因此安全控制的方针也应符合安全生产的方针,即"安全第一,预防为主"。"安全第一"是把人身的安全放在首位,安全为了生产,生产必须保证人身安全,充分体现了"以人为本"的理念。"预防为主"是实现"安全第一"的最重要手段,采取正确的措施和方法进行安全控制,从而减少甚至消除事故隐患,尽量把事故消灭在萌芽状态,这是安全控制最重要的方针、思想。

2. 安全控制目标

安全控制的目标是减少和消除生产过程中的事故,保证生产人员安全和财产免受损失。具体包括:

① 减少或消除设备、材料的不安全状态。
② 减少或消除人的不安全行为。
③ 改善生产环境和保护自然环境。

5.5.3 项目施工安全生产基本要求

① 必须取得安全行政主管部门颁发的《安全施工许可证》后才可开工。
② 总承包单位和每一个分包单位都应持有《施工企业安全资格审查认可证》。
③ 项目经理、安全员应持有安全考核合格证书。
④ 各类人员必须具备相应的执业资格才能上岗。
⑤ 特殊工种作业人员必须持有特种作业操作证,并严格按规定定期进行复查。
⑥ 所有新员工必须经过三级安全教育,即进公司、进现场和进班组的安全教育。
⑦ 必须把好安全生产"六关",即措施关、交底关、教育关、防护关、检查关、改进关。
⑧ 对查出的安全隐患要做到"五定",即定整改责任人、定整改措施、定整改完成时间、定整改完成人、定整改验收人。
⑨ 施工现场安全设施齐全,并符合国家及地方有关规定。
⑩ 施工机械(特别是现场安设的起重设备等)、脚手架等必须经安全检查合格后方可使用。

5.5.4 项目施工安全技术措施计划

1. 项目施工安全技术措施计划内容

主要内容包括:工程概况,控制目标,控制程序,组织机构,职责权限,规章制度,资源配置,安全措施,检查评价,奖惩制度等。

2. 项目施工安全技术措施计划编制时应考虑以下特殊情况:

① 对高空作业、地下作业、爆破等特殊工种作业,应制定单项安全技术规程,并应对管理人员和操作人员的安全作业资格和身体状况进行合格检查。

② 对结构复杂、施工难度大、专业性较强的项目,除制定项目总体安全保证计划外,还必须制定单位工程或分部分项工程的安全技术措施。

③ 制定和完善施工安全操作规程,编制各施工工种,特别是危险性较大工种的安全施工操作要求,作为规范和检查考核员工安全生产行为的依据。

3. 项目施工安全技术具体措施

项目施工安全技术具体措施包括:防火、防毒、防爆、防洪、防尘、防雷击、防触电、防坍塌、防物体打击、防机械伤害、防起重设备滑落、防高空坠落、防交通事故、防寒、防暑、防疫、防环境污染十七个方面措施。

5.5.5　项目施工安全技术措施计划的实施

1. 项目施工安全生产责任制

安全生产责任制是指企业对项目部各级领导、各个部门、各类人员所规定的在他们各自职责范围内对安全生产应负责任的制度。建立安全生产责任制是施工安全技术措施计划实施的重要保证。项目经理是安全生产第一责任人。

2. 安全技术交底

(1) 安全技术交底的基本要求

① 项目部必须实行三级安全交底制度,一级为公司对项目安全科的安全技术交底;二级为项目安全科对分项工程负责人的安全技术交底;三级为分项工程安全负责人将工程概况、施工方法、施工程序、安全技术措施等向工长、班组长进行详细交底;技术交底必须具体、明确,针对性强。

② 优先采用新的安全技术措施。

③ 定期向多工种交叉施工的作业队伍进行书面交底,保留书面安全技术交底签字记录。

(2) 安全技术交底主要内容

① 本工程项目的施工作业特点和危险点,针对危险点的具体预防措施;

② 分部分项工程施工中给作业人员带来的潜在危害和存在问题,应注意的安全事项;

③ 相应的安全操作规程和标准;

④ 发生事故后应及时采取的避难和急救措施。

5.5.6　安全教育与检查

1. 安全教育

安全教育的要求如下:

① 广泛开展安全生产的宣传教育,使全体项目参与者认识到安全生产的重要性和必要性,懂得安全生产和文明施工的科学知识,牢固树立安全第一的思想,自觉地遵守各项

安全生产法律、法规和规章制度。

② 把安全知识、设备性能、安全技能、操作规程、安全法律等作为安全教育的主要内容。

③ 电焊工、电工、架子工、司炉工、爆破工、机操工、起重工、机械司机、机动车辆司机等特殊工种工人，除一般安全教育外，还要经过专业安全技能培训，经考试合格持证后，方可独立操作。

④ 建立经常性的安全教育考核制度，考核成绩要记入员工档案。

⑤ 采用新技术、新工艺、新设备施工和调换工作岗位的，也要进行安全教育，未经安全教育培训的人员不得上岗操作。

2. 安全检查

（1）安全检查主要内容

① 查思想。主要检查项目参与者对安全生产工作的认识。

② 查管理。主要检查工程的安全生产管理是否有效。包括安全生产责任制、安全技术措施计划、安全组织机构、安全保证措施、安全技术交底、安全教育、持证上岗、安全设施、安全标识、操作规程、违规行为、安全记录等。

③ 查隐患。主要检查项目施工现场是否符合安全生产、文明生产的要求。

④ 查事故处理。对安全事故的处理应达到查明事故原因、明确责任并对责任者作出处理、明确和落实整改措施等要求。同时还应检查对伤亡事故是否及时报告、认真调查、严肃处理。

安全检查的重点是违章指挥和违章作业。安全检查后应编制安全检查报告，说明已达标项目、未达标项目、存在的问题、原因分析及纠正和预防措施。

（2）安全检查方法

① "看"，主要查看管理记录、持证上岗情况、现场标识、交接验收资料、"安全三宝"使用情况、洞口防护情况、临边防护情况、设备防护装置等。

② "测"，用仪器、仪表进行现场测量。

③ "量"，主要是用尺实测实量。

④ "现场操作"，由司机对各种限位装置进行实际运作，检验其灵敏程度。

（3）安全检查主要形式

① 每周或每旬由主要负责人带队组织对项目的安全大检查。

② 每天上班前由班组长和安全值日人员组织的班前安全检查。

③ 季节更换前由安全生产管理人员和安全专职人员、安全值日人员等组织的季节劳动保护安全教育。

④ 对塔式起重机等起重设备、龙门架、脚手架、电气设备、现浇混凝土模板及其支撑等施工设备在安装搭设完成后进行的安全检查验收。

⑤ 由安全管理组、职能部门人员、专职安全员和专业技术人员组成对电气、机械设备、脚手架、登高设施等专项设施设备、高处作业、临边防护、用电安全、消防保卫等进行的专项安全检查。

⑥ 由安全管理小组成员、安全专兼职人员和安全值日人员进行的日常安全检查。

5.6 项目施工现场劳动管理

学习本节后,你将能够
1. 懂得如何配置项目施工现场的作业班组。
2. 懂得如何管理项目施工现场的作业班组。

项目施工现场劳动管理就是按施工现场的要求,合理配备和使用劳动力,并按工程实际的需要不断地调整,使人力资源得到充分利用,降低工程成本,同时确保现场生产计划顺利完成。

5.6.1 项目施工现场劳动力的资源与配置

1. 劳动力资源的落实

劳动力的资源通常有两种:一种是企业内部固定工人,一种是工程劳务市场招聘的合同制工人。随着企业改革的深入,企业固定工人已逐渐减少,合同制工人逐渐增加。合同制工人的来源主要是劳务市场。就一个施工项目而言,当任务需要时,可以按劳动计划向企业外部劳务市场招募所需作业工人,并签订合同,任务完成后解除合同,劳动力返还劳务市场。项目经理有权依法辞退劳务人员和解除劳动合同。

2. 劳动力的配置方法

(1) 尽量做到优化配置

项目施工现场劳动力作业水平存在参差不齐的状况,因此应从素质上将其分为好、中、差。在组合时,合理搭配,取长补短,充分发挥整体效能的作用。

(2) 技工与普工比例要适当

因作业需要,技术工人与普通工人比例要适当、配套,使技术工人和普通工人能够密切配合,以保证工程质量。

(3) 尽量使劳动组织相对稳定

作业层的劳动组织形式一般有专业班组和混合班组两种。对项目经理部来说,应尽量使作业层正在使用的劳动力和劳动组织保持稳定,防止频繁调动。当现场的劳动组织不适应任务要求时,应及时进行劳动组织调整。

(4) 尽量使劳动力配置均衡

劳动力配置均衡,资源强度适当,有利于现场管理,同时可以减少临时设施的费用,以达到节约的目的。

5.6.2 施工现场劳动力的管理

1. 岗前培训

项目部在组建现场劳动组织时,对新招人员应提前进行上岗培训。培训任务主要由企业劳动部门承担,项目部进行辅助培训,主要进行操作训练、劳动纪律、工艺技术及安全作业教育等。

2. 现场劳动要奖罚分明

施工现场的劳动过程就是工程项目的生产过程,作业者的操作水平、熟练程度、纪律性直接影响工程的质量、进度、效益,所以,要求每一工人的操作必须规范化、程序化。施工现场要建立考勤及工作质量完成情况的奖罚制度。对于遵守各项规章制度,严格按规范规程操作,完成工程质量好的工人或班组给予奖励;对于违反操作规程,不遵守现场规章制度的工人或班组给予处罚,严重者返回劳务市场。

3. 施工现场劳动力的动态管理

根据施工现场工程进展情况和需要的变化而随时进行人员的结构、数量的调整,不断地优化。当需要人员时立即进场,当出现过多人员时向其他现场转移,使每个岗位负荷饱满。

4. 做好现场劳动保护和安全卫生管理

施工现场劳动保护及卫生工作较其他行业复杂。不安全、不卫生的因素较多,因此必须做到以下几个方面的工作。首先,建立劳动保护和安全卫生责任制,使劳动保护和安全卫生有人抓,有人管,有奖罚;其二,对进入现场人员进行教育,增强职工自我防范意识;其三,落实劳动保护及安全卫生的具体措施及专项资金,并定期进行全面的专项检查。

5.7 现场文明施工与环境管理

学习本节后,你将能够
1. 懂得项目施工现场场容管理的基本内容。
2. 懂得项目施工现场办公室管理的基本要求。
3. 懂得项目施工现场食堂管理的基本内容。
4. 懂得项目施工现场卫生场所管理的基本要求。
5. 懂得项目施工现场环保内容与措施。

5.7.1 现场文明施工管理

1. 项目施工现场场容管理

① 项目施工现场主要入口要设置简朴规整的大门,门旁必须设立明显的标牌,标明工程名称、施工单位和工程负责人姓名等内容。

② 项目施工现场有排水措施,基础地下管道施工完后要及时回填平整,清除积土。出入口设置车辆冲洗台,确保轮胎干净。道路坚实畅通,主要通道路面应采用硬化处理。

③ 建立文明施工责任制,划分区域,明确管理负责人,实行挂牌制,做到现场清洁。

④ 项目现场施工临时水电要有专人管理,不得有长流水、长明灯。

⑤ 项目施工现场的临时设施,包括生产、办公、生活用房、仓库、料场、临时上下水管道及照明、动力线路,要严格按施工组织设计确定的施工平面图布置、搭设或埋设齐整。

⑥ 工人作业地点和周围必须清洁整齐,做到活完脚下清,工完场地清,丢撒在楼梯、

楼板上的砂浆、混凝土要及时清除,落地灰要回收过筛后使用。

⑦ 砂浆、混凝土在搅拌、运输、使用过程中,尽量做到不洒、不漏、不剩,使用地点盛放砂浆、混凝土必须有容器或垫板,如有遗撒要及时清理。

⑧ 施工现场不准乱堆垃圾及余物。应在适当地点设置临时堆放点,并定期外运。清运渣土垃圾及流体物品,采取遮盖防漏措施,运送途中不得遗撒。

⑨ 建筑物内清除的垃圾渣土,要利用临时搭设的竖井、电梯井或采取其他措施稳妥下卸,严禁从门窗口向外抛掷。

⑩ 严禁损坏污染成品、堵塞管道。高层建筑要设置临时便桶,严禁在建筑物内大小便,要有成品保护措施。

⑪ 根据工程性质和所在地区的不同情况,采取必要的围护和遮挡措施,并保持项目现场整体外观整洁。

⑫ 针对项目施工现场情况设置宣传标语和黑板报,并适时更换内容,切实起到表扬先进、促进后进的作用。

⑬ 项目施工现场严禁居住家属,严禁居民、家属小孩在施工现场穿行、玩耍。

2. 项目施工现场办公室管理

① 办公室的卫生由办公室全体人员轮流负责打扫,并排出值班表。

② 值班人员负责打扫卫生、打水、做好来访记录、整理文具。文具应摆放整齐,做到窗明地净,无蝇、无鼠。

③ 冬季取暖炉用的炕火,其落地炉灰及时清扫,炉灰按指定地点堆放,定期清理外运,防止发生火灾。未经许可一律禁止使用电炉及其他电加热器。

3. 项目施工现场食堂管理

① 项目施工现场食堂在选址和设计时应符合卫生要求,远离有毒有害场所,不得有暴露垃圾堆(站)和粪堆、畜圈等污染源。

② 项目施工现场食堂需有与进餐人数相适应的餐厅、制作间和原料库等辅助用房。餐厅和制作间(含库房)建筑面积比例一般应为1∶1.5。其地面和墙裙的建筑材料,要用具有防鼠防潮和便于洗刷的水泥等。有条件的食堂,制作间灶台及其周围要镶嵌瓷砖,炉灶应有通风排烟设备。

③ 项目施工现场食堂制作间应分为主食间、副食间、烧水间,有条件的可开设摘菜间、炒菜间、冷荤间、面点间。做到生与熟,原料与成品、半成品,食品与杂物,食品与毒物(亚硝酸盐农药、化肥等)严格分开。冷荤间备"五专"(专人、专室、专容器用具、专消毒、专冷藏)。

④ 主副食应分开存放。易腐食品应有冷藏设备(冷藏库或冰箱)。

⑤ 食品加工机械、用具、炊具、容器应有防蝇、防尘设备。用具、容器和食用苫布要有生、熟及反、正面标记,防止食品污染。

⑥ 采购运输要有专用食品容器及专用车。

⑦ 食堂应有相应的更衣、消毒、盥洗、采光、照明、通风和防蝇、防尘设备,以及通畅的上下水管道。

⑧ 餐厅设有洗碗池、残渣桶和洗手设备。

⑨ 公用餐具应有专用洗刷、消毒和存放设备。

⑩ 食堂炊管人员(包括合同工、临时工)必须按有关规定进行健康检查和卫生知识培训并取得健康合格证和培训证。

⑪ 具有健全的卫生管理制度。有专人负责食堂管理工作,并将提高食品卫生质量、预防食物中毒列入岗位责任制的考核评奖条件中。

⑫ 集体食堂的经常性食品卫生检查工作,各单位要根据有关规定、标准及要求进行管理检查。

4. 职工饮水卫生规定

施工现场应供应开水,饮水器具要卫生。夏季要确保施工现场的凉开水或清凉饮料供应,暑伏天可增加绿豆汤,防止中暑脱水现象发生。

5. 厕所卫生管理

① 施工现场要按规定设置厕所。厕所的设置要离食堂30 m以外,屋顶墙壁要严密,门窗齐全有效,便槽内必须铺设瓷砖。厕所要有专人管理,应有化粪池,严禁将粪便直接排入下水道或河流沟渠中,露天粪池必须加盖。

② 厕所定期清扫制度。厕所设专人天天冲洗打扫,做到无积垢、垃圾及明显臭味,并应有洗手水源,市区工地厕所要有水冲设施保持厕所清洁卫生。

③ 厕所灭蝇蛆措施。厕所按规定采取冲水或加盖措施,定期打药或撒白灰粉,消灭蝇蛆。

5.7.2 项目施工现场环境管理

1. 项目施工现场环保的意义

项目施工现场环保的目的是为了保护和改善生活环境与生态环境,防止由于项目施工造成的作业污染和扰民,保障工地附近居民和施工人员的身体健康。施工现场的环境保护是文明施工的具体体现,是施工现场管理达标考评的一项重要指标,所以必须采取现代化的管理措施做好这项工作。

2. 项目施工现场环保内容与措施

(1) 防止水污染

① 防止水污染内容。

施工现场防止水污染内容:搅拌站的废水排放;现制水磨石作业、乙炔发生罐作业产生的污水处理;油漆、油料的渗漏防治;施工现场临时食堂的污水排放。

② 项目施工现场防止水污染措施。

a. 搅拌机的废水排放控制。凡在现场搅拌作业的,必须在搅拌机前台及运输车清洗处设置沉淀池。排放的废水要排放沉淀池内,经二次沉淀后方可排入市政污水管线或回收用于洒水降尘。未经处理的泥浆水,严禁直接排入设施和河流。

b. 现制水磨石作业污水的排放控制。施工现场现制水磨石作业产生的污水禁止随地排放,作业时严格控制污水流向,在合理位置设置沉淀池,经沉淀后方可排入市政污水管线。

c. 乙炔发生罐污水排放控制。施工现场由于气焊使用乙炔发生罐产生的污水严禁随地倾倒,要求用专用容器集中存放,并倒入沉渣池处理,以免污染环境。

d. 食堂污水的排放控制。施工现场临时食堂,要设置简易有效的隔油池,产生的污水要经过隔油池。加强日常管理,定期掏油,防止污染。

e. 油漆油料库的防渗漏控制。施工现场要设置专用的油漆油料库,油库内严禁放置其他物资,库房地面和墙面要做防渗的特殊处理。储存、使用和保管要专人负责,防止油料的跑冒滴漏污染水体。

f. 禁止将有毒有害废弃物作土方回填,以免污染地下水和环境。

(2) 防止大气污染

① 防止大气污染内容。

项目施工现场防止大气污染内容主要有防止扬尘、生产和生活的烟尘排放。

② 项目施工现场防止大气污染措施。

a. 防止或减少细颗粒散体材料(如水泥、粉煤灰、白灰等)飞扬,其运输、储存要注意遮盖、密封。

b. 施工现场垃圾渣土要及时清理出现场。

c. 车辆开出工地要做到不带泥沙,基本做到不洒土、不扬尘,减少对周围环境的污染。

d. 除设有符合规定的装置外,禁止在施工现场焚烧油毡、橡胶、塑料、皮革、树叶、枯草、各种包装物等废弃物品,以及其他会产生有毒、有害烟尘和恶臭气体的物质。

e. 机动车都要安装减少尾气排放的装置,确保符合国家标准。

f. 工地茶炉应尽量采用电热水器。若只能使用烧煤茶炉和锅炉时,应选用消烟除尘型茶炉和锅炉,大灶应选用消烟节能回风炉灶,使烟尘降至允许排放范围为止。

g. 大城市市区的建设工程已不容许搅拌混凝土。在容许设置搅拌站的工地,应将搅拌站封闭严密,并在进料仓上方安装除尘装置,采用可靠措施控制工地粉尘污染。

h. 拆除旧建筑物时,应适当洒水,防止扬尘。

(3) 项目施工现场的噪声控制

① 项目施工现场噪声的限值。

环境中的声音对人类、动物及自然物没有产生不良影响时,就是一种正常的物理现象。相反,对人的生活和工作造成不良影响的声音就称之为噪声。

② 项目施工现场的噪声控制措施。

项目施工现场的噪声控制可从声源、传播途径、接收者防护等方面来考虑。

a. 声源控制。从声源上降低噪声,这是防止噪声污染的最根本的措施。

(a) 在声源处安装消声器消声,如在通风机、鼓风机、压缩机、燃气机、内燃机及各类排气放空装置等进出风管的适当位置设置消声器。

(b) 尽量采用低噪声设备和工艺代替高噪声设备与加工工艺,如采用低噪声振捣器、风机、电动空压机、电锯等。

b. 传播途径的控制。在传播途径上控制噪声,有以下几种方法。

(a) 隔声:应用隔声结构,阻碍噪声向空间传播,将接收者与噪声声源分隔。隔声结构包括隔声室、隔声罩、隔声屏障、隔声墙等。

(b) 吸声:利用吸声材料(大多由多孔材料制成)或由吸声结构形成的共振结构(如金属或木质薄板钻孔形成的空腔体等)吸收声能,降低噪声。

(c) 消声:利用消声器阻止噪声传播。允许气流通过的消声降噪是防治空气动力性噪声的主要装置。如对空气压缩机、内燃机产生的噪声等就采用这种装置。

（d）减振降噪：对来自振动引起的噪声，通过降低机械振动减小噪声，如将阻尼材料涂在振动源上，或改变振动源与其他刚性结构的连接方式等。

c. 接收者的防护。

让处于噪声环境下的人员使用耳塞、耳罩等防护用品，减少相关人员在噪声环境中的暴露时间，以减轻噪声对人体的危害。

d. 严格控制人为噪声。

进入施工现场不得高声喊叫、无故甩打模板、乱吹哨，限制高音喇叭的使用，最大限度地减少噪声扰民。

e. 控制强噪声作业的时间。

凡在人口稠密区进行强噪声作业时，须严格控制作业时间，一般晚10点到次日早6点之间停止强噪声作业。特殊情况必须昼夜施工时，尽量采取降低噪声措施，并会同建设单位找当地居委会、村委会或当地居民协调，出安民告示，求得群众谅解。

（4）施工现场固体废物的处理

固体废物是生产、建设、日常生活和其他活动中产生的固态、半固态废弃物质。固体废物是一个极其复杂的废物体系。按照其化学组成可分为有机废物和无机废物；按照其对环境和人类健康的危害程度可以分为一般废物和危险废物。

① 施工工地上常见的固体废物。

a. 建筑渣土：包括砖瓦、碎石、渣土、混凝土碎块、碎玻璃、废屑、废弃装饰材料等。

b. 废弃的散装建筑材料：包括散装水泥、石灰等。

c. 生活垃圾：包括炊厨废物、丢弃食品、废纸、生活用具、玻璃、陶瓷碎片、废电池、废旧日用品、废塑料制品、煤灰渣、废交通工具等。

d. 设备、材料等的废弃包装材料。

② 施工现场固体废物的处理。

a. 回收利用。回收利用是对固体废物进行资源化、减量化的重要手段之一。对建筑渣土可视其情况加以利用。废钢可按需要做金属原材料，对废电池等废弃物应分散回收，集中处理。

b. 减量化处理。减量化是对已经产生的固体废物进行分选、破碎、压实浓缩、脱水等减少其最终处置量，减低处理成本，减少对环境的污染，在减量化处理的过程中，也包括和其他处理技术相关的工艺方法，如焚烧、热解、堆肥等。

c. 焚烧技术。焚烧用于不适合再利用且不宜直接予以填埋处置的废物，尤其是对于受到病菌、病毒污染的物品，可以用焚烧进行无害化处理。焚烧处理应使用符合环境要求的处理装置，注意避免对大气的二次污染。

d. 稳定和固化技术。利用水泥、沥青等胶结材料，将松散的废物包裹起来，减小废物的毒性和可迁移性，使得污染减少。

e. 填埋。填埋是固体废物处理的最终技术，经过无害化、减量化处理的废物残渣集中到填埋场进行处置。填埋场应利用天然或人工屏障。尽量使需处置的废物与周围的生态环境隔离，并注意废物的稳定性和长期安全性。

5.8 项目施工现场主要内业资料管理

5-1：土建工程主要内业资料内容

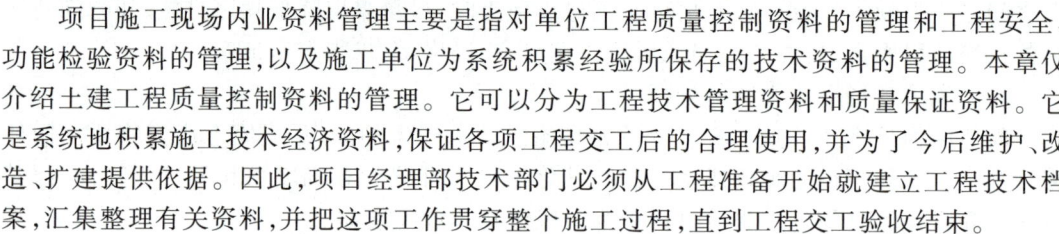

学习本节后，你将能够

1. 懂得土建内业资料主要内容。
2. 掌握土建技术管理各种资料的格式、内容及核查方法。
3. 掌握土建质量验收各种资料内容及核查方法。
4. 了解原材料进场合格证的收集和核查方法。
5. 了解原材料实验报告的收集和核查方法。

项目施工现场内业资料管理主要是指对单位工程质量控制资料的管理和工程安全、功能检验资料的管理，以及施工单位为系统积累经验所保存的技术资料的管理。本章仅介绍土建工程质量控制资料的管理。它可以分为工程技术管理资料和质量保证资料。它是系统地积累施工技术经济资料，保证各项工程交工后的合理使用，并为了今后维护、改造、扩建提供依据。因此，项目经理部技术部门必须从工程准备开始就建立工程技术档案，汇集整理有关资料，并把这项工作贯穿整个施工过程，直到工程交工验收结束。

凡是列入技术档案的技术文件、资料，都必须由有关技术负责人正式审定。所有的资料、文件都必须如实地反映情况，不得擅自修改、伪造或事后补做。工程技术档案必须严加管理，不得遗失损坏。人员调动时要办理交接手续。

5.8.1 土建工程技术管理资料

1. 工程开工报告

（1）工程开工报告格式与内容

工程开工报告（报审表）是单位工程具备开工条件后，由施工单位向监理单位递交的开工报告（表5-8-2），经监理单位审查签署同意后才能开工。开工报审表一式四份，施工单位、监理单位、建设单位、城建档案馆各保存一份。

（2）单位工程开工报告核查方法

对单位工程开工报告的核查主要包括三方面的要求：① 是否执行单位工程开工的日期；② 是否具备开工条件；③ 是否履行了各方的质量职责。

其核查方法有：

① 是否按开工报告的日期开工，可与施工日记、定位测量放线记录等资料对照检查，其日期应大致吻合。

② 各单位是否履行其质量责任，应核查施工单位、监理单位有关人员签字和公章是否完备。如果开工报告采用复印件，必须加盖有关单位公章。

2. 图纸会审纪要

（1）图纸会审纪要格式与范围

图纸会审是施工单位及参加工程建设各方单位接到施工图纸，在对施工图进行熟悉、预审的基础上，由监理单位或建设单位在开工前组织设计、施工单位及各方参建单位的技术负责人、专业（或项目）负责人共同对设计图纸进行的审核工作。

表 5-8-2　工程开工报审表

工程名称		施工编号	
		监理编号	
		日　期	

致　_____（监理单位）

　　我方承担的 _____ 工程,已完成了以下各项工作,具备了开工条件,特此申请施工,请核查并签发开工指令。

附件:

施工总承包单位(章)

项目经理

审查意见:

监理单位

总监理工程师

日　　期

注:本表由施工单位填报,一式四份,建设、监理、施工、城建档案馆各保存一份。

　　为履行图纸会审这一技术工作的质量责任制,必须做好图纸会审记录。图纸会审记录一般由施工单位整理汇总完成,将会审中提出的问题以及解决办法详细记录,写成正式文件或会议纪要(表 5-8-3)。参加图纸会审的各方及有关人员应在会审记录上签字,以明确质量责任。

　　图纸会审纪要视为施工图的一部分,其分发份数与施工图份数相同,应及时分发给各有关单位。并由内业技术员留一份作为竣工档案资料。

表 5-8-3　图纸会审记录

工程名称			编号	
			日期	
设计单位			专业名称	
地点			页数	共　页,第　页
序号	图号	图纸问题	答复意见	
签字栏	建设单位	监理单位	设计单位	施工单位

注:本表一式五份,建设、设计、施工、监理、城建档案馆存档各一份。

　　(2) 图纸会审纪要核查方法

　　① 核查是否进行了图纸会审,即核查是否有图纸会审记录。

　　② 图纸会审的时间应在单位工程开工之前,应对照开工报告或施工日记等来核查。

　　③ 图纸会审的内容是否完善。应核查会审记录内容,看各专业图纸是否均进行了图纸会审。

　　④ 质量职能是否履行。应核查设计单位是否对施工单位或其他参建单位提出的问题均进行了明确答复,各单位及部门的代表签字是否完善。

⑤ 图纸会审记录上"工程名称""日期""地点"等是否填写清楚,是否漏填。

3. 设计变更通知

(1) 设计变更通知的格式与内容

设计变更通知是施工图的补充和修改记载。在施工过程中,发现施工图纸仍有差错或与实际情况不符,或因施工条件、施工工艺、材料规格、品种、数量不能完全满足设计要求,以及提出合理化建议等原因,需要对施工图进行修改时,必须严格执行设计变更。

设计变更通知或修改图纸,均应有文字记录(设计变更通知格式见表5-2-3),并作为施工和竣工决算的依据。由现场内业技术员留一份作为竣工档案资料。

(2) 设计变更通知的核查方法

对设计变更通知的核查,主要是核查是否严格履行各方的质量责任。对设计变更通知的执行情况,其核查方法有:

① 设计单位所发的设计变更通知单应连续编号,这样才能在办理工程决算时直观地发现设计变更通知单是否有遗漏。

② 设计变更通知签字、公章等必须齐备。

③ 设计变更通知单的执行情况如何,应检查表格中的执行结果是否认真填写,执行单位签字是否完善。

4. 定位放线测量记录

(1) 定位放线测量记录格式

建设物(构筑物)的定位放线是根据规划部门批准的建筑总平面图来测设的。应做好定位放线测量记录(表5-8-4),主要工程应附测量原始记录。由现场内业技术员保留一份存档。

表 5-8-4 工程定位测量记录

工程名称		编号	
		图纸编号	
委托单位		施测日期	
复测日期		平面坐标依据	
高程依据		使用仪器	
允许误差		仪器校验日期	
定位抄测示意图:			
复测结果:			
签字栏	施工单位	测量人员岗位证书号	专业技术负责人
	施工测量负责人	复测人	施测人
	监理或建设单位		专业工程师

注:本表一式四份,建设、施工、监理、存档各一份。

（2）定位放线测量记录核查方法

① 核查定位放线记录上测量依据、使用仪器、水准点标高等是否填写清楚。

② 核查定位放线示意图，新建工程是否符合经规划部门批准的建筑总平面图的要求，建筑物方位、相对位置、引点位置和标高等是否标示清楚。

③ 核查定位放线的质量责任是否履行，施工单位测量人员、单位工程技术负责人、监理工程师或建设单位现场代表签章是否齐全。

5. 技术交底记录

（1）技术交底记录格式

技术交底是单位工程开工前和分部分项工程施工前，使参加施工的技术人员及操作人员对工程及技术要求等做到心中有数，便于科学地组织施工和按既定的程序及工艺进行操作，进而确保实现工程质量、安全、工期、成本等管理目标的重要的技术管理工作。

为履行技术交底过程中的质量责任制，必须做好技术交底记录（表5-2-1）。并由现场内业技术员留一份存档。

（2）技术交底记录核查方法

① 核查技术交底记录是否齐全。一般应具备设计单位技术交底、施工单位技术负责人（按工程大小，公司技术负责人或是分公司技术负责人）技术交底、项目工程技术负责人技术交底和工长进行的各主要分部分项工程技术交底。

② 技术交底是否及时，应与其他施工技术资料（如施工日记、隐蔽工程验收记录等）对照检查，查看技术交底日期是否在实际施工日期之前进行。

③ 核查技术交底的质量负责是否履行，主要核查交底人和接收人的签字是否完善。

④ 核查技术交底上的"工程名称""编号""施工单位""交底摘要""交底日期"等是否漏填，是否填写清楚。

⑤ 核查技术交底内容是否详细正确。

6. 施工日记

（1）施工日记的格式

施工日记是单位工程自开工之日起至竣工之日止，对工程施工过程如实进行的逐日记录。它是单位工程施工技术追踪的依据，是工程总结、技术总结的基础，是工程技术、质量问题争执的评判依据，是施工中技术问题处理的备忘录，是单位工程质量综合评定的依据之一，认真做好施工日记，有着十分重要的作用。施工日记的格式如表5-8-5所示。所有的施工日记由现场内业技术员保留存档。

（2）施工日记核查方法

① 核查施工日记记录是否完善。应对照工程开、竣工报告检查，单位工程从开工起，直至竣工止，都必须有施工日记，且施工过程应连续记录，不得间断。

② 核查施工日记记录是否详细。施工日记记录严肃认真，不得走过场、搞形式，其记录的主要内容应真实反应工程实际施工情况。

③ 核查施工日记记录是否及时。施工日记的记录应及时，力争当天完成当天的施工日记记录，避免事后写回忆录，以免造成遗漏。核查时，可与其他有关技术档案资料，如混凝土或砂浆试块试验报告单、土壤试验、隐蔽验收记录等一起对照检查，查看各资料相互之间是否存在矛盾。

表 5-8-5 施 工 日 记

工程名称		编号	
		日期	
施工单位			
天气状况		风力	最高/最低温度
施工情况记录:(施工部位、施工内容、机械使用情况、劳动力情况,施工中存在问题等)			
技术质量安全工作记录:(技术、质量安全活动、检查验收、技术质量安全问题等)			
记录人(签字)			

注:本表由施工单位填写并保存。

④ 核查施工日记的质量责任是否履行。对班组班前口头安全技术交底,应有接受人签字,施工日记上工长(或记录员)的签字应完善。

7. 防水工程试水检查记录

(1) 防水工程试水检查记录格式(表 5-8-6)

表 5-8-6 防水工程试水检查记录

工程名称			编号		
检查部位			检查日期		
检查方式	□第一次蓄水	□第二次蓄水	蓄水时间	从_年_月_日_时 至_年_月_日_时	
	□淋水	□雨期观察			
检查方法及内容:					
检查结论:					
复查结论:					
复查人:		复查日期:			
签字栏	施工单位		专业技术负责人	专业质检员	专业工长
	监理或建设单位			专业工程师	

注:本表一式四份,建设、施工、监理、存档各一份。

屋面、厕所、浴室等渗漏是严重影响使用功能的质量通病,它给用户造成的影响最大,是用户最反感的。施工单位应采取切实可行的措施,精心组织施工,确保屋面、厕所、浴室地面工程质量。并应在其施工结束后,进行防水工程试水检查,若发现渗漏现象,及时进行处理,杜绝单位工程交给用户后出现渗漏现象,造成不良后果。

（2）防水工程试水检查记录核查方法

① 首先应核查防水工程试水记录是否齐全。凡浴室、厕所地面,有上、下水房间的主管根部、地漏口四周,屋面、厨房、阳台地面等分部、分项工程均应有防水工程试水检查记录。

② 试水方式是否符合规定要求。

③ 记录上的工程名称、施工单位、分项分部名称、试水日期、试水部位及方式、检查结果等是否认真填写清楚,是否漏填。

④ 有关各方质量责任是否履行。试验单位负责人及测试员、试验单位技术负责人、监理工程师或建设单位现场代表的签字是否完善。

8. 混凝土工程施工记录

（1）混凝土工程施工记录的格式（表5-8-7,表5-8-8）

表5-8-7 混凝土工程（现场搅拌）施工记录　　　　共　　页第　　页

工程名称					施工单位			
原材料情况	材料名称		水泥		掺合料		外加剂	
	品牌、等级							
	合格证或检验单编号							
	砂				石子			
	品种、规格			含水率	品种、规格			含水率
	合格证或检验单编号				合格证或检验单编号			
混凝土组分	水	水泥	砂	石子	掺合料	外加剂	配合比编号	
					粉煤灰			
试验配合比							强度等级	
施工配合比							水灰比	
每盘用量/kg							坍落度要求	
浇筑部位				浇捣方式			施工缝位置	
搅拌机型号				台数			计量方式	
浇筑时间				延续时数/h			气候条件	
本时间段浇筑混凝土数量/m³							工作班数	
实测坍落度/mm							养护方式	
混凝土试块留置	取样时间							
	试块编号							
	取样时间							
	试件编号							
施工过程异常记录及处理								
施工员			记录员			日期		

表 5-8-8　混凝土工程(预拌)施工记录　　　　　共　　页第　　页

工程名称								施工单位			
拌制单位								开盘鉴定编号			
混凝土组分	水	水泥	砂	石子	掺合料		外加剂		配合比编号		
					粉煤灰						
试验配合比								强度等级			
施工配合比								水灰比			
浇筑部位					浇捣方式				施工缝位置		
浇筑时间					延续时数/h				气候条件		
本时间段浇筑混凝土数量/m³									工作班数		
实测坍落度/mm										养护方式	
混凝土试块留置	取样时间										
	试块编号										
	取样时间										
	试件编号										
施工过程异常记录及处理											
施工员				记录员				日期			

根据《混凝土结构工程施工质量验收规范(GB 50204—2015)》的规定,混凝土结构工程施工质量验收时,应提供混凝土工程施工记录。

混凝土工程施工记录是混凝土工程在施工时施工活动情况和技术交底的综合记录,是反映混凝土工程施工全过程的原始资料之一。应由现场内业技术员保管并归档。

(2)混凝土工程施工记录的核查方法

① 混凝土工程施工记录,应由单位工程技术负责人在混凝土工程施工期内逐日记载(每天填写1份)要求记载的内容必须连续和完整。

② 混凝土的浇捣数量和部位,应按每天实际施工的结果如实填写。

③ 混凝土试块编号应与混凝土试验报告送样单的编号一致。

9. 沉降观测记录

（1）沉降观测记录格式

为防止地基不均匀沉降引起结构破坏，按规范要求，高层建筑和有沉降要求的工程均要进行沉降观测，并作好沉降观测记录（表5-8-9）。由现场内业技术员保管存档。

表 5-8-9 沉降观测记录

工程名称：　　　　　　　　　　　　　　　　　编号：_____
　　　　　　　　　　　　　　　　控制水准点：位置：_____
　　　　　　　　　　　　　　　　　　　　　　　高程：_____

观测日期	永久准点标高/m	观测点 NO__			观测点 NO__			观测点 NO__			建筑物状态和荷重增加情况
		高程/m	沉降量/mm		高程/m	沉降量/mm		高程/m	沉降量/mm		
			本次	累计		本次	累计		本次	累计	
建（构）筑物观测点，水准基点平面布置示意图						竣工移交前观测结果及处理意见					
施工技术负责人：（签字）				质检员：（签字）				测量员：（签字）			

注：本表一式四份，建设、施工、监理、存档各一份。

（2）沉降观测记录核查方法

① 核查沉降观测资料是否齐全。

② 核查水准及观测点的位置设置是否合理，应对照建筑物（构筑物）水准基点、观测点、平面布置图检查，其位置设置应符合要求。

③ 核查水准测量仪器、工具及测量方法是否正确，应对照水准测量原始记录检查，其使用仪器、工具及测量方法应符合要求。

④ 核查沉降观测的次数和时间是否正确，应对照建筑物（物筑物）沉降观测记录检查，其观测次数和时间应符合要求。

⑤ 核查沉降观测记录上的结论是否明确，建筑物（构筑物）的平均沉降量、相对弯曲和相对倾斜值是否符合设计要求，如不符合设计要求，是否有处理意见（对照沉降观测分析报告核查）。

⑥ 核查沉降观测质量责任是否履行，应检查沉降观测记录上各栏目是否都认真填写。

10. 技术复核记录

（1）技术复核单的格式

技术复核是施工单位在施工前或施工过程中，对工程的施工质量和管理人员的工作质量检查复核的一项重要工作，是防止施工中的差错，保证工程质量，预防质量事故发生的有效管理制度。技术复核单的格式见表5-8-10。

表 5-8-10 技术复核单

工程名称：　　　　　　　　　　　　　　　　　　　施工图纸编号：

复核项目	复核部位	单位	数量	自复日期	自复记录

复核意见：

复核人：　　　年　月　日

施工单位：　　　　　　　　施工负责人：　　　　　　　　自复人：

（2）技术复核单的核查方法

① 技术复核一般由现场观测、翻样和班组长自复后，由单位工程技术负责人，会同项目经理部技监员一道进行复核，对重大的、复杂的或采用新结构、新材料的技术复核项目，应要求分公司的技术负责人参加复核。

② 技术复核后，应立即填写自复记录和复核意见，自复和复核人员均应在复核单上签字。属于技术复核的项目，未经技术复核合格的，不得进行下一道工序的施工。

③ 如在技术复核中，发现有不符合要求之处，应立即纠正，并在纠正后再进行复核。

④ 有些技术复核项目可以与分项工程质量评定一道进行，但应有不同的侧重点。并应分别填写技术复核单和质量评定表。

11. 质量事故处理鉴定记录

（1）质量事故处理鉴定记录格式

质量事故是指工程在建设过程中或交付使用后，因违反基本建设程序、勘察、设计、施工、材料设备或其他原因造成的不符合国家质量检验评定标准合格要求的，需要进行结构加固及返工处理，甚至造成房屋倒塌、人员伤亡等事故。

质量事故按直接损失金额（是指因发生质量事故造成的人力、物力和财力的损失，其计算公式为：直接损失金额＝返工损失的材料费、人工费和机械使用费＋规定的管理费－返工工程拆下后可以重新利用的材料价值），因质量事故造成的死亡和重伤人数，以及质量事故的严重程度分为质量问题、一般质量事故和重大质量事故三种情况：

① 质量问题。

指直接经济损失在 100 元以上，5 000 元以下的较小质量问题。

② 一般质量事故。

指重伤在 2 人以上或直接经济损失在 5 000 元以上，10 万元以下的质量事故。

③ 重大质量事故。

指死亡人数在 1 人以上或重伤人数在 3 人以上，或直接经济损失在 10 万元以上的质量事故。重大质量事故划分为以下四级：

a. 一级重大质量事故是指死亡 30 人以上；或者直接经济损失在 300 万元以上的质量事故；

b. 二级重大质量事故是指死亡 10 人以上、29 人以下；或者直接经济损失在 100 万元以上、300 万元以下的质量事故；

c. 三级重大质量事故是指死亡 3 人以上、9 人以下；或者重伤 20 人以上；或者直接经

济损失在 30 万元以上、100 万元以下的质量事故;

d. 四级重大质量事故是指死亡 2 人以上;或者重伤 3 人以上;或者直接经济损失在 10 万元以上、30 万元以下的质量事故。

发生质量事故,均要写出事故处理报告或质量事故处理鉴定记录(质量事故处理鉴定记录见表 5-8-11)。

表 5-8-11　质量事故处理鉴定记录

工程名称		事故部位		施工单位	
事故性质	设计原因		施工原因		材料原因
事故发生日期				直接经济损失	万元
事故等级					
直接责任者					
事故经过和原因分析					
处理情况和复查意见					
施工单位		建设单位		设计单位	监理单位
技术负责人:(签字) 质检员:(签字) 年　月　日		现场代表:(签字) 年　月　日		(签字) 年　月　日	(签字) 年　月　日

注:① 重大事故专题另设。

② 本表一式五份,建设、设计、施工、监理、存档各一份。

(2) 质量事故处理记录核查方法

① 是否有质量事故处理鉴定记录。

若发生重大质量事故,必须具备质量事故调查报告和重大质量事故处理报告;若发生一般质量事故(包括质量问题),必须有质量事故处理鉴定记录。在竣工资料核查时,可与施工日记对照进行检查。

② 质量事故处理鉴定记录的内容是否完善。

重大质量事故调查报告、重大质量事故处理报告及一般质量事故(包括质量问题)处理鉴定记录的内容应符合要求。

③ 质量事故调查、鉴定、处理的质量责任是否履行。

a. 重大质量事故,其调查组的组成及审批应符合有关规定,事故调查报告上应有调查组全体人员的签字,事故处理报告上印章、签字应齐全。

b. 一般质量事故(包括质量问题)处理鉴定记录上施工单位技术负责人(一般质量事故为公司技术负责人、质量问题为项目工程技术负责人)、质检员、建设单位现场代表、监理现场代表、设计单位代表的签字应完善。

12. 单位(子单位)工程质量竣工验收记录

(1) 单位(子单位)工程质量竣工验收记录格式与内容

单位(子单位)工程具备竣工条件后,由施工单位向监理单位递交"单位(子单位)工程质量竣工预验收报验表"(表 5-8-12),监理单位组织施工单位初步验收合格后,由总监理工程师在竣工预验收报验表上签署意见。然后由施工单位将竣工预验收报验表连同竣工报告一并交给建设单位,申请竣工验收,与此同时监理单位应向建设单位提交工程质量评估报告,勘察、设计单位应向建设单位提交质量检查报告。建设单位在收到上述三家单位的报告后,由建设单位(项目)负责人组织施工(包括分包单位)、监理、勘察等单位(项目)负责人进行验收。单位(子单位)工程质量竣工验收记录(表 5-8-13)由施工单位填写,验收结论由监理(建设)单位填写,综合验收结论由参加验收各方共同商定,由建设单位填写,应对工程质量是否符合设计和规范、合同要求及总体质量水平做出客观评价。当参加验收各方对工程质量验收意见不一致时,可请当地建设行政主管部门或工程质量监督机构协调处理。单位工程质量验收合格后,建设单位应在规定时间内将工程施工验收记录和有关文件,报建设行政主管部门备案。

表 5-8-12 单位(子单位)工程竣工预验收报验表

工程名称		编 号	
致_____(监理单位) 我方已按合同要求完成了_____工程,经自检合格,请予以检查和验收。 施工总承包单位(章) 项目经理			
审查意见: 经预验收,该工程 　1. 符合/不符合我国现行法律、法规要求; 　2. 符合/不符合我国现行工程建设标准; 　3. 符合/不符合设计文件要求; 　4. 符合/不符合施工合同要求。 综上所述,该工程预验收合格/不合格,可以/不可以组织正式验收。 监理单位			

表 5-8-13　单位(子单位)工程质量竣工验收记录

工程名称		结构类型		层数/建筑面积	
施工单位		技术负责人		开工日期	
项目经理		项目技术负责人		竣工日期	
序号	项目	验收记录		验收结论	
1	分部工程	共　　分部,经查　　分部 符合标准及设计要求　　分部			
2	质量控制资料核查	共　项,经核定符合规范要求　　项, 经核定不符合规范要求　　　项			
3	安全和主要使用功能核查及抽查结果	共核查　　项,符合要求　　项 共抽查　　项,符合要求　　项,经 返工处理符合要求　　　项			
4	观感质量验收	共抽查　　项,符合要求　　项, 不符合要求　　　项			
5	综合验收结论				
参加验收单位	建设单位 （公章） 单位(项目)负责人: 　　年 月 日	监理单位 （公章） 总监理工程师: 　　年 月 日		施工单位 （公章） 单位负责人: 　　年 月 日	设计单位 （公章） 单位(项目)负责人: 　　年 月 日

（2）单位(子单位)工程竣工验收记录核查方法

① 验收记录上的施工单位、技术负责人、工程名称、建筑面积、结构类型、开工日期、竣工日期、验收记录等必须填写清楚,不留空格。

② 核查质量综合验收结论与分部工程、分项、检验批的验收记录是否一致,有无矛盾。

③ 核查各单位的质量责任是否履行。应该邀请参加验收会的单位是否到齐,各单位代表签字是否完善,各单位公章是否都已盖齐。

5.8.2　土建工程质量保证资料

1. 水泥出厂合格证、试验报告

（1）水泥出厂合格证的收集

购货单位采购水泥时,应要求供货单位提供出厂合格证或品质试验报告或转抄件（其格式详见 5-8-14）。同时对合格证内容进行初审把关,并随货送到施工现场。现场材料人员应通知项目工程技术负责人组织材料、试验、质检人员对进场水泥进行验收,在验收水泥数量和外观质量的同时应根据进场批量验收出厂合格证是否符合要求,并由现场材料员在材料台账上登记后移交给项目内业技术员。内业技术员核查出厂合格证无误后登记归档。补报的 28 天强度报告单亦按同样途径归档。

表 5-8-14 水泥品质试验报告   年 月 日

出厂水泥编号		出厂日期		水泥品种			强度等级		窑型	
		年 月 日		普通硅酸盐水泥					窑外分解窑	
检验项目	细度（筛余）	SO₃	LOSS	MgO	安定性	凝结时间		水泥中混合材掺量		
						初凝	终凝	名称		掺量/%
计量单位	%	%	%	%		h/min	h/min	1		
国家标准	≤10%	≤3.5%	≤5.0%	≤5.0%	合格			2		
实测值					合格					
检测项目	3d 抗折强度/MPa					3d 抗压强度/MPa				
国家标准	≥3.5					≥16.0				
实测值	X =					X =				
	1	2	3	1	2	3		4	5	6

执行标准 GB 175-

主管：   填表者：

（2）水泥复试报告的收集

① 水泥进入施工现场时，材料采购人员通知项目工程技术负责人组织材料员、质检员对水泥外观质量检验合格后，抽样送试验室进行物理性能检验，并取回试验报告（其格式详见表5-8-15），分别送材料员、质检员和项目内业技术员，项目内业技术员审核无误后归档。

表 5-8-15 水泥强度、物理性能检验报告   共 页第 页

工程名称				报告编号	
委托单位		委托日期		委托编号	
施工单位		检验日期		样品编号	
使用部位		报告日期		代表数量/t	
厂别		出厂日期		出厂编号	
品种		商标		强度等级	
合格证编号		包装形式		检验性质	
见证单位		见证人		证书编号	
检验项目		标准要求		试验结果	
物理性能	细度		≤10%		
	凝结时间	初凝	≥45 min		
		终凝	≤10h		
	安定性		合格		

续表

抗折强度/MPa	3d						代表值	
	28d							
抗压强度/MPa	3d							
	28d							
检验仪器	检验仪器：			检定证书编号：				
检验依据								
检验结论								
备注								

批准：　　　　　　审核：　　　　　　校核：　　　　　　检验：

注：本表一式四份，建设、施工、试验室、存档各一份。

② 若发现施工现场有分不清厂别和品种的水泥、存放条件不当造成外观有结块异样的水泥、出厂时间超过 3 个月的水泥(快硬水泥为 1 个月)、对品质有疑点的水泥等，应及时报告现场材料员，材料员应及时报告项目技术负责人，同时通知相关人员抽样送试验室进行物理性能检验，并取回试验报告，分别送材料员、质检员和项目内业技术员审核无误后归档。

(3) 水泥出厂合格证、试验报告单核查方法

① 核查水泥出厂合格证、试验报告单是否齐全。

a. 核查水泥品种、强度等级、厂牌的一致性。水泥出厂合格证、试验报告单、配合比试配单、试块强度试验报告单等几份资料上的水泥品种、强度等级、厂牌等应一致，如不吻合，说明水泥合格证和试验报告单不齐全。

b. 核查水泥数量的一致性。水泥出厂合格证和试验报告单上须注明批量，将每批水泥的批量相加，应与单位工程水泥需用量基本一致，如不吻合，说明水泥合格证和试验报告单不齐全。

c. 核查水泥的出厂日期和实际使用日期间隔不得超过 3 个月(快硬水泥为 1 个月)。如超过上述时间而无检验，则表明水泥合格证和试验报告单不齐全。

d. 核查水泥出厂合格证复印件的真实性。当水泥批量较大，出厂合格证较少，用于不同单位工程时，可提供出厂合格证复印件，但必须注明原件证号、原件存放处，并有抄件人签字和抄件日期，加盖原件存放单位公章。

e. 核查预拌混凝土的水泥出厂合格证和试验报告单。预拌混凝土的水泥出厂合格证和试验报告单应由预拌混凝土供应站复印给工程项目部，并加盖预拌混凝土供应站公章。

② 核查水泥出厂合格证上的内容是否填写齐全。

其内容包括水泥牌号、品种、强度等级、出厂日期、填报日期，各项物理性能检验的数据及结论(细度、凝结时间、安定性，以及 3 天、7 天、预测 28 天的抗压抗折强度)，各项化学成分检验的数据及结论(熟料中 MgO 含量、水泥中 SO_3 含量、烧失量、混合材料掺加量等)，为履行水泥生产厂家的质量责任，合格证上应有生产厂家质量检验部门印章、合格证编号，施工单位应在合格证备注栏内注明单位工程名称、工程使用部位和水泥批量。

水泥抗压、抗折强度以 28 天标准养护为准，水泥生产厂家应在水泥出厂后一定时间内补送使用单位，施工单位在收集资料时，应将同一批水泥的出厂合格证后补的 28 天强度报告一并归档，二者的编号应吻合。

③ 核查水泥试验报告单上有关管理部门的内容是否都已填写。

核查报告单上工程名称、委托单位、委托日期、水泥品种、厂名、强度等级、牌号、出厂和进场日期(年、月、日)、数量等，均由委托单位试验员填写，要求认真填写各项目，不要遗漏缺项或填错，报告单上试验编号、试样编号、试验日期和各项物理性能的试验结果由试验部门填写，要求准确真实，试验数据、结论要明确，试验负责人、审核人、试验人签章齐全，并加盖试验单位公章。

④ 核查每份水泥试验报告单，其检验项目是否齐全。

水泥必须试验的项目包括水泥胶砂强度（抗压强度、抗折强度）、安定性、初凝时间，必要时应检验水泥胶砂流动度。

⑤ 核查每份水泥试验报告单，各项试验数据是否能达到标准要求，试验数据是否异常或填写有误。

若水泥强度经试验不符合标准规定，应核查其是否有去向说明，若可以使用，其处理程序是否正确。安定性不合格的水泥不得使用。

⑥ 核查资料整理是否符合要求，水泥出厂合格证、试验单汇总表填表是否有误。

2. 钢材出厂合格证、试验报告

（1）钢材出厂合格证、试验报告的收集

① 钢材出厂合格证的收集。

购货单位采购钢材时，应要求供货单位提供出厂合格证或质量证明单或转抄件，购货单位（包括施工企业和建设单位的材料采购部门）应对合格证的内容进行初审把关，并随货送到施工现场。现场材料员应通知项目工程技术负责人组织材料员、质检人员对进场钢材进行验收，在验收钢材数量和外观质量的同时应根据进场批量验收出厂合格证是否符合要求，并由现场材料员在材料台账上登记后移交给项目内业技术员，项目内业技术员审核出厂合格证无误后登记归档。其格式见表 5-8-16。

表 5-8-16　钢材质量证明单

原件有效单位_____　转抄单位_____（公章）_____签字_____

抄发日期　年　月　日

用料单位				钢材名称						生产厂家			材料来源	
工程名称				规格						原提单编号				
发料日期				总重量/t						原合格证编号				
炉号	牌号	件数	重量/t	化学成分/%						力学性能				备注
				C	Si	Mn	V	Ti	Nb	屈服点/MPa	伸长率/%	冷弯 d=3a 180°	抗拉强度/MPa	重量/t

注：① 原质量证明应符合 GB 2101—80 有关规定。
　　② 外观情况及公差在备注说明。
　　③ 伸长率按 δ_5 计算。
　　④ 在原件背面空白处注明本抄件抄写日期、数量、发往工程名称、转抄人签名。
　　⑤ 本表一式四份，建设、施工、监理、存档各一份。

② 钢材试验报告单的收集。

钢材进场,材料人员通知项目工程技术负责人组织材料员、质检员对钢材进行外观质量检验合格后,抽样送试验室进行机械性能检验和化学成分分析,并取回试验报告,分别送材料员、质检员和内业技术员,内业技术员审核无误后归档。如第一次抽样检验达不到有关标准规定,试验人员应加倍抽样复检,其试验报告的归档途径同前。内业技术员审核发现复检不符合原标准规定时,应及时报告项目技术负责人,项目技术负责人请示上一级技术负责人后签署处理意见(不能使用作退货处理;可以使用者应征得设计单位同意,并注明使用部位。)试验报告单格式之一见表5-8-17。

表 5-8-17 钢筋力学性能检验报告　　　共　页第　页

工程名称									报告编号		
委托单位								委托编号	委托日期		
施工单位								钢材种类	检验日期		
结构部位								牌　号	报告日期		
见证单位					见证人			证书编号	检验性质		
样品编号	公称直径 /mm	屈服强度 R_{el} /MPa	抗拉强度 R_m /MPa	伸长率 /%	冷弯		实测强度比值		生产厂别	代表数量/t	出厂合格证编号
					弯心直径 /mm	弯曲角度 /(°)	结果	R_m/R_{el}	R_{el}/σ_{sk}			
检验依据								检验仪器	仪器名称:		
结论									检定证书编号:		
备注											

批准:　　　　　审核:　　　　　校核:　　　　　检验:

(2)钢材出厂合格证、试验报告单的核查方法

① 核查钢材出厂合格证和试验报告单是否齐全。

a. 核查钢材品种、规格、生产厂家的一致性。钢材出厂合格证上的钢材品种、规格、生产厂家必须和钢材进场抽检的机械性能试验报告单上的钢材品种、规格、生产厂家相吻合,并满足抽检频率的要求。

b. 核查钢筋数量的一致性。钢材出厂合格证(或试验报告单)上需注明批量,其累计批量与单位工程钢材实际需用量应基本一致。

c. 核查钢筋品种、规格与设计图纸的一致性。对照设计图纸进行检查,钢材出厂合格证或试验报告单上的钢材品种、规格必须和设计图纸上的品种、规格相吻合。

d. 核查钢筋出厂合格证复印件的真实性。当钢筋批量较大,出厂合格证较少,并用于不同单位工程时,可提供出厂合格证有效复印件,但必须注明证件号、原件存放处,并有抄件人签字和抄件日期,加盖原件存放单位公章。

e. 核查加工厂提供资料的真实性。如钢筋在加工厂集中加工,其出厂合格证及试验报告单应由加工厂转抄给工程项目部,并加盖加工厂公章。

② 核查钢材出厂合格证上的内容是否填写齐全。

其内容包括生产厂家、钢材名称、钢种、钢号、规格、数量、炉号、机械性能(包括屈服强度、抗拉强度、伸长率、冷弯)、化学成分(包括碳、硅、锰、磷、硫、钒、钛等)。为履行材料生产厂家的质量责任,合格证上应有出厂日期、出厂检验部门印章、合格证编号。施工单位应在合格证备注栏内注明单位工程名称、工程使用部位。

③ 核查钢材试验报告单上有关管理部门的内容是否都已填写。

核查报告单上委托单位、送样日期、工程名称、试件名称及工程使用部位、钢材名称、规格、总质量、材料来源、提单编号、合格证编号、发送日期等,均由委托单位试验员填写,要求各项目认真填写清楚,不要遗漏缺项或填错。报告单上试验编号、采用技术标准、结论、使用意见和各项力学性能试验(或化学成分化验)数据和结果由试验单位填写,要求准确真实,试验数据、结论要明确,试验单位负责人、审核人、试验人签章齐全,并加盖试验单位公章。

④ 核查对有抗震要求的框架结构纵向受力的钢筋是否满足要求。

⑤ 核查钢材出厂合格证和化学成分检验单上钢材的化学成分应满足指标要求。

⑥ 核查资料整理是否符合要求,钢材出厂合格证、试验单汇总表是否填写有误。

3. 焊接试(检)验报告、焊条(剂)合格证

(1) 焊接试(检)验报告、焊条(剂)合格证的收集

① 核查焊条出厂合格证。

购货单位采购焊条(剂)时,应要求供货单位提供出厂合格证,由材料采购部门负责收取,并对合格证的内容进行初审把关,及时将合格证送项目内业技术员,项目内业技术员在合格证上注明使用部位,然后归档。

② 核查正式焊接前的试验报告单。

每批钢筋正式焊接之前,应由正式焊接的焊工进行现场条件下钢筋焊接工艺试验,由钢筋工长通知试验部门进行机械性能检验,并出具检验报告单(表5-8-18),交钢筋工长,钢筋工长在试验报告单上注明焊工、焊接参数、使用部位,机械性能合格后,方可正式焊接。

(2) 焊接试(检)验报告、焊条(剂)合格证核查方法

① 核查钢筋焊接试(检)验报告单是否齐全。

a. 核查每批钢筋正式焊接之前是否有钢筋焊接接头试验报告单,应要求在报告单上注明焊工、批量及试焊字样,其取样频率和试验结果应满足规范的规定。

表 5-8-18　钢筋电弧焊、电渣压力焊检验报告　　　共　页第　页

工程名称						报告编号	
委托单位			焊接种类		检验性质		委托日期
施工单位			操作人		操作证号		检验日期
结构部位			钢筋级别		委托编号		报告日期
见证单位			见证人		证书编号		
样品编号	公称直径/mm	拉伸试验			母材检验报告编号		焊点代表数量
		抗拉强度/MPa	破坏部位	破坏状态			
检验依据					检验仪器	仪器名称：	
检验结论						检定证书编号：	
备注							

批准：　　　　　　审核：　　　　　　校核：　　　　　　检验：

注：本表一式五份，建设、施工、监理、试验室、存档各一份。

　　b. 核查发现不合格的焊接件是否有加倍取样的复试报告单。

　　c. 在加工厂集中加工的钢材，焊接试验报告单应由加工厂转抄给施工队，并加盖加工厂公章。

　　② 核查钢筋焊接试(检)验报告单上有关管理部分的内容是否都已填写。

　　核查报告单上委托单位、工程名称、抽样部分、钢材生产厂名、样品出厂批号、焊接方式、试验编号、试验日期、试验性质、各项检验数据及检查结论，是否由试验单位(部门)填写清楚，不要遗漏、缺项或填错；试验要准确真实，试验数据、结论要明确；试验单位(部门)负责人、审核人、试验人等签章齐全并加盖试验单位公章。施工单位应在备注栏内注明焊工姓名、证件编号和技术等级。

　　③ 核查电弧焊、埋弧焊或电渣压力焊的焊条、焊剂出厂合格证。

　　核查合格证上生产厂家、出厂日期、牌号是否清楚；焊条、焊剂选用是否正确，其机械性能和化学成分是否符合要求。

④ 核查是否有对焊缝进行超声波检验或 X 射线检验的检验报告,检验报告结论是否明确。

4. 砌块出厂合格证、试验报告

(1) 砌块出厂合格证或试验报告单的收集

① 购货单位采购砌块时,应要求供货单位提供出厂合格证,并对合格证的内容进行初审把关,在合格证上注明所购砌块的批量、砌块的使用部位和单位工程名称,及时将合格证交项目内业技术员审核后归档。

② 砌块进入施工现场后,项目材料人员应及时通知质检人员,对砌块进行外观质量检查验收,其检查结果应在合格证上注明。

③ 若发现无产品出厂合格证或外观检查与产品合格证有明显不符的砌块或设计有特殊要求的砌块,项目材料员应及时通知试验人员取样送试验室做力学性能检验,并取回试验报告单分别送材料员、质检员和项目内业技术员审核后归档。

④ 内业技术员应随工程施工进度,按砌块的进场批量及时向材料员收集出厂合格证和试验报告单,做到不缺、不漏。对收到的出厂合格证和试验报告应进行认真核查,并按工程技术档案资料的规定,填写砌块出厂合格证、试验报告单汇总表,由项目技术负责人审核后,归入施工档案。

(2) 砌块出厂合格证试验报告单核查方法

① 核查砌块出厂合格证收集是否齐全。

相同厂家,每批砌块(一批约 20 万块)进场均应有出厂合格证。核查时,一方面可对照施工图纸,不同强度级别、不同品种的砌块均应有出厂合格证;另一方面,可根据整个工程需用砌块量,同品种、同强度级别的不超过 20 万块应有出厂合格证;必要时,可与材料部门砌块进场台账核对,每批砌块均应有出厂合格证或试验报告。

② 核查出厂合格证的真实性。

当一批砌块用于不同单位工程时,可提供出厂合格证或检验报告转抄件或有效复印件,但必须注明原件证号、原件存放处,并有抄件人签字和抄件日期,加盖原件存放单位公章。

③ 核查砌块出厂合格证上内容是否填写齐全。

砌块的出厂合格证上必须要有砌块的品种、强度等级、外观等级、力学性能指标和所代表的批量,为履行材料生产厂家的质量责任,合格证上应有出厂日期、厂检验部门印章、合格证编号,施工单位应在合格证备注内注明工程名称、材料进场外观质量检查情况及使用部位。

④ 核查抽检试验报告。

如系无出厂合格证的砌块、外观检查与产品合格证有明显不符的砌块、设计有特殊要求的砌块,应检查是否有抽检试验报告。

⑤ 核查每份出厂合格证,其力学性能指标应符合规定。

⑥ 核查每份试验报告单,其力学性能检验指标应符合规范要求,每张试验报告单结论应明确,并应注明使用部位,对不合格的砌块应有去向说明。

⑦ 核查砌块出厂合格证上的总加批量应与单位工程总用量基本吻合。

⑧ 核查砌块试验报告单上有关管理部门的内容是否都已填写。

核查报告单上的委托单位、工程名称、使用单位、砌块的种类、产地、厂名、出厂日期、到达数量、取样方法、取样块数、抗压、抗折块数、委托试验人等,均由委托单位(部门)试验员填写或提供,要求认真填写各项目,不要遗漏、缺项或填错;报告单上的试验编号、试验日期及各项力学性能试验结果由试验单位(部门)试验后填写,要求试验准确真实,试验数据、结论明确,试验单位(部门)负责人、审核人、试验人签章齐全,并加盖试验单位公章。

5. 防水材料合格证、试验报告

(1) 防水材料合格证、试验报告单的收集

① 购货单位采购防水材料时,应要求供货单位提供出厂合格证,并对合格证的内容进行初审把关,在合格证上注明批量,及时将合格证交项目内业技术员审核后归档。

② 防水材料进入施工现场后,材料员应及时通知项目技术负责人、质检员对防水材料进行外观质量检查验收,并由质检员填写外观质量检查验收表,材料员应及时通知相关人员取样送试验室做物理性能检验,并取回试验报告单,分别送项目技术负责人、材料员、质检员和项目内业技术员审核后归档。

(2) 防水材料合格证、试验报告单核查方法

① 核查防水材料合格证收集是否齐全。

核查对照施工图纸和防水工程施工方案,所有防水材料均应有出厂合格证。应特别注意用于细部处理的零星防水材料(如密封材料等)合格证不要漏取。

② 核查防水材料合格证上内容是否填写齐全。

核查防水材料合格证中的内容,包括材料品种、规格、外观质量及各项物理性能指标等,要求不得漏填或填错,作为技术鉴定防水材料质量合格原件的依据,须填写批量,为履行材料生产厂家的质量责任,合格证上应有出厂日期、厂检验部门印章、合格证编号。

③ 核查复印件或抄件。

防水材料出厂合格证的复印件或抄件应注明原件证号、存放处,并有抄件人签字和抄件日期,加盖原件存放单位公章。

④ 核查防水材料抽样检验数量是否符合要求。

首先对照防水材料出厂合格证或施工图纸及防水施工方案,核查所有的防水材料是否均有抽样检验,其次核查每种防水材料抽样检验的频率是否符合有关规定。防水材料抽检频率可对照合格证上批量或施工图预算数量进行核查,现场使用密封油脂抽检频率可对照施工日记进行核查。

⑤ 核查每张试验报告单,其各项物理性能试验结果应符合规范规定。每张试验报告单结论应明确,对不符合的防水材料应有去向说明。

⑥ 核查防水材料合格证上的总加批量应与试验报告上的总加批量相吻合,并应与单位工程防水材料的需用量基本吻合。

⑦ 核查防水材料试验报告单上有关管理部门的内容是否都已填写。

核查报告单上的委托单位、委托日期、工程名称、施工部位、材料厂别、名称、批量等,均由委托单位(部门)试验人员填写或提供,要求认真填写各项目,不要遗漏、缺项或填错;报告单上的试验编号、试验日期及各项物理性能试验结果由试验单位(部门)试验后填写,要求试验准确真实,试验数据、结论明确,试验单位(部门)负责人、审核人、试验人

签章齐全,并加盖试验单位公章。

6. 混凝土试验报告单

（1）混凝土配合比报告单的收集

混凝土浇筑之前,现场施工人员应事先向试验室提出混凝土配合比申请单,试验室应按照工程所使用的原材料进行试配,并出具混凝土配合比报告（表5-8-19）,由试验人员取回,交施工工长实施,并送内业技术员归档。

表 5-8-19 混凝土配合比设计报告

共　页第　页

工程名称					报告编号					
委托单位		委托编号		搅拌方法		坍落度/mm		委托日期		
施工单位		样品编号		维勃稠度/s		养护温度		检验日期		
使用部位		设计等级		振捣方法		养护湿度		报告日期		
见证单位		见证人		证书编号		混凝土环境条件、要求				
材料	水泥	厂别： 强度等级： 出厂日期： 出厂编号： 检验编号：	砂	种类： Mx： 检验编号：	石	种类： 粒级/mm： 检验编号：	外加剂Ⅰ	种类： 型号： 厂别： 检验编号：	外加剂Ⅱ	种类： 型号： 厂别： 检验编号：	掺合料	种类： 出厂日期： 厂别： 检验编号：
配合比	试配强度/MPa	砂率/%	材料用量/(kg·m⁻³)	水	水泥	砂	石	外加剂	外加剂	掺合料	备注
			配合比（质量比）					%	%	%	
说明	1.施工时,应根据现场砂、石含水率调整为现场施工配合比 2.本报告以　　　推算。				检验依据						
					检验仪器		仪器名称：		检定证书编号：		
备注											

批准：　　　　　　审核：　　　　　　校核：　　　　　　检验：

（2）混凝土配合比报告单核查方法

① 核查混凝土配合比报告单是否齐全。

应将施工图纸、水泥出厂合格证、砂石检验报告单等一起对照检查,凡混凝土强度等级、坍落度、水泥厂家及强度等级、砂石产地及规格不同时,均应有混凝土配合比报告单。

② 核查混凝土配合比报告单的内容是否都已填写。

核查报告单的内容包括委托单位、工程名称、工程部位、有何特殊要求、要求强度等级、水泥品种、强度等级、厂别、出厂日期、砂子种类、产区、石子种类、粒径、产地、拌和方法、捣实方法、要求坍落度、掺合料、水、申请试配人、要求得到配合比日期、申请日期等,均应由委托单位(现场试验人员)填写,不得遗漏、缺项或填错,报告单上的试验编号、试配结果及简明提要由试验单位(部门)填写。

(3) 混凝土抗压强度试块试验报告单的收集

① 如果是现场拌制混凝土,施工人员应根据砂、石含水率的变化及时调整混凝土配合比,并对拌制混凝土所用原材料的品种、规格、用量、混凝土的坍落度进行检查,做好检查记录,同时,试验人员应负责混凝土抗压强度试块的取样、制作,并送回试验室进行标准养护。

② 试验室应负责混凝土强度试块的养护、试验、并出具混凝土强度试验报告(混凝土抗压强度试验报告单详见表5-8-20),由现场试验人员取回,交项目技术负责人审核无误后交项目内业技术员归档。

表5-8-20 混凝土试件强度检验报告　　　　　共　页第　页

工程名称				强度等级			报告编号	
委托单位				搅拌方法			委托日期	
施工单位				养护方法			委托编号	
拌制单位				试件尺寸/(mm×mm×mm)			检验性质	
见证单位							检验目的	
见证人				见证编号			修正系数	
样品编号	结构部位	配合比检验编号	制作日期	检验日期	(等效)龄期/d	检验结果/MPa	代表值/MPa	达到设计强度/%
检验依据				检验仪器	仪器名称: 检定证书编号:			
检验结论				备注				
批准:			审核:		校核:		检验:	

注:本表一式四份,建设、施工、试验室、存档各一份。

③ 项目内业技术员应填写混凝土试块强度汇总表,并对混凝土强度进行合格评定,如评定不合格,应及时向单位工程技术人员反映,及时进行处理。

(4) 混凝土试块试验报告单核查方法

① 核查混凝土试块取样频率是否符合规范、标准的要求。通常有如下检查方法:

a. 依据施工图纸对照检查,凡不同强度等级的混凝土均应有混凝土试块试验报告单,一般个别构件的混凝土试块容易漏取。

b. 依据施工日记对照检查,凡相同配合比的混凝土每一工作班取样数量不少于 1 组,一般重点检查量较大需要连续几昼夜施工的混凝土构件是否能达到标准规范的取样频率要求。

c. 依据施工组织设计或施工图预算对照检查,按同配合比的混凝土每拌制 100 盘(常用搅拌机每盘混凝土容量有 0.37 m³ 和 0.47 m³ 两种)不超过 100 m³ 混凝土取样不少于 1 组,其中取样组数为

$$n = \frac{混凝土总量/m^3}{每100盘混凝土方量/m^3} \geq \frac{混凝土总量/m^3}{100} \tag{5.1}$$

d. 依据混凝土配合比报告单对照检查,凡不同配合比的混凝土均应有混凝土试块试验报告单,如框架结构的梁、柱接头用细石混凝土时,应特别注意混凝土试块不要漏取。

e. 依据施工图纸及分部分项工程质量评定资料对照检查,基础分部工程、主体混凝土各分项工程、楼地面分部工程、屋面分部工程等,配合比的混凝土是否均有混凝土强度试块试验报告单。

② 核查每份混凝土试验报告单,每组试块的强度代表值的取值是否符合标准规范的要求。

③ 核查混凝土试块的制作、养护和试验方法是否符合标准规范的要求。一般在核查时采用询问有关人员的方法进行。

④ 核查混凝土试验报告单上有关管理部分的内容是否都已填写,质量责任是否都已履行。

报告单上的前半部分内容,包括施工单位、工程及构件名称、设计等级、实测稠度、搅拌方法、捣固方法、混凝土种类、试块规格、材料情况、配合比情况、材料用量、试块制作日期、要求试压日期、试件养护情况等应由委托单位(部门)试验员填写或提供,要求认真填写各项目,不要遗漏、缺项或填错,并应有试件制作人签字;报告单上的试验编号、试压日期、龄期及抗压强度试验结果由试验单位(部门)试验后填写,要求试验准确真实,试验数据、结论明确,试验单位(部门)负责人、审核人、试验人签章齐全,并加盖试验单位公章。

⑤ 核查混凝土试验报告单上的材料(水泥厂牌,强度等级,品种,出厂日期,砂、石产地,规格品种等)是否与相应的材料出厂合格证、试验报告单和混凝土配合比报告单相一致,其数量是否与混凝土配合比报告相吻合。

⑥ 核查混凝土试验报告单上的混凝土试块试压强度,其 28 天标养强度是否满足有关要求。一般在未按验收批评定混凝土强度之前,应控制每一楼层混凝土分项工程的强度,其强度最小值不得小于 $0.95 f_{cu,k}$。

⑦ 核查混凝土试验报告单上的混凝土试块养护的龄期是否符合规范要求。混凝土标准养护试件的养护龄期为 28 天。

7. 预制构件合格证

(1) 预制构件合格证的收集

① 购货单位外购预制构件时,应要求供货单位提供出厂合格证,并对合格证的内容进行初审把关,及时将合格证交项目内业技术员审核后归档,其格式见表 5-8-21。

表 5-8-21 混凝土构件合格证

厂名：			取证号：				编号：		
构件名称及型号	数量	生产日期	主筋		混凝土		结构性能检验批号	构件质量等级	备注
			种类及规格	合格及机械性能试验编号	设计强度等级	出厂强度			

发证日期： 年 月 日　　　　发证部门：(厂质检科盖章)

② 施工现场生产的预制构件应有项目质检人员出具的分项检验评定结果，以及试验部门出具的钢筋、混凝土、构件等有关试验报告，分别送项目内业技术员归档。

③ 项目内业技术员应随工程施工进度，按构件的进场批量及时向有关人员收集构件出厂合格证，做到不缺不漏，并对其内容进行认真审查，按工程技术档案资料管理的规定，填写构件合格证汇总表，由项目技术负责人审核后，进入施工档案。

（2）预制构件合格证核查方法

① 核查预制构件合格证收集是否齐全。

核查对照施工图纸，构件型号、数量、使用部分等是否与之相吻合，种类是否齐全，其种类包括预制钢筋混凝土构件、加气混凝土块体、轻质砌块、钢结构构件、木结构构件、钢木结构构件等。

② 核查构件出厂时的混凝土强度是否达到规范规定。

③ 施工现场生产的预制构件，是否有与之相配套的分项检验评定资料及钢筋、混凝土、构件结构性能检（试）验资料等。这些资料的核查方法在本章已作介绍。

8. 砂浆试验报告单

（1）砂浆配合比报告单的收集

① 砂浆的原材料进场后，材料员应收集水泥出厂合格证，通知相关人员将水泥、砂取样送检，并取回检验报告，送项目内业技术员归档，确保组成砂浆的原材料的质量。

② 使用砂浆之前，现场施工人员应事先向试验室提出砂浆配合比申请单，试验室应按照工程所使用的原材料进行试配，并出具砂浆配合比报告单，由相关人员取回交施工工长实施，并送项目内业技术员归档。

（2）砂浆配合比报告单核查的方法

① 核查砂浆配合比报告单是否齐全。

依据施工图纸、水泥出厂合格证、砂子检验报告单等一起对照检查，凡砂浆强度等级、水泥厂家及强度等级、砂子产地及规格不同时，均应有砂浆配合比报告单。

② 核查砂浆配合比报告单上的内容是否都已填写。

核查报告单的内容,包括委托单位、工程名称、工程部位、有何特殊要求、要求砂浆强度等级、砂浆种类、水泥品种、强度等级、厂别、出厂日期、砂子种类规格、产区、掺合料种类、要求稠度、要求得到配合比日期、申请日期等均应由委托单位现场试验人员填写,不要遗漏、缺项或填错;报告单上的试验编号、试验结果及简明提要由试验室填写。

③ 核查砂浆配合比报告单上的质量责任是否履行。

申请试配人、试验室负责人、试配负责人签字应完善,并加盖试验室公章。

(3) 砂浆试块试验报告单的收集

① 拌制砂浆过程,施工人员应随时测定砂子含水率,并根据砂子含水率的变化及时调整砂浆配合比,同时,相关人员负责砂浆抗压强度试块的取样、制作,并进行同条件养护或送试验室标准养护。

② 试验室应负责砂浆试块的试压,并出具砂浆抗压强度试验报告单,由现场试验人员取回,交项目技术负责人和项目内业技术员归档。

(4) 砂浆试块试验报告单核查方法

① 核查砂浆试块取块频率是否符合规范、标准要求。

通常有如下核查方法:

a. 依据施工图纸对照检查,凡每一楼层的不同品种、强度等级的砂浆,均应至少有1组砂浆试块试验报告单。

b. 依据施工组织设计或施工图预算对照检查,每一楼层同品种、强度等级的砂浆砌体留置的砂浆试块组数为:

$$n = \frac{每楼层同品种、标号砂浆砌体方量/m^3}{250} \times 砂浆搅拌机数量 \geq 2 \quad (5.2)$$

c. 依据砂浆配合比报告单一起对照检查,其每一楼层砂浆品种、强度等级试验报告应与配合比报告单相吻合。

d. 依据施工日志对照检查,砂浆试块的取样制作日期应与施工日志相吻合。

e. 依据分部分项工程质量评定资料对照检查,每一分项工程至少应留置1组试块,一般留置不少于2组试块。

② 核查每份砂浆强度试验报告单,每组砂浆试块抗压强度的取值是否符合规范要求。应特别注意将自然条件养护试块强度换算成标准条件养护试块强度。

③ 核查砂浆试块的制作、养护是否符合规范要求,一般在核查时采用询问有关人员的方法进行。

④ 核查砂浆试块试验报告单上有关管理部门的内容是否都已填写,质量责任是否都已履行。

报告单上的前半部分内容,包括施工单位、工程名称、设计砂浆强度等级、砂浆种类、试块规格、材料情况、配合比情况、材料用量、试块制作日期、要求试压日期、试件养护情况等均应由委托单位(部门)试验员填写或提供,要求各项目认真填写清楚,不要遗漏、缺项或填错,并应有试件制作人签字;报告单上的试验编号、试压日期、龄期及抗压强度试验结果由试验单位(部门)试验后填写,要求试验准确真实,试验数据、结论明确,试验单位(部位)负责人、审核人、试验人签章齐全,并加盖试验单位公章。

⑤ 核查砂浆试验报告单上的砂浆试块抗压强度是否满足有关要求。

一般在未按验收批评定砂浆强度之前,对每个砌筑分项工程的砂浆试块强度应控制其平均强度达到 $f_{m,k}$ 和其中任一组的最小值不小于 $0.75f_{m,k}$。强度平均值出现在 $0.75f_{m,k} \sim f_{m,k}$ 之间值时,应通过加强管理,严格控制砂浆的质量。

⑥ 核查砂浆试验报告单上的砂浆试块养护的龄期是否合规范要求。砂浆试块养护的龄期为 28 天。

9. 土壤试验、打(试)桩记录

(1) 土壤试验

① 土壤试验记录的收集。

土的干土质量密度由试验室测定,并出具干土质量密度试验记录(表 5-8-22),由现场试验人员取回,分送现场工长和项目内业技术员审核后归档。

表 5-8-22 干土质量密度试验记录(样件)

试验室名称:　　　　　　　　　　　　　　　　　试验编号:

工程名称			工程部位	
垫层类别			要求干土质量密度	g/cm³
试验点编号	干土质量密度/(g/cm³)		试验点布置示意图	
	步次	实测干土质量密度/(g/cm³)		
结论				
施工单位	单位工程技术负责人:(签字) 　　年　月　日	试验单位	技术负责人:(签字) 试验员:(签字) 　　年　月　日	

注:本表一式四份,建设、施工、监理、存档各一份。

② 土壤试验记录核查方法。

a. 核查回填土夯实施工记录,回填部位是否都有夯实记录。

b. 核查回填土夯实施工记录,各层夯填厚度及夯击遍数是否符合规范规定。

c. 核查工程所有回填部位是否都做了干土质量密度试验。

d. 核查干土质量密度试验记录,其取样是否按每层(步)抽检,每层抽检的数量是否符合标准规定。

e. 核查干土质量密度试验记录,是否有每步试验点平面示意图,图上试验点编号是否表示清楚。

f. 核查干土质量密度试验记录,其结论是否明确,试验结果是否符合标准的规定,如干土质量密度低于质量标准时是否有补夯措施,并应重新测定其干土质量密度。

g. 核查回填土夯实施工记录各子项是否填写齐全,质量责任是否都已履行。记录应由施工工长根据实际施工情况认真填写,施工单位项目技术负责人和建设单位现场代表签章齐全。

h. 核查干土质量密度试验记录单上有关管理部门的内容是否都已填写,质量责任是否都已履行。报告单上的试验室名称、试验编号、工程名称、工程部位等是否填写清楚,试验单位技术负责人、试验员和施工单位工程技术负责人签字是否齐全。

(2) 打(试)桩记录

① 打(试)桩记录的收集。

a. 桩基工程施工前,总包单位应向打桩分包单位提供工程地质勘察报告(由建设单位委托地质勘察单位完成)。

b. 桩位测量放线图由打桩分包单位测量人员完成,技术负责人审核,内业记录人员保存。

c. 打(试)桩记录由总包单位指定(或认可)打桩分包单位记录员记录,质量检查员验收,技术负责人审核。其中试桩应由总包单位、建设单位、监理单位、设计及地质勘察单位共同参加和确定有关指标,总包单位、建设单位或监理单位可根据情况抽检,并记录抽检数据。

d. 桩基工程施工完成后,打桩单位内业记录人员应绘制桩的竣工平面图,并由技术负责人审核。

e. 桩的静载荷和动载荷试验资料由委托的试验单位提供,分送总包单位和打桩单位。

f. 桩基工程验收前,打桩分包单位内业记录人员应将前述有关打桩资料提交总包单位技术负责人和内业技术员审核后,由内业技术员归档。

② 打(试)桩记录核查方法。

a. 核查桩基施工的各项技术资料是否均已收集齐全。

b. 核查桩位测量放线图,桩位编号、桩位设计尺寸,以及放线的实际偏差是否标示清楚。

c. 核查试桩记录,试桩数量是否符合规定,通过试桩确定的贯入度是否明确。

d. 核查试桩记录各子项是否均已认真填写,不漏填。重点核查预制桩的最后贯入度、桩顶高差、桩位偏差等是否符合规范规定;灌注桩的桩底土质、虚土厚度及处理、充盈系数、桩位偏差等是否符合规范规定。

e. 截桩、接桩、断桩、补桩等应有处理记录。

f. 核查桩的静载荷和动载荷试验资料,试验单位的结论是否明确,桩的承载能力是否符合设计要求。

g. 核查桩位的竣工平面图,桩的编号、实际桩位、截桩、接桩、断桩、补桩、试桩等是否标示清楚。

h. 桩的编号在桩位测量放线图、打桩记录、桩位竣工平面图上应统一。

i. 核查桩基施工记录单上有关管理部分的内容是否都已填写,质量责任是否都已履行,有关人员签字是否完善。

10. 地基验槽记录

(1) 地基验槽记录的收集

① 当地基坑(槽)开挖到接近设计底标高(一般距设计底标高 10cm 左右)后,施工单

位应约请建设单位、设计单位、质监站、监理单位、勘察单位(必要时)等一道对地基坑(槽)进行检查验收。

② 若设计单位不在同一城市或参加验槽有困难时,可委托其他部门(一般应为具有相同的设计能力的同级设计单位)代检,但必须办理书面委托手续。

③ 地基验槽记录(表5-8-23)由施工单位工长负责填写,参加验槽单位有关人员在地基验槽记录上签字,以明确各方面的质量责任。

表 5-8-23　地基验槽记录

工程名称		编号	
验槽部位		验收日期	

依据:施工图号_____,
　　　设计变更/洽商/技术核定编号_____及有关规范、规程。

验槽内容:
1. 基槽开挖至勘探报告第_____层,持力层为_____层。
2. 土质情况_____。
3. 基坑位置、平面尺寸_____。
4. 基底绝对高程和相对标高_____。
　　　　　　　　　　　　　　　　　　　　　　申报人:

检查结论:
□ 无异常,可进行下道工序　　□ 需要地基处理

签字公章栏	施工单位	勘察单位	设计单位	监理单位	建设单位现场

注:本表一式四份,建设、施工、监理、存档各一份。

④ 如需进行地基处理,工长应做好地基处理记录,并按验槽程序再次组织各方进行复验后签字。

⑤ 地基验槽记录、地基处理记录及复验意见,除送建设单位、监理单位外,施工单位工长应及时将其交项目内业技术员归档。

(2) 地基验槽记录核查方法

① 核查地基验槽记录的质量责任是否履行,勘察单位(需要参加时)、设计单位、建设单位、监理单位、施工单位、监督部门是否都已参加,各方签字手续是否完善;如设计单位未能参加,是否有书面委托通知单。

② 核查地基验槽记录的内容是否完善。施工单位、监理单位、工程名称及部位、验收日期等均应填写清楚,基壁土层分布情况及走向应以图示说明其是否符合地勘报告,基坑实际尺寸最好能附图说明,槽底土质情况是否与地勘报告相符。

③ 核查验收情况记录,验收意见应明确,如需要进行地基处理的,必须有地基处理记录和复验记录。

11. 结构吊装验收记录

（1）结构吊装记录收集

① 结构吊装过程，吊装单位技术队长应就构件安装实际情况做好结构吊装记录，在吊装完成后，应及时绘制结构吊装平面图，并填写结构吊装验收记录（表5-8-24）。

表 5-8-24　结构吊装验收记录（样件）

工程名称		施工单位		技术负责人	
吊装部位		吊装单位		技术负责人	
内容及附图					
建设单位核验意见	监理单位 现场代表： （签字） 年　月　日	现场代表： （签字） 年　月　日	单位工程技术负责人： （签字） 吊装单位技术队长： （签字） 年　月　日	吊装构件	构件型号、名称 / 出厂合格证号

注：本表一式四份，建设、施工、监理、存档各一份。

② 吊装单位技术队长应分层（段）通知施工总包单位项目技术负责人和监理单位、建设单位、设计单位现场代表共同对结构吊装进行验收，并由监理单位（建设单位）现场代表签署核验意见，参加验收人员在结构吊装验收记录上签字，以明确各方的质量责任。

③ 如需要进行吊装处理，吊装单位技术队长应做好吊装处理记录。

④ 结构吊装验收完成后，吊装单位技术队长应及时将结构吊装验收记录、结构吊装平面图、结构吊装记录及吊装处理记录（如有时）一并交施工总包单位内业技术员审核后归档。

（2）结构吊装验收记录核查方法

① 核查结构吊装验收记录是否存在安全问题，每一层（段）均应有结构吊装验收记录，吊装记录应齐全。

② 装配式混凝土结构吊装，应核查构件吊装时混凝土的实际强度和接头（或接缝）灌浆实际强度是否符合要求。

构件吊装时的混凝土强度应符合以下要求：当设计有要求时，应符合设计要求；当设计无具体要求时，不应小于构件设计的混凝土强度标准值的75%，预应力混凝土构件孔道灌浆的强度不应小于 15 N/mm²。

接头（或接缝）灌浆的强度应符合以下要求：承受内力的接头和接缝，应采用混凝土或砂浆浇筑，其强度等级宜比构件混凝土强度等级提高二级；对于不承受内力的接缝，应采用混凝土或水泥砂浆浇筑，其强度不应低于 15 N/mm²。

③ 核查每一层（段）是否均绘制结构吊装平面示意图，图中内容是否表示清楚。

④ 核查是否有结构吊装处理记录,应与施工日记、结构吊装处理方案等一起对照进行核查。

⑤ 核查结构吊装验收记录的质量责任是否履行,结构吊装验收记录上的工程名称、建设单位、吊装部位、施工单位、内容及附图、吊装构件等均应由吊装单位技术队长负责填写,要求各项目认真填写清楚,不要遗漏、缺项或填错。监理单位或建设单位根据结构吊装验收记录上的内容进行检查验收,填写核验意见,要求核验意见确切,如检查中存在的问题应填写清楚,并进行复查,写明复查意见。监理单位或建设单位现场代表、单位工程技术负责人、吊装单位技术队长均应在结构吊装验收记录上签字,以明确其质量责任。

12. 结构验收记录

（1）结构验收记录的收集

① 结构工程验收由总监理工程师组织项目经理、设计单位、建设单位、质监站及相关部门共同进行。

② 参加单位有关人员在结构验收记录（表5-8-25）上签字,以明确质量责任。

表 5-8-25　分部（子分部）工程质量验收记录表

工程名称		结构类型		层数	
施工总承包单位		技术部门负责人		质量部门负责人	
专业承包单位		专业承包单位负责人		专业承包单位技术负责人	
序号	分项工程名称	（检验批）数	施工单位检查评定		验收意见
质量控制资料					
安全和功能检验（检测）报告					
观感质量验收					
验收单位	专业承包单位	项目经理	年 月 日		
	施工总承包单位	项目经理	年 月 日		
	勘察单位	项目负责人	年 月 日		
	设计单位	项目负责人	年 月 日		
	监理单位或建设单位	总监理工程师或建设单位项目专业负责人　年 月 日			

③ 结构验收记录由施工单位填写,对于结构工程中的缺陷（或质量问题）施工单位应有处理方案、处理记录和复验记录。参加验收的各方代表应在验收记录上签字确认。

④ 结构验收完成后,工长应及时将结构验收记录及结构处理记录一并交项目经理部

内业技术员审核后归档。

（2）结构验收记录核查方法

① 核查结构验收的时间是否与结构工程实际的施工时间相吻合，核查时，应与施工日记对照检查。

② 核查结构验收记录上有要求处理的质量问题（或质量缺陷），质量缺陷有没有处理记录；质量问题有没有处理方案、处理记录及复验记录；加固补强者有没有附图及相应的材料试验记录。

③ 核查结构验收记录的质量责任是否履行，各方签字是否完善。

13. 隐蔽验收记录

（1）隐蔽验收记录的收集

① 隐蔽工程完成后，由施工工长在隐蔽验收记录中填写隐蔽工程的基本情况，并邀请施工单位项目工程技术负责人、质量检查员和建设单位现场代表，重要或特殊部位（如地基槽、桩、地下室或首层钢筋检验等）应邀请设计单位和质量监督单位相关人员参加，共同对隐蔽工程进行检查验收。

② 参加检查人员按隐检单的内容进行检查验收后，提出检查意见，由施工单位质量检查员在隐检单上填写检查情况，然后交参加检查人员签证。若检查中存在问题需要进行整改时，施工工长应于整改后，再次邀请有关各方（或由检查意见中明确的某一方）进行复查，达到要求后，方可办理签证手续。

③ 隐蔽工程验收合格后，工长方可安排进行下一道工序的施工。

④ 施工工长在隐蔽工程验收后，应及时将验收记录送项目内业技术员审核无误后归档，同时由项目内业技术员送监理单位1份。其格式见表5-8-26。

表5-8-26　隐蔽工程检查记录

工程名称			编号		
隐检项目			隐检日期		
隐检部位	层		轴线		标高
隐检依据：施工图号＿＿＿＿＿＿＿＿＿，设计变更/洽商/技术核定单（编号＿＿＿＿＿＿＿＿＿＿＿＿＿＿＿＿＿）及有关国家现行标准等。					
主要材料名称及规格/型号：					
隐检内容：					
检查结论： □同意隐蔽　　　　　　□不同意隐蔽，修改后进行复查					
复查结论： 复查人：　　　　　　　　　　　　复查日期：					
签字栏	施工单位		专业技术负责人	专业质检员	专业工长
	监理（建设）单位			专业工程师	

注：本表一式四份，建设、监理、施工、存档各一份。

（2）隐蔽验收记录核查方法

① 核查隐蔽项目是否都进行了隐蔽验收，有无漏检的隐蔽项目，应将隐蔽验收记录与施工日记和施工图、施工方案等对照进行检查。

② 核查隐蔽项目是否及时验收、应与施工日记对照检查，隐蔽验收时间应在工程隐蔽之前，特别是分流水段（层）施工的隐蔽工程，应分别进行隐蔽验收。

③ 核查隐蔽验收记录填写是否正确、完善，参加隐蔽验收人员质量责任是否都已履行。隐蔽记录上工程名称、施工单位、分项工程名称、图号、隐蔽日期、隐蔽部位、隐蔽内容、单位、数量、附图、有关测试资料等由施工工长填写，要求各项认真填写清楚，不要遗漏缺项或填错，隐蔽记录上检查情况由施工单位质检员根据各方共同检查意见填写，参加隐蔽检查验收人员签字齐全。

④ 核查隐蔽验收记录中所提问题是否有处理结果。

14. 竣工图

（1）竣工图的收集

① 按图施工无变动的由施工单位（包括总包和分包单位）在原施工图上加盖"竣工图"章后，而作为竣工图。竣工图章详见图 5.8.1。

××××工程竣工图	
施工单位	建设单位
审核人	审核人
技术负责人	审核人
编制人	编制时间　年　月

图 5.8.1　竣工图章式样

a. 竣工图章中的建设单位系指工程项目的建设单位（含工程建设指挥部、工程建设现场指挥部及实行工程投资总承包的公司等）。

b. 竣工图章中的施工单位系指负责该工程项目（或大型工程的单项工程）各专业（如土建、管线安装、设备、仪器、仪表安装及二次装修等）施工的单位。

c. 凡在原施工图上修改后作为竣工图和将没有变更的施工图移作竣工图的，都必须在每张图纸的图标栏的左边或上边空白处加盖竣工图章，如左边、上边无空白处则可盖在图纸正面其他适当的空白或背面，并应按上述要求填好竣工图章中的全部内容。凡重新绘制的竣工图可不再加盖竣工图章，但应将竣工图章中的全部内容绘制在图标中。

d. 刻制某项工程专门使用的竣工图章时，可将建设单位名称直接刻在上面，如施工单位只有一个亦可将施工单位名称刻在上面，以减少填写竣工图章的工作量。

e. 上述有关人员在审查竣工图时，应边审查边签名，不要全部审查完成后再签名，以防漏签和错签。

② 发生一般性设计变更，能在竣工图上修改补充者，由施工单位用绘制墨水在原竣工图（必须是新蓝图）上修改，修改部分加盖修改章，详见图 5.8.2，盖竣工图章后即作为竣

工图。

a. 修改章中的变更通知单系指在施工过程中对原施工设计图修改、变更、补充的各种文件材料。主要包括：设计变更通知单，设计更改通知单，更改洽商单，技术核定单，材料核定单，材料代用核定单及工程技术交底、图纸会审时对原施工图作修改、变更、补充的纪要、记录等依据性文件材料。

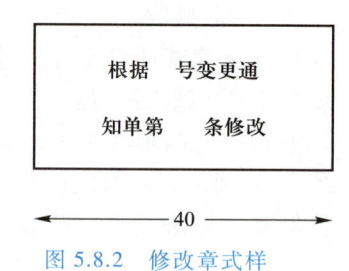

图 5.8.2　修改章式样

b. 修改章中的变更通知单的编号系指在编制竣工图前，将该工程有关修改、变更、补充的全部文件材料按其先后次序排列后编定的顺序号。

c. 发生重大变化，如结构形式改变、工艺巨变、平面布置改变、立面造型改变、项目改变等，不易在原施工图上修改、补充者，应重新绘制竣工图。由设计原因造成的，由设计单位负责重新绘制；由施工原因造成的，由施工单位负责重新绘制；由其他原因造成的，由建设单位自行绘图或委托设计单位绘制；施工单位负责在新图上加盖竣工图章作为竣工图。

③ 每项基本建设工程都要编制竣工图，施工过程中，现场有关工程技术人员应及时做好隐蔽工程检验记录，整理好设计变更单、通知书、洽商记录、材料代用核定单及工程技术交底、图纸会审记录等文件，编制竣工图前，应逐一进行审查核对，并分别盖上已执行或未执行章（图5.8.3），以保证竣工图准确无误。

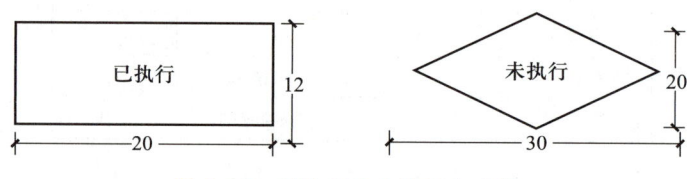

图 5.8.3　已执行和未执行章式样

④ 竣工图一定要与施工实际情况相符，规格统一，图面整洁，字迹清楚，一律用绘图水绘制，并要由承担该项目施工的一级技术负责人审核签章。

⑤ 大中型建设项目和住宅小区建设的竣工图不能少于两套，小型建设项目的竣工图至少要具备一套。竣工图所需增加的施工图（新蓝图）由建设单位提供，设计单位要给予支持，费用在建设项目投资中列支。

⑥ 竣工图按要求编制完毕后，交项目内业技术员统一归档。

（2）编制竣工图的核查方法

① 检查办理竣工图的质量责任是否履行，主要是检查施工技术负责人审核签章手续是否完备，加盖的"竣工图"章是否清晰可辨。

② 检查内容是否完善，主要是查看与设计变更是否相符，不完整、不准确和不符合规定的，要进行补测、补绘，确保其完整准确，只能用绘制墨水绘制竣工图，严禁用铅笔、圆珠笔、复写纸、红墨水、纯蓝墨水等绘制。

③ 核查施工技术负责人签署的意见是否明确。

思 考 题

1. 简述施工现场管理的意义。
2. 建立施工项目部依据哪些原则？其部门如何设置？
3. 施工现场技术管理包含哪些内容？
4. 设计变更工作应如何进行？
5. 选择机械设备时应考虑哪些因素？
6. 使用机械为什么要实行"三定"制度？
7. 简述施工现场劳动力管理内容。
8. 现场文明施工管理包括哪些内容？
9. 简述工程技术管理资料的内容。
10. 质量保证资料包括哪些内容？
11. 简述钢材出厂合格证、试验报告的核查方法。

第6章 施工组织总设计

> 产品设计结构合理,材料运用严格准确,工作程序明确清楚,是顺利完成工程建设的前提。施工组织总设计,运筹帷幄,让你制胜于无形。

施工组织总设计是以若干单位工程组成的群体工程或特大型项目(如一个工厂、一个机场或一个道桥工程)为编制对象,用以指导建设全过程各项施工活动的技术、经济、组织、协调和控制的综合性文件。施工组织总设计一般由建设总承包单位或大型工程项目经理部(或工程建设指挥部)的总工程师主持,组织有关人员结合建设准备和计划安排工作进行编制。

6.1 施工组织总设计概述

 学习本节后,你将能够
1. 了解施工组织总设计的作用与内容。
2. 了解施工组织总设计的编制依据。
3. 掌握施工组织总设计的编制步骤。

6.1.1 施工组织总设计的作用与内容

1. 施工组织总设计的作用
① 从全局出发,为整个建设项目或建筑群体工程的施工做出全面的战略部署;
② 为做好施工准备工作,组织施工力量、技术和物资资源的供应提供依据;
③ 为组织全局施工提供科学方案和实施步骤;
④ 为施工企业编制项目施工计划和单位工程施工组织设计提供依据;
⑤ 为建设单位或业主编制工程建设计划提供依据;
⑥ 为确定设计方案的施工可行性和经济合理性提供依据。
2. 施工组织总设计的内容
施工组织总设计的内容主要包括工程概况、施工部署、施工总进度计划、施工准备与资源配置计划、主要施工方法、施工现场平面布置、主要施工管理计划和主要技术经济指标分析等基本内容。

6.1.2 施工组织总设计编制依据和程序

1. 施工组织总设计的编制依据

（1）计划文件及有关合同

计划文件及有关合同主要包括：国家批准的基本建设计划文件，可行性研究报告，概预算指标和投资计划，工程项目一览表，分期分批投产交付使用的项目期限，工程所需材料和设备的订货计划，建设项目所在地区行政主管部门的批准文件，建设单位对施工的要求，施工单位上级主管部门下达的施工任务计划，招投标文件及工程承包合同或协议，进口设备和材料的供货合同等。

（2）设计文件及有关资料

设计文件及有关资料主要包括：已批准的建设项目初步设计、扩大初步设计或技术设计的设计说明书、建设地区区域平面图、建筑总平面图、建筑竖向设计图等相关图纸，总概算或修正概算。

（3）工程勘察和调查资料

工程勘察和调查资料主要包括：建设地区地形、地貌、工程地质、水文、气象等自然条件资料；可能为建设项目服务的建筑安装企业、建筑材料企业、预制加工企业、预拌混凝土供应企业的人力、设备、技术和管理水平等技术经济资料；建设地区能源、交通运输和水、电供应情况；当地政治、经济、文化、卫生等社会生活条件资料。

（4）现行工程建设法规、规范、规程和有关技术标准

主要包括国家现行的建设法规、施工及验收规范、操作规程，现行的相关国家标准、行业标准、地方标准及企业施工工艺标准，定额、技术规定和技术经济指标等。

（5）类似建设工程项目的施工组织总设计、参考资料和有关经验总结

2. 施工组织总设计的编制程序

施工组织总设计的编制程序是依据其各项内容的内在联系确定的，其编制流程如图6.1.1所示。

需要说明的是，以上程序中有些顺序必须遵守，不可逆转，如：

① 拟定施工方案后才可编制施工总进度计划，因为进度的安排取决于施工方案；

② 编制施工总进度计划后才可编制资源需要量计划，因为资源需要量计划要反映各种资源在时间上的需求。

而有些顺序应该根据具体项目确定，如确定施工的总体部署和拟定施工方案两者有紧密的联系，往往可以交叉进行。

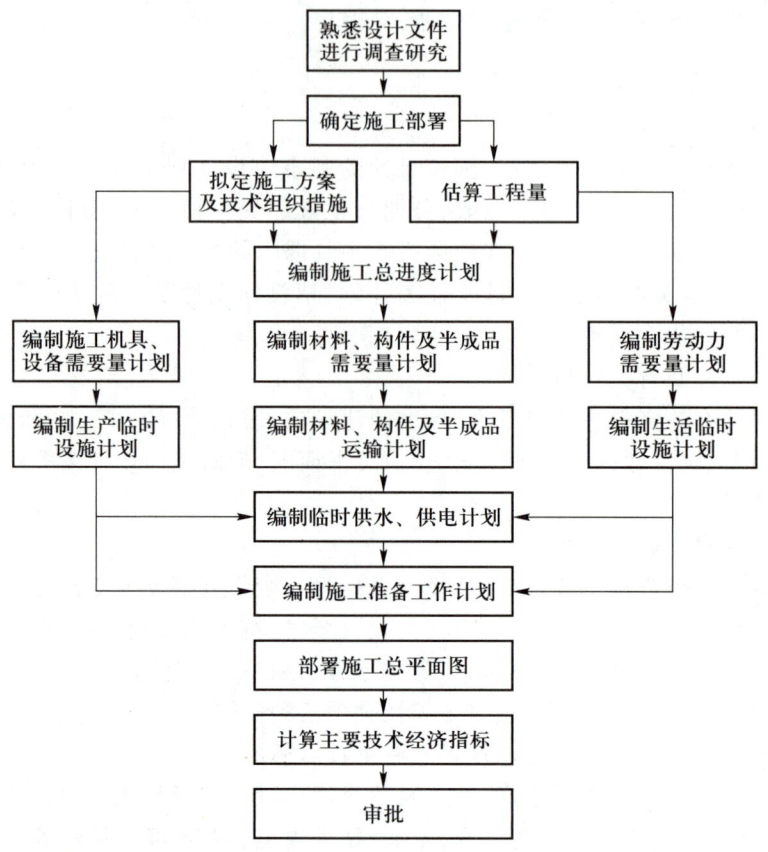

图 6.1.1 施工组织总设计编制程序

6.2　工 程 概 况

 学习本节后，你将能够

了解施工组织总设计中工程概况部分应包含哪些内容。

工程概况应包括项目主要情况和项目主要施工条件，是对整个建设项目的总说明和总分析，通过简明扼要、重点突出的文字介绍，使阅读者能对工程的总体情况有个全面的了解。有时为了补充文字介绍的不足，还可以附有相关示意图及辅助表格。

6.2.1　建设项目主要情况

建设项目主要情况是对拟建项目主要特征的描述，主要包括：工程的名称、性质、建设地点、建设规模、总工期、分期分批投入使用的项目内容和期限；总占地面积、总建筑面积、总投资额；项目的建设、勘察设计和监理等相关单位的情况；项目设计概况；项目承包范围及主要分包工程范围；施工合同或招标文件对项目施工的重点要求等。

6.2.2 项目主要施工条件

主要包括:项目建设地点的气象状况;施工区域地形和工程水文地质状况;项目区域地上、地下管线及相邻的地上、地下建(构)筑物情况;与项目施工相关的道路、河流等状况;建设地区的劳动力、建筑材料、设备供应和交通运输等服务能力状况;当地供水、供电、其他动力供应条件和通信能力,以及土地征用、居民搬迁、建设地区周边环境等与建设项目施工有关的主要情况。

6.3 施工部署

学习本节后,你将能够
1. 了解什么是施工部署。
2. 了解施工组织总设计中施工部署部分应包含哪些内容。
3. 掌握施工部署的编制方法。

施工部署是阐述如何完成整个建设项目的施工任务的总设想,是指导全局的统筹规划和全面战略安排,并解决影响全局的重大施工问题。施工部署是施工组织总设计的核心。施工部署的内容和侧重点根据建设项目的性质、规模和客观条件不同而有所不同,一般应包括以下几个方面:

① 对项目总体施工做出宏观部署。
② 对项目施工的重点和难点应进行简要分析。
③ 建立项目管理组织机构。
④ 对于项目施工中开发和使用的新技术、新工艺做出部署。
⑤ 对主要分包项目施工单位的资质和能力提出明确要求。

6.3.1 对项目总体施工的宏观部署

1. 确定项目施工总目标

根据施工合同要求、政府行政主管部门的要求及企业管理目标要求,制定项目实施的工期、质量、安全目标和文明施工、消防、环境保护等方面的管理目标。

2. 确定项目分阶段交付的计划

在保证工期要求的前提下,根据项目施工总目标的要求,将建设项目划分为若干个相对独立的投产或交付使用的交工系统,实行分期分批建设,既能使各单项或单位工程项目迅速建成,尽早投入使用,又可以在全局上实现施工的连续性和均衡性、减少暂设工程量和降低工程成本。

一般大型工业建设项目的每一个车间不是孤立的,需根据生产工艺要求、建设单位或业主要求、工程规模、施工难易程度、资金状况、技术资源等情况,由建设单位或业主和施工单位共同研究确定,科学地划分独立交工系统,制定项目分期交付计划。同一期工程应是一个完整的系统,以保证生产系统能够按期投入生产。

对于大中型的民用建筑群(如住宅小区),一般也应按年度分批建设,而且除建设小区的住宅楼房外,还应建设幼儿园、学校、商店和其他公共设施,以便交付后能及早产生经济效益和社会效益。

3. 确定项目分阶段施工的合理顺序及空间组织

根据项目分期分批交付计划,合理地确定每个单位工程的开竣工时间,划分各施工单位的工作任务,明确各单位之间分工与协作的关系,确定综合的和专业化的施工组织,保证先后投产或交付使用的系统都能够正常运行。

6.3.2 简要分析施工重点和难点

施工组织总设计编制时应避免其内容一般化、通用化、格式化,施工部署中应突出阐述建设项目的管理重点、技术难点,以利于指导建设过程。

① 根据工程地理位置、人文环境等特点,分析确定施工管理难点和重点,有针对性地制定相应对策和措施,保证施工顺利进行,实现项目的各项管理目标。

② 根据设计特点和施工单位的具体情况,分析并确定本工程施工技术难点,有针对性地编制相应的技术措施,保证工程质量。

6.3.3 建立项目组织机构

总承包单位应根据工程的规模、复杂程度、专业特点、地域范围和企业管理水平等建立有效的组织机构。大中型项目宜设置矩阵式项目管理组织,远离企业管理层的大中型项目宜设置事业部式项目管理组织。

6.3.4 规划项目施工中开发和使用的新技术、新工艺

对项目施工中新技术、新工艺、新材料、新设备的开发和应用做出部署,并采取可行的技术、管理措施来满足工期和质量等要求,提高企业创新成果在项目建设的实现。

6.3.5 明确主要分包项目施工单位的资质和能力要求

对主要分包项目施工单位的资质和生产能力、资金、装备及人员构成等提出明确要求。

6.4 施工总进度计划

学习本节后,你将能够

1. 了解施工总进度计划编制的依据与原则。
2. 掌握施工总进度计划编制的步骤及方法。

施工总进度计划是为实现项目设定的工期目标,根据施工部署和施工方案,对各项施工过程的施工顺序、起止时间和相互搭接关系所做的统筹策划和安排。

整个建设项目或建筑群施工的内容较多,施工工期较长,所以施工总进度计划项目综合性、控制性强,有较弱的作业性。其作用在于确定各个施工项目及其主要工种工程、准

备工作和全工地性工程的施工期限及其开工、竣工的日期,从而为制定施工现场的劳动力、材料、构件、半成品、施工机械的需要量和调配计划,现场临时设施计划和水、电、能源供应计划等提供依据。

6.4.1 施工总进度计划的编制原则

① 合理安排施工顺序,保证在劳动力、材料物资及资金消耗量最少的情况下,按规定工期完成拟建工程施工任务,迅速发挥投资效益。

② 采用合理的施工组织方法,使建设项目的施工连续、均衡、有节奏地进行。

③ 节约施工费用。

6.4.2 施工总进度计划的编制内容

施工总进度计划的内容包括编制说明、施工总进度计划图、资源需要量及供应平衡表等。其中,编制说明包括编制依据、假设条件、指标说明、实施重点和难点、风险估计及应对措施等;施工总进度计划图为最主要内容,用来安排各单项工程和单位工程的计划开竣工日期、工期、搭接关系及其实施步骤。

6.4.3 施工总进度计划的编制方法

施工总进度计划编制的步骤如下:

1. 列出工程项目一览表并计算工程量

施工总进度计划主要起控制总工期的作用,因此在列工程项目一览表时,项目划分不宜过细,可按确定的主要工程项目的开展顺序排列,一些附属项目、辅助工程及临时设施可以合并列出。

在工程项目一览表的基础上,计算各主要项目的实物工程量。此时计算工程量的目的是初步规划主要施工过程和组织流水施工、估算各项目的完成时间、计算劳动力及技术物资的需要量,因此,工程量只需粗略地计算即可。计算工程量可按初步设计(或扩大初步设计)图纸和有关定额手册或资料进行。常用的定额、资料有:

① 万元或十万元投资工程量、劳动力及材料消耗扩大指标。这种定额规定了某一种结构类型建筑,每万元或十万元投资中劳动力消耗数量、主要材料消耗量。根据图纸中的结构类型,即可估算出拟建工程各分项需要的劳动力和主要材料消耗量。

② 概算指标和扩大概算定额。这两种定额都是预算定额的进一步综合和扩大(概算指标是以建筑物的每 100 m^3 建筑体积为单位,扩大概算定额是以每 100 m^2 建筑面积为单位)。查定额时,可根据工程项目的结构类型、跨度、层数、高度等分类查出单位建筑体积和单位建筑面积的劳动力和各项主要材料消耗量,从而推算出拟建设项目所需要的劳动力和材料的消耗量。

③ 标准设计或已建成的类似工程项目的资料。在缺少上述几种定额的情况下,可在标准设计或已建成的类似工程实际的劳动力和材料消耗量基础上,进行调整、修正、估算。

除建设工程本身外,还必须计算主要的全工地性工程的工程量,如场地平整的土方工程量、道路及各种管线长度等,这些数据可以从建筑总平面图上求得。

将按上述方法计算出的工程量填入统一的"工程项目工程量汇总表"中,如表 6-4-1 所示。

表 6-4-1 工程项目工程量汇总表

工程项目分类	工程项目名称	结构类型	建筑面积	幢(跨)数	概算投资	主要实物工程量							
						场地平整	土方工程	道路	桩基工程	⋮	砖石工程	⋮	钢筋混凝土工程	装饰工程	⋯
			100 m²	个	万元	1 000 m²	1 000 m³	km	100 m²		100 m²		100 m²	1 000 m²	
全工地性工程															
主要项目															
辅助项目															
…															
合计															

2. 确定各单位工程的施工期限

影响单位工程施工期限的因素很多,如:各施工单位的施工技术与管理水平、机械化程度、劳动力和材料供应等。因此,应根据施工单位的具体条件及单位工程的建筑结构类型、工程规模、现场地质条件、施工条件、现场环境等因素加以确定。此外,也可参考有关的工期定额来确定各单位工程的施工期限,但总工期应控制在合同工期以内。

3. 确定各单位工程的开工、竣工时间和相互之间的搭接关系

根据施工部署及单位工程施工期限,可以对各单位工程的开竣工时间和相互之间的搭接关系进行具体安排。安排时,通常应考虑下列因素:

① 保证重点,兼顾一般。在安排进度时,要分清主次,抓住重点,要优先安排主要工程项目,同一时期进行的项目不宜过多,以免分散有限的人力和物力。

② 要满足连续、均衡的施工要求。尽量使各工种施工人员、施工机械在全工地内连续施工,同时尽量使劳动力、施工机具和物资消耗量在施工全过程达到均衡,在资源动态曲线上避免出现突出的高峰或低谷,以利于劳动力、施工机具的调配和材料的供应。为了达到连续、均衡施工的要求,可以在施工项目之间组织大流水作业,尽量保证各施工段能同时进行作业,避免施工段的闲置。另外,可以留出一些后备项目,如宿舍、附属或辅助项目、临时设施等,作为调节项目,穿插在主要项目的流水中。

③ 要满足生产工艺要求。工业企业的生产工艺系统是串联工业建设项目的主动脉,要根据满足生产工艺所确定的分期分批建设方案,合理安排各期建筑物的施工顺序,使土建施工、设备安装和试生产协调配合,以缩短建设周期,尽快投产发挥投资效益。

④ 使施工场地布置合理。建设项目的各单位工程的分布,一般在满足规范要求的前提下,为了节省占地面积、缩短场内道路及各种管线的长度,布置得比较紧凑,从而也导致了施工场地狭小,使场内运输、材料堆放、设备拼装、机械布置等产生困难。为了减少这方面的困难,可以对相邻单位工程的开工时间和施工顺序进行调整,以避免或减少互相干扰。

⑤ 全面考虑各种条件的限制。应考虑施工企业的施工力量、各种原材料、机械设备的供应情况、机械化程度、设计单位提供图纸的时间、各年度建设投资数量、季节、环境等客观条件对工程施工的影响。

4. 施工总进度计划编制

完成上述工作后,便可着手编制施工总进度计划。由于施工总进度计划只是起控制性作用,而且施工条件复杂,因此不必做的过细,否则不利于调整。对于跨年度的工程,通常第一年度按月安排,第二年及以后各年按月或季度安排进度。为了使施工总进度计划清楚明了,可分级编制。

施工总进度计划可以用横道图或网络图表示,并附必要说明。当用横道图表达施工总进度计划时,项目的排列可按施工部署所确定的工程开展程序排列。横道图上应表达出各施工项目开工、竣工时间及其施工持续时间。横道图的参考形式见表6-4-2。

近年来,随着网络计划技术的推广,采用网络图表达施工总进度计划已经在实践中得到广泛应用。采用时间坐标网络图表达施工总进度计划比横道图更加直观明了,还可以表达出各施工项目之间的逻辑关系。同时,网络图还便于对进度计划进行调整、优化、统计资源数量,输出图表也更为方便、快捷。

表 6-4-2 施工总进度计划表

序号	项目名称	结构类型	建筑面积/m²	工作量	进度计划											
					20××年			20××年								
					四季度			一季度			二季度			三季度		
					10	11	12	1	2	3	4	5	6	7	8	9
1	准备工程															
2	平整场地															
3	锻压车间															
4	轮胎车间															
…	…															

5. 施工总进度计划的调整和修正

施工总进度计划表绘制完成后,将同一时期各项工程的工作量加在一起,用一定的比例画在施工总进度计划的底部,即可得出建设项目工作量的动态曲线。若曲线上存在较大的高峰或低谷,则表明在该时间内各种资源的需求量变化较大,需要调整一些单位工程的施工速度或开竣工时间,以便消除高峰或低谷,避免高峰时的资源紧张,也保证各个时期的工作量尽可能达到均衡。

在编制了各个单位工程的施工进度后,有时需对施工总进度计划进行必要的调整。在实施过程中,也应随着施工中遇到的各种风险因素和干扰因素对施工进度的影响,及时做出必要的调整。对跨年度的建设项目,还应根据年度国家基本建设投资情况,对施工进度计划予以调整。总之,施工总进度计划的调整和修正是为了更科学合理地服务于施工。

6.5 总体施工准备与主要资源配置计划

学习本节后,你将能够
1. 懂得如何编制劳动力需要量计划。
2. 懂得如何编制材料、构件、半成品的需要量计划。
3. 懂得如何编制施工机具需要量计划。
4. 懂得如何编制施工准备工作计划。

6.5.1 资源需要量计划

施工总进度编制好以后,就可以编制各种主要资源需要量计划。各项资源需要量计划是做好劳动力及物资的供应、平衡、调配、落实的依据,其主要内容有:

1. 劳动力需要量计划

劳动力需要量计划是保证工程项目施工进度的重要因素之一,也是确定施工现场大型生产和生活福利临时设施规模、施工企业劳动力调配及组织劳动力进场的依据。编制劳动力需要量计划时,首先根据工程量汇总表中列出的各主要工种的实物工程量,查套相应劳动定额或有关经验资料,即可求得各单位工程主要工种的劳动量(工日数),如表 6-5-1 所示;再根据施工总进度计划中各单位工程分工种的开始时间和持续时间,得到某单位工程在某段时间里的平均劳动力数及该工种劳动力进场时间。按同样方法可计算出各单位工程的各主要工种在各个时期的平均工人数。将总进度计划表纵坐标方向上各单位工程同工种的人数叠加并连成一条曲线,即为某工种的劳动力动态曲线图。根据劳动力动态曲线图可列出主要工种劳动力需要量计划表。将各主要工种劳动力需要量曲线图在时间上叠加,即可得到综合劳动力曲线图和计划表。

表 6-5-1 建设项目施工劳动力汇总表

序号	工种名称	劳动量/工日	施工高峰需用人数	工业建筑及全工地性工程					居住建筑		其他暂设工程	用工时间						现有人数	多余(+)或不足(-)
				厂房	辅助	附属	道路	管道	…	永久性住宅	临时性住宅		20××年				20××年		
													Ⅰ	Ⅱ	Ⅲ	Ⅳ	…		
1	瓦工																		
2	木工																		
3	钢筋工																		
…																			

注:工种名称除生产工人外,应包括附属辅助用工(如机修、运输、构件加工、材料保管等)及服务用工。

2. 材料、构件、半成品的需要量计划

材料、构件、半成品的需要量和供应计划也是保证施工总进度实现的重要因素,是施工单位组织材料和预制品加工、订货的依据,是材料供应部门和有关加工厂准备所需的材料、构件、半成品并及时供应的依据,也是决定施工现场大型施工临时设施中材料、构件、半成品的堆放场地和仓库面积的依据之一,因此在施工总进度计划编制好以后应同时编制材料、构件、半成品的需要量计划。

根据各工种工程量汇总表所列各建筑物的工程量,查"万元定额"或"概算指标",便可得出各建筑物的建筑材料、构件和半成品的需要量。然后根据施工总进度计划表,大致算出某些建筑材料在某一时间内(某季度)的需要量,从而编制出建筑材料、构件和半成品的需要量进度计划,如表 6-5-2 所示。

表 6-5-2　主要材料、构件及半成品需要量进度计划表

类别	序号	材料或预制加工品名称	规格	单位	需要量							需要量进度					
					工业建筑及全工地性工程					居住建筑		其他暂设工程	20××年				20××年
					厂房	辅助	附属	道路	管道	…	永久性住宅	临时性住宅		I	II	III	IV	…
构件类	1	预制桩																
	2	预制梁																
	3	…																
主要材料	4	钢筋																
	5	水泥																
	6	砖																
	7	…																
半成品类	8	砂浆																
	9	混凝土																
	10	木门窗																
	…	…																

3. 施工机具需要量计划

施工机具需要量计划是组织机具供应、计算配电线路及选择变压器和确定停放场地面积、进行场地布置的依据。主要施工机械,如挖土机、起重机等的需要量计划,应根据施工部署和施工方案、施工总进度计划、主要工种工程量,套机械产量定额确定;辅助机械可以根据安装工程每 10 万元扩大概算指标或按经验确定;运输机械的需要量根据运输量计算。施工中需要多种机械配合的,还需进行多种机械技术经济优化配合分析,主要施工机具、设备需要量计划,如表 6-5-3 所示。

表 6-5-3 主要施工机具、设备需要量计划表

序号	机具设备名称	规格型号	电动机功率/kW	数量			购置价值/万元	需要量进度				
				单位	需要	现有	不足		20××年			20××年
									I	II	III	IV	…

6.5.2 施工准备工作计划

为了落实各项施工准备工作,加强检查和监督,必须根据各项施工准备工作的内容、时间和人员,编制出施工准备工作计划,如表6-5-4所示。

表 6-5-4 施工准备工作计划表

序号	施工准备项目	简要内容	负责单位	负责人	起止时间		备注
					××月 ××日	××月 ××日	

6.6 主要施工方法

学习本节后,你将能够
1. 了解施工组织总设计中主要施工方法包括哪些内容。
2. 懂得如何拟定主要项目的施工方法。

施工组织总设计中拟定主要项目的施工方法,目的是为了进行技术和资源的准备工作,同时也为了施工进程的顺利开展和施工现场的合理布置。施工组织总设计要制定一些单位(子单位)工程和主要分部(分项)工程所采用的施工方法,这些工程通常是工程量大、施工难度大、工期长,对整个项目的完成起关键作用的建(构)筑物,以及影响全局的主要分部(分项)工程;施工组织总设计还应该对测量放线、脚手架工程、起重吊装工程、临时用水用电工程、季节性施工等专项工程所采用的施工方法进行说明。

施工组织总设计中主要施工方法与单位工程施工组织设计的施工方案要求的内容和深度是不同的,它只需原则性地提出施工方案,如采用何种施工方法,哪些构件采用现浇,哪些构件采用预制,是在施工现场预制还是在预制厂生产,构件吊装时采用什么机械,准备采用什么新工艺、新技术等。在确定主要施工方法时,应结合建设项目的特点和当地施工习惯,要兼顾技术工艺的先进性、可操作性和经济上的合理性,尽可能扩大专业化施工范围,努力提高机械化施工程度,减轻劳动强度,提高劳动生产率,保证工程质量,降低工程成本。

6.6.1 专业化施工

按照工厂预制和现场浇筑相结合的方针,提高工程专业化程度。妥善安排钢筋混凝土构件生产、木制品加工、混凝土搅拌、金属构件加工、机械修理和砂石等的生产。要充分利用建设地区的预制件加工厂和搅拌站来生产大批量的预制件及预拌混凝土。如建设地区的生产能力不能满足要求时,可考虑设置现场临时性的预制、搅拌场地。

6.6.2 机械化施工

机械化施工是实现现代化施工的前提,要努力扩大机械化施工的范围,使用新型高效机械,提高机械化施工的水平和生产效率。因此,在拟定主要施工方法时,应注意按以下几点考虑机械化施工总方案的问题:

① 应使主导机械、设备的性能和数量既能满足各个主要工程项目的施工的需要,又能在各工程项目间实现综合流水作业,减少装、拆、运的次数。

② 各种辅助配套机械或运输工具应与主导机械相适应,以充分发挥主导机械的效率。如土方工程采用汽车运土时,汽车的载重量应为挖土机斗容量的整数倍,汽车的数量应保证挖土机连续工作。

③ 机械、设备的选择应考虑充分发挥施工单位现有机械的能力,当本单位的机械能力不能满足时,则应购置或租赁所需机械,并应尽可能在当地解决。

④ 应使建设工地上施工机械的种类和型号尽可能少一些,以利于机械管理,尽量使用一机多能的机械和设备,提高其使用效率。

6.7 施工总平面布置

学习本节后,你将能够
1. 了解施工总平面图设计的原则。
2. 了解施工总平面图设计的内容。
3. 能合理地布置暂设工程,掌握施工总平面图设计的步骤和方法。

施工总平面图是对拟建项目施工场地的总布置图。它是按照施工部署、施工方案和施工总进度计划及资源需用量计划的要求,将施工现场的道路交通、材料仓库或堆场、现场加工厂、临时房屋、临时水电管线等做出合理的规划与布置,并按一定比例在图纸上表达出来,从而正确处理全工地施工期间所需各项设施和永久建筑与拟建工程之间的空间关系,以指导现场实现有组织、有计划、有秩序和文明施工。施工总平面布置应紧凑合理、符合流程、方便施工、节省用地、齐整文明,并应当充分利用可以利用的社会资源。

6.7.1 施工总平面图设计原则与内容

1. 施工总平面图设计的原则

① 平面布置应科学合理,尽量使施工场地占用面积少;

② 合理布置各种仓库、加工厂、机械，合理组织运输，避免或减少二次搬运；
③ 施工区域的划分和场地确定应符合施工流程要求，尽量减少各工种和各工程之间的相互干扰；
④ 充分利用已有的建（构）筑物和既有设施，降低临时工程的投入；
⑤ 临时设施的布置应有利于生产和方便生活，生产区、生活区和办公区宜相对独立；
⑥ 符合节能、环保、安全、消防等要求；
⑦ 遵守当地主管部门和建设单位关于施工现场安全文明施工的有关规定。

2. 施工总平面图设计的内容

① 永久性或半永久性测量放线标桩位置，项目施工用地范围内的地形状况；
② 全部拟建的建（构）筑物和其他基础设施的位置和尺寸（平面轮廓）；
③ 项目施工用地范围内的加工设施、运输设施、储存设施、供电设施、供水供热设施、排水排污设施、临时施工道路和办公、生活用房等；
④ 施工现场必备的安全、消防、保卫和环境保护等设施布置；
⑤ 相邻的地上、地下既有建（构）筑物及相关环境；
⑥ 图例、方向标志、比例尺等。

许多规模巨大的建筑项目，其建设工期往往很长。随着工程的进展，施工现场的面貌将不断改变。在这种情况下，应按不同阶段分别绘制若干张施工总平面图，或者根据工地的变化情况，及时对施工总平面图进行调整和修正，以便符合不同时期的需要。

6.7.2 施工总平面图设计方法

施工总平面图的设计步骤是：设置大门，引入场外道路→布置大型机械→布置仓库、堆场→布置加工厂→布置内部临时运输道路→布置临时房屋→布置临时水电管网和其他动力设施→绘制施工总平面图。

1. 场外交通的引入

设计全工地性施工总平面图，首先应解决大宗材料、成品、半成品和生产工艺设备等进入工地的运输方式。场外运输所采用的方式不同，其引入施工现场要考虑的问题也有所不同。

（1）铁路运输

铁路运输具有运量大、运距长、不受自然条件限制的优点，但投资大，筑路难度大，因此只有在具有永久性铁路沿线才可考虑此种方式。当大宗材料由铁路运来时，要解决铁路专用线的引入问题，应考虑转弯半径和坡度限制，恰当确定起点和进场位置。对拟建永久性铁路的大型工业企业、厂区工地，可提前修建为工程施工服务。由于铁路的引入将严重影响场内施工的运输和安全，因此，一般将铁路先引入至工地一侧或两侧，只有当整个工程项目进展到一定程度，工程可分为若干个独立施工区域时，才可以将铁路引到工地中心区，此时铁路对每个独立的施工区都不应干扰，应位于每个施工区的外侧。

（2）水路运输

水路运输比较经济，但需要在码头上有转运仓库和卸货设备，一般在可能的条件下，应尽量采用水运，可节约运输成本，但要考虑洪水、枯水期对运输的影响。当场外运输主要采用水路运输方式时，应首先充分运用原有码头的吞吐能力，如需增设码头，卸货码头不应少于两个,宽度不应小于 2.5 m。

（3）公路运输

当大量物资由公路运进现场时,由于公路布置较灵活,一般先将仓库、加工厂等生产性临时设施布置在最方便、最经济合理的位置,而后再布置通向场外的道路。

2. 大型机械的布置

布置塔吊时,应考虑其覆盖范围、可吊物件的运输和堆放;布置混凝土泵的位置时,应考虑泵管的输送距离、混凝土罐车行走方便等。

3. 仓库与材料堆场的布置

工地仓库与材料堆场布置的任务包括确定材料储备量和仓库面积,选择仓库位置和进行仓库设计等。

（1）工地仓库的类型

① 工程项目施工中所用仓库按其用途分为以下几种类型:

a. 转运仓库。设在车站、码头附近,用来转运货物的仓库。

b. 中心仓库。是用于贮存整个工程项目工地或区域型施工企业所需的材料、贵重材料及需要整理配套的材料的仓库,一般设在现场附近或区域中心。

c. 现场仓库。专为某项工程服务的仓库,一般就近建在施工现场。

d. 加工厂仓库。专供某加工厂储存原材料和已加工的半成品、构件的仓库。

② 工程项目施工中所用仓库按其保管材料的方法不同,可分为:

a. 露天仓库。用于堆放不因自然条件而影响性能、质量的材料。如砖、砂石、装配式混凝土构件等的堆场。

b. 库棚。用于堆放防止阳光雨雪直接侵蚀的材料。如细木制作的零件、珍珠岩等的半封闭式仓库。

c. 封闭库房。用于堆放防止阳光雨雪直接侵蚀变质的物品、贵重建筑材料。如金属材料、水泥、五金器具、易燃品以及细巧容易散失或损坏的材料。

（2）工地仓库的规划

在组织仓库业务时,应在保证施工需要的前提下,使材料的贮备量最少,贮备期最短,装卸及转运费用最省,同时选用经济而适用的仓库结构基建形式。尽可能利用原有的或永久性建筑物,以减少修建临时仓库的费用,并遵守防火安全条例的要求。

① 确定工地物资储备量。

材料储备一方面要确保工程施工的顺利进行,另一方面还要避免材料的大量积压,以免仓库面积过大,增加投资,积压资金或过期变质。通常储备量根据现场条件、供应条件和运输条件来确定。场地小、运输方便的可少储存;运输不便的,受季节影响的材料可多储存。

对经常或连续使用的材料,如砖、瓦、砂、石、水泥和钢材等,可按储备期计算:

$$P_1 = T_e \frac{Q_i R_i}{T} \tag{6.1}$$

式中 P_1——现场材料储备量,t 或 m³ 等;

T_e——储备期定额(表 6-7-1),d;

Q_i——计划期内材料、半成品的总需量,t 或 m³ 等;

T——有关项目的施工总工作日,d;

R_i——材料使用不均衡系数(表6-7-1)。

对用量少、不经常使用或储备期较长的材料,如耐火砖、石棉瓦、水泥管和电缆等,可按储备量计算,即以年度(或季节)需要量的某一百分比储备:

$$P_2 = K_2 \cdot Q_2 \tag{6.2}$$

式中 P_2——现场材料储备量,t 或 m³ 等;

Q_2——该项材料的最高年、季需要量,t 或 m³ 等;

K_2——储备系数,型钢、木材、用量小或不常使用的材料取 0.3~0.4,用量多的材料取 0.2~0.3。

表 6-7-1 计算仓库面积的有关参数

序号	材料及半成品名称	储备期定额 T_e/d	不均衡系数 R_i	每平方米储存定额 q 数值	每平方米储存定额 q 单位	有效利用系数 K	仓库类型	限制堆置高度
1	水泥	30~60	1.3~1.5	1.5~1.9	t/m²	0.65	库	10~12 袋
2	生石灰	30	1.1	1.7	t/m²	0.7	棚	2 m
3	砂子(人堆)	15~30	1.4	1.5	m³/m²	0.7	露天	1~1.5 m
4	砂子(机堆)	15~30	1.4	2.5~3	m³/m²	0.8	露天	2.5~3 m
5	石子(人堆)	15~30	1.5	1.5	m³/m²	0.7	露天	1~1.5 m
6	石子(机堆)	15~30	1.5	2.5~3	m³/m²	0.8	露天	2.5~3 m
7	块石	15~30	1.5	10	m³/m²	0.7	露天	1.0 m
8	砖	15~30	1.2	0.7~0.8	千块/m²	0.6	露天	1.5~1.6 m
9	泡沫混凝土制品	30	1.2	1	m³/m²	0.7	露天	1.0 m
10	预制混凝土槽型板	30~60	1.3	0.26~0.3	m³/m²	0.6	露天	4 块
11	梁	30~60	1.3	0.8	m³/m²	0.6	露天	1~1.5 m
12	柱	30~60	1.3	1.2	m³/m²	0.6	露天	1.2~1.5 m
13	钢筋(直筋)	30~60	1.4	2.5	t/m²	0.6	露天	0.5 m
14	钢筋(盘筋)	30~60	1.4	0.9	t/m²	0.6	库或棚	1.0 m
15	钢筋骨架	10~20	1.5	0.07~0.1	t/m²	0.6	露天	
16	型钢	45	1.4	1.5	t/m²	0.6	露天	0.5m
17	金属结构	30	1.4	0.2~0.3	t/m²	0.6	露天	
18	原木	30~60	1.4	0.3~15	m³/m²	0.6	露天	2.0 m
19	成材	30~45	1.4	0.7~0.8	m³/m²	0.5	露天	1.0 m
20	废木材	15~20	1.2	0.3~0.4	m³/m²	0.5	露天	

续表

序号	材料及半成品名称	储备期定额 T_c/d	不均衡系数 R_i	每平方米储存定额 q 数值	每平方米储存定额 q 单位	有效利用系数 K	仓库类型	限制堆置高度
21	木模板	10~15	1.4	4~6	m²/m²	0.7	露天	
22	模板整理	10~15	1.2	1.5	m³/m²	0.65	露天	
23	门窗扇	30	1.2	45	樘/m²	0.6	露天	2.0 m
24	门窗框	30	1.2	20	樘/m²	0.6	露天	2.0 m
25	木屋架	30	1.2	0.6	榀/m²	0.6	露天	

注：储备期定额根据材料来源、供应季节、运输条件等确定。一般就地供应的材料取表中低值，外地供应采用铁路运输或水运取高值，现场加工企业供应的成品、半成品取低值，工程处的独立核算加工企业供应者取高值。

② 确定仓库面积。

仓库面积可用下式计算：

$$F = \frac{P}{q \cdot K} \tag{6.3}$$

式中　F——仓库总面积，m²；

P——仓库材料储备量，t 或 m³ 等；

q——每平方米仓库面积能存放的材料、半成品和制品的数量，见表 6-7-1，t/m² 或 m³/m² 等；

K——仓库面积有效利用系数（考虑人行道和车道所占面积），见表 6-7-1。

或者也可采用系数法计算仓库面积，即：

$$F = \phi m \tag{6.4}$$

式中　m——计算基数，查相关表格可得；

ϕ——计算系数，查相关表格可得。

特殊材料，如爆炸品、易燃或易腐蚀品的仓库面积，按有关安全要求确定。

③ 确定仓库的平面尺寸。

在设计仓库时，除满足总面积外，还要正确确定仓库的平面尺寸，即其长度与宽度。仓库的长度要满足装卸货物的要求，及必须保证一定长度的装卸前线；宽度要考虑材料的存放方式、使用方便和仓库的结构形式（跨度）。

（3）仓库的布置

确定了仓库和材料堆场的面积和平面尺寸后，就可以在施工总平面图上确定其位置，仓库和材料堆场的布置应考虑下列因素：

① 尽量利用永久性仓库，节约成本。

② 仓库和堆场通常考虑设置在运输方便、位置适中、运距较短及安全防火的地方，一般应接近使用地点，减少二次搬运。

③ 应根据运输方式设置，仓库和堆场纵向宜与交通线路平行，货物装卸需要时间长的仓库应远离路边。

a. 采用铁路运输时，仓库通常沿铁路线布置，并且要留有足够的装卸前线，同时，铁

路沿线仓库应设在靠近工地一侧,以免内部运输跨越铁路;

　　b. 采用水路运输时,一般应在码头附近设置转运仓库,以缩短船只在码头上的停留时间;

　　c. 采用公路运输时,仓库布置较灵活,一般中心仓库布置在工地中央或靠近使用的地方,也可以布置在靠近于外部交通连接处。

④ 根据材料、设备的用途设置仓库和堆场,如:

　　a. 砂石、石灰、水泥等材料堆场宜布置在搅拌站附近;

　　b. 钢筋、木材、金属结构等仓库或堆场布置在加工厂附近;

　　c. 油库、氧气库等布置在僻静、安全处;

　　d. 砖、瓦和预制构件等直接使用材料宜布置在施工对象附近,以免二次搬运。

⑤ 工业项目建筑工地还应考虑主要设备的仓库(或堆场),一般笨重设备应尽量放在车间附近,其他设备仓库可布置在外围或其他空地上。

4. 搅拌站与加工厂的布置

工地加工厂组织主要是根据建设项目对某种产品的加工量来选择加工厂的类型、确定其结构形式和建筑面积,并进行搅拌站和加工厂的平面布置。

(1) 加工厂的类型

工地加工厂的类型主要有:钢筋混凝土预制构件加工厂、木材加工厂、粗木加工厂、细木加工厂、钢筋加工厂、金属结构构件加工厂和机械修理厂等。搅拌站主要指混凝土和砂浆搅拌站,对于公路、桥梁路面工程还需有沥青混凝土加工厂等。

(2) 加工厂的结构形式

工地加工厂的结构形式,应根据使用期限长短和建设地区的条件而定。一般使用期限较短者,宜采用简易结构,如一般油毡、铁皮或草屋面的竹木结构;使用期限较长者,宜采用瓦屋面的砖木结构、砖石结构或装拆式活动房屋等。

(3) 加工厂面积的确定

工地加工厂的建筑面积,主要取决于设备尺寸、工艺过程、设计和安全防火等要求,通常可参考有关经验指标等资料确定。

对于钢筋混凝土构件预制厂、锯木车间、模板加工车间、细木加工车间、钢筋加工车间(棚)等,其建筑面积可按下式确定:

$$F=\frac{KQ}{TS\alpha} \tag{6.5}$$

式中　F——所需建筑面积,m^2;

　　　K——不均衡系数,取 1.3~1.5;

　　　Q——加工总量,m^3 或 kg 等;

　　　T——加工总时间,月;

　　　S——每平方米场地月平均加工量定额;

　　　α——场地或建筑面积利用系数,取 0.6~0.7。

混凝土搅拌机台数可按下式确定:

$$N=\frac{KQ}{TR} \tag{6.6}$$

式中　N——所需混凝土搅拌机台数,台;

　　　K——不均衡系数,取 1.5;

　　　Q——混凝土需要总量,m^3;

　　　T——混凝土工程施工总工期,工日;

　　　R——混凝土搅拌机台班产量。

因此,混凝土搅拌站的面积为:

$$F = N \times A \tag{6.7}$$

式中　F——混凝土搅拌站面积,m^2;

　　　N——混凝土搅拌机台数,台;

　　　A——每台搅拌机所需面积,m^2/台。

大型沥青混凝土搅拌和设备的场地面积,根据设备说明书的要求确定。

各种常用的临时加工厂和现场作业棚的建筑面积可分别参考表 6-7-2 和表 6-7-3 确定。

表 6-7-2　临时加工厂的面积参考指标

序号	加工厂名称	年产量 单位	年产量 数量	单位产量所需建筑面积	占地总面积 /m^2	备注
1	混凝土搅拌站	m^3	3 200 4 800 6 400	0.022 m^2/m^3 0.021 m^2/m^3 0.020 m^2/m^3	按砂石堆场考虑	400 L 搅拌机 2 台 400 L 搅拌机 3 台 400 L 搅拌机 4 台
2	临时性混凝土预制厂	m^3	1 000 2 000 3 000 5 000	0.25 m^2/m^3 0.20 m^2/m^3 0.15 m^2/m^3 0.125 m^2/m^3	2 000 3 000 4 000 小于 6 000	生产屋面板和中小型梁柱板等,配有蒸养设施
3	半永久性混凝土预制厂	m^3	3 000 5 000 10 000	0.6 m^2/m^3 0.4 m^2/m^3 0.3 m^2/m^3	9 000~12 000 12 000~15 000 15 000~20 000	
4	木材加工厂	m^3	15 000 24 000 30 000	0.024 4 m^2/m^3 0.019 9 m^2/m^3 0.018 1 m^2/m^3	1 800~3 600 2 200~4 800 3 000~5 500	进行原木、木方加工
5	综合木工加工厂	m^3	200 500 1 000 2 000	0.30 m^2/m^3 0.25 m^2/m^3 0.20 m^2/m^3 0.15 m^2/m^3	100 200 300 400	加工门窗、模板、地板、屋架等

续表

序号	加工厂名称	年产量 单位	年产量 数量	单位产量所需建筑面积	占地总面积 /m²	备注
6	粗木加工厂	m³	5 000 10 000 15 000 20 000	0.12 m²/m³ 0.10 m²/m³ 0.09 m²/m³ 0.08 m²/m³	1 350 2 500 3 750 4 800	加工屋架、模板
7	细木加工厂	万 m³	5 10 15	0.014 0 m²/m³ 0.011 4 m²/m³ 0.010 6 m²/m³	7 000 10 000 14 300	加工门窗、地板
8	钢筋加工厂	t	200 500 1 000 2 000	0.35 m²/t 0.25 m²/t 0.20 m²/t 0.15 m²/t	280~560 380~750 400~800 450~900	加工、成型、焊接
9	钢筋调直、冷拉： (1) 拉直场 (2) 卷扬机棚 (3) 冷拉场 (4) 时效场	所需场地(长×宽) (70~80)m×(3~4)m 15~20 m² (40~60)m×(3~4)m (30~40)m×(6~8)m					卷扬机棚含3~5 t电动卷扬机一台，其余场地包括材料及成品堆放
10	钢筋对焊： (1) 对焊场地 (2) 对焊棚	所需场地(长×宽) (30~40)m×(4~5)m 15~24 m²					包括材料及成品堆放，寒冷地区应适当增加
11	钢筋冷加工： (1) 冷拔、冷轧机 (2) 剪断机 (3) 弯曲机 φ12以下 (4) 弯曲机 φ40以下	所需场地/(m²/台) 40~50 30~50 50~60 60~70					按一批加工数量计算
12	金属结构加工（包括一般铁件）	所需场地/(m²/t) 年产 500 t 为 10 年产 1 000 t 为 8 年产 2 000 t 为 6 年产 3 000 t 为 5					按一批加工数量计算

续表

序号	加工厂名称	年产量 单位	年产量 数量	单位产量所需建筑面积	占地总面积 /m²	备注
13	石灰消化： （1）贮灰池 （2）淋灰池 （3）淋灰槽				5×3 = 15 m² 4×3 = 12 m² 3×2 = 6 m²	每两个贮灰池配一套淋灰池和淋灰槽，每 600 kg 石灰可消化 1 m³ 石灰膏
14	沥青锅场地				20~24 m²	台班产量 1~1.5 t/台

表 6-7-3 现场作业棚所需面积参考指标

序号	作业棚名称	单位	面积/m²	备注
1	木工作业棚	m²/人	2	占地为建筑面积的 2~3 倍
2	电锯房	m²	80	大中型圆锯 1 台
3	电锯房	m²	40	小圆锯 1 台
4	钢筋作业棚	m²/人	3	占地为建筑面积的 3~4 倍
5	搅拌棚	m²/台	10~18	
6	烘炉房	m²	3 040	
7	焊工房	m²	20~40	
8	电工房	m²	15	
9	白铁工房	m²	20	
10	油漆工房	m²	20	
11	机、钳工修理房	m²	20	
12	立式锅炉房	m²/台	5~10	
13	发电机房	m²/kW	0.2~0.3	
14	水泵房	m²/台	3~8	
15	空压机房（移动式）	m²/台	18~30	
16	空压机房（固定式）	m²/台	9~15	

（4）搅拌站和加工厂的布置

根据计算得到的各类搅拌站和加工厂的面积可以进行搅拌站和加工厂的布置，布置时应以方便使用、安全防火、运输费用最少、不影响工程项目的施工正常进行为原则。一般应将加工厂集中布置在同一地区，且多处于工地边缘。有关联的加工厂适当集中，且各种加工厂应与相应的仓库或材料堆场布置在同一地区。

① 搅拌站布置。

搅拌站主要指混凝土及砂浆搅拌机,需要的型号、规格及数量在施工方案选择时确定,其在施工总平面上的布置可按下述考虑:

混凝土搅拌站:根据工程的具体情况可采用集中、分散或集中与分散相结合的三种布置方式。当现浇混凝土量大时,宜在工地设置混凝土搅拌站;当运输条件好时,以采用集中搅拌或选用预拌混凝土最有利;当运输条件较差时,则以分散布置在使用地点或垂直运输机械等附近为宜。

砂浆搅拌站:由于砂浆量小且较为分散,可以分散设置在使用地点附近。

② 预制构件加工厂布置。

尽量利用建设地区永久性加工厂,如果在工地现场设置临时预制构件加工厂,其位置一般布置在空闲地带,如材料堆场专用线转弯的扇形地带或场外临近处,既能安全生产,又不影响现场施工。

③ 钢筋加工厂。

根据工地的不同情况,采用集中或分散布置。对于冷加工、对焊、电焊的钢筋和大片钢筋网等宜集中布置,设置中心加工厂,其位置应靠近预制构件加工厂;对于小型加工件,利用简单机具即可成型的钢筋加工,可在靠近使用地点分散设置钢筋加工棚。

④ 木材加工厂。

根据木材加工的数量、性质和种类的不同,可采用集中或分散布置。一般原木加工批量生产的产品应集中布置在铁路、公路或水路沿线附近;锯木、成材、细木加工和成品堆放应按工艺流程布置;简单的小型加工件可分散布置在施工现场。

⑤ 金属结构、焊接、机修等车间,由于它们在生产上联系密切,应尽量集中布置在一起。

5. 工地运输组织和场内运输道路的布置

(1) 工地运输组织

运输组织计划是施工组织中一个重要项目,它不仅直接影响施工进度(是物质供应的基本环节),而且在很大程度上也影响工程造价。建筑工地运输业务组织的内容包括:确定运输量,选择运输方式,计算运输工具数量等。

① 确定运输量。

工地需要运输的物资有建筑材料、构件及半成品、机械设备、施工生活用品等。当货物由外地利用公路、水路或铁路运来时(即场外运输),一般由专业运输单位承运,施工单位往往只解决工程所在地区及工地范围内的运输。运输总量按工程的实际需要量来确定,同时还要考虑每日的最大运输量以及各种运输工具的最大运输密度。每日的运输量可按下式计算:

$$q = \frac{\sum Q_i L_i}{T} \times K \tag{6.8}$$

式中 q——每日货运量,$t \cdot km/d$;
Q_i——各种物资的年度需要量,或整个工程的物质用量,t;
L_i——各种物质从发货地点到储存地点的距离,km;
T——全年(季)的工作天数或有关施工项目的施工总工日,d;

K——运输工作不均衡系数,铁路运输可取 1.5,汽车运输可取 1.2。

② 选择运输方式。

目前工地运输的方式有铁路运输、公路运输、水路运输和特种运输(马车、索道、管道)等。选择运输方式,必须充分考虑各种影响因素,如物资性质,运输量的大小,超重、超高、超大、超宽设备及构件的形状尺寸,运距和期限,现有运输设备,利用永久性道路的可能性,现场及场外道路的地形、地质及水文自然条件,敷设、运输和装卸费用多少等。在有几种运输方案可供选择时,应进行全面的技术经济分析比较,确定最合适的运输方式。

③ 计算运输工具数量。

运输方式确定后,即可计算运输工具的需要量。每一工作台班内所需运输工具数量可按下式计算:

$$n = \frac{q}{cbK_1} \tag{6.9}$$

式中　n——所需运输工具数量;

　　　q——每日货运量;

　　　c——运输工具的台班产量,根据运距按定额确定;

　　　b——每日的工作班次;

　　　K_1——运输工具使用不均衡系数,汽车可取 0.6~0.8,马车可取 0.5,拖拉机可取 0.65。

④ 编制运输工作调度计划。

各运输工具均宜集中管理和统一调度使用,但少量小型的非机动性运输工程可分散由施工基层掌握使用。运输工具的管理单位一般可以与材料供应单位合而为一,大规模施工可以建立专门材料运输队。

运输单位应按工程总进度计划和各施工队的施工进度计划定期指派运输小组或运输工具前往配合施工。除此之外,必须按总工程进度计划,进行全部工程的物资和材料供应的运输工作。为此,必须在施工机构统一安排下,编制出详细的调度计划,规定运输工具在施工过程中使用的地点和期限、运输任务和性质、检修要求和时间等,对主要运输工具排列运输图表。

(2) 场内运输道路的布置

确定了运输量、运输方式和运输工具数量等,还需要设置运输工作的辅助设备,辅助设备主要是临时道路、车库、加油站和检修车间等。工地内部运输道路的布置,应根据加工厂、仓库及各施工对象的相对位置,并反复研究货物周转运行图,以明确各段道路上的运输负担,区别主要道路和次要道路,进行道路的整体规划。规划场内道路时,应考虑以下几点:

① 充分利用拟建的永久性道路。将它们提前修建,或先修路基和简易路面为施工服务,项目建设完成后再铺路面。场内临时道路按简易公路进行修筑时,有关技术要求可参见表 6-7-4。

② 满足运输车辆的安全行驶,保证运输畅通。道路应设两个以上的进出口,道路末端要设置回车场,路面要硬化,且尽量避免临时道路与铁路、塔轨交叉,若必须交叉,其交叉角宜为直角,至少应大于 30°。道路要有足够的宽度和转弯半径,场内道路干线应采

用环形布置,主干道宜采用双车道,宽度不小于 6 m,次要道路可采用单车道,宽度不小于 3.5 m。

③ 场内临时道路要把仓库、加工厂、堆场和施工点贯穿起来。

④ 合理规划临时道路与地下管网的施工顺序。在修建临时道路时,应考虑道路下的地下管网,避免将来重复开挖,尽量做到一次到位,节约投资。若地下管网的图纸尚未出全,必须采取先施工道路,后施工管网的顺序时,临时道路就不能完全建造在永久性道路的位置,而应尽量布置在无管网地区或扩建工程范围地段上,以免开挖管道沟时破坏路面。

⑤ 合理选择路面结构。临时道路的路面结构类型,应根据运输情况和运输工具的不同类型而定。一般场区外与省、市公路相连的干线,因其以后会成为永久性道路,则一开始就建成混凝土路面;场区内的干线和施工机械行驶路线,最好采用碎石级配路面,以利修补;场内支线一般为土路或砂石路。

表 6-7-4 简易道路技术要求表

指标名称	单位	技术标准
设计车速	km/h	≤20
路基宽度	m	双车道 6~6.5;单车道 4.4~5;困难地段 3.5
路面宽度	m	双车道 5~5.5;单车道 3~3.5
平面曲线最小半径	m	平原、丘陵地区 20;山区 15;回头弯道 12
最大纵坡	%	平原地区 6;丘陵地区 8;山区 9
纵坡最短长度	m	平原地区 100;山区 50
桥面宽度	m	木桥 4~4.5
桥涵载重等级	t	木桥涵 7.8~10.4

6. 布置行政与生活福利临时建筑

在工程建设期间,必须为施工人员修建一定数量的临时房屋,以供应行政管理和生活福利使用。

(1) 办公及福利设施类型

① 行政管理和生产用房:办公室、传达室、车库、仓库、加工车间、修理车间等;

② 生活福利用房:宿舍、招待所、商店、医务室、浴室、图书馆、娱乐室等。

(2) 办公及福利设施规划

① 确定建设项目工地人数。

此类临时建筑的建筑面积主要取决于建筑工地的人数,具体包含以下几类人员:

a. 直接参加施工生产的工人,包括建筑安装工人、装卸和运输工人等;

b. 辅助施工生产的工人,包括机械维修工人、仓库管理人员、临时加工厂工人、动力设施管理人员、冬季施工的附加工人等;

c. 行政和技术管理人员;

d. 为建筑工地上居民生活服务的人员,包括食堂、图书馆、商店和医务室的工作人员等;

e. 以上各项人员的家属。

以上各类人员的比例,可按国家有关规定或工程实际情况计算。家属人数视工地具体情况而定,工期短、距离基地近的家属少安排些,工期长、距离基地远的家属多安排些,家属人数通常占职工人数的 10%~30%。

② 确定办公及福利设施建筑面积。

当工地人数确定后,可按实际人数确定建筑面积。

$$S = N \times P \tag{6.10}$$

式中 S——建筑面积,m^2;

　　　N——人数,人

　　　P——建筑面积指标,如表 6-7-5 所示。

表 6-7-5　行政管理、生活福利临时建筑面积参考指标

序号	临时房屋名称	指标使用方法	参考指标/(m²/人)
一	办公室	按使用人数	3~4
二	宿舍		2.5~3.5
1	单层通铺	按高峰年(季)平均人数	2.5~3.0
2	双层床	按工地实有人数(扣除不在工地居住人数)	2.0~2.5
3	单层床	按工地实有人数(扣除不在工地居住人数)	3.5~4.0
三	家属宿舍	视工期长短和离基地情况而定	16~25 m²/户
四	食堂	按高峰年(季)平均人数	0.5~0.8
	食堂兼礼堂	按高峰年(季)平均人数	0.5~0.9
五	其他合计	按高峰年(季)平均人数	0.5~0.6
1	医务室	按高峰年(季)平均人数	0.05~0.07
2	浴室	按高峰年(季)平均人数	0.07~0.10
3	理发室	按高峰年(季)平均人数	0.01~0.03
4	俱乐部	按高峰年(季)平均人数	0.1
5	小卖部	按高峰年(季)平均人数	0.03
6	招待所	按高峰年(季)平均人数	0.06
7	其他公用	按高峰年(季)平均人数	0.03~0.06
六	小型房屋		
1	开水房		10~40
2	厕所	按工地平均人数	0.02~0.07
3	工人休息室	按工地平均人数	0.15

（3）办公及福利设施布置

行政与生活福利临时建筑的布置要考虑以下几点：

① 尽可能利用已建的永久性房屋为施工服务，不足部分再修建临时建筑。临时建筑的设计要遵循经济、适用、装拆方便的原则，并根据当地的气候条件、工期长短确定其建筑与结构形式。现场条件满足的情况下，应使生活办公区和施工区相对独立。现场无条件时，可只设置办公用房。

② 全工地行政管理用房宜设在全工地入口处或场外，以便对外联系，也可设在工地中央，便于全工地管理。

③ 食堂宜布置在生活区，也可视条件布置在施工区与生活区之间，为减少临时建筑，也可采用送餐制。

④ 职工住房、工人宿舍一般宜设置在工地以外的生活区，一般距工地 500~1 000 m 为宜，并避免设在不利于健康的地方。工人生活福利设施（商店、俱乐部、浴室等）宜设在人员较集中的地方，或设在出入必经之处。

7. 布置临时水电管线网和其他动力设施

（1）工地供水组织

建筑工地临时供水主要包括生产用水、生活用水和消防用水三种。生产用水包括工程施工用水、施工机械、运输机械和动力设备用水，以及附属生产企业用水等；生活用水包括施工现场生活用水和生活区生活用水。

工地临时供水的设计，一般包括确定用水量、选择水源和设计配水管网（必要时设计取水、净水和储水构筑物）。

① 确定用水量。

a. 工程施工用水量（q_1）可按下式计算：

$$q_1 = K_1 \sum \frac{Q_1 N_1}{T_1 b} \times \frac{K_2}{8 \times 3\ 600} \tag{6.11}$$

式中　q_1——施工工程用水量，L/s；

K_1——未预见的施工用水系数（取 1.05~1.15）；

Q_1——年（季）度工程量（以实物计量单位表示），t 或 m³ 等；

N_1——施工用水定额，见表 6-7-6；

T_1——年（季）度有效工作日，d；

b——每天工作班次；

K_2——用水不均匀系数，施工工程用水时取 1.5，生产企业用水时取 1.25。

表 6-7-6　施工用水参考定额（N_1）

序号	用水对象	单位	耗水量 N_1	备注
1	浇筑混凝土全部用水	L/m³	1 700~2 400	
2	搅拌普通混凝土	L/m³	250	实测数据
3	搅拌轻质混凝土	L/m³	300~350	
4	搅拌泡沫混凝土	L/m³	300~400	

续表

序号	用水对象	单位	耗水量 N_1	备注
5	搅拌热混凝土	L/m³	300~350	
6	混凝土自然养护	L/m³	200~400	
7	混凝土蒸汽养护	L/m³	500~700	
8	湿润模板	L/m²	10~15	
9	冲洗模板	L/m²	5	
10	清洗搅拌机	L/台班	600	实测数据
11	人工冲洗石子	L/m³	1 000	2%<含泥量<3%时
12	机械冲洗石子	L/m³	600	
13	洗砂	L/m³	1 000	
14	浇砖	L/千块	200~250	
15	浇硅酸盐砌块	L/m³	300~350	
16	砌砖工程全部用水	L/m³	150~250	
17	砌石工程全部用水	L/m³	50~80	
18	粉刷工程全部用水	L/m²	30	
19	砌耐火砖砌体	L/m³	100~150	包括砂浆搅拌
20	抹灰	L/m²	4~6	不包括调制用水
21	楼地面	L/m²	190	
22	搅拌砂浆	L/m³	300	
23	石灰消化	L/t	3 000	
24	素土路面路基	L/m²	0.2~0.3	

b. 施工机械用水量(q_2)可按下式计算：

$$q_2 = K_1 \sum Q_2 N_2 \times \frac{K_3}{8 \times 3\ 600} \tag{6.12}$$

式中 q_2——施工机械用水量，L/s；

K_1——未预见的施工用水系数(取 1.05~1.15)；

Q_2——同一种机械台数；

N_2——施工机械台班用水定额，见表 6-7-7；

K_3——施工机械用水不均匀系数，施工机械、运输机具用水取 2.0，动力设备用水取 1.05~1.10。

表 6-7-7　施工机械用水参考定额(N_2)

序号	用水对象	单位	耗水量 N_2	备注
1	内燃挖土机	L/m³	200~300	以斗容量(m³)计
2	内燃起重机	L/t	15~18	以起重吨数计
3	蒸汽起重机	L/t	300~400	以起重吨数计
4	蒸汽打桩机	L/t	1 000~1 200	以起重吨数计
5	蒸汽压路机	L/t	100~150	以压路机吨数计
6	内燃压路机	L/t	12~15	以压路机吨数计
7	拖拉机	L/昼夜	200~300	
8	汽车	L/昼夜	400~700	
9	标准轨蒸汽机车	L/昼夜	10 000~20 000	
10	窄轨蒸汽机车	L/昼夜	4 000~7 000	
11	空气压缩机	L/(m³/min)	40~80	以压缩空气机排气量(m³/min)计
12	内燃机动力装置(直流水)	L/马力	120~300	
13	内燃机动力装置(循环水)	L/马力	25~40	
14	锅炉机	L/马力	80~160	不利用凝结水
15	锅炉	L/(h·t)	1 000	以小时蒸发量计
16	锅炉	L/(h·t)	15~30	以受热面积计
17	点焊机　25型	L/h	100	实测数据
	50型	L/h	150~200	实测数据
	75型	L/h	250~350	
18	冷拔机	L/h	300	
19	对焊机	L/h	300	
20	凿岩机　01-30(CM-56)	L/min	3	
	01-45(TN-4)	L/min	5	
	01-38(KIIM-4)	L/min	8	
	YQ-100	L/min	8~12	

注：① 马力换算为法定计量单位 kW，1 马力等于 0.735 499 kW。
② N_2 查表中数据后按备注栏换算，如一台点焊机 25 型每天实测工作 8 小时，则 N_2 =(100 L/h)×8 h=800 L。

c. 施工工地生活用水量(q_3)可按下式计算：

$$q_3 = \frac{P_1 \times N_3 \times K_4}{b \times 8 \times 3\ 600} \tag{6.13}$$

式中　q_3——施工工地生活用水量，L/s；
　　　P_1——施工现场高峰期生活人数，人；

N_3——施工工地每人每日生活用水定额,主要视当地气候、工种而定,一般为20~60L/(人·日);

K_4——施工工地生活用水不均匀系数(取1.30~1.50);

b ——每天工作班数。

d. 生活区生活用水量(q_4)可按下式计算:

$$q_4 = \frac{P_2 \times N_4 \times K_5}{24 \times 3\,600} \tag{6.14}$$

式中 q_4——生活区生活用水量,L/s;

P_2——生活区居住人数,人;

N_4——生活区昼夜全部生活用水定额,见表6-7-8;

K_5——生活区生活用水不均匀系数(取2.0~2.5)。

表6-7-8 生活用水参考定额(N_4)

序号	用水对象	单位	耗水量 N_4	备注
1	生活用水(盥洗、生活饮用)	L/(人·日)	25~30	
2	食堂	L/(人·日)	15~20	
3	浴室(淋浴)	L/(人·次)	50	入浴人数按出勤人数30%计
4	淋浴带大池	L/(人·次)	30~50	
5	洗衣	L/(人·次)	30~35	
6	理发室	L/(人·次)	15	
7	小学校	L/(人·日)	12~15	
8	幼儿园、托儿所	L/(人·日)	75~90	
9	医院	L/(病床·日)	100~150	
10	家属	L/(人·日)	50~60	有卫生设备
11	家属	L/(人·日)	25~30	无卫生设备

e. 消防用水量(q_5):

消防用水量q_5包括居民生活区消防用水和施工现场消防用水,应根据工程项目大小及居住人数的多少来确定,可参考表6-7-9取值。

表6-7-9 消防用水量(q_5)

序号	用水名称	火灾同时发生次数	用水量/(L/s)
1	居住区消防用水:		
	5 000人以内	一次	10
	10 000人以内	二次	10~15
	25 000人以内	三次	15~20
2	施工现场消防用水:		
	施工现场面积在25公顷以内	一次	10~15
	施工现场面积每增加25公顷递增	一次	5

f. 施工工地总用水量(Q)：

由于生产用水、生活用水和消防用水不同时使用,在日常只有生产用水和生活用水,消防用水是在特殊情况下产生的,故总用水量不能简单地几项相加,而应考虑有效组合,既满足生产用水和生活用水,又有消防储备。

当$(q_1+q_2+q_3+q_4) \leqslant q_5$时：

$$Q = q_5 + \frac{q_1+q_2+q_3+q_4}{2} \qquad (6.15)$$

当$(q_1+q_2+q_3+q_4) > q_5$时：

$$Q = q_1+q_2+q_3+q_4 \qquad (6.16)$$

当工地面积小于5万平方米,而且$(q_1+q_2+q_3+q_4) < q_5$时：

$$Q = q_5 \qquad (6.17)$$

最后计算出的总需水量,还应增加10%,以补偿不可避免的管网漏水损失。

② 选择水源。

建筑工地临时供水的水源,有供水管道和天然水源两种。应尽可能利用现场附近现有正式供水管道供水,只有当工地附近没有现成的供水管道或现成给水管道无法利用以及供水量难以满足施工要求时,才使用天然水源供水,包括地面水(江、河、湖、水库蓄水等)和地下水(泉水、井水等)。选择水源要注意下列几点：

a. 水量充足稳定,能满足最大需水量的需要；

b. 水质要求满足标准的规定,如生活用水的水质应符合卫生要求,拌混凝土及灰浆用水的水质应符合搅拌用水的要求；

c. 尽量与农业、水利综合利用；

d. 取水、输水、净水设施要安全、可靠、经济；

e. 施工安装、水的运转与管理、供水设施维护要方便。

③ 确定供水系统。

供水系统由取水设施、净水设施、储水构筑物(水塔及蓄水池)、输水管道、配水管线等组成。通常情况下,综合工程项目的首建工程应是永久性供水系统,只有在工程项目的工期紧迫时,才修建临时供水系统,如果已有供水系统,可以直接从供水源接输水管道。

a. 确定取水设施。

取水设施一般由取水口、进水管和水泵组成。取水口距河底(或井底)一般不小于0.25~0.9 m,在冰层下部边缘的距离不小于0.25 m。给水工程所用水泵有离心泵、隔膜泵和活塞泵三种。所选用的水泵应具有足够的抽水能力和扬程。

b. 确定储水构筑物。

储水构筑物一般有水池、水塔和水箱。在临时供水时,如果水泵房不能连续供水,则需要设置储水构筑物。其容量以每小时消防用水决定,但不得小于10~20 m³。储水构筑物的高度应根据供水范围、供水对象位置及水塔本身位置来确定,一般应设在用水中心和地势较高处。

c. 确定供水管径。

工地临时供水需用管径可按下式计算：

$$D = \sqrt{\frac{4 \times Q}{\pi \times v \times 1\,000}} \qquad (6.18)$$

式中 D——配水管直径,m;

Q——施工工地总用水量,L/s;

v——管网中水流速度表6-7-10,m/s。

表6-7-10 临时水管经济流速表

管径	流速/(m/s)	
	正常时间	消防时间
1. 支管 $D<0.10$ m	2	—
2. 生产消防管道 $D=0.1\sim0.3$ m	1.3	>3.0
3. 生产消防管道 $D>0.3$ m	1.5~1.7	2.5
4. 生产用水管道 $D>0.3$ m	1.5~2.5	3.0

d. 配水设施。

配水管网布置的原则是在保证连续供水的情况下,管道铺设越短越好。一般主要供水管线沿道路环状布置干管,并要将支线引到所有使用地点。分期分区施工时,应按施工区域布置,并同时还应考虑到,在工程进展中各段管网应便于移置。

临时水管的铺设,可用明管或暗管。以暗管最为合适,它既不妨碍施工,又不影响运输工作。管线穿过道路处要套以钢管,并埋入地下0.6 m处,以防重压。管道的材料应根据管道尺寸和压力大小进行选择,一般干管采用钢管或铸铁管,支管采用钢管。过冬的管网须埋在冰冻线以下或采取保温措施。

根据工程现场防火要求,应设立消防站,一般设置在易燃建筑物(木材、仓库等)附近,并须有通畅的出口和消防车道,其宽度不宜小于6 m,与拟建房屋的距离不得大于25 m,也不得小于5 m,沿道路布置消防栓时,其间距不得大于120 m,消防栓到路边的距离不得大于2 m。

(2)施工现场供电组织

由于施工机械化程度的提高,工地上用电量越来越多,临时供电业务显得更为重要。工地临时供电组织包括:计算工地总用电量、选择电源、确定变压器、确定导线截面面积并配置配电线路。

① 计算工地总用电量。

建设工程施工用电一般可分为动力用电和照明用电两类。土木工程施工用电通常包括土建用电、设备安装工程和部分设备试运转用电;照明用电是指施工现场和生活区的室内外照明用电。施工现场总用电量可按下列步骤进行:

a. 根据施工总进度计划,以整个施工期中的最大用电负荷时段(即施工高峰期同时用电量)作为计算负荷。

b. 对现场施工用电设备、负荷类型进行统计、分组,如电焊机组、木工加工机组、塔吊机组等。

c. 采用需要系数法计算施工现场总用电量：

$$P = (1.05 \sim 1.10) \left(K_1 \frac{\sum P_1}{\cos \varphi} + K_2 \sum P_2 + K_3 \sum P_3 + K_4 \sum P_4 \right) \tag{6.19}$$

式中　　P——供电设备总需要容量，kV·A；

　　　　P_1——电动机额定功率，kW；

　　　　P_2——电焊机额定功率，kV·A；

　　　　P_3——室内照明容量，kW；

　　　　P_4——室外照明容量，kW；

　　$\cos \varphi$——电动机的平均功率因数（根据电量和负荷情况而定，在施工现场最高为 0.75~0.78，一般为 0.65~0.75）；

K_1、K_2、K_3、K_4——需要系数，参见表 6-7-11。

表 6-7-11　用电需要系数（K 值）

用电名称	数量	需要系数 K	数值	备注
电动机	3~10 台	K_1	0.7	1. 为使计算结果接近实际，式中各项用电应根据不同工作性质分类计算； 2. 如施工中需用电热时，应将其用电量计算进入
电动机	11~30 台	K_1	0.6	
电动机	30 台以上	K_1	0.5	
加工厂动力设备			0.5	
电焊机	3~10 台	K_2	0.6	
电焊机	10 台以上	K_2	0.5	
室内照明		K_3	0.8	
室外照明		K_4	1.0	

由于施工现场照明用电所占比例较小，因此在估算总用电量时可以不考虑照明用电，只需在动力用电量之外再增加 10% 作为照明用电量即可。当单班施工时，最大用电负荷量以动力用电量为准，不考虑照明用电。

其他机械动力设备、工具用电及室外照明可参考《施工用电参考定额》进行计算。

② 选择电源及确定变压器。

建筑施工的电力来源，可以考虑以下几种方案：

a. 完全由工地附近的电力系统供电；

b. 工地附近的电力系统供应一部分，工地需增设临时电站补充不足部分；

c. 利用工地附近的高压电网；

d. 工地属于新开发地区，附近没有供电系统，电力则应由工地自备临时供电。

无论采用哪种方案，都应该根据工程具体情况，对能否满足施工期间最高负荷、输电设施的经济性等进行综合比较。一般是将工地附近的高压电网，经设在工地的变压器降压后引入工地。变压器功率可按下式计算：

$$P = K\left(\frac{\sum P_{\max}}{\cos \varphi}\right) \tag{6.20}$$

式中　P——变压器的功率，kV·A；
　　　K——功率损失系数，取 1.05；
　　　$\sum P_{\max}$——各施工区的最大计算负荷，kW；
　　　$\cos \varphi$——功率因数。

从产品目录中选取功率略大于计算结果的变压器即可。临时变压器应设在高压线进入工地处，避免高压线穿过工地；临时自备供电设备应根据负荷中心的位置和工地的大小与形状设置在现场中心或靠近主要用电区域。当分区设置时应按区计算用电量。

③ 确定导线截面。

配电导线要正常工作，必须具有足够的强度、能承受负荷电流长时间通过所产生的温升，并使电压损失在允许范围内。因此，选择配电导线应考虑上述三个方面：

a. 按机械强度选择。

导线在各种敷设方式下，应按其强度需要，保证必须的最小截面，以防在外力作用下拉断或折断。导线按机械强度要求所必须的最小截面可根据有关资料进行选择。

b. 按容许电流值选择。

导线必须承受负荷电流长时间通过所引起的温升，其自身电阻越小，电流越通畅，温升则越小。

三相四线制线路上的电流可按下式计算：

$$I = \frac{P}{\sqrt{3}\, V \cdot \cos \varphi} \tag{6.21}$$

二线制线路上的电流可按下式计算：

$$I = \frac{P}{V \cdot \cos \varphi} \tag{6.22}$$

式(6.21)、(6.22)中　I——线路上的电流值，A；
　　　　　　　　　P——功率，W；
　　　　　　　　　V——电压，V；
　　　　　　　　　$\cos \varphi$——功率因素。

导线制造厂家根据导线的容许温升，制定了各类导线在不同敷设条件下的持续容许电流值（参见建筑施工手册等有关资料），在选择导线时，导线中的电流不得超过此值。

c. 按容许电压降选择。

导线满足所需要的允许电压，其本身引起的电压降必须限制在一定范围内，可由下式计算：

$$S = \frac{\sum P \cdot L}{C \cdot \varepsilon} \tag{6.23}$$

式中　S——导线截面面积，mm²；

P——负荷电功率或线路输送的电功率,kW;

L——输送电线路的距离,m;

C——系数,视导线材料,送电电压及调配方式而定(三相四线铜线取77.0,三相四线铝线取46.3);

ε——容许的相对电压降(即线路的电压损失百分比)。照明电路中允许电压降不应超过2.5%~5%;电动机电压降不应超过±5%;临时供电可达到±8%。

所选的导线截面应同时满足以上三个条件,即按照以上条件求得的三个计算结果中,取截面面积最大的作为现场使用的导线,从导线的产品目录中选用线芯。通常,在建筑工地配电线路比较短,导线的选取是先根据计算容许电流的大小来选定,然后再复核其机械强度和电压损失值是否满足要求;在道路和市政工程作业线比较长,导线截面先根据计算容许电压降的大小来选定;而在小负荷的架空线路中,往往是机械强度起控制作用。

④ 布置配电线路。

配电线路的布置与供水管网相似,一般主要供电管线沿道路环状布置干管,并要将支线引到所有使用地点。供电线路应避免与其他管道设在同一侧。

8.施工总平面图的绘制

上述布置应采用标准图例、规定代号和规定线条绘制在总平面图上,图幅一般可选用1~2号图纸大小,比例一般为1:1 000或1:2 000。应该指出,上述各设计步骤不是截然分开、各自孤立进行的,而是互相联系、互相制约的,需要综合考虑、反复修正才能确定下来。当有几种方案时,尚应进行方案比较后选择最优方案。施工总平面图通常采用的评价指标有:施工占地总面积、施工区占地面积、生活区占地面积、施工场地利用系数、施工设施建造费用、施工道路与施工管网长度等。在施工过程中,尚应根据现场的实际情况,对优化方案加以修正和调整,使之更符合实际要求。

6.8 技术经济指标

学习本节后,你将能够

了解施工组织总设计的各项技术经济指标。

施工组织总设计编制完成后,还需对其技术经济指标分析评价,以便进行方案改进或多方案优选。一般常用指标有:工期指标、质量指标、安全指标、劳动生产率指标(包括全员劳动生产率、单方用工、非生产人员比例、劳动力不均衡系数)、三大材料节约指标、综合机械化程度指标、流水施工不均衡系数、预制化专业化程度指标、临时工程费用比等。这些指标应在施工组织总设计基本完成后进行计算、分析,并反映在施工组织总设计文件中,作为考核的依据。上述各项指标的计算方法见第7章7.7节。

思 考 题

1. 施工组织总设计的作用和编制依据。
2. 施工组织总设计的内容和编制程序。
3. 施工组织总设计中的工程概况包括哪些内容？
4. 在施工部署中应解决哪些问题？
5. 施工总进度计划的编制原则和内容。
6. 施工总进度计划的编制方法如何？
7. 施工总平面图设计应包括哪些内容？

第 7 章 单位工程施工组织设计

> 为你的项目设计一份好的单位工程施工组织设计,它会为你带来意想不到的效益。

7.1 单位工程施工组织设计概述

 学习本节后,你将能够
1. 明确单位工程施工组织设计的任务。
2. 掌握单位工程施工组织设计包括哪些内容。
3. 了解单位工程施工组织设计编制原则与程序。

单位工程施工组织设计是用来规划和指导单位工程从施工准备到竣工验收全过程施工活动的技术经济文件。它也是施工单位编制季、月、旬施工计划和编制劳动力、材料、机械设备等供应计划的主要依据。它通常是在施工图完成并进行会审后,由项目负责人主持编制,报上级主管部门审批。

7.1.1 设计任务

单位工程施工组织设计的任务,是依据施工组织总设计对单位工程的规划安排,结合工程实际及相关资料,选择确定合理的施工方案,提出具体的质量、安全、进度、成本保证措施;编制进度计划,确定科学合理的各分部分项工程间的搭接配合关系,以实现工期目标;计算各种资源需要量,落实资源供应,做好施工作业准备工作;设计符合施工现场情况的平面布置图,使施工现场平面布置科学、紧凑、合理。

7.1.2 设计文件内容

单位工程施工组织设计的内容,需根据拟建工程的性质、特点及规模,同时考虑施工要求及条件进行编制,无须千篇一律,但单位工程施工组织设计必须真正起到指导现场施工的作用。一般包括下列内容:

1. 编制依据

编制依据作为单位工程施工组织设计的组成部分,它主要说明组织拟建项目施工所依据的法律法规、国家标准、地方及企业的有关规定、工程设计文件、施工合同或招投标文件、操作规程或施工工法、规范和技术标准等。

2. 工程概况

工程概况主要包括：工程主要情况、各专业设计简介和工程施工条件等。

3. 施工部署

施工部署主要包括：工程施工目标，项目组织机构设置，人员岗位职责，施工任务划分，施工流水段划分，选择合理的施工机械和施工方法，确定总的施工顺序及施工流向等。对于工程施工的重点和难点应进行分析，包括组织管理和施工技术两个方面。对于工程施工中开发和使用的新技术、新工艺应做出部署，对新材料和新设备的使用提出技术及管理要求。对主要分包工程施工单位的选择要求及管理方式应进行简要说明。

4. 施工进度计划

施工进度计划主要包括：划分施工过程；计算工程量、劳动量、机械台班量、施工班组人数、每天工作班次、工作持续时间；确定分部分项工程（施工过程）施工顺序及搭接关系，绘制进度计划表、保证进度计划实施的措施等。

5. 施工准备与资源配置计划

施工准备与资源需要量计划主要包括：施工前的技术准备、现场准备、机械设备、劳动力、工具、材料、构件和半成品构件的准备，并编制准备工作和资源需要量计划表。资源需要量计划宜细化到专业工种。

6. 施工方案

一般单位工程施工方案并入施工部署，复杂的分部分项工程在施工前需单独编制专项工程施工方案，至于哪些工程需编制专项工程施工方案，可按照各地区行政主管部门的规定执行。施工方案主要包括：主要分部分项工程施工方法与施工机械选择、施工段的划分、施工顺序的确定、技术、组织措施制定等。施工方案的选择要遵循先进性、可行性和经济性兼顾的原则，应结合工程的具体情况和施工工艺、工法等考虑。

7. 施工平面图

施工平面图设计主要包括垂直运输机械、临时加工场地、机具、材料、构件仓库与堆场的布置及临时水电管网、临时道路、临时设施用房的布置等。施工现场平面布置图一般按地基基础、主体结构、装修装饰与机电设备安装三个阶段分别绘制。

8. 技术经济指标分析

技术经济指标分析主要包括工期指标、质量指标、安全指标、文明施工、降低成本等指标的分析。

7.1.3 单位工程施工组织设计编制原则与程序

1. 单位工程施工组织设计编制原则

（1）满足施工组织总设计的要求

若单位工程属于群体工程中的一部分，在编制时应满足施工组织总设计对工期、质量及成本目标的要求。

（2）尽可能选用先进施工技术

选用施工新技术应从项目实际出发，在调查研究的基础上，经过科学分析和技术经济论证，既要考虑其先进性，更要考虑其适用性和经济性。先进的施工技术能够提高劳动生产率,保证工程质量,加快施工进度,降低施工成本,减轻劳动强度。

(3) 尽可能组织各个专业工种的合理搭接

土木工程施工对象越来越复杂、智能化水平越来越高,因而完成一个工程的施工所需要的工种越来越多,相互之间的影响及对工程施工进度的影响也越来越大。施工组织设计要有预见性和计划性,既要使各施工过程、专业工种顺利进行施工,又要使它们尽可能实现搭接,以缩短工期。

(4) 尽可能优选施工方案

完成一项单位工程的施工方案有许多种,但需要对主要分部工程的施工方案和主要施工机械的选择进行论证和技术经济分析,尽可能选择既经济又先进且符合现场实际、适合本项目的施工方案。

(5) 确保工程质量、施工安全和文明施工

在单位工程施工组织设计中应根据工程条件拟定保证质量、降低成本和安全施工的措施,务必要求切合实际、有的放矢,同时提出文明施工及保护环境的措施。

2. 单位工程施工组织设计的编制程序

单位工程施工组织设计的编制程序是指在施工组织设计编制过程中应遵循的编制内容的先后顺序及其相互制约的关系。根据工程的特点和施工条件的不同,其编制程序繁简不一,一般单位工程的编制程序,如图 7.1.1 所示:

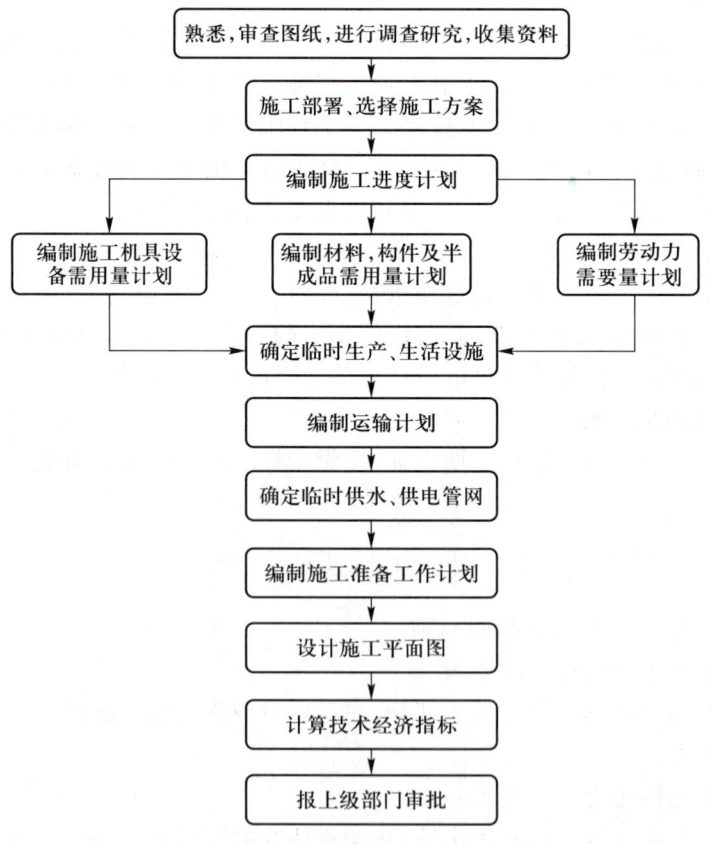

图 7.1.1　单位工程施工组织设计的编制程序

7.2 单位工程施工组织设计的编制依据

学习本节后,你将能够
了解单位工程施工组织设计的编制依据。

① 项目施工所在地区行政主管部门的批准文件,建设单位(业主)对工程的要求或所签订的施工合同,竣工日期、质量等级、技术要求、验收办法等。

② 勘察施工现场所得到的资料,如水准点、地形、地质、地上地下障碍物、交通运输、水、电、通风等。

③ 国家及建设地区现行的有关法律、法规和文件规定,现行施工质量验收规范,安全操作规程,质量评定标准等文件。

④ 项目施工图、标准图及会审记录材料。

⑤ 施工组织总设计。若单位工程是建设项目的一个组成部分时,必须按施工组织总设计有关内容及要求编制。

⑥ 项目工程预算文件及有关定额。应有详细的分部分项工程的工程量,必要时应有分层、分段的工程量及劳动定额。

⑦ 建设单位可能提供的条件,如供水、供电、施工道路、施工场地及临时设施等条件。

⑧ 施工企业的生产能力、机具设备状况、技术水平等。

⑨ 本地区劳动力及与本工程有关的资源供应状况。

7.3 工程概况

学习本节后,你将能够
1. 明确工程概况应描述哪些内容。
2. 懂得施工应具备哪些条件。
3. 懂得施工特点应描述哪些内容。

单位工程施工组织设计工程概况,是对拟建工程的主要情况和主要施工条件进行描述。在描述时也可加入拟建工程的平面图、剖面图及表格进行补充说明。

7.3.1 工程基本情况

工程基本情况应包括:工程名称、性质、用途、资金来源与造价、开竣工日期、质量标准;工程所在的地理位置;工程的建设、勘察、设计、监理和总承包等相关单位的情况;工程承包范围和分包工程范围;施工合同、招标文件或总承包单位及主管部门对工程施工的重点要求;其他应说明的情况。

7.3.2 各专业设计简介

1. 建筑专业设计简介

建筑专业设计简介应依据建设单位提供的建筑设计文件进行描述，包括建筑规模、建筑面积、层数、层高、总高度、平面尺寸、建筑平面组合形式形状与特点，建筑功能、建筑耐火、防水及节能要求等，并应简单描述工程的主要装修做法。

2. 结构专业设计简介

结构专业设计简介应依据建设单位提供的结构设计文件进行描述，包括结构形式、地基基础形式、结构安全等级、抗震设防类别、主要结构构件类型及要求、主要结构使用材料的要求等。

3. 机电及设备安装专业设计简介

机电及设备安装专业设计简介应依据建设单位提供的各相关专业设计文件进行描述，包括给水、排水及采暖系统、通风与空调系统、电气系统、智能化系统、电梯等各个专业系统的做法要求及特点。

7.3.3 工程主要施工条件

1. 项目建设地点气象状况

应对施工项目所在地的气象状况作全面的描述与分析，如当地最低、最高气温及时间、冬雨季施工的起止时间和主导风向、风力等描述与分析，为制订施工方案与措施提供资料。

2. 项目施工区域地形和工程水文地质状况

（1）施工区域地形状况

简要介绍拟建工程的位置、地形、地貌、拆迁、障碍物清除等情况；分析施工现场的"三通一平"情况；施工场地周边的人文环境状况。

（2）工程水文地质状况

工程项目施工区域的土层分布情况、地质资料技术参数、地下水位情况、水质情况、水流方向与地下水源情况等。

3. 项目区域地上、地下管线及相邻的地上、地下建（构）筑物情况

工程项目施工区域地上、地下管线、煤气管道、高压线路等分布情况，如需要迁移，必须上报主管部门审批。工程项目施工区域建（构）筑物与本项目相邻的情况，便于地下、地上施工采取一定的措施，将影响因素降至最低。

4. 项目区域与项目施工有关的道路、河流等状况

工程项目施工区域的道路和河流与本项目的相邻状况，项目施工对其是否产生不良影响，必要时，必须采取有效措施避免不良效果产生。

5. 当地建筑材料、设备供应和交通运输等服务能力状况

工程项目施工所在地三材、地材、预制构件生产、设备、劳动力等供应及价格情况；当地铁路、公路、港口等交通运输服务能力状况。

6. 当地供电、供水、供热和通信能力状况

工程项目所在地市政设施配套情况；当地供电、供水、供热和通信能力状况；业主可提

供的临时设施、协作条件等,这些资源条件直接影响到项目的施工。

7. 其他与施工有关的主要因素。

7.3.4　工程施工特点

工程施工的特点主要描述工程项目重点,以便抓住关键,突出重点,使工程施工顺利地进行,提高施工单位的经济效益和管理水平。不同类型的建筑、不同条件下的工程施工,均有不同的施工特点。如带有地下室的现浇钢筋混凝土多、高层建筑的施工特点主要有:地下结构施工难度大,涉及深基坑边坡稳定、基坑降水、基坑周边环境保护、地下室底板大体积混凝土施工、地下防水施工等;上部结构和施工机具设备的稳定性要求高,钢材加工量大,混凝土浇筑难度大,脚手架搭设安全问题突出;材料运输量大,要有高效率的垂直运输。

7.4　施　工　部　署

学习本节后,你将能够

1. 懂得施工部署包括哪些内容。
2. 懂得如何确定施工顺序。
3. 掌握多、高层房屋、砖混结构房屋、装配式房屋、道路桥梁等工程施工基本顺序。
4. 能够选择主要施工机械。
5. 懂得针对不同分部工程的重点选择施工方法。
6. 了解各项技术、组织措施的制定。

施工部署是对单位工程施工组织做总体安排。施工部署是否合理,将直接影响到工程的施工质量,施工速度,工程造价及企业的经济效益,故必须引起足够的重视。

施工部署内容包括确定项目施工目标、建立施工现场项目组织机构、确定施工顺序和施工流向、流水施工段的划分、明确重点与难点工程的施工要求、施工质量管理计划等。对于工程施工中开发和使用的新技术、新工艺应做出具体部署,对新材料和新设备的使用应提出技术及管理要求、对重点与难点工程的施工要求及管理方式进行说明。

7.4.1　确定单位工程项目施工目标

单位工程项目施工目标的确定必须根据施工组织总设计、施工合同要求及企业管理目标要求,制定单位工程施工质量目标、进度目标、安全目标、文明施工环境目标、降低施工成本目标。各项目标应满足施工组织总设计和施工合同中确定的总体目标要求。

7.4.2　项目组织机构的建立

1. 明确项目管理组织机构形式

项目部应明确项目管理组织机构形式,并宜采用框图的形式表示。组织机构形式是根据工程规模、复杂程度、专业特点,以及企业的管理模式与要求,按照合理分工与协作、精干高效原则来确定,并按因事设岗、因岗选人的原则配备项目管理班子。

2. 制定岗位职责和选派项目管理人员

项目部管理组织内部的岗位职务和职责必须明确,责权必须一致,并形成规章制度。同时按照岗位职责需要,选派称职的管理人员,组成精炼高效的项目管理班子,并以表格列出,如表7-4-1所示。

表 7-4-1　管理人员明细表

序号	姓名	职务	职称	工作职责

3. 制定施工管理工作程序、制度和考核标准

为了提高施工管理工作效率,要按照管理客观性规律,制定出管理工作程序、制度和相应考核标准。

7.4.3　施工任务划分与组织安排

1. 施工任务划分

施工任务划分是在项目部领导班子和施工技术及管理人员确定之后,对各参与施工的分包单位明确各自施工任务,对主要分包的分部分项工程施工单位的资质和能力应提出明确要求,明确总包与分包单位的分工范围、分项施工目标和交叉施工内容,以及各施工分包单位之间协作的关系。

2. 施工组织安排

施工组织安排主要是确定工程施工流向;合理选用主要施工机械、施工方法;划分流水施工段;安排符合工程实际要求的施工顺序。

(1) 确定施工流向

施工流向指的是单位工程在平面或空间上施工开始部位及其展开的方向。对单层建筑物来讲,仅确定在平面上施工起点和施工流向,对多、高层建筑物,除了确定每层平面上的起点和流向外,还需确定在竖向上的施工起点和流向。确定单位工程施工流向时,应考虑如下因素:

① 考虑单位工程的繁简程度和施工过程之间的关系。

通常技术复杂,施工进度慢,工期长的区段和部位先行施工。例如:高层现浇混凝土结构房屋,主楼部分先施工,裙楼部分后施工。

② 考虑施工方法的要求。

确定施工流向时,应结合所选的施工方法及所制定的施工组织要求进行安排。如在结构吊装工程中,采用分件吊装法时,其施工流向是不同于综合吊装法的施工流向的。又如,一幢高层建筑物若采用顺作法施工地下两层结构,其施工流程为:测量放线→底板施工→拆第二道支撑→地下两层施工→拆第一道支撑→±0.000顶板施工→上部结构施工。

若采用逆作法施工地下两层结构,其施工流程为:测量定位放线→进行地下连续墙施工→进行钻孔灌注桩施工→±0.000 标高结构层施工→地下两层结构施工,同时进行地上一层结构施工→底板施工并做各层柱,完成地下施工→完成上部结构。

③ 考虑各个车间的生产工艺流程及使用要求。

确定施工流向应考虑生产工艺流程的要求。如图 7.4.1 所示,是一个多跨单层装配式工业厂房,其生产工艺的顺序如图上数字所表示。如果无生产工艺顺序要求,从厂房的任何一端开始施工都是可行的;但如果车间生产工艺顺序已明确,如图 7.4.1 所示,应根据车间生产工艺流程来确定施工流向。这样不但可以保证设备安装工程分期进行,缩短工期,而且可提早生产。

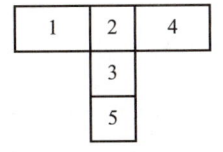

图 7.4.1　多跨单层工业厂房施工顺序图

④ 考虑房屋高低层和高低跨。

当房屋有高低层或高低跨时,应从高低层或高低跨并列处开始。例如:在高低跨并列的单层工业厂房结构安装中,应先从高低跨并列处开始吊装;如在高低层并列的多层建筑中,层数多的区段先施工。

⑤ 考虑工程现场施工条件。

施工场地的大小,道路布置和施工方案中采用的施工机械也是确定施工流向的主要因素。如土方工程,在边开挖边余土外运时,则施工流向起点应确定在离道路远的部位开始,并应按由远及近的方向发展。

⑥ 考虑分部分项工程的特点及相互关系。

分部分项工程不同,相互关系不同,其施工流向也不相同。特别是在确定竖向与平面组合的施工流向时,尤其显得重要。例如,在多高层建筑室内装饰中,根据装饰工程的工期、质量、安全使用要求以及施工条件,其施工起点流向一般有自上而下,自下而上及从中而下再自上而中三种。

a. 室内装饰工程自上而下的施工流向,是指在主体结构工程封顶,做好屋面防水层后,从顶层开始,逐层向下进行。其施工流向如图 7.4.2 所示,有水平向下和垂直向下两种情况,水平向下的流向应用较多。

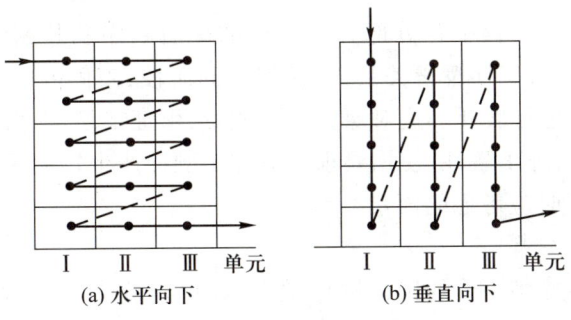

图 7.4.2　室内装饰工程自上而下流向图

这种施工流向的优点是主体结构完成后进行装修,有一定的沉降时间,这样能保证装饰工程的质量;同时做好屋面防水层后,可防止在雨季施工时,因雨水渗漏而影响到装饰工程的质量；且自上而下流水施工，各工序之间交叉少，便于组织施工，清理垃圾，保证文明安全施工。其缺点是不能与主体工程施工进行搭接，工期长。

b. 室内装饰工程自下而上的施工流向，是指当主体结构工程的砖墙砌到2~3层以上时，装饰工程可从一层开始，逐层向上进行的施工流向。其施工流向如图7.4.3所示，有水平向上和垂直向上两种。

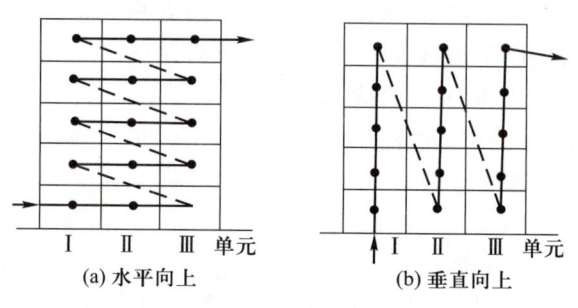

图7.4.3 室内装饰工程自下而上的流向图

这种施工流向的优点是可以和主体及砌筑工程进行交叉施工，工期短，但缺点是工序之间交叉多，施工组织复杂，工程的质量及生产的安全不易保证。例如：当采用预制楼板时，由于板缝浇灌不严密，以及靠墙边处易漏水，严重影响到装饰工程的质量。使用这种施工流向，应在相邻两层中加强施工组织与质量管理。

c. 自中而下，再自上而中的施工流向，这种施工流向综合了上述两种施工流向的优缺点，适用于中高层建筑的室内装饰工程。应当指出，在流水施工中，施工起点及流向决定了各施工段上的施工顺序，因此在确定施工流向时，应划分好施工段。

(2) 流水段的划分

施工流水段划分首先须结合工程具体情况分阶段进行划分；单位工程施工阶段的划分一般包括地基基础、主体结构、装修装饰和机电设备安装三个阶段。其次，要根据工程特点及工程量进行合理划分，并应说明划分依据及流水方向，确保均衡流水施工。

7.4.4 确定施工顺序

施工顺序是指单位工程中各分部分项工程的先后顺序及其制约关系。在组织施工时，施工顺序安排应符合工序逻辑关系，应根据不同阶段，不同的工作内容，按其固有的，不可违背的先后次序进行展开。这对保证工程质量，保证工期，提高生产效益均有很大的作用。通常工程特点，施工条件，使用要求等对施工顺序产生较大的影响。

1. 确定施工顺序时应考虑的因素

(1) 施工工艺的要求

施工过程之间客观存在着的工艺顺序关系，在确定施工顺序时必须顺从这个关系。例如：建筑物现浇楼板的施工过程的先后顺序是：支模板→绑扎钢筋→浇混凝土→养护→拆模。

(2) 施工方法和施工机械的要求

选用不同施工方法和施工机械时，施工过程的先后顺序是不相同的。例如：在装配式单层工业厂房安装时,如采用综合吊装法,施工顺序应该是吊装完一个节间的柱、吊车梁、屋架、屋面板后,再重新吊装另一节间的所列构件。如果是采用分件吊装法,施工顺序应该是先吊柱,再吊吊车梁,最后吊屋架及屋面板;又如,在安装装配式多层多跨工业厂房时,如果采用塔式起重机,则可以自下向上逐层吊装;如果使用桅杆式起重机,则只能把整个房屋在平面上划分成若干个单元,由下向上吊完一个单元(节间)构件后,再吊下一个单元(节间)的构件。

(3) 施工组织的要求

施工过程的先后顺序与施工组织要求有关。例如:地下室的混凝土地坪施工,可以安排在地下室的上层楼板施工之前完成,也可以安排在上层楼板施工之后进行,从施工组织角度来看,前一方案施工方便,较合理。

(4) 施工质量的要求

施工过程的先后顺序是否合理,将影响到施工的质量。如预制楼板的水磨石面层,只能在上一层水磨石面层完成之后才能进行下一层的顶棚抹灰工程,否则易造成质量缺陷。

(5) 安全技术要求

合理的施工顺序,能够避免各施工过程安全事故的发生。例如:不能在同一个施工段上,边进行楼板施工,边进行其他作业。

(6) 当地的气候条件

不同的气候特点会影响施工过程先后的顺序,例如在华东和南方地区,应首先考虑到雨季施工的特点,而在华北、西北、东北地区,则应多考虑冬期施工特点。土方、砌墙、屋面等工程应尽可能地安排在雨季到来之前施工,而室内工程则可适当推后,又如,桥梁的基础工程最好安排在汛期之前完成。

2. 常见的几种建筑的施工顺序

(1) 多、高层全现浇钢筋混凝土框架结构建筑的施工顺序

多、高层全现浇钢筋混凝土框架结构建筑的施工顺序,一般可划分为±0.00以下基础工程,主体结构工程,屋面工程及围护工程,装饰工程等四个施工阶段。如图7.4.4所示为多、高层全现浇钢筋混凝土框架结构建筑的施工顺序示意图。

① 地下工程的施工顺序。

多、高层全现浇钢筋混凝土框架建筑的地下工程(±0.00以下的工程)一般可分为有地下室和无地下室基础工程。若有一层地下室且又建在软土地基层上时,其施工顺序是桩基(包括围护桩)→土方开挖→破桩头及垫层→基础地下室底板→地下室墙、柱(防水处理)→地下室顶板→回填土。若无地下室且也建在软土地基上时,其施工顺序是桩基→挖土→垫层→钢筋混凝土基础→回填土。

② 主体结构工程的施工顺序。

主体结构工程的施工,主要是指柱、梁(主梁、次梁)、楼板的施工。由于柱、梁、板的施工工程量很大,所需的材料、劳力很多,而且对工程质量和工期起决定性作用,故需将多层框架在竖向上分层,在平面上分段进行流水施工。若采用木胶合板模板,其施工顺序为:安装柱钢筋→支柱梁板模板→浇柱混凝土→安装梁、板钢筋→浇梁、板混凝土。若采用钢模,其施工顺序为:安装柱筋→支柱模→浇柱混凝土→支梁板模→安装梁板筋→浇梁板混凝土。

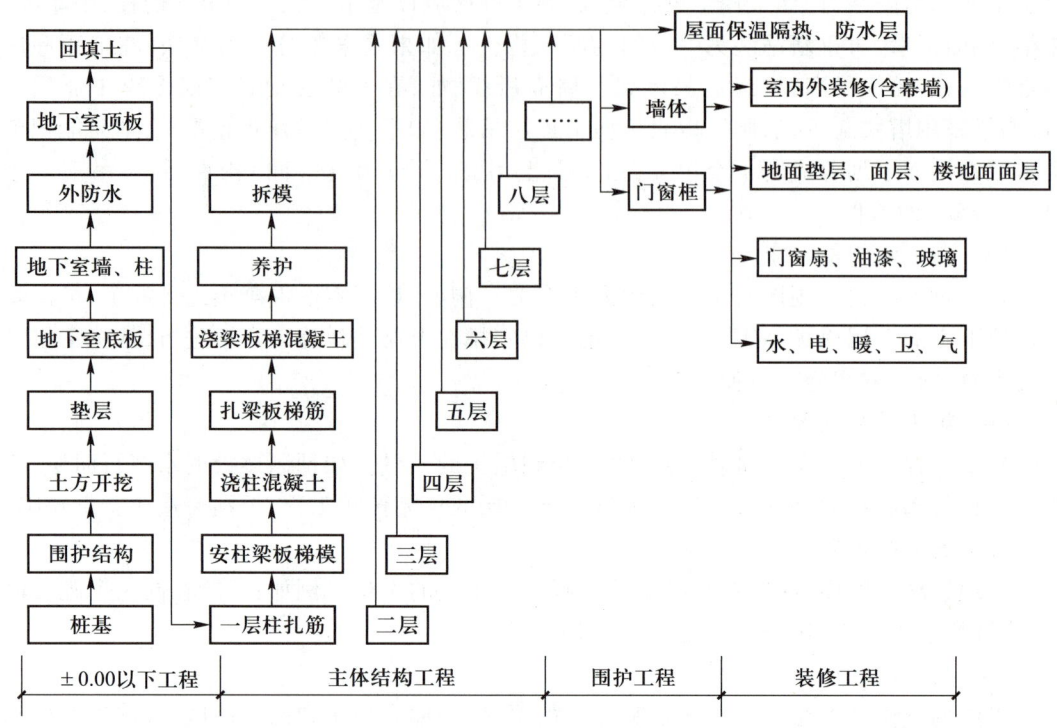

图 7.4.4　多、高层全现浇钢筋混凝土框架结构建筑施工顺序示意图（模板为木模）

这里应注意,在梁、板钢筋绑扎完毕后,应认真进行检查验收后,才能进行混凝土的浇筑工作。

③ 屋面工程和围护工程的施工顺序。

屋面工程由于南北方区域不同,故选用的屋面材料不同,其施工顺序也不相同。北方地区卷材防水屋面的施工顺序为:抹找平层→铺隔气层及保温层→找平层→刷冷底子油结合层→做防水层及保护层。这里要注意的是,刷冷底子油层一定要等到找平层干燥以后进行。南方地区卷材防水屋面的施工顺序为:抹找平层→做防水层→隔热层。屋面工程的施工应尽量在主体结构工程完工后尽快进行,这样可尽快地为室内外的装修创造条件。

围护工程的施工包括砌筑外墙、内墙(隔断墙)及安装门窗等施工过程,对于这些不同的施工过程可以按要求组织成平行、搭接或流水施工。但内墙的砌筑,则应根据内墙的基础形式而定,有的需在地面工程完工后进行,有的则可在地面工程之前与外墙同时进行。

④ 装饰工程的施工顺序。

室内装饰和室外装饰施工顺序通常有先内后外、先外后内及内外同时进行三种。具体使用哪种施工顺序应视施工条件和气候而定。对于室内同一空间内装饰来讲,其施工过程的先后顺序一般有两种:a. 安装门窗框→天棚墙体抹灰→楼地面→安装门窗扇、玻璃、油漆;b. 安装门窗框→楼地面→天棚墙体抹灰→安装门窗扇、玻璃、油漆;而室外装饰和室外工程的施工过程的先后顺序一般为:外墙饰面→散水→台阶。

（2）多层砖混结构居住房屋的施工顺序

多层砖混结构居住房屋的施工，一般可划分为基础工程，主体结构工程，屋面工程、装饰工程三个施工阶段。如图 7.4.5 即为多层砖混结构居住房屋的施工顺序示意图。

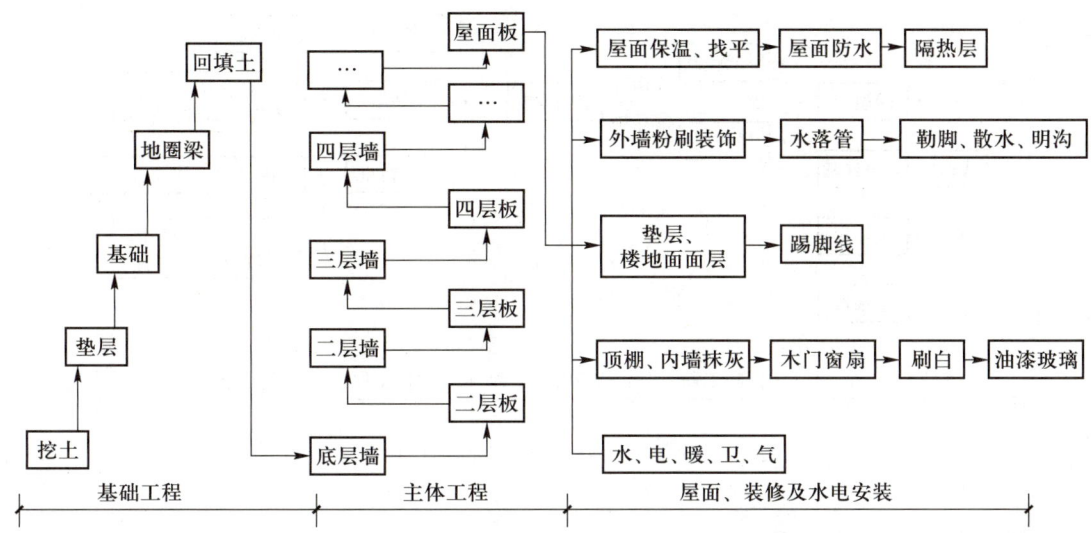

图 7.4.5　多层砖混结构居住房屋施工顺序示意图

① 基础工程的施工顺序。

基础工程是指室内地坪(±0.00)以下所有的工程,它的施工顺序一般是：挖土→铺垫层→钢筋混凝土基础→墙基(素混凝土)→回填土或挖土→垫层→基础→砌墙基础→铺防潮层→地圈梁→回填土。有地下障碍物、坟穴、防空洞，并存在软弱地基的时候，则需要事先处理；有地下室时,应在基础完成后,砌地下室墙,然后做防潮层,最后浇筑地下室顶板及回填土。这里要特别注意,挖土与垫层之间的施工要紧凑,以防积水与暴晒地基,影响到地基承载能力。同时，垫层施工后,应留有一定的时间,使其达到一定的强度后,才能进行下一步工序施工。对于各种管沟的施工,应尽可能与基础同时进行,平行施工,在基础工程施工时,应注意预留孔洞。

② 主体结构工程的施工顺序。

主体结构工程施工阶段的工作内容较多,有搭设脚手架,砌筑墙体,浇筑圈梁,楼梯、阳台、楼板、梁、构造柱、雨篷等施工过程。若主体结构的楼板为现浇时,其施工顺序一般可归纳为：立构造柱筋→砌墙→支构造柱模→浇构造柱混凝土→梁板梯模→梁板梯筋→梁板梯混凝土,若楼板为预制构件时,则施工顺序一般为立构造柱筋→砌墙→支柱模→浇柱混凝土→吊装楼板→灌缝。在主体结构工程施工阶段,砌墙与现浇楼板(或铺板)是主导施工过程,要注意这两者在流水施工中的连续性,避免不必要的窝工现象发生。

③ 屋面工程及装饰工程的施工顺序。

屋面工程和装饰工程的施工顺序与框架结构房屋的屋面工程和装饰工程的施工顺序相同。

（3）装配式单层工业厂房的施工顺序

装配式单层工业厂房的施工特点是：基础施工复杂，构件预制量大，施工时要求土建与设备的安装配合紧密。装配式单层工业厂房施工时的施工顺序如图 7.4.6 所示。

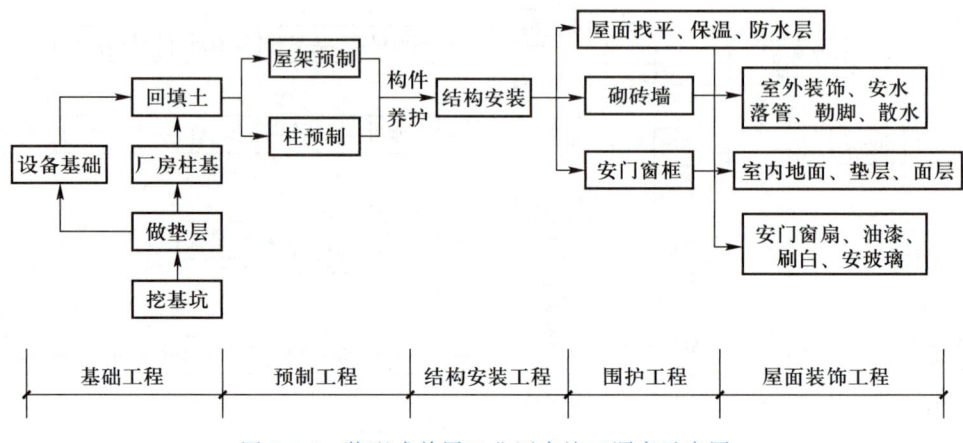

图 7.4.6　装配式单层工业厂房施工顺序示意图

① 基础工程的施工顺序。

基础工程包括厂房的基础与设备基础两个方面。通常，这个阶段的施工顺序是挖土→铺垫层→杯形基础和设备基础（扎钢筋→支模→浇混凝土）→养护拆模→回填土。在基础施工阶段，如果厂房基础设备较多，就必须对设备基础和设备安装的施工顺序进行分析研究，根据建设工期，来确定合理的施工顺序。基础施工与设备安装的施工顺序有两种，一种是先进行厂房建设，后进行设备安装（封闭式施工）；另一种是先进行厂房基础和设备基础施工，后进行厂房的结构吊装（敞开式施工）。前者适用于基础设备不大，厂房建成后再进行设备基础施工及安装；而后者则相反。

② 预制工程的施工顺序。

非预应力混凝土预制工程的施工顺序是场地平整→支模板→绑扎钢筋→埋设配件→浇混凝土→养护→拆模板。预应力混凝土预制工程的施工顺序有两种：一种是先张法；一种是后张法。先张法的施工顺序是场地平整→张拉钢筋→支模板→扎钢筋→浇混凝土并养护→拆模。后张法施工顺序：场地平整→浇筑混凝土并预留孔道→养护拆模→穿钢筋进行张拉→孔道灌浆。目前一般采用后张法施工。

③ 吊装工程的施工顺序。

结构吊装工程是装配式单层工业厂房的主导工程，通常其施工顺序是：柱、梁（吊车梁与连系梁）、屋架、屋面板及天窗的吊装、校正及固定。在这一施工阶段，结构吊装顺序主要取决于施工方法。若采用分件吊装法时，其施工顺序为：吊装固定校正柱→吊装、固定、校正梁→吊装、固定、校正屋架及屋面板；若采用综合吊装法，其施工顺序是先吊装、校正、固定一个施工段（一个或几个节间）柱、吊车梁、屋架及屋面板，然后再吊装下一个施工段（一个或几个节间）的柱、梁、吊车梁、屋架及屋面板，如此按施工段进行吊装，直到全部厂房结构吊装完毕。

结构吊装流向通常与预制构件制作流向一致。如果车间为多跨且有高低跨时,结构吊装流向,应从高低跨并列处开始,以满足其施工工艺要求。

④ 围护工程及装饰工程的施工顺序。

单层工业厂房围护工程的内容及其施工顺序与现浇混凝土框架结构房屋围护工程的内容及施工顺序基本相同。装饰工程也与现浇混凝土框架结构房屋的装饰工程相同,分为室外装饰和室内装饰。

(4) 桥梁工程施工顺序

① 基础工程施工顺序:围堰→就位、接高、落床、封底→钻孔桩。

② 下部构造施工顺序:承台→墩身→墩帽→系梁。

③ 上部构造施工顺序:安装支架→连续箱梁→人行道、栏杆→桥面。

(5) 道路工程施工顺序

① 填土路基施工顺序:施工准备→相关试验→清理场地→碾压原地面→填土→整平→压实→检测各项技术指标→填上一层土。

② 填粉煤灰路基施工顺序:施工准备→相关试验→清理场地→碾压原地面→填包边土→填粉煤灰→洒水→整平→碾压→检查有关指标→进行上一层施工→二灰稳定土封层施工。

③ 路面底基层施工顺序:

路拌法 施工准备→材料及各种相关试验→路基验收→铺试验路段→检查各种指标→确定松铺厚度→压实工艺→配料、闷料→上料→摊铺→补水→拌和→整平→碾压→检查各项指标→养生→进行下一段施工。

厂拌法 施工准备→材料及相关试验→验收路基→试拌→铺试验段→确定松铺厚度和压实工艺→检查各项指标→配料、上料→厂拌→运输→摊铺→碾压→检验技术指标→养生→进行下一段施工。

④ 路面基层施工顺序:施工准备→材料及相关试验→验收路基→试拌→铺试验段→确定松铺厚度和压实工艺→检查各项指标→配料、上料→厂拌→运输→摊铺→碾压→检验技术指标→养生→进行下一段施工。

⑤ 沥青混凝土面层施工顺序:准备工作→各种材料及相关试验→试摊、摊铺试验段→确定压实系数、压实工艺等→清扫底基层→配料上料→拌和→运输→摊铺→碾压→养生。

7.4.5 单位工程施工重点与难点分析及施工方法选择

对于单位工程施工的重点和难点应进行简要分析,包括施工技术和组织管理两个方面,并从以下几个方面解决单位工程施工重点与难点的问题。对于单位工程施工中开发和使用的新材料、新技术、新工艺、新方法应作出分析,对主要分包工程施工单位的选择要求及管理方式应进行简要说明,明确验收的程序与要求。对基坑工程、模板工程、脚手架工程、起重吊装工程、临时用水用电工程、季节性施工等专项工程所采用的施工专项方案作出分析和部署。

1. 针对不同分部的重点选择施工方法

对施工过程来讲,不同的施工方法施工,其施工效果和经济效果也不相同的。施工方法的选择直接影响到施工进度、施工质量、工程造价及生产的安全等。因此,正确地选用施工方法在施工组织设计中占有相当重要的地位。

(1) 土石方与基坑支护工程

房建与路桥的土石方与基坑支护工程的重点和难点通常是支护方案和地下水处理方案,以及土方开挖方案。若不重视,就有可能出现塌方等安全事故。所以,应根据施工图纸结合实际情况选择施工方法。如按照土的种类、土石方数量、运距、施工机械、工期等具体条件来决定土石方开挖和调配方案,并确定土方边坡坡度系数、土臂支撑方法、地下水位降低值等。

(2) 基础工程

房建与桥梁的基础工程种类繁多,其重点和难点不尽相同,但浅基础施工重点主要考虑局部地基的处理,深基础施工重点和难点主要是机械的选择和防水的处理。如桩基础的施工,除了桩机选择外,重点应预防常见桩基质量事故的发生;如钢筋混凝土基础及地下室工程施工应考虑防水处理等。

(3) 钢筋混凝土工程

房建与路桥的钢筋混凝土工程的重点和难点主要是模板系统、混凝土浇捣等。所以,应重点选择模板和支架类型及支撑方法;选择钢筋连接的方式;选择混凝土供应、输送及浇筑顺序和方法,确定混凝土振捣设备类型;确定施工缝留设位置,确定预应力混凝土的施工方法及控制应力等。

(4) 结构安装工程

房建与桥梁结构安装的重点和难点,主要是确定结构安装方法和起重机类型,确定构件运输要求及堆放位置。

(5) 屋面工程

屋面工程的重点和难点,主要是确定屋面工程的施工方法及要求,确定屋面材料的运输方式等。

(6) 装饰工程

装饰工程的重点主要在于选择装饰工程施工方法及其要求,确定施工工艺流程及流水施工安排。

(7) 路面工程

路面工程有不同的面层,所以重点和难点必须考虑各种路面施工的特殊技术要求。例如,沥青类路面施工的气温不宜过低,必须安排在气温高于最低限值的时期内施工。又如,深贯入式路面上层嵌缝料的摊铺与碾压必须在主层所贯入的结合料凝结之前完成,因此,上层的摊铺与碾压必须符合一定的速度要求。

2. 施工机械选择

(1) 选择施工机械应考虑的主要因素

① 应根据工程特点,选择适宜主导工程的施工机械,所选设备机械应在技术上可行,在经济上合理。如建造贯入式路面或碎石路面时,大多以压路机为主要机械;而建造沥青土基层时,大多以平地机为主要机械。

② 在同一个工地上所选机械的类型、规格型号应统一,便于管理及维护。

③ 尽可能使所选机械一机多用,提高机械设备的生产效率。

④ 选择机械时,应考虑到施工企业工人的技术操作水平,尽量地选用施工企业已有的施工机械。

⑤ 各种辅助机械或运输工具应与主导机械的生产能力协调配套,以充分发挥主导机械的效率。如土方工程施工中常用汽车运土时,汽车的载重量应为挖土机斗容量的整数倍,汽车的数量应保证挖土机连续工作。

目前,施工现场常用的机械有土方机械、打桩机械、吊装涵管和箱梁等起重机械、钢筋混凝土的制作及运输机械等。塔式起重机和泵送混凝土设备是常见的运输机械。

(2) 选择塔式起重机

塔式起重机的选择主要是选择其类型及型号。

① 类型的选择。

选择塔式起重机类型应根据建筑物的结构平面尺寸、层数、高度、施工条件及场地周围环境等因素综合考虑。通常对于低层建筑,常选用轨道式或固定式的一般塔式起重机,例如 QT_1-2 型、QT_1-6 型等;对于中高层建筑,可选用附着自升式塔式起重机或爬升式塔式起重机,其起升高度随着建筑的施工高度增加而加高,如 QT_4-10 型、QT_5-4/40 型、QT_5-4/60 型等;如果建筑体积庞大,建筑结构内部又有足够空间(电梯间、设备间)可安装塔式起重机时,可选用内爬式塔式起重机,以充分发挥塔式起重机的效率,但安装时要考虑建筑结构支承塔重后的强度及稳定性。

② 规格型号选择。

塔式起重机规格型号的选择应根据拟建的建筑物所要吊装材料及所吊装构件的主要吊装参数,通过查找起重机技术性能曲线表进行选择。主要吊装参数指各构件的起重量 Q,起吊高度 H 及起重半径 R。

$$起重机 \quad Q \geq Q_1 + Q_2 \tag{7.1}$$

式中 Q——起重机的起重量,t;

Q_1——构件的重量,t;

Q_2——索具的重量,t。

$$起重高 \quad H \geq H_1 + H_2 + H_3 + H_4 \tag{7.2}$$

式中 H——起重机的起吊高度,m;

H_1——建筑物总高度,m;

H_2——建筑物顶层人员安全生产所需高度,m;

H_3——构件高度,m;

H_4——索具高度,m。

起重半径也称工作幅度,应根据建筑物所需材料的运输距离和构件安装的不同距离,选择最大的距离为起重半径。

③ 塔式起重机台数的确定。

塔式起重机数量应根据工程量大小,工期要求,考虑起重机的生产能力进行确定,按经验公式:

$$N = \frac{1}{TCK} \cdot \sum \frac{Q_i}{P_i} \tag{7.3}$$

式中 N——塔式起重机台数;

T——工期,天;
C——每天工作班次;
K——时间利用参数,一般取 0.7~0.8;
Q_i——各构件(材料)运输量,t;
P_i——塔式起重机的台班效率,件/台班、t/台班。

(3)选择泵送混凝土设备

当混凝土浇筑量很大时,有时采用泵送混凝土的方式进行浇筑。这种输送混凝土的方式不但可以一次性直接将混凝土送到指定的浇筑地点,而且也能加快施工进度。因此,这种混凝土运输方式广泛地应用在中高层建筑的施工中。

泵送混凝土设备的选择指的是混凝土输送泵的选择和输送管的选择。

① 混凝土输送泵的选择。

混凝土输送泵的选择是按输送量大小和输送距离的远近进行选择,混凝土输送泵的输送量,可按下式进行计算:

$$Q_m > Q_i \tag{7.4}$$

式中　Q_m——混凝土输送泵的输送量,m^3/h;

Q_i——浇筑混凝土时所需的混凝土量,m^3/h。

考虑到混凝土输送泵的输送量与运输距离及混凝土的砂、石级配有关,则

$$Q_m = Q_{max} \cdot \alpha \cdot E_t \tag{7.5}$$

式中　Q_{max}——混凝土输送泵所标定的最大输送量;

α——与运输距离有关的条件系数,见表 7-4-2;

E_t——作业系数,一般取 0.4~0.5。

表 7-4-2　条件系数 α 表

换算成水平距离后的运输距离/m	α
0~49	1.0
50~99	1.0~0.8
100~149	0.8~0.7
150~179	0.7~0.6
180~199	0.6~0.5
200~249	0.5~0.4

混凝土输送泵的输送距离,按下式进行计算:

$$L_m > L_i \tag{7.6}$$

式中　L_m——混凝土输送泵的输送距离,m;

L_i——混凝土应输送的水平距离,m。

由于常用的混凝土输送管为钢管、橡胶管和塑料软管,直径一般在 100~200 mm,且每根管长在 3 m 左右,还配有各种弯头及锥形管,这样在计算运输距离时,必须将其换成水平直管的管道状态并按水平管道布置进行计算,水平距离折算如表 7-4-3 所示:

表 7-4-3　水平距离折算表

项目	管径/mm	水平换算长度/m
每米垂直管	100 125 150	3 4 5
每个锥形管	175~150 150~125 125~100	4 8 16
90°弯管	弯曲半径 0.5 m 弯曲半径 1.0 m	12 9
塑料橡皮软管	每(5~8)m 长一根	20

② 输送管的选择。

一般来讲,合理地选择混凝土输送泵的输送管和精心布置输送管路,是提高混凝土输送泵输送能力的关键。

混凝土输送泵的输送管有多种,如支管、锥形管、弯管、软管,以及管与管之间连接的管接头。

直管一般由管壁为 1.6~1.8 mm 的电焊钢管制成,这种管(子)重量轻又耐用,寿命也长。直管通用的管径有 100 mm、125 mm 和 150 mm 三种,用在特殊地方的管径也有 180 mm 和 80 mm,管长的系列有 1.0 m、2.0 m、3.0 m 和 4.0 m 四种,常用的是 3.0 m 和 4.0 m 两种。管径的选择,主要取决于粗骨料粒径和生产率的要求,在一般情况下,粗骨料最大粒径与钢管内径之比在 1∶(2.5~3.0) 之间,碎石为 1∶3,卵石为 1∶2.5。弯管多为冷拔钢管,弯曲半径有 1.0 m 和 0.5 m 两种,弯管角度有 15°、30°、45°、60°、90°五种。弯管曲率半径越小,其管内阻力越大。所以在布置管路时,宜选用较大曲率半径的弯管。

锥形管也是由冷拔管制成,由于混凝土输送泵出口的口径一般为 175 mm,而常用的直管又为 100 mm、125 mm、150 mm,所以要采用锥形管进行过渡。锥形管长度一般为 1 m,如接管太短,管的断面变化太大,产生的压力损失就越大。

例　某高层建筑,使用混凝土输送泵进行混凝土浇筑工作。根据现场要求布置,所需水平管 16 m,竖管 45.5 m,90°(弯曲半径 1.0 m)弯管一个,锥形管 2 个,输送管直径为 100 mm。计算输送管的折算水平长度。

解:折算水平长度 L_i,查表 7-4-3:

$$L_i = (16×1+45.5×3+9×1+16×2) \text{ m}$$
$$= 193.5 \text{ m}$$

例　在上例中如所选用的输送泵为 NCP-9F8,其输送最大能力为 57 m³/h,输送管直径为 125 mm,混凝土的浇筑量为 10 m³/h,此所选混凝土泵是否合理。

解:根据式(7.5)所示

$Q_m = Q_{max} \cdot \alpha \cdot E_t$ 查表7-4-2,选取 $\alpha = 0.5$。

取 $E_t = 0.4$,则

$$Q_m = 57 \times 0.5 \times 0.44 \text{ m}^3/\text{h}$$
$$= 11.4 \text{ m}^3/\text{h} > 10 \text{ m}^3/\text{h}$$

所选混凝土输送泵合理。

3. 制定技术组织措施

技术组织措施是指在技术和组织方面对保证工程质量,保证施工进度,降低工程成本和文明安全施工制定的一套管理方法。主要包括技术、工程质量、安全及文明生产、降低成本等措施。

(1) 保证工程质量措施

① 保证放线、定位、标高测量等正确无误的措施。

② 各种基础及地下结构施工的质量保证措施。

③ 主体结构工程中关键部位的施工质量保证措施。

④ 采用新工艺、新材料、新技术、新结构施工时,制定有针对性的技术质量保证措施。

⑤ 特殊工程、复杂工程的施工技术措施。

⑥ 常见质量通病的改进方法及防范措施。

⑦ 各种构件和材料进场使用前的质量检查措施。

⑧ 冬雨季施工的质量保证措施。

(2) 降低成本措施

① 合理进行土石方平衡,节约土方运输费及人工费。

② 综合利用吊装机械,做到一机多用,提高机械利用率,节约成本。

③ 增收节支,减少管理费的支出。

④ 利用新工艺、新技术、新材料,降低成本措施。

⑤ 精心组织且科学地进行物资管理,精心组织物资的采购、运输及现场管理,最大限度地降低原材料、成品及半成品构件的成本。

(3) 确保施工安全的措施

① 针对拟建工程的特点,地质、地形特点,施工环境,施工条件等,提出防治可能产生突发性(的)自然灾害的技术组织措施和具体的实施办法。

② 新工人上岗前必须进行的安全教育及岗位培训。

③ 高空作业安全防护和保护措施。

④ 安全用电,防火、防爆、防毒等措施。

⑤ 保护现场施工及交通车辆安全的管理措施。

⑥ 使用新工艺、新技术、新材料时的安全措施。

⑦ 机械设备的安全生产措施。

(4) 现场文明施工措施

① 施工现场的围墙与标牌,出入口与交通安全的标志。

② 临时工程的规划与搭建,临时房屋的安排与卫生。

③ 各种材料、成品与半成品构件的堆放与管理。
④ 施工机械的安设及维护。
⑤ 安全、消防,噪声的防范,施工垃圾运输及处理。

7.5 单位工程施工进度计划

学习本节后,你将能够
1. 了解单位工程施工进度计划的分类与作用。
2. 掌握编制单位工程施工进度计划的步骤与方法。
3. 明确如何划分施工过程。
4. 掌握计算施工过程持续时间的方法。
5. 懂得如何进行初步施工进度计划的编制。

单位工程施工进度计划是控制工程施工进度和工程竣工期限等各项施工活动的实施计划,它是单位工程施工组织设计的重要内容之一。它是在既定的施工方案的基础上,根据规定工期和各项资源的供应条件,按照合理的施工顺序及组织要求,采用横道图或网络图来表达一个工程从开工到竣工的全部施工过程在时间上的安排和相互之间的搭接关系。

7.5.1 单位工程施工进度计划的分类和作用

1. 单位工程施工进度计划的分类

单位工程施工进度计划可分为控制性与指导性施工进度计划两类。控制性进度计划主要用于工程结构复杂,规模大,工期长,施工任务不明确,需要跨年度的工程施工,而指导性施工计划则用于施工任务明确,各项资源供应正常,规模较小的中小型工程的施工。编制控制性施工进度计划的单位工程,当各分部工程的施工条件基本落实之后,在施工之前还应编制指导性施工进度计划。

控制性施工进度计划是按分部工程项目进行编制的,不但对整个工程施工进度及竣工验收起一定的控制调节作用,同时还为指导性施工进度计划提供编制的依据。

指导性施工进度是按分项工程(施工过程)进行编制而成的,它不仅确定各分项工程或施工过程的施工时间及相互搭接的配合关系,还可以指导日常施工,而且对整个工程所需的劳力配置和数量,资源的需要计划的编制,也提供了依据。

2. 单位工程施工进度计划的作用

① 能确定各分部分项工程、各施工过程的施工顺序,持续时间及相互之间的配合、制约关系。

② 单位工程施工进度计划是施工过程中各项活动在时间上的反映,是指导施工活动、保证施工顺利进行的重要文件之一。

③ 为劳动力、机械设备、材料物质在时间上的需要计划提供了依据。

④ 保证在规定的工期内,完成符合工程质量的工程任务。

⑤ 为编制季度、月生产作业计划提供依据。

7.5.2　单位工程施工进度计划的表示方法

单位工程施工进度计划通常是以图表形式来表示的。有水平图表(横道图表)、垂直图表和网络图表三种,常用水平图表格式如表 7-5-1 所示:

表 7-5-1　施工进度计划表

序号	分部分项工程名称	工程量		定额	劳动量		机械名称	每天工作班	每天工作人数	持续天数	施工进度					
		单位	数量		工种	数量										

网络图的表示方法详见第 4 章,下面仅以横道图表编制施工进度计划加以阐述。

7.5.3　单位工程施工进度计划的编制依据

① 建筑总平面图、地形图、全部工程施工图及水文、地质、气象等资料。
② 单位工程的施工方案。
③ 施工合同和工程预算文件。
④ 劳动定额及机械台班定额。
⑤ 施工企业(承包商)的劳动资源能力。
⑥ 其他有关要求和资料。

7.5.4　单位工程施工进度计划编制程序

单位工程施工进度计划编制程序如图 7.5.1 所示:

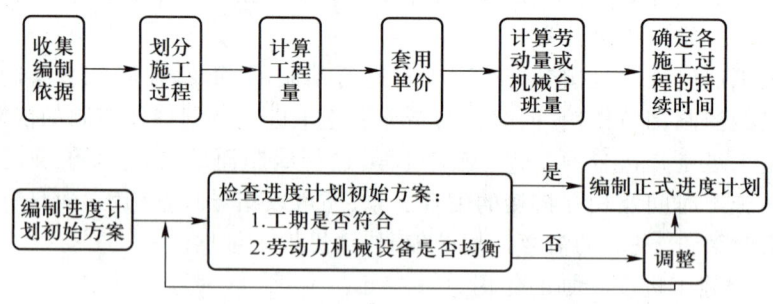

图 7.5.1　单位工程施工进度计划编制程序

7.5.5　单位工程施工进度计划的编制步骤与方法

1. 熟悉图纸、资料及调查施工条件

项目部技术负责人应组织工程技术人员及有关施工人员全面(地)熟悉和详细审查

图纸,研究有关技术资料,同时进行施工现场的勘察,调查施工条件,为编制施工进度计划做好准备工作。

2. 划分施工过程

划分施工过程,应按照既定施工方案所确定的施工顺序来划分施工过程,包括从开工至竣工为止的所有土建施工内容。对于次要的零星的分项工程,则不列出,可并为"其他工程",在计算劳动量时,给予适当的考虑即可。水、暖、电及设备一般另作一份相应专业单位工程施工进度计划,在土建单位工程进度计划中,水、暖、电及设备只列分部工程名称,不列详细施工过程名称。

3. 确定劳动量和机械台班量

在工程量清单的基础上,根据所划分的施工过程和选定的施工方法,查套施工定额,确定劳动量及机械台班量。

施工定额有两种形式,即时间定额 H_i 和产量定额 S_i。时间定额是指完成单位建筑产品所需的时间;产量定额是指在单位时间内所完成建筑产品的数量,二者互为倒数。若某施工过程的工程量为 Q_i,施工过程所需劳动量或机械台班量可由下式进行计算:

$$P_i = \frac{Q_i}{S_i} \quad \text{或} \quad P_i = Q_i \cdot H_i \quad H_i = \frac{1}{S_i} \tag{7.7}$$

式中 P_i——某施工过程所需劳动量(工日),机械台班量;

Q_i——施工过程工程量,m^3、m^2、m、t;

S_i——施工过程的产量定额,m^3/工日、m^2/工日、m/工日、t/工日;

H_i——施工过程的时间定额,工日/m^3、工日/m^2、工日/m、工日/t。

若某分项工程有几个部分工程组成或施工进度计划中所列项目与施工定额中的项目内容不一致时,可采用以下加权平均劳动定额或加权平均时间定额计算,如式(7.8)所示:

$$S_i = \frac{\sum_{i=1}^{n} Q_i}{\sum_{i=1}^{n} P_i} \quad \text{或} \quad H_i = \frac{\sum_{i=1}^{n} H_i Q_i}{\sum_{i=1}^{n} Q_i} \tag{7.8}$$

式中 $\sum_{i=1}^{n} Q_i = Q_1 + Q_2 + Q_3 + \cdots + Q_n$;

$\sum_{i=1}^{n} P_i = P_1 + P_2 + P_3 + \cdots + P_n = \frac{Q_1}{S_1} + \frac{Q_2}{S_2} + \frac{Q_3}{S_3} \cdots \frac{Q_n}{S_n}$。

采用新技术、新工艺、新材料的分项工程或特殊施工方法的分项工程,其定额未列入定额手册时,可参照类似项目或进行实测来确定。

"其他工程"项目所需劳动量,可根据其内容和数量,并结合施工现场的具体情况以占总劳动量的百分比计算,一般为 10%~15%。

水、暖、电、设备安装等工程项目,在编制土建施工进度计划时,一般不计算劳动量或机械台班量,仅表示出与一般土建单位工程进度相配合的关系。

4. 确定工作班制

项目施工如工期没有特殊要求,则尽可能采用一班制施工,有时因工艺要求或施工进度需要,也可采用两班制或是三班制连续作业,如浇筑混凝土可三班连续作业。

5. 确定施工过程的持续时间(见 3.2.2)

6. 编制施工进度计划的初始方案

① 首先分别编制地基基础、主体结构、装修装饰各个施工阶段进度计划。

分别编制地基基础、主体结构、装修装饰三个不同阶段的施工进度计划时,要重点考虑各个阶段的主导施工工程,尽可能采用流水施工方式,或采用流水施工与搭接施工相结合的方式安排进度,尽量使各工种连续施工,同时也能做到各种资源消耗的均衡。非主导施工过程应与主导工程相结合,同样也应尽可能地组织流水施工。

② 其次按尽可能搭接的原则,根据工艺的合理性将三个施工阶段的施工进度表搭接起来,即得到了单位工程施工进度计划的初始方案。

7. 检查调整施工进度计划的初始方案

① 施工工期的检查与调整。施工工期不能满足上级规定的工期或合同中要求的工期,则需重新安排进度计划或改变各分项分部工程流水参数等进行修改与调整。

② 检查与调整施工顺序。a. 主导施工过程是否最大限度的进行流水与搭接施工;b. 各个施工过程的先后顺序是否合理;c. 其他的施工过程是否与主导施工过程相配合。

③ 劳动量消耗的均衡性。对单位工程或各个工种而言,每日出勤的工人人数应力求不发生过大的变动,也就是劳动量消耗应力求均衡,在劳动量消耗动态图上,不允许出现短期的高峰或长时期的低陷情况,如图 7.5.2(a)、(b)所示:

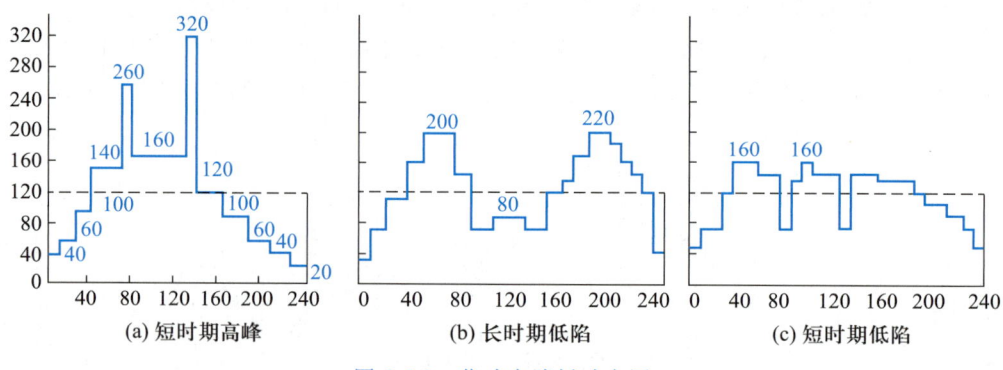

图 7.5.2 劳动力消耗动态图

劳动消耗均衡性可用劳动力均衡性系数 K 进行评价

$$K = \frac{最高峰施工期间工人人数}{施工期间每天平均工人人数}$$

K 值最理想为 1,在 2 以内为好,超过 2 为不正常,应予修改与调整。

④ 主要施工机械的利用程度。在编制施工进度计划中,主要施工机械通常是指灰浆搅拌机,自行式起重机,塔式起重机等,在编制的计划中,要求机械利用程度高,这样就可以充分发挥机械效率,节约资金。

7.5.6 各项资源需要量与施工准备工作计划

1. 各资源需要量计划

（1）劳动力需要量计划

劳动力需要量计划，主要是为安排施工现场的劳动力，平衡和衡量劳动力消耗指标，安排临时生活福利设施提供依据。其编制的方法是将各施工过程所需的主要工种的劳动力，按施工进度计划的安排进行叠加汇总而成。其表格形式如表7-5-2所示：

表 7-5-2 劳动力需要量计划表

序号	工种名称	劳动量（工日）	× 月					× 月				
			1	2	3	4	…………	1	2	3	4	…………

（2）主要材料需要量计划

主要材料需要量计划是用作施工备料、供料和确定仓库、堆场面积及做好运输组织工作的依据。其编制方法是根据施工进度计划表、施工预算中的工料分析表及材料消耗定额、储备定额进行编制。其表格形式如表7-5-3所示：

表 7-5-3 主要材料需要量计划表

序号	构件名称	规格	需要量		供应时间	备注
			单位	数量		

（3）构件和半成品构件需要量计划

构件、半成品构件的需要量计划主要用于落实加工订货单位，并按所需规格、数量、时间组织加工，运输和确定仓库或堆场。它是根据施工图和施工进度计划编制的。其表格形式如表7-5-4所示：

表 7-5-4 构件和半成品构件需要量计划

序号	构件规格	规格	图号	需求量		使用部位	加工单位	供应日期	备注
				单位	数量				

（4）预拌混凝土需要量计划

预拌混凝土需要量计划主要用于落实购买预拌混凝土，以便顺利地完成混凝土的浇筑工作。预拌混凝土需要量计划是根据混凝土工程量大小进行编制的。其表格形式见表 7-5-5 所示：

表 7-5-5　预拌混凝土需要量计划表

序号	混凝土使用地点	混凝土规格	单位	数量	供应时间	备注

（5）施工机械需要量计划

施工机械需要量计划主要是确定施工机具的类型、规格、数量，使用时间，并组织其进场，为施工顺利进行提供有力保证。编制的方法是将施工进度计划表中的每一施工过程所用的机械类型、数量，按施工日期进行汇总。在安排施工机械进场时间时，应考虑到某些机械需要铺设轨道，拼装和架设（时间），如塔式起重机等。其格式如表 7-5-6 所示：

表 7-5-6　施工机械需要量计划表

序号	机械名称	规格型号	需求量		货源	使用起止日期	备注
			单位	数量			

2. 施工准备工作计划

为了保证施工进度计划的实施，根据已确定的施工方案、施工方法及进度计划的要求，编制施工准备工作计划。其主要内容包括技术准备、现场准备、资源准备及其他准备工作等。

施工准备工作通常以计划表格形式表示，如表 7-5-7 所示：

表 7-5-7　施工准备工作计划表

序号	施工准备工作项目	工程量		简要内容	负责单位或负责人	起止日期		备注
		单位	数量			日/月	日/月	

7.6 单位工程施工平面图的设计

学习本节后,你将能够
1. 了解单位工程施工平面图布置的原则和依据。
2. 明确单位工程施工平面图设计内容。
3. 掌握单位工程施工平面图设计步骤和方法。

单位工程施工平面图是结合现场实际情况和施工条件,对拟建工程的施工现场所设计的施工平面布置图。它是施工组织设计的重要组成部分,合理的施工平面布置不但可以使施工顺利地进行,同时也能起到合理地使用场地、减少临时设施费用、达到文明施工的目的。

7.6.1 单位工程施工平面图设计原则

1. 尽量布置紧凑,避免用地浪费

在保证顺利施工的前提下,平面布置要紧凑,避免用地浪费,确保文明、安全施工。

2. 尽量少搭设临时设施

在满足施工要求的条件下,临时建筑设施应尽量少搭设,尽量利用项目规划用地之内的原有设施,降低临时工程费用。

3. 尽量减少二次搬运

在保证运输的条件下,材料堆放、垂直运输机械之间的距离要合理布置,使运输费用最小,尽可能避免不必要的二次搬运。

4. 尽量满足生产、生活的要求

在保证安全生产的条件下,平面布置应满足生产、生活、安全、消防、环保等方面的要求,并符合国家有关规定。

7.6.2 单位工程施工平面图设计的依据

1. 施工现场有关技术资料

① 施工组织总设计文件及气象资料。

② 建筑总平面图,现场地形图,已有的建筑和待建的建筑及地下设施的位置、标高、尺寸(包括地下管网资料)。

③ 水源、电源及建筑区域内的有关设计资料。

2. 生产与生活所需物资资源资料

① 各种材料、构件、半成品构件需要量计划。

② 各种生活、生产所需的临时设置及所需加工厂的数量、形状、尺寸及建设单位可为施工提供的生活、生产用房等情况。

③ 现场施工机械、模板、支架、运输工具的型号与数量。

7.6.3 单位工程施工平面图绘制内容

单位工程施工平面图通常用 1∶200~1∶500 的比例绘制,施工平面图上一般应设计并标明以下内容：

1. 绘出建筑物或构筑物

① 首先标明拟建建筑物或构筑物的位置。

② 其次标出已建的地下和地上的一切构筑物、建筑物及其他设施的位置、尺寸。

2. 绘出机械及堆场位置

① 设计垂直起重机械的位置或开行路线。

② 绘出各种施工机械设备的位置,各种材料、构件、半成品构件等的仓库、堆场及临时作业场地的位置。

3. 绘出道路及临时设施位置

① 场内施工运输道路的布置及与场外交通的连接。

② 施工现场临时设施的布置。

③ 临时给水排水管线、供电线路的布置。

④ 一切安全及防火设施的位置,以及必要的图例、比例和风向标记。

7.6.4 单位工程施工平面图的设计步骤与方法

单位工程施工平面图的设计步骤如图 7.6.1 所示,其设计方法如下：

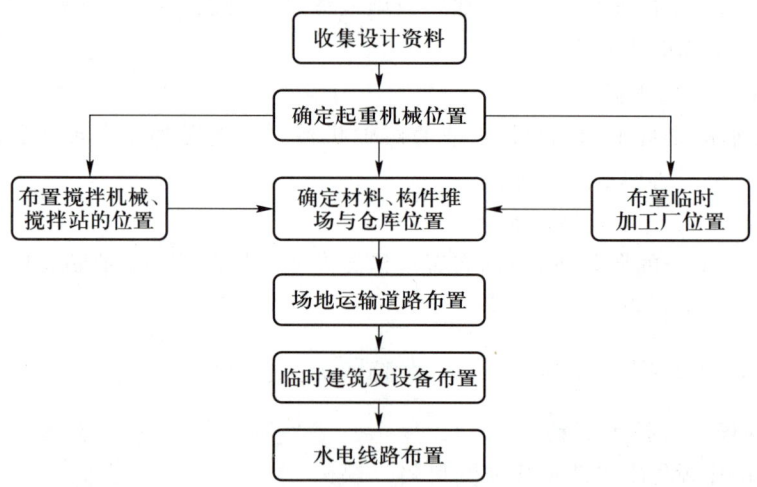

图 7.6.1 单位工程施工平面图的设计程序

1. 垂直运输机械位置的确定

（1）固定式垂直运输设备的平面布置

固定式垂直运输设备,通常有固定式塔式起重机、钢井架、龙门架、桅杆式起重机等。布置时应充分发挥设备能力,使地面或楼面上运距尽可能短。

当拟建建筑物各部位的高度不相同时,垂直运输设备布置在高低分界线处高的一侧,这样使得高低处水平运输施工互不干涉;当拟建建筑物各部位的高度相同时,固定式起重设备沿长度方向布置在施工段分界线附近。

井架、龙门架一般布置在窗口处,以避免砌墙留槎和减少拆除井架后的修补工作。应特别注意固定式起重运输设备中的卷扬机的位置,不应距离起重机过近,阻挡司机视线,应使司机可观测到起重机整个升降过程,保证安全生产。

(2)轨道式起重机的平面布置

轨道式起重机的布置,一般沿建筑的长度方向并布置在建筑物外侧,有单侧布置及双侧(或环形)布置两种,如图 7.6.2 所示:

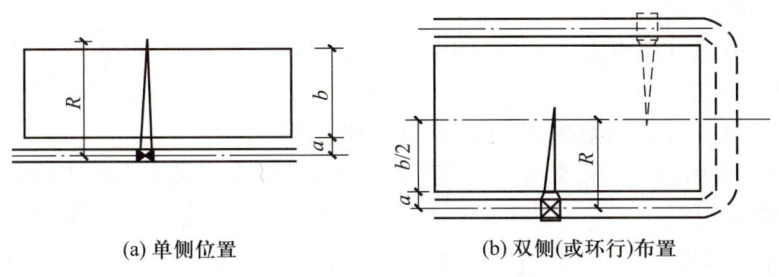

(a) 单侧位置　　　　　　(b) 双侧(或环行)布置

图 7.6.2　轨道式起重机在建筑物外侧布置示意图

当建筑房屋平面宽度小、构件轻时,可单侧布置。此时起重半径必须满足

$$R \geqslant b+a \tag{7.9}$$

式中　R——有轨式起重机起吊最远构件的起重半径,m;

b——建筑物宽度,m;

a——建筑物外侧到轨道式起重机轨道中心线的距离(一般为 3 m),m。

当建筑房屋宽度大,构件重,单侧布置起重力矩不能满足最远构件的吊装要求时,起重机可双侧或环形布置,此时,起重半径必须满足

$$R \geqslant \frac{b}{2}+a \tag{7.10}$$

轨道式起重机进行布置时应注意以下几点:

① 轨道式起重机位置确定后,应绘出起重机的服务范围。其方法是,以轨道两端有效端点的轨道中心为半径,以最大回转半径画出两个半圆,并连接这两个半圆而成。

② 拟建建筑物或构筑物的平面应处于吊臂的回转半径之内(起重机服务范围之内),以便将构件和材料等运至任何施工地点,此时尽量避免出现"死角"或出现较小的"死角"区域。

③ 尽量缩短轨道长度,降低铺轨费用。

④ 建筑物的一部分不在服务范围之内时(即出现"死角"),在吊装最远部位的构件时,应采取一定的安全技术措施,确保这一部位的吊装工作顺利进行。

(3)自行式起重机开行路线的确定

自行式起重机一般为汽车式起重机、履带式起重机和轮胎式起重机,其开行路线主要取决于建筑物平面尺寸、施工方法、场地四周的环境及构件类型、大小和安装高度,有跨中行驶和跨边行驶两种。

2. 混凝土泵车或搅拌机(站)的布置

混凝土泵车或搅拌机(站),临时加工厂及材料仓库,堆场的位置确定应尽量靠近使用地点,同时应布置在起重机的有效服务范围,也应考虑到运输与装卸时的方便。

(1) 混凝土泵车的位置确定

在泵送混凝土施工过程中,混凝土泵或混凝土泵车的停放位置,不仅影响其输送管的配置,也影响到混凝土泵的顺利施工。所以,在混凝土泵或泵车布置时应考虑下列条件:

① 多台混凝土泵车或泵同时浇筑时,其位置要使其各自承担的浇筑量大致相等,最好同时浇筑完毕。

② 力求距离浇筑地点近,使所浇的结构在布料杆的工作范围内,尽量少移动泵车即能完成任务。

③ 停放地点要有足够场地,以保证供料方便,道路畅通。

④ 为便于满足混凝土泵或混凝土泵车的要求,最好靠近供水和排水设施停放。

⑤ 对于拖式混凝土泵车,除满足上述要求外,还必须考虑到其进场与出场的方便及安全,同时,停放位置应离建筑物有一定的距离,并设置一定长度水平管,利用该水平管中的摩擦阻力抵消垂直管中因混凝土所造成的逆流压力。

(2) 搅拌机(站)位置的布置

搅拌机(站)的布置应尽量选择在靠近使用地点并在起重设备的服务范围内。根据起重机类型不同,有下列几种布置方案:

① 采用固定式垂直运输设备时,尽可能靠近起重机布置,减少运距或二次搬运。

② 当采用塔式起重机时,搅拌机应布置在塔吊的服务范围内。

③ 当采用无轨自行式起重机进行水平或垂直运输时,应沿起重机运输线路一侧或两侧进行布置,位置应在起重机的最大外伸长度范围内。

3. 临时加工厂(所)及材料、构件的堆场与仓库的位置

(1) 临时加工厂位置的布置

单位工程施工平面图中的临时加工厂一般是指钢筋加工场地、模板加工场地、预制构件加工场地、沥青加工处、淋灰池等。平面位置布置的原则是,按尽量地靠近起重设备,并按各自的性能及使用功能来选择合适的地点。

钢筋加工处、模板加工处应选择在建筑物四周,且有一定材料、成品的堆放处,钢筋加工处还应尽可能地在起重机服务范围之内,避免二次搬运,而模板加工处应根据其加工特点,选在远离火源的地方。沥青加工处应远离易燃物品,且设在下风向区域。淋灰池应靠近搅拌机(站)布置,构件预制场地位置应选择在起重机服务范围内,且尽可能靠近安装地点。布置时还应考虑到道路的畅通,不影响到其他工程的施工。

(2) 仓库位置与材料构件堆场的布置

① 仓库位置应根据储存材料的性能和仓库使用功能确定其位置。通常,仓库应尽量选择在地势较高、周边能较好地排水、交通运输较方便的地方。如水泥仓库应靠近搅拌机(站),其他仓库根据其使用功能而定。

② 材料构件的堆场平面布置的原则是,应尽量缩短运输距离,避免二次搬运。砂、石堆场应靠近搅拌站(机),砖与构件尽可能靠近垂直运输机械布置(基础用砖可布置在基坑四周)。

4. 施工现场运输道路与管网位置的确定

(1) 现场运输道路的布置

现场运输道路分为单行道路和双行道路,单行道路宽为 3~3.5 m(兼作消防要求时为 4 m),双行道路为 5.5~6 m,为保证场内道路畅通,便于调车,按材料和构件运输的需要,沿着仓库和堆场成环行线路布置。布置时应尽量地利用永久性道路布置。

(2) 水、电管网布置

① 施工用临时给水管网布置。

一般从建设单位的干管或自行布置的干管接到用水地点,应力求管网总长度最短。管径的大小和出水龙头数目及设置,应视工程规模大小通过计算确定。管道可埋于地下,也可铺于路上,根据当地的气候条件和使用期限的长短而定。在工地内要设消防栓,消防栓距建筑物应不小于 5 m,也不应大于 25 m,距路边不大于 2 m,条件允许时,可利用已有消防设施。

有时,为了防止水的意外中断,可在建筑物旁布置简单蓄水池,以储备一定用水,高层建筑还应在水池边设泵站。

② 施工临时用电线路布置。

施工临时用电线路的布置应尽量利用已有的高压电网或已有变压器进行布线,线路应架设在道路一侧,且距建筑物水平距离大于 1.5 m,电杆间距为 25~40 m,分支线及引入线均由电杆处接出,在跨越道路时应根据电气施工规范的尺寸要求进行配置与架设。

在进行单位工程施工平面图设计时,必须强调指出,建筑施工是一个复杂的施工过程。各种施工设备、施工材料及构件均是随工程的进展而逐渐进场的,但又随工程的进展不断变动。因此,在设计平面图时,要充分地考虑到这一点,应根据各专业工程在各个施工阶段中的各项要求,将现场平面合理划分,综合布置,使各施工过程在不同的施工阶段具有良好的施工条件,顺利指导施工。

5. 临时生产、生活设施的布置

门卫、食堂、办公室、工人休息室、浴室等非生产性临时设施布置应考虑到使用的方便,不妨碍施工,满足防火、防洪及保安要求。要尽量利用建设单位所能提供的设施(来)进行布置。一般办公室、门卫应布置在工地出入口处,工人休息室、食堂、浴室等布置在作业区附近的上风向处。行政管理用房及临时用房面积可参考表 7-6-1。

表 7-6-1 行政、生活福利、临时用房面积参考指标

序号	临时房屋名称	指标使用方法	单位	参考指标
1	办公室	按使用人数	m^2/人	3~4
2	工人休息室	按工地平均人数	m^2/人	0.15
3	食堂	按高峰年平均人数	m^2/人	0.5~0.8
4	浴室	按高峰年平均人数	m^2/人	0.07~0.10
5	宿舍(单层床)	按工地住人数	m^2/人	3.5~4.0
	(双层床)	按工地住人数	m^2/人	2.0~2.5
6	医务室	按高峰年平均人数	m^2/人	0.05~0.07
7	其他公用房	按高峰年平均人数	m^2/人	0.05~0.10

6. 施工平面图布置示例

图 7.6.3 所示为某多层钢筋混凝土框架结构建筑的施工平面图。根据拟建建筑物的平面位置及尺寸,现场的具体情况,所选用的轨道式起重机单侧布置在拟建房屋北边,砂、石堆场设在搅拌机附近,临时生产、生活用房分别布置在建筑的南北两边,为使场内道路畅通,装卸方便,按环行布置单行车道,并由南侧出入场地。

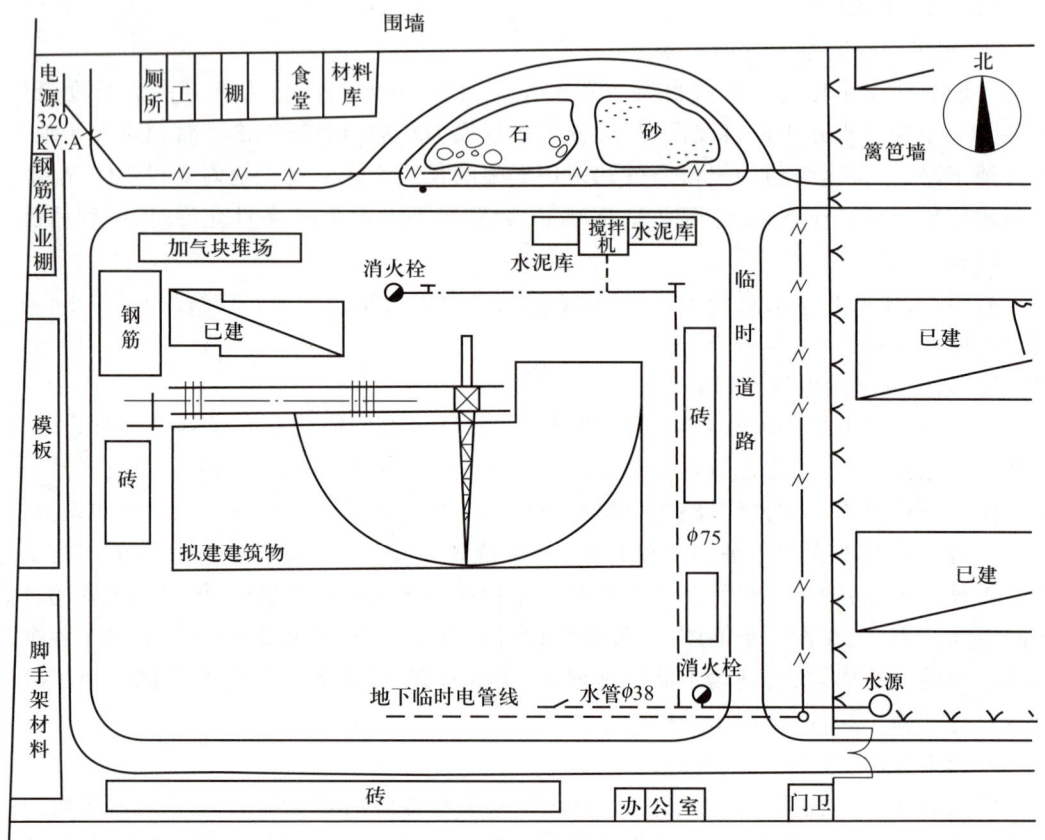

图 7.6.3 某多层钢筋混凝土框架结构建筑施工平面图

7.7 单位工程施工组织设计的技术经济分析

1. 技术经济分析目的

施工组织设计的技术经济分析是指从技术和经济两个方面对所做施工组织设计的优劣进行客观的评价。对其在技术上是否可行,在经济上是否合理进行评价,为不断的改进和提高施工组织设计水平,科学地选择技术经济效果最佳的施工组织设计方案提供重要的依据。

2. 技术经济分析的要求

单位工程施工组织设计的技术经济分析是建立在所编制的施工组织设计基础上的。因此,在进行技术经济分析时,要求以施工组织设计中的一案一表一图(施工方案,施工进度计划表,施工平面图)为中心,从施工技术角度上分析论证是否可行;从经济角度上,除了以施工方案中的要求和国家有关规定及工程实际需要为前提,进行定性分析论证外,还要灵活运用定量方法,运用一些主要指标、辅助指标和综合指标,进行定量分析,进一步论证在经济上是否合理。

3. 技术经济分析的指标体系与重点分析内容

(1) 技术经济分析指标体系

不同的建筑工程,由于施工、管理、质量等方面的要求不一样,在进行技术经济分析时,所选用的分析评价指标也不相同,通常可按图 7.7.1 中所列的指标体系进行选用。

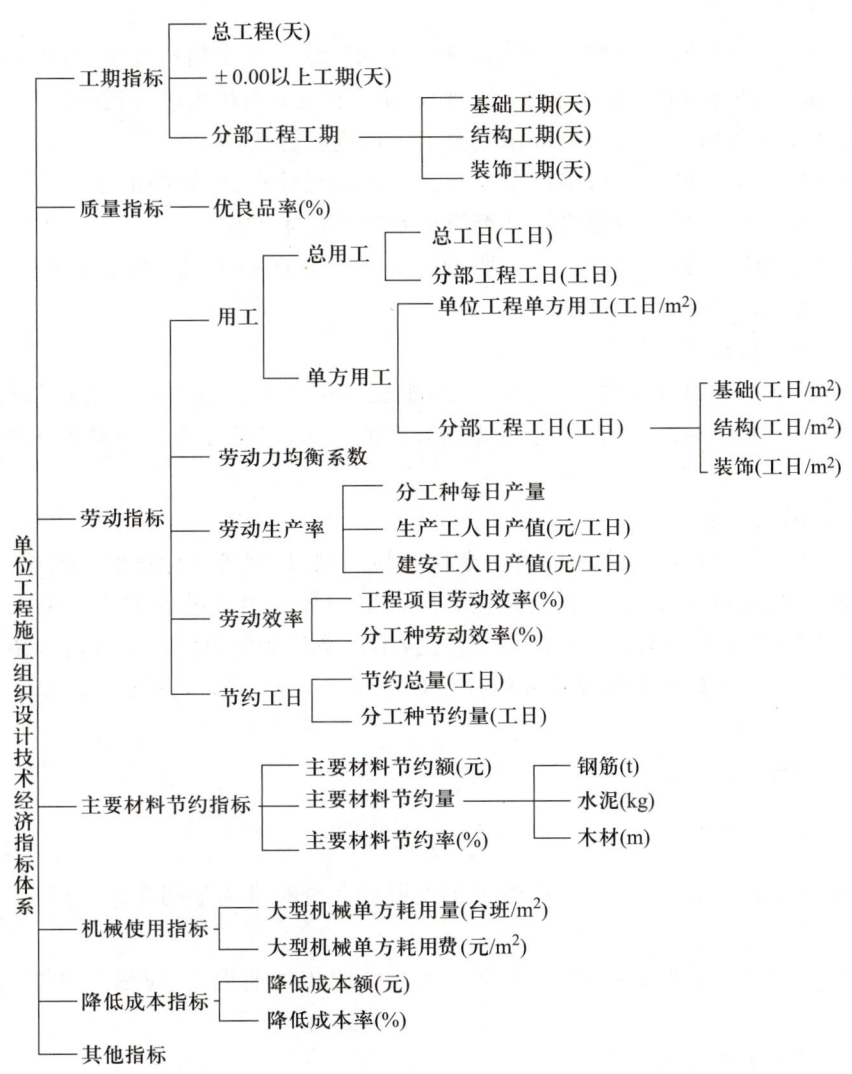

图 7.7.1 单位工程施工组织设计技术经济分析指标体系

(2) 技术经济分析的重点

① 基础工程分析的重点:土石方工程,基坑支护工程,现浇混凝土工程,打桩工程,降水及排防水工程。

② 主体结构工程分析的重点:垂直运输机械的选择,脚手架的架设,模板与支撑,绑

扎钢筋,现浇混凝土施工工艺,特殊分项工程施工方案等。

③ 屋面工程及装饰工程应分析:分项工程的施工工艺,材料选用,制定的质量保证措施和节约材料措施等。

单位工程施工组织设计中除了工期、质量及成本外,劳动力的使用、场地的占有和利用、临时设施、新技术、新设备、新材料、新工艺的采用等,在需要的时候,也可以作为重点进行技术经济分析,以保证全面准确地对设计进行评价。

4. 技术经济分析方法

(1) 定性分析法

定性分析法是结合施工实际经验,从施工技术要求的几个指标入手,对不同的单位工程施工组织设计进行分析和比较的方法,通常用以下几个指标来进行比较:

① 工期是否适当。可按一般规律或要求工期进行分析。

② 选择的施工机械是否适当。主要看它是否满足要求,机械提供是否可能等。

③ 流水施工段划分是否适当。是否给流水施工带来方便。

④ 施工平面图布置是否合理。主要看场地是否合理利用,临时设施费用是否正常,能否为文明施工创造条件。

(2) 定量分析法

定量分析法是通过计算单位工程施工组织设计中的几个主要技术经济指标,然后进行综合比较,从中选择技术经济指标最优的方案的方法,定量分析法一般有下列两种计算分析方法:

① 多指标比较法。

多指标比较法是以各方案中的若干个指标为基础,根据各指标重要性的相对程度,分别定出指标的权重值,然后依据各指标在不同方案中体现出来的优劣程度定出相应的分值,从而计算出各方案的综合指标值,来进行技术经济比较的方法。假设各个指标的权重为 W_i,而在不同的方案中所体现出来的优劣程度为 C_{ij} ($i=1,2,\cdots,n$ 指标, $j=1,2,\cdots,m$ 个方案)

则综合指标 A 的计算公式为

$$A = \frac{n}{2} C_{ij} W_i \tag{7.11}$$

综合指标值最大者为最优方案,施工组织设计评价时常用下列几种指标:

a. 工期指标:

选择施工组织设计时,在确保工程质量和安全施工的前提下,应尽量地缩短工期(满足要求)。

b. 单位面积建筑造价:

单位面积建筑造价包括人工、材料机械费用和施工管理费等。

$$每平方米造价 = \frac{建筑总造价}{建筑总面积}(元/m^2)$$

这里建筑总造价是实际施工造价而不是预算造价。

c. 降低成本指标:

降低成本指标是一个重要指标,它综合反映出工程项目或分部工程由于采用不同施

工方案而产生的不同经济效果,通常用降低成本额或降低成本率表示:

$$降低成本额 = 预算成本 - 计划成本$$

$$降低成本率 = \frac{降低成本额}{预算成本} \times 100\%$$

d. 施工机械化程度:

$$施工机械化程度 = \frac{机械完成的实物量}{全部实际量} \times 100\%$$

进行多指标比较时,有两种情况应区别对待:一个方案的各项指标明显优于另一个方案,则可直接进行分析比较。另一种情况是几个方案的指标优劣有穿插,互有优势,则应以各项指标为基础,将各项指标的值按照一定的计算方法进行综合后得到一个综合指标值进行分析比较。

② 单指标比较性。

单指标比较法是用同一指标,对各个方案优劣进行比较的方法。

思 考 题

1. 施工组织总设计的作用和编制依据。
2. 施工组织总设计的内容和编制程序。
3. 在施工部署中应解决哪些问题?
4. 施工总进度计划的编制原则和内容。
5. 简述施工总进度计划的编制方法。
6. 简述施工总平面图的内容和设计方法。

第 8 章　专项施工方案设计及案例

好的方案是通往成功的一半。

8.1　专项施工方案概述

　学习本节后,你将能够
1. 了解专项施工方案的概念。
2. 懂得专项施工方案编制的重要性及编制范围。

8.1.1　专项施工方案概念

专项施工方案是指施工单位在承揽工程施工任务后,在重要或难度较大或对质量和安全影响较大的分部(分项)工程施工前,根据单位工程施工组织设计、规范、规程、法律法规、设计图纸、分部(分项)工程具体情况、合同规定的要求及施工现场的条件,针对分部(分项)工程专门编制的施工方案,用于指导分部(分项)工程施工操作、保障分部(分项)工程施工安全、质量、工期、环保等,并获得经济效益的技术经济管理文件。

专项施工方案主要包括施工组织方案和施工技术方案两部分。施工组织方案主要确定施工程序、施工段划分、施工流向、施工顺序及劳动组织安排等;施工技术方案主要是选择确定施工方法、施工工艺、施工机械及采取的技术措施等。

专项施工方案不仅关系到拟建工程的施工安全、质量、工期和环保,而且也关系到工程造价和工程施工成本。一个优秀的专项施工方案,既要采用先进的施工方法,安排合理的工期,又要充分有效地利用机械设备,均衡地安排劳动力和材料进场,以尽可能减少临时设施和资金占用。

8.1.2　编制专项施工方案的重要性

专项施工方案是指导和实施分部工程技术、经济和管理的文件,其编制得好坏,将直接影响到工程的施工安全、质量、进度与成本,因此专项施工方案的编制是一项非常重要的工作。编制专项施工方案的重要性可概括为以下五个方面:

① 专项施工方案是分部(分项)工程施工操作的主要依据。
② 专项施工方案是分部(分项)工程施工质量的有利保证。
③ 专项施工方案是分部(分项)工程施工安全生产的保障。
④ 专项施工方案是对分部(分项)工程施工经济效益的检验。
⑤ 专项施工方案是分部(分项)工程施工顺利进行的基础。

8.1.3 需要编制专项施工方案的分部(分项)工程

专项施工方案是针对工程施工质量、安全影响比较大的分部(分项)工程或专业性较强的项目或新技术、新工艺、新材料、新设备推广应用的专项工程进行编制,以分部(分项)工程或专项工程施工图及其他相关资料、单位工程施工组织设计为主要依据,组织分部(分项)工程或专项工程实施为目的,用以指导分部(分项)工程或专项工程施工全过程的各项施工活动。

通常需要单独编制专项施工方案的分部(分项)工程或专业性较强的工程或专项工程有:

工程施工测量方案、工程施工试验方案、桩基工程施工方案、防水工程施工方案、大体积混凝土工程施工方案、预应力工程施工方案、脚手架工程施工方案、模板工程施工方案、深基坑支护工程施工与土方工程开挖施工方案、降水工程施工方案、幕墙工程施工方案、钢结构工程施工方案、地下暗挖工程施工方案、顶管工程施工方案、水下作业工程施工方案、起重吊装及安装拆卸工程施工方案、拆除与爆破工程施工方案、临时用电施工方案、物料提升机施工方案、施工电梯施工方案、塔吊安拆施工方案、冬期施工方案、雨期施工方案、安全施工方案、文明施工方案等,以及采用新技术、新工艺、新材料、新设备及尚无相关技术标准的危险性较大的分部(分项)工程。

中华人民共和国住房和城乡建设部发布的《危险性较大的分部分项工程安全管理办法》(建质[2009]87号)文件中对需要编制安全专项施工方案的范围作了如下规定:

(1) 基坑支护、降水工程

开挖深度超过3 m(含3 m)或虽未超过3 m但地质条件和周边环境复杂的基坑(槽)支护、降水工程。

(2) 土方开挖工程

开挖深度超过3 m(含3 m)的基坑(槽)的土方开挖工程。

(3) 模板工程及支撑体系

① 各类工具式模板工程:包括大模板、滑模、爬模、飞模等工程。

② 混凝土模板支撑工程:搭设高度5 m及以上;搭设跨度10 m及以上;施工总荷载10 kN/m^{2}及以上;集中线荷载15 kN/m^{2}及以上;高度大于支撑水平投影宽度且相对独立无联系构件的混凝土模板支撑工程。

③ 承重支撑体系:用于钢结构安装等满堂支撑体系。

(4) 起重吊装及安装拆卸工程

① 采用非常规起重设备、方法,且单件起吊重量在10 kN及以上的起重吊装工程。

② 采用起重机械进行安装的工程。

③ 起重机械设备自身的安装、拆卸。
（5）脚手架工程
① 搭设高度 24 m 及以上的落地式钢管脚手架工程。
② 附着式整体和分片提升脚手架工程。
③ 悬挑式脚手架工程。
④ 吊篮脚手架工程。
⑤ 自制卸料平台、移动操作平台工程。
⑥ 新型及异型脚手架工程。
（6）拆除、爆破工程
① 建筑物、构筑物拆除工程。
② 采用爆破拆除的工程。
（7）其他
① 建筑幕墙安装工程。
② 钢结构、网架和索膜结构安装工程。
③ 人工挖孔桩工程。
④ 地下暗挖、顶管及水下作业工程。
⑤ 预应力工程。
⑥ 采用新技术、新工艺、新材料、新设备及尚无相关技术标准的危险性较大的分部分项工程。

8.2 专项施工方案编制

学习本节后,你将能够

1. 明确专项施工方案编制的内容包括哪些。
2. 掌握专项施工方案编制的方法。

8.2.1 专项施工方案编制的内容

专项施工方案是以组织分部（分项）工程或专项工程实施为目的,以施工图、单位工程施工组织设计及其他相关资料为依据,指导分部（分项）工程或专项工程施工全过程的各项施工活动的技术经济管理文件。它的编制内容比单位工程施工组织设计更为详细具体。按照《建筑施工组织设计规范》（GB/T 50502—2009）规定,专项（分部）施工方案应包括以下内容：

1. 编制依据

包括单位工程施工组织设计、图纸、有关的技术规范与标准、法律法规等。

2. 工程概况

工程概况应包括工程主要情况、设计简介和工程施工条件等。

① 工程主要情况应包括分部（分项）工程或专项工程名称,工程参建单位的相关情

况,专项施工方案涉及的施工范围,施工合同、招标文件或总承包单位对工程施工的重点要求等。

② 设计简介应主要介绍专项施工方案编制范围内的工程设计内容和相关要求。

③ 工程施工条件应重点说明与分部(分项)工程或专项工程中有关的内容。

3. 施工安排

施工安排包括专项工程施工目标、明确专项工程施工部位和工期要求、建立专项工程项目管理组织机构、劳动力组织和职责分工。

专项工程施工目标包括进度、质量、安全、环境和成本等目标。各项目标应满足施工合同、招标文件和总承包单位对工程施工的要求。

① 专项工程施工顺序及施工流水段应在施工安排中确定。

② 针对专项工程的重点和难点,进行施工安排并简述主要管理和技术措施。

③ 专项工程管理的组织机构及岗位职责应在施工安排中确定,并应符合总承包单位的要求。

4. 施工进度计划

专项工程施工进度计划包括采用网络图或横道图编制的施工进度计划,并附必要的保证施工进度的措施说明。

5. 施工准备与资源配置计划

① 技术准备:包括施工所需技术资料的准备、图纸深化和技术交底的要求、试验检验和测时工作计划、样板制作计划,以及与相关单位的技术交接计划等。

② 现场准备:包括为专项工程施工服务的生产、生活等临时设施的准备,以及与相关单位进行现场交接的计划等。

③ 资金准备:编制专项工程施工资金使用计划等。

④ 劳动力配置计划:确定专项工程用工量并编制专业工种劳动力计划表。

⑤ 物资配置计划:包括专项工程施工所需的材料和设备配置计划、周转材料和施工机具配置计划,以及计量、测量和检验仪器配置计划等。

6. 施工方法及工艺要求

施工方法及工艺要求包括明确分部(分项)工程或专项工程施工方法并进行必要的技术验算、说明分部(分项)工程或专项工程的施工工艺流程及技术要点;对专项工程施工特点、重点、难点提出施工措施及技术要求;对开发和使用新技术、新工艺、新材料和新设备制定试验或论证的实施方案。

7. 质量要求

质量要求包括明确分部(分项)工程或专项工程施工质量标准、允许偏差和验收方法。

8. 其他要求

包括制定保证专项工程施工的进度、质量、安全、环保、文明措施,以及季节性施工、降低施工成本措施,与建设单位、设计单位、监理单位和建设行政主管单位的协调配合等。

上述八方面内容是专项施工方案主要内容构架,由于分部(分项)工程或专项工程的施工内容不同,涉及的施工方案具体内容也会有所不同,但其基本构成框架大致一样,在具体编制时,应针对具体分部(分项)工程或专项工程的情况进行编制。

8.2.2 专项施工方案编制要求

① 专项施工方案应在单位工程施工组织设计的指导下进行编制,并根据施工组织设计确定方案。

② 内容应有针对性、可行性、经济合理性。

③ 应充分反映分部(分项)工程或专项工程的特殊性,掌握其特点,凸出重点和难点。

④ 内容应详细、具体、微观、定量描述,并做到图文并茂。

⑤ 在选择施工方法时,尽可能选择经济、合理、可行、科学、先进的方法,尽可能进行经济技术分析。

⑥ 应根据工序的特点结合现行施工工艺规程或企业施工工艺标准编写,其质量标准应符合国家颁布的施工验收规范的要求。

⑦ 专项施工方案编制必须满足现行规范的强制性条文要求。

⑧ 编制必须满足《建设工程安全生产管理条例》、中华人民共和国住房和城乡建设部关于《危险性较大的分部分项工程安全管理办法》(建质[2009]87号),以及地方政府对施工方案的要求。

8.2.3 编制方法

1. 恰当表达编制依据

编制依据的表达,应根据单位工程施工组织设计中制定的部署、进度计划和施工图纸,参照技术规范、标准及其他内容,如施工现场勘查得来的资料和信息、四新技术等。同时,依靠施工单位本身的施工经验、技术力量及创造力。

编写依据时,有的施工方案涉及的编制依据较多,可以做一些简单的选择,但必须根据分部(分项)工程或专项工程的特点,应将主要的编制依据罗列出来。

通常情况下,对编制依据只需简单说明,当采用的企业标准与国家或行业标准不一致时,应重点说明。编制依据可以采用文字叙述,当不便采用文字表达时,可以用列表形式出现,表格内容要求填写正确、规范,规程和标准必须写全称、编号且现行有效。

2. 工程概况

专项施工方案中的工程概况是指与分部(分项)工程或专项工程施工有关的工程概况,只需将与本方案有关的内容说明清楚就可以,不必把整个工程的情况都做说明。编写时可以从单位施工组织设计中的工程概况及施工图纸中摘其与本分部(分项)工程或专项工程有关的内容,进行更进一步的详细说明,反映分部(分项)工程或专项工程的真实情况。

工程施工条件应重点说明与分部(分项)工程或专项工程有关的内容,并对施工各部位的重点难点进行分析。应说明单位工程施工组织设计中对该分部(分项)或专项工程的有关具体指导性意见。

当分部(分项)工程施工方案的工程概况内容不便用文字叙述时,可以采用表格形式配合文字描述。

3. 施工组织安排

施工安排属于分部(分项)工程或专项工程施工方案中的施工组织内容,在编制时应明确分部(分项)工程施工目标、施工部位、工期要求、施工管理组织机构、劳动力组织安排和职责分工。

确定分部(分项)工程或专项工程的施工目标,包括进度、质量、安全、环境和成本等,目标应符合施工合同和总承包单位对工程施工的要求。

具体说明本分部(分项)工程的工期要求时,将该分部(分项)工程各施工部位的开始及结束时间描述清楚。

各施工部位的工期要求应依据施工合同或协议书,结合总承包单位的施工进度计划确定。

劳动力组织安排,应明确劳务层的负责人及不同阶段工人需求数量及分工。

建立管理机构时,应根据分部(分项)工程或专项工程的规模、特点、复杂程度、目标和总承包单位的要求设置,并明确该管理机构的人员职责分工。

4. 施工方法及工艺要求

施工方法是施工方案的核心内容。这部分内容的确定应依据国家有关施工质量验收规范、参考分项工程施工工艺规程或标准,并结合分项工程的具体特点和难点进行有针对性的编写。在编制时应具体描述流水段的划分、施工工艺流程、解决关键问题及技术要点,对施工特点、难点、重点提出施工措施及技术要求;对易发生质量通病的项目、新技术、新工艺、新材料、新设备等应用作重点说明。

施工方法的表达,必须做到图文并茂,才能表达清楚。施工方案中重点、难点应详细说明,并绘制详细的施工图。施工图要按比例绘制,在图上标注尺寸及必要的说明。

这部分编写深度要求是:内容叙述要清楚、具体、详细,施工做法明确,数据确定并量化,能直接指导施工。

例如:模板工程,在模板工程施工方案中,首先要对模板的构造尺寸、材料规格、支撑体系进行确定,如模板大小,龙骨的间距是多少,顶板支撑的间距是多少,这些数值要明确,不能只写范围。对模板拆除,在施工方案中应绘制拆模平面图,按规范要求在平面图上注明哪些构件模板是在混凝土强度达到设计强度的 50% 后拆除,哪些构件的模板是在混凝土强度达到设计强度的 75% 后拆除,哪些模板构件是在混凝土强度达到设计强度的 100% 后拆除,应描述具体、图形直观。

5. 质量要求编写

应明确质量标准,允许偏差及验收方法,并要符合施工质量验收规范的规定。

质量标准分为国家、行业、地方、企业标准,应结合工程实际情况和施工组织设计中的质量目标,确定分部(分项)工程或专项工程的质量指标。

6. 施工进度计划的编写

分部(分项)工程或专项工程施工进度计划应按照施工安排和总承包单位的施工进度计划要求进行编制。施工进度计划的编制内容应全面、安排合理、科学实用,在进度计划中反映出各施工区段或各工序之间的搭接关系、施工期限和开始、结束时间。

施工进度计划中的项目划分要根据分部(分项)工程施工工序并考虑流水施工作业

要求进行安排,项目划分要细,详细列出项目,以便掌握施工进度,起到真正指导施工的作用。施工进度计划可以采用横道图或网络图表示,并附必要说明。

7. 施工准备与资源配置计划

专项施工方案的施工准备是指某一分部(分项)工程或专项工程或某一工序开始之前的作业条件准备。它不同于施工组织设计中的施工准备工作,而是在单位工程施工总体准备工作的基础上,为保证该分部(分项)工程或专项工程顺利施工所做的人力、物力、财力等多方面的准备工作,它是单位工程开工前施工准备进一步地深化和补充。

分部(分项)工程或专项工程施工准备或工序的施工准备工作内容较多,一般包括技术准备、施工现场准备(如机具准备、材料准备、试验准备工作等内容),对各项准备工作应详细说明。

按照施工进度计划编制劳动力配置计划,施工机具配置计划,材料、设备配置计划,测量和检验仪器配置计划等。编制资源配置计划,宜列表说明所需的资源名称、型号、数量、规格和进场时间等。

8. 其他要求的编写

其他要求是指质量、安全、消防、临时用电、环保等注意事项。应根据施工合同约定和行业主管部门要求,制定专项施工方案的施工技术、安全生产、消防、环保等措施,还应包括与监理、业主等单位的配合等。

制定这些措施,主要是加强分部(分项)工程或专项工程质量安全等方面的一些技术措施。确定这些技术措施是编制者带有创造性的工作。这些措施是随工程的不同、工序的不同、施工条件不同而异,应根据本分部(分项)工程和工序的特点、难点及工程要求,采取相应的针对性的措施,不能泛泛而谈。

8.3 专项施工方案案例

学习本节后,你将能够

通过专项施工方案案例,进一步掌握专项施工方案的编制方法和编制内容。

某营运中心模板工程专项施工方案:

1. 编制依据

① 某营运中心工程施工图纸。

②《建筑施工组织设计规范》(GB/T 50502—2009)。

③《建筑施工模板安全技术规范》(JGJ 162—2008)。

④《建筑施工扣件式钢管脚手架安全技术规范》(JGJ 130—2011)。

⑤《建筑工程施工质量验收统一标准》(GB 50300—2013)。

⑥《混凝土结构工程施工及验收规范》(GB 50204—2015)。

⑦《施工现场临时用电安全技术规范》(JGJ 46—2005)。

⑧《危险性较大的分部分项工程安全管理办法》(建质[2009]87号)。

2. 工程概况

本工程位于厦门市观音山商务营运片区 D05 地块,建筑物占地面积 5 331.198 m²,总建筑面积 53 100 m²,其中地上面积为 40 900 m²,地下面积为 12 000 m²。建筑物高度 83.00 m。地下 3 层,地下室一层层高为 5.4 m,地下室二、三层层高为 3.9 m;地上 20 层,底层层高 5.4 m,标准层高 3.8 m(其中二至三层及十八至二十层层高为 3.9 m)。建筑地下室为甲类防空地下室,地下一层至地下三层主要为车库和设备用房;其中地下三层局部为人防二等人员掩蔽用房;地面一层为主要入口大堂和业务大厅;二~二十层为办公室。建筑物结构形式为现浇钢筋混凝土框架-剪力墙结构。

建设单位为厦门××投资管理有限公司,设计单位为××建筑科学研究院,监理单位为××建设工程监理有限公司,勘察单位为××岩土工程勘察研究院,施工单位为××建筑有限公司。

本工程基础采用筏板基础和抗浮锚杆桩基础。柱为矩形柱。

结构构件截面尺寸见表 8-3-1。

表 8-3-1 结构构件截面尺寸

梁截面尺寸/mm	柱截面尺寸/mm	墙厚/mm	板厚/mm
350×700,350×750,350×800, 300×800,300×600,600×900, 500×800,500×900,400×800, 350×1 000,700×950,400×550, 350×1 000,300×600,400×950, 600×750,800×1 000,400×750, 600×750,300×700	900×900,1 100×1 100,1 000×1 000, 850×850,1 150×1 150,1 100×1 300, 600×600,1 100×1 200,1 000×1 200, 500×500,1 000×1 150,900×1 100, 850×1 050,800×1 000,1 200×1 300, 600×800,1 300×1 300,950×1 150, 700×900,1 050×1 250,1 250×1 250, 700×700,1 300×1 300,1 450×1 550	450,400,350, 300,250,200	200,120, 110,100

3. 施工安排

(1) 模板工程施工目标

① 质量目标。质量一次性验收合格率 100%。

② 安全目标。工程施工贯彻以"预防为主,安全第一"为目标,做到工地无火灾、无漏电隐患,杜绝重大伤亡事故,轻伤事故频率控制在 1‰ 以下,把事故发生率降到最低点,确保每个班组安全施工。

③ 文明施工目标。按照本公司 CI 形象及××省××市文明施工要求进行布置,争创创局 CI 达标优秀工地和市级文明安全施工工地。

(2) 施工部位

本方案施工部位为±0.00 以下、±0.00 以上钢筋混凝土结构的模板。

(3) 劳动组织

① 管理机构,见图 8.3.1。

② 劳动力组织,见表 8-3-2。

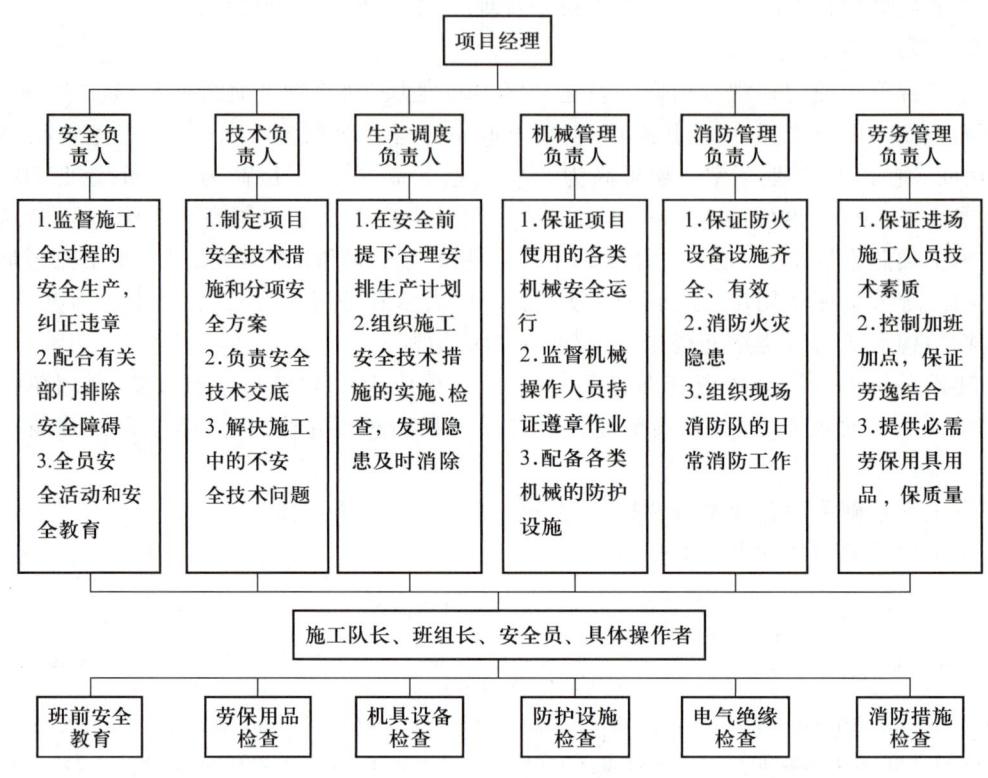

图 8.3.1　管理机构示意图

表 8-3-2　劳动力组织

施工时段	木工总人数/人	墙柱部分人数/人	梁板部分人数/人
基础底板期间	30	25	5
地下室结构期间	200	110	90
地上结构期间	100	40	60

4. 施工进度计划

在正常情况下,标准层模板安装3天一层,主体施工每月可达四层,并根据施工总进度计划安排随时调整模板安装进度,见表8-3-3。

表 8-3-3　施工进度计划

时间 部位	开始时间		结束时间		备注
	年	月	年	月	
基础底板	2010	04	2010	04	随工程实际进度及时调整
±0.00 以下	2010	04	2010	06	
±0.00 以上	2010	06	2010	12	
顶层及水箱间	2010	12	2011	01	

5. 施工准备

（1）材料准备

为满足施工要求，现场一次性准备足够地下室墙板和地下室楼板的模板，以及相应的支撑、方木，地上部分标准层准备3套模板及支撑。模板采用18 mm厚覆膜胶合板，支楞采用50 mm×100 mm、100 mm×100 mm方木，对拉螺栓采用$\phi 10$钢筋，模板支撑体系为$\phi 48\times 3.5$钢管扣件满堂脚手架加顶托梁受力的形式。

（2）机具准备

现场准备四台电锯、二十台手持电锯，以及电钻等。

（3）技术准备

① 管理人员尽快熟悉图纸，了解结构特点，熟悉构件尺寸，提出图纸问题及在施工中所要解决的问题和合理化建议等，进行图纸会审。

② 组织技术、质量等相关管理人员学习的规范、规程、标准；依据图纸设计内容和本企业的施工能力，结合工程实际情况，编制具有针对性的专题施工方案。

③ 向材料部门提供详细的材料计划，并作好劳动力、材料及机械台班需用量分析，并且依据施工进度计划分批组织劳动力、材料及机械进场。

④ 模板工程施工前组织技术人员、质量人员、工长针对施工的关键部位、施工难点、质量和安全要求、操作要点及注意事项等进行充分的讨论和研究，反复论证，统一思想后，认真编写技术交底；对各班组长进行全面的交底，各个班组长接受交底后组织操作工人认真学习，并落实到各个施工环节和每个操作工人身上。

6. 模板的设计及施工要点

（1）柱模板

① 柱模板构造：本工程柱面模板选用胶合板，柱尺寸为$b\times h$，则b方向采用同柱宽胶合板，h方向采用$(h+2\times 18)$mm宽的胶合板。柱模外侧用竖楞和横楞加箍，竖楞用50 mm×100 mm、间距为250 mm，横楞用100 mm×100 mm木枋，距楼面（基础）1.5 m以下间距为400~450 mm，1.5 m以上间距为500~600 mm，第一道距楼地面≤300 mm，超过650 mm宽的柱，采用可回收$\phi 12$（每隔600 mm一道）对拉螺栓进行加固（地下室外柱采用止水螺栓）。柱底部必须预留100 mm×100 mm清扫口，在浇筑前补好。柱模示意图如图8.3.2所示。

② 安装要点。

a. 按图纸尺寸制作柱侧模板（外侧板宽度要加大2倍，内侧模板厚）。拼柱模时，以梁底标高为准，由上往下配模，不符合模数部分放到柱根部位处理。配模时应同时考虑柱底预留清扫口。梁柱接头处的模板，应采用预拼整体安装和整体拆除，不得使用小块模板拼凑。模板制作完成后，刷水溶性隔离剂，不得使用废机油。

b. 按弹出的柱的中心轴线及四周边线，在柱脚预埋短钢筋上焊双向钢筋或限位角钢用以限制侧模内收（限位钢筋不得焊在墙柱主筋上），再根据测量柱钢筋骨架上标高在柱脚外围抹水泥砂浆找平层来调整柱脚标高（柱脚混凝土面应在浇筑梁板混凝土时一次性抹平），并作为标高定位的基准。

c. 按放线位置钉好压脚再安装模板，内紧靠柱脚限位钢筋，以防止柱脚轴线偏移。

d. 支模时，其中的一片初步校正稳定，然后依序安装，合围后，先加固上、下两道箍后进行全面校正、加固。校正完毕，及时架设柱间斜向拉杆或支撑，柱模每边设2根方木拉

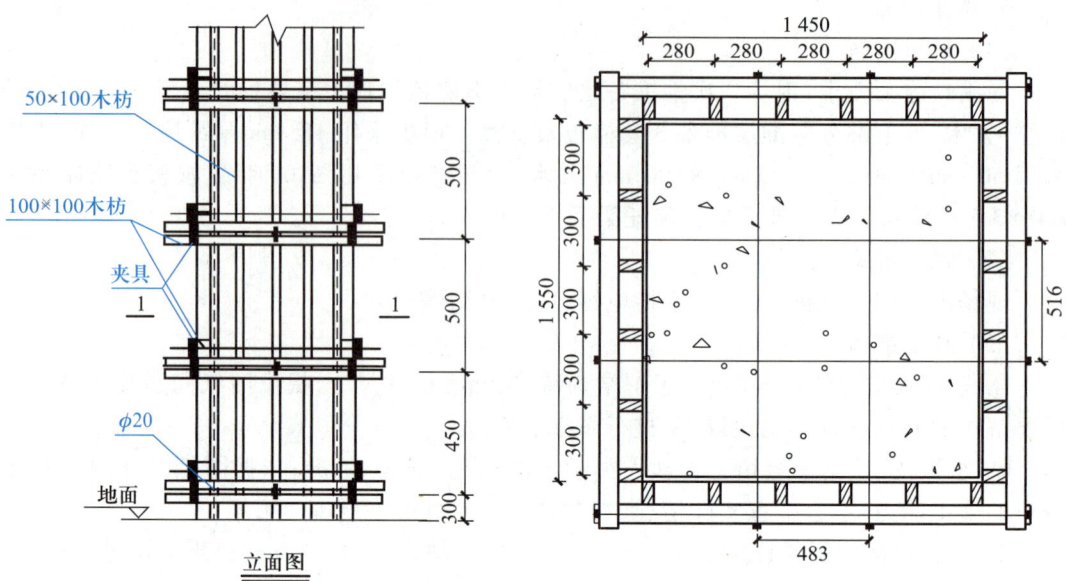

图 8.3.2 柱模示意图

杆,固定于预埋钢筋上,拉杆与地面夹角宜为 45°。通排柱模板安装时,应先将柱脚相互搭牢固定,再将两端模板找正吊直,固定后,拉通线校正中间各柱模板。

e. 柱模在模板全部加固完毕后,需及时在浇筑混凝土前对其垂直度、尺寸、形状、轴线、标高等进行技术复核。混凝土浇筑时,宜从中间柱开始浇筑,再对称向四周浇筑,以免浇筑混凝土时偏斜。

f. 每个柱脚应预留 100 mm×100 mm 清扫口,清扫口在清理卫生后,立即封闭。梁柱接头处柱模板在混凝土施工缝处预先钻孔,留作柱头卫生及清理泄水之用。

(2) 剪力墙模板

① 墙模板构造(图 8.3.3)。

a. 墙侧模板。采用整块胶合板(1 830 mm×915 mm×18 mm)。其中,垂直方向上模数尺寸为 915 mm,横向模数尺寸为 1 830 mm。配模时横向先以 1 830 mm 为模数,余下的板归整到墙的一端;竖向配模先以 915 mm 为模数,所剩顶部非模数的余额另按实际尺寸高度配制。

b. 竖档。上部竖档采用 100 mm×100 mm 方木排置,但在每块胶合板的两端和中部均采用 100 mm×100 mm 的方木(共四根),另两根采用 50 mm×100 mm 的方木,方木中到中间距为366 mm。即一块整板上钉有 6 根竖档并分其为五等分间距,模数不合的非整板先在板端钉上竖档(100 mm×100 mm 方木),再按中到中间距 366mm 设置竖档,确保所有竖档中心线之间的距离不大于 366 mm。

c. 横档。横档采用两根 $\phi 48×3.5$ 钢管(计算时按 $\sigma = 3.0$)。最底部的横档中心离地面高度不大于 300 mm(内墙建议为 250 mm,地下室外墙的离地高度应为离第一次浇筑的反口位置为250 mm),即墙底的第一块模板在 300 mm 高度上钻孔设横档,以上以 915 mm 为模数进行安装,墙顶模板利用梁板搁栅做相当于横档的约束。

d. 对拉螺栓。采用 φ12 钢筋对拉螺栓,横向间距同竖档间距(366 mm),位置位于竖档旁;竖向间距同横档间距等,位置位于两根横档之间;地下室外侧墙应选用止水钢板,剪力墙模板及外墙导墙支模如图 8.3.3 所示,外露长度不少于 500 mm。

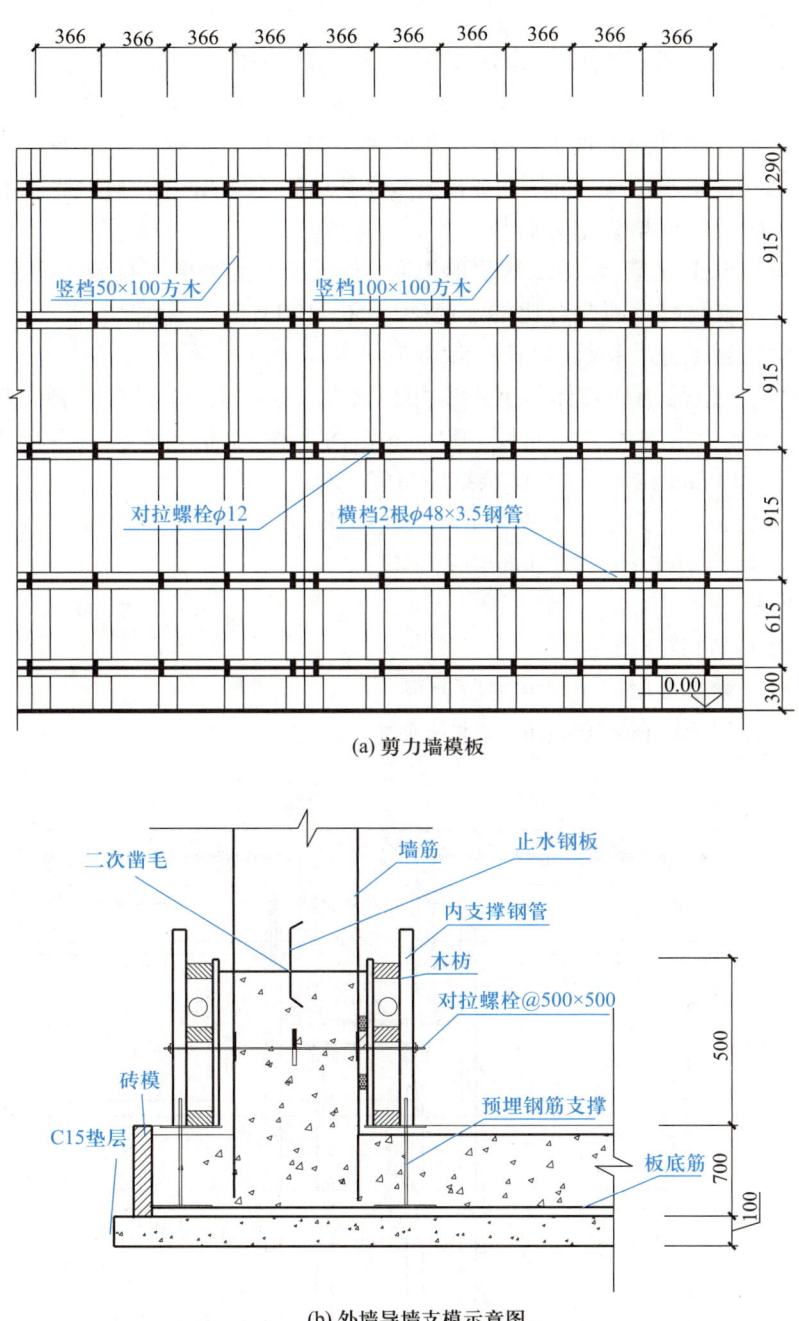

(a) 剪力墙模板

(b) 外墙导墙支模示意图

图 8.3.3 墙模板构造

② 墙模板的施工要点及细部处理。

墙模板安装时,根据边线先立一侧模板,临时用支撑撑住,用线锤校正模板的垂直,然后钉牢,再用斜撑和平撑固定。为了保证墙体的厚度正确,在内墙两侧模板之间,上下两道采用 3 cm 短角钢焊 φ16 钢筋作撑头,水平间距 500 mm,中间对拉螺栓两头加焊垫片,间距 300 mm;在外墙和消防水池模板两侧之间另用止水板撑头,螺栓两端沿止水板面割平,然后用水泥浆修补。

③ 针对墙模板与梁板模板接缝处,以往工程出现混凝土表面平整度偏差较大,有蜂窝、沙带夹层现象。因此,本工程将采取如下几点措施,来避免此现象发生:

　a. 在满足设计要求的前提下,第一次浇捣的混凝土位于拉螺栓上方 60~100 mm。

　b. 在第二次浇筑混凝土之前,先把接缝处下方 60~100 mm 的对拉螺栓夹紧。

　c. 在施工缝处模板增设钢管斜撑。

　d. 严格按照施工规范,在第二次浇筑混凝土前,按规范要求进行施工缝处理,即先在施工缝处浇筑与墙混凝土同配合比的水泥砂浆 50~100 mm。

　e. 用电钻在施工缝处钻孔,以便排除墙头积水。

④ 拉结筋的埋设:当砖砌体与剪力墙相连接时,应在剪力墙模板上弹出砌体厚度控制线,然后在模板上沿高度方向每隔 400 mm 钻两个孔洞;最后在浇捣混凝土之前插入 2φ6,长不小于 600 mm 拉结筋,确保拉结筋位置正确。

⑤ 清理孔留设:为了清理干净墙内垃圾、锯末、木屑等,在墙一侧模板底部每间隔 1 500 mm 左右留出 100 mm×200 mm 清扫洞口。

(3) 梁模板

① 梁模板构造(图 8.3.4)。

　a. 梁模板。梁模板用同梁尺寸的胶合板。

　b. 夹木。采用 50 mm×100 mm 方木作夹木。

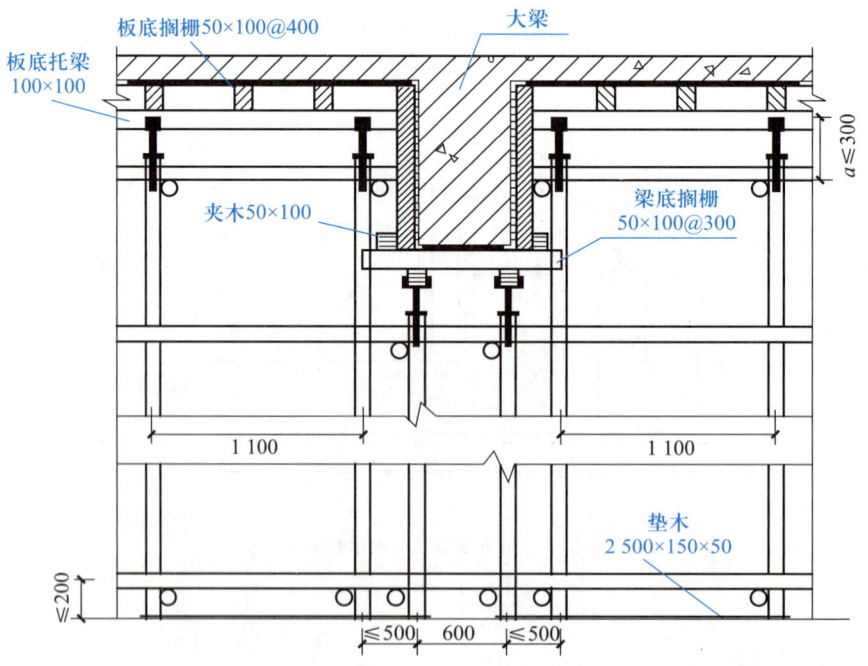

图 8.3.4　梁模板构造

c. 竖楞。利用 50 mm×50 mm 方木或用零碎的板等。间距 300 mm。

d. 对拉螺栓。梁高 600 mm 以上的,在梁中上部用 $\phi 10$ 钢筋作对拉螺栓拉紧,横向间距 450 mm。

e. 梁底横向搁栅。采用 50 mm×100 mm 方木,间距 300 mm。

f. 梁底托梁。采用 100 mm×100 mm 方木。

g. 支撑。采用扣件钢管架加顶托,梁支撑立杆纵向间距为 1 100 mm,横向间距为 600 mm,步距为 1.5 m。

② 梁模板安装要点。

a. 钢管架支撑体系须梁板模安装前搭设完毕。架设支撑前,应先在结构板上弹出钢管架的支撑位置,使上下层模板支撑位于同一竖向中心线上,并铺设垫木。当层高大于等于 4.5 m 时,钢管架之间多加一道水平剪刀撑,使钢管架支撑体系连成一片,提高整体稳定性;钢管架间距为 1.2 m,水平拉杆为 1.5 m,并加扫地杆。

b. 梁模板定位。采用柱模板上口直接开口定位和通过楼面上放样墨线用线锤引测相结合。

c. 梁底模板。按设计标高调整好梁底搁栅标高,然后安装梁底模板,并拉线找平。当梁底板跨度大于 4 m 时,跨中梁底处应起拱,起拱高度为梁跨度的 1/1 000~3/1 000。主次梁交接时,先主梁起拱,后次梁起拱。

d. 梁侧模板。根据墨线安装梁侧模板、压脚板、斜撑等,梁侧模板制作高度应根据梁高及楼板模板压来确定。

e. 当梁高度超过 600 mm 时,梁侧模板应加穿梁螺杆加固。

f. 梁模安装后,拉中线进行检查,复核各梁模中心线位置是否对正,待板模支完后,检查其标高并调整。

(4) 楼面模板

① 楼板模板构造(图 8.3.5)。

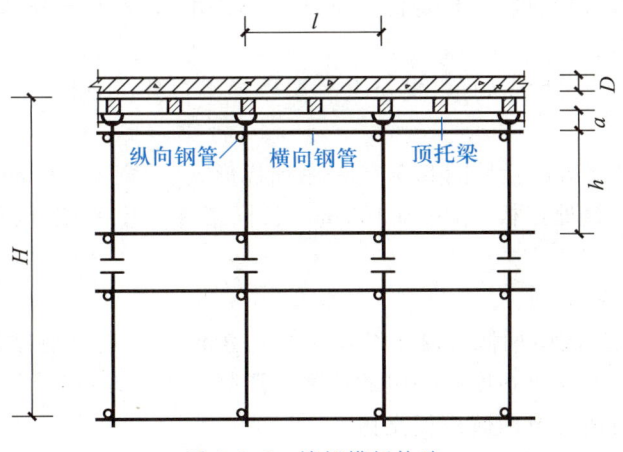

图 8.3.5 楼板模板构造

楼板模板采用 18 mm 厚的胶合板拼制,板底搁栅采用 50 mm×100 mm 方木,间距 400 mm;托梁采用 100 mm×100 mm 方木,间距 1 100 mm;支撑采用钢管架加顶托,地下室板厚 200 mm,支撑钢管立柱间距 1 000 mm×1 000 mm,步距为 1.5 m;标准层支撑钢管立柱间距 1 100 mm×1 100 mm,步距为 1.5 m,均要加扫地杆,离地 200 mm,且最上一排水平杆离顶托顶部不大于 300 mm。

② 楼板模板施工要点。

a. 根据设计计算架设钢管架、龙骨、搁栅、稳定性等。

b. 支设钢管架支柱应垂直,上下层支撑应在同一竖向中心线上。施工前支撑位置应在楼板面上弹线定位,各层支撑间的水平拉杆和剪刀撑要及时设置。

c. 通线调节支撑的高度,将大龙骨找平,架设搁栅。

d. 铺模板时可从四周铺起,在中间收口,铺模板时,只将接头和翘处钉牢,以便拆模。

e. 板缝要求拼接严密,拼缝整齐。固定在模板上的预埋件和预留洞须安装牢固,位置准确。相邻梁板表面高低差控制在 2 mm 以内,表面平整度控制在 5 mm 以内。

f. 楼面模板铺完后,应认真检查支架是否牢固,截面尺寸是否准确,模板梁面、板面应清扫干净,均匀涂刷脱模剂。涂刷脱模剂时,不应污染钢筋或混凝土接搓面,如有污染应采用汽油等有机物清洗干净。

(5) 楼梯模板

① 楼梯模板施工前应根据实际放样,先安装平台模板,再安装楼梯底模板,然后安装楼梯外侧板,最后安装踏步挡板。踏步外侧板应尽量做成锯齿形定型模板,每个锯齿两直角边分别等于踏步的高和宽,以保证踏步高度均匀一致。

② 为保证楼梯模板的阳角的成品保护,楼梯踏步浇完毕立即进行保护,防止阳角缺棱掉角。楼梯休息平台采用先埋筋后浇筑的方法,模板采用胶合板施工。

③ 楼梯踏步及休息平台钢筋先在墙体上甩筋,墙体施工时先将楼梯休息平台段钢筋按锚固及构造要求埋入墙保护层内,拆模后在休息平台位置剔凿墙体混凝土 30 mm 后将钢筋掰出调整,再进行楼梯平台模板施工。楼梯梁模板的支设:因楼梯休息平台和踏步较该层结构晚些浇筑混凝土,梯梁采用先预埋后剔凿浇注的方法,即在该层墙体模板支设时,按照梁口位置放置用竹胶合板定做较梁断面小的木盒,待楼梯梁模板支设时,剔出木盒并清理进行合模。

④ 楼梯模板应一次性支到位,支至上一层楼梯平台处,不得在上一层楼梯施工缝处断开。

⑤ 楼梯施工缝预留位置见图 8.3.6,采用插板形式,缝宽为 100 mm,待楼梯上部混凝土浇筑前,拆除施工缝处挡板,用宽为 100 mm 长同楼梯宽度的胶合板插进,预留好梯板洞位置,用铁钉钉固牢。

(6) 后浇带模板

① 梁板混凝土后浇带两侧混凝土结构模板支撑不拆除,待两侧结构沉降或变形收缩稳定后,用比原梁板混凝土强度高一级的微膨胀混凝土浇筑,后浇带混凝土强度达到施工规范要求后,拆除后浇带及两侧模板支撑。

② 基础底板后浇带为保证梁板钢筋骨架的间距,可采用 $\phi 12@600$ 的马凳设置于后浇带边线外 150 mm 处,顺后浇带方向布设,并点焊于梁板主筋上,后浇带侧模用 20 mm 厚松木支设,松木板锯成小口,固定于后浇带侧面,用 50 mm×100 mm 木枋通长加固,同时应注意保护层的厚度。如图 8.3.7 所示。

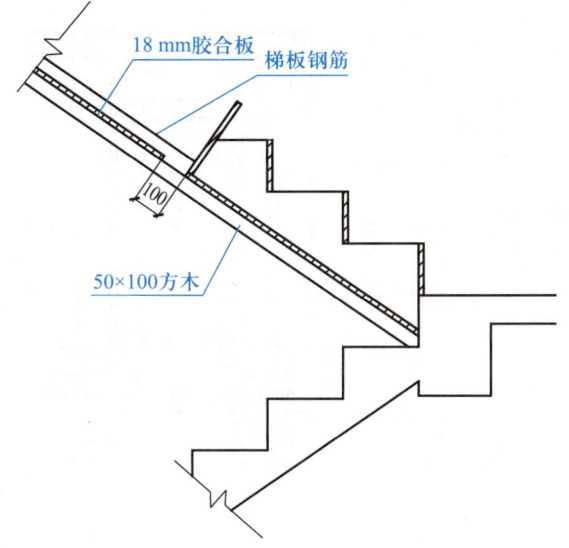

图 8.3.6 楼梯施工缝处节点大样

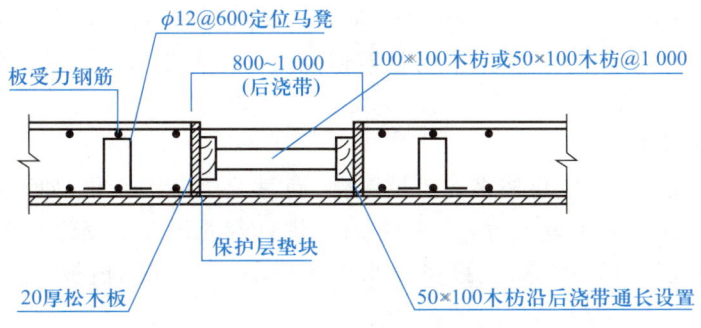

图 8.3.7 基础底板后浇带模板设置

③ 楼面后浇带梁板底模的支撑采用钢管架,支撑架在后浇带混凝土未浇捣或后浇带混凝土强度未达到设计值前不可拆除。支撑架采用早后拆体系以节省模板的投入,即按支模方案布设早拆支撑架,在早拆体系中按小于 2 000 mm 间距布设后拆支撑架,待后浇带外先浇筑的板混凝土强度达到设计强度的 50% 时,先拆除早拆支撑架,只留下后拆支架用来支撑先浇筑的板的混凝土,后浇带梁的支撑不用早拆体系。如图 8.3.8 所示。

(7) 特殊部位模

① 集水坑、电梯井模板。

集水坑模板用木胶合板、木枋制成定型筒模,内用钢管+U托对顶支撑,对顶钢管间距 600 mm,加两道斜撑,模板底部用钢丝网铺一道,防止底部混凝土上浮,钢丝网卷上积水坑及电梯井两边各 15 cm。模板底部打眼用钢丝与底板上铁拉接,以防浇筑混凝土时模板上浮。为防止模板整体位移,在集水坑四周,利用底板钢筋作依托,以钢筋头焊接,上下口顶死模板,不得有缝隙。值得注意的一点就是,在模板底面要钻眼,主要用来排出被挤压的气体,防止混凝土浇筑不实。

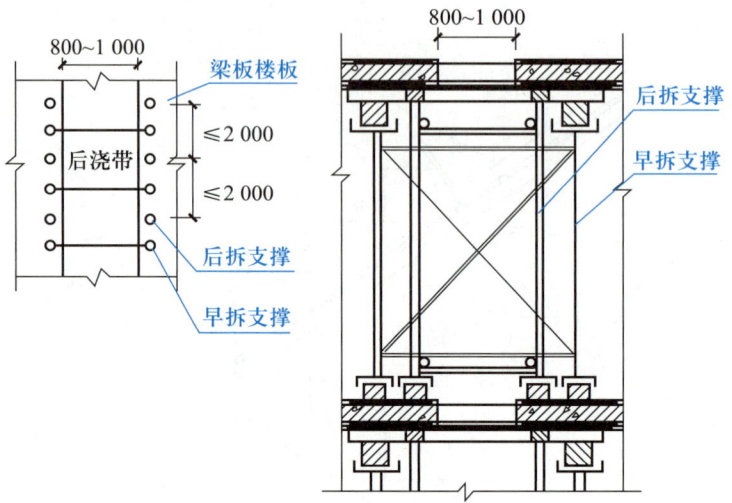

图 8.3.8　后浇带梁板底模的支撑架

② 门窗洞口模板。

门窗洞口模板用木胶合板制作成工具式模匣。为防止模板跑位用顶模撑顶死，水平支撑间距控制在 600 mm 以内，每面不少于 3 道。在门洞部加设 45°的斜撑，以确保窗洞的侧模刚度，在斜撑上设水平拉杆，以增强整体刚度。角部设铁三角转角调节件，以加强模匣的整体刚度和稳固性。

③ 悬挑露台模板。

由于本工程在外立面上有较多的悬挑露台，而每三层一次变化，如不用木胶合板、方木制成定型模板，会消耗大量人力。另一方面悬挑露台的每三层变化一次，悬挑长度大，需要进行搭设满堂架进行支撑，支撑搭设高度 8.8 m，具体详见模板超高支撑专项施工方案。

(8) 模板支架搭设要点

① 每根立杆底部应设置底座或垫板。

② 脚手架必须设置纵、横向扫地杆。纵向扫地杆应采用直角扣件固定在距底座上皮不大于 200 mm 处的立杆上。

③ 支撑脚手架每层步距不应大于 1.5 m。

④ 立杆接长必须采用对接扣件连接，对接扣件应交错布置；两根相邻立杆的接头不应设置在同步内，同步内隔一根立杆的两个相邻接头在高度方向上错开的距离不宜小于 500 mm；各接头中心至主节点的距离不宜大于步距的 1/3。

⑤ 支架立杆应竖直设置，2 m 高度的垂直允许偏差为 15 mm。

⑥ 设在支架立杆根部的可调底座，其伸出长度不超过 200 mm。

⑦ 当模板支架立杆采用单根立杆时，立杆应设在梁模板中心线处，其偏心距不应大于 25 mm。

⑧ 支撑脚手架四边与中间每隔四排支架立杆应设置一道纵向剪刀撑，由底至顶连续设置。

⑨ 其两端与中间每隔 4 排立杆从顶层开始向下每隔 2 步设置一道水平剪刀撑。

⑩ 每道剪刀撑宽度不应小于4跨,且不应小于6 m,竖向剪刀撑斜杆与地面的倾角宜在45°~60°之间。

(9) 模板拆除

模板的拆除应严格按照《混凝土结构工程施工质量验收规范》GB 50204—2015 中第4.3条"模板拆除"项目执行。拆模时先拆除非承重部分,后拆除承重部分。现浇结构的模板及其支架拆除时的混凝土强度,如无设计要求时,应符合下列规定:

① 侧模:在混凝土强度能保证其表面及棱角,不因拆除模板面受损坏后,方可拆除。

② 底模:在混凝土强度符合表8-3-4规定后,方可拆除。

表8-3-4 现浇结构拆模时所需混凝土强度

结构类型	结构跨度/m	按设计的混凝土强度标准值的百分率计/%
板	≤2	50
	>2,≤8	75
	>8	100
梁	≤8	75
	>8	100
悬臂构件	—	100

③ 多层楼板支柱的拆除,应按下列规定进行:

a. 当上层楼板正在浇筑混凝土时,下层楼板的模板和支架不得拆除。

b. 在拆除模板过程中,如发现有影响结构、安全、质量问题时,应暂停拆除,经过处理后,方可继续拆模。

c. 依据混凝土同条件养护试块抗压强度报告,达到规定要求并经项目技术负责人和监理单位同意后,方可拆除模板。

d. 模板拆除时,不应对楼层形成冲击荷载。拆下的模板应及时清理黏结物,模板、铁件、支撑、扣件等及时收集归类堆放。

e. 拆模时,对于后浇带部位混凝土为浇筑时,不能松动后浇带的模板支撑体系。

7. 模板分项工程质量标准及验收

(1) 模板分项工程验收

模板分项工程按照各楼层分为若干检验批进行质量验收,在检验批验收合格的基础上进行分项工程验收。

(2) 质量标准(略)

8. 安全及文明施工

① 安全管理组织机构。

项目经理出任组长,生产副经理、技术负责人任副组长,由各有关职能部门专业工长为成员,组成施工现场安全生产管理领导小组。设安全总监、专职安全员各1名,安全总监、专职安全员有权因安全问题责令其分部分项工程停工整顿,各施工班组设安全检查监督员。支模架搭设过程中,模板及支架设计人员应现场交底、检查,发现问题及时整改。

支模架搭设完毕,模板及支架设计人员应现场验收,合格后方可使用。

② 工人进入工地后应进行三级安全教育,经考核合格后,方准许进场施工。进入施工现场人员必须戴好安全帽,高空作业人员挂好安全带。

③ 支模应按工序进行,上一道工序没有固定前,不能进行一道工序。

④ 复杂结构模板的安装和拆除,事先应有切实的安全措施,严禁上下在同一垂直面进行操作。

⑤ 架设和拆除 3 m 以上的模板,操作时宜搭设操作平台,操作人员上下不得使用模板支撑作为爬梯,不得站在柱模上操作,不得在梁底模上行走。

⑥ 边模支设时,施工外脚手架应及时跟上,确保施工安全。

⑦ 施工层上使用电刨等电动工具时,必须由专业电工安装好末级开关箱后使用。施工现场用电应由电工搭接,各类施工机械、电动机具必须要有良好的接地保护装置,机械应由专人操作,现场照明等线路应架空,木工不得随意拉设电线。

⑧ 拆除模板一般用长撬棍,人不得站在正在拆除的模板上,拆除模板时,要防止模板突然掉落伤人。

⑨ 外架上散落的方木、小模板等应及时清理干净。

⑩ 高处作业屋面的周围边沿和预留孔洞处,必须按"洞口、临边"防护规定进行安全保护。

⑪ 材料垂直运输或吊运中应严格遵守相应的安全操作规程。

⑫ 现场使用的木工机械应由专人使用,以免发生工伤事故。

⑬ 安装完模板后应做到工完场清,清扫垃圾过程中要避免灰尘飞扬。

⑭ 六级以上大风,不得安装和拆除模板。

9. 模板及其支撑设计计算(略)

思 考 题

1. 施工方案编制依据有哪些?
2. 编制施工方案的作用?
3. 施工方案编制的内容包括哪些?
4. 哪些分部分项工程需要编制施工方案?
5. 施工方案中的施工组织安排内容包括哪些?
6. 施工方法和工艺编制的要求有哪些?
7. 施工方案与单位工程施工组织设计有什么区别?

第9章　房屋建筑工程施工组织设计实例

9.1　实例1——某小区住宅建筑群项目施工组织总设计

9-1:某小区住宅建筑群项目施工总设计

9.2　实例2——某办公大楼单位工程施工组织设计

学习本节后，你将能够

通过某办公大楼单位工程施工设计实例进一步掌握如何编制单位工程施工组织设计。

9.2.1　编制依据

① 施工合同及招投标文件。
② 工程地质勘察报告。
③ 经过有关部门审批的有效施工图。
工程编号：J20××-27，
出图日期：20××年5月。
④ 工程所涉及的主要规范、标准等。
⑤ 企业质量保证、安全管理、环境保护三体系标准文件。

9.2.2　工程概况

1. 工程主要情况（表9-2-1）

表9-2-1　工程主要情况一览表

工程名称	××办公大楼	工程地址	××市××路××号
建设单位	××省事业单位	勘察单位	××省××地质工程勘探院
设计单位	××市规划设计研究院	工期	390日历天
监理单位	××建设监理事务所	造价	1 700万元
主要功能或用途	展示厅、会议用房、网络机房及办公用房	质量	质量达国家合格标准，并通过某市优良工程的评定
工程承包范围	桩基，基坑支护，土方，建筑工程，水电设备安装，消防工程，普通装修等		

2. 各专业设计简介

(1) 工程建筑设计概况(表 9-2-2)

表 9-2-2 建筑设计概况一览表

地下室建筑面积	770 m²	建筑总高度	42.7 m	总建筑面积	9 070 m²(地上)
层数	地下一层	地上十一层	层高	地下室	4.7 m
				1 层	4.6 m
				2—11 层	3.3 m
装饰	外墙	外墙饰面采用磨光花岗石贴面及玻璃幕墙、金属幕墙			
	楼地面	楼地面主要有防滑地砖面层、墙地砖楼面细石混凝土面层等			
	门窗	木门,钢质防火门,铝合金窗等			
	内墙	内墙为水泥砂浆面层,部分大理石、彩釉砖墙面及隔音墙面			
	天棚	中级抹灰面罩白色水泥漆二度,局部轻钢龙骨硅酸钙(石膏,穿孔铝板)板材			
防水	地下室外墙	水泥基防水卷材+防水涂料一布四涂			
	地下室底板	水泥基防水卷材+防水涂料一布四涂			
	屋面	高聚物改性沥青防水卷材,保温层:25 mm 厚挤塑保温隔热板			
	卫生间	1.5 mm 厚防水涂料			

(2) 工程结构设计概况(表 9-2-3)

表 9-2-3 结构设计概况一览表

地基基础	类型:钻孔灌注桩支盘桩	桩顶标高:-4.7 m,-5.8 m	持力层	进入卵石层≥1 000 mm	桩径	φ700
	桩身混凝土强度等级:C30(支盘桩) C25(普通桩)	根数:97 根	桩长	18.5 m	单桩竖向极限承载力	5 100 kN, 4 250 kN, 1 200 kN;
主体	结构形式√:框架—剪力墙结构					
	主要结构尺寸	地下室顶板梁: 400 mm×800 mm、 500 mm×800 mm 不等	地下室顶板厚度:180 mm 上部板厚度: 350 mm	柱:1 000 mm× 1 800 mm、1 000 mm、 1 000 mm、700 mm、 500 mm、800 mm、 800 mm、500 mm× 500 mm 等	剪力墙:350 mm、 300 mm 不等	
	抗震设防烈度:七度			抗震等级:2级(框架),2级(剪力墙)		
混凝土强度等级及抗渗要求	地下室	底板梁、承台、顶板 C35,外墙 C40 密实性混凝土,抗渗等级为 0.8 MPa				
	上部结构	梁板	1—8 层 C35		9—11 层 C30	
		柱、剪力墙	-1—2 层 C40	2—9 层 C35	9—11 层 C30	

续表

| 地下室垫层 | 厚度为 100 mm 的 C15 素混凝土 |

其他需要说明事项：
1. 基坑支护采用 SWM 工法加预应力钢管内支撑，H 型钢桩长 15 m，对顶撑采用 $\phi 609 \times 12$ 钢管，水平角撑、八字撑、腰梁采用 400 mm×400 mmH 型钢。
2. 本工程在建筑的上部结构与下部结构之间设置隔震层以隔离地震能量的传递，隔离层采用隔震橡胶支座。
3. 结构采用无梁楼盖体系，现浇空心楼板采用 GBF 薄壁管。

3. 工程施工条件
（1）气象条件

本地区为亚热带湿润季风气候，常年高温多雨。年平均总降雨量 1 339.7 mm，月最大降雨量为 167 mm，年极端最高气温为 39.8 ℃，最热月份平均气温为 28.8 ℃，年极端最低气温为3 ℃，平均风速 3.3~3.4 m/s，常年与夏季主导风皆为东南风。

（2）工程地质及水文条件

场地土质自上而下依次为：① 杂填土层，厚约为 1.8~2.3 m；② 粉质黏土层，厚约为 0.6~1.0 m；③ 淤泥层，厚约为 12.0~13.0 m；④ 粉质黏土层，厚约为 1.1~3.5 m；本工程地下水主要为上层滞水，受地表水和季节降水控制。

（3）地形条件

工程场地位于××市××路××号，拟建建筑物所处地段现为空地，地形较为宽阔。地下室土方开挖后堆土应及时清理。

（4）周边道路及交通条件

工程场地位于××市××路，是交通的主干道，车流量大，施工中应充分考虑此因素，进出材料应尽可能避开交通高峰期。

9.2.3 施工部署

9.2.3.1 确定单位项目施工目标

1. 质量目标

① 合同质量目标：业主要求本工程质量达国家合格标准，并通过××省××市工程建设质量管理协会"××杯"优良工程的评定。

② 项目部质量目标：争创××省"××杯"及以上优良工程。

2. 工期目标

本工程计划施工总工期为 390 日历天。

3. 安全目标

工程施工贯彻以"预防为主，安全第一"为目标，做到工地无火灾、无漏电隐患，杜绝重大伤亡事故，轻伤事故频率控制在 5‰以下，把事故发生率降到最低点，确保每个班组安全施工。

4. 文明施工目标

按照本公司 CI 形象及××省××市文明施工要求进行布置，争创 CI 达标优秀工地和市级文明安全施工工地。

5. 科技目标

本工程计划申报"中建×局科技推广示范工程",强化四新技术的应用,计划运用最先进的"施工项目管理软件",对工程的全过程覆盖管理,项目计算机联网,实现施工现场的远程监控;同时与业主、监理、分包商联网,实现施工信息共享,资料传递及时。

6. 成本目标

通过科学组织,严格管理,依靠科技进步,应用新技术、新工艺、新材料、新设备实现直接工程费利润2%。

9.2.3.2 项目组织机构的建立

1. 项目组织机构图(图9.2.1)

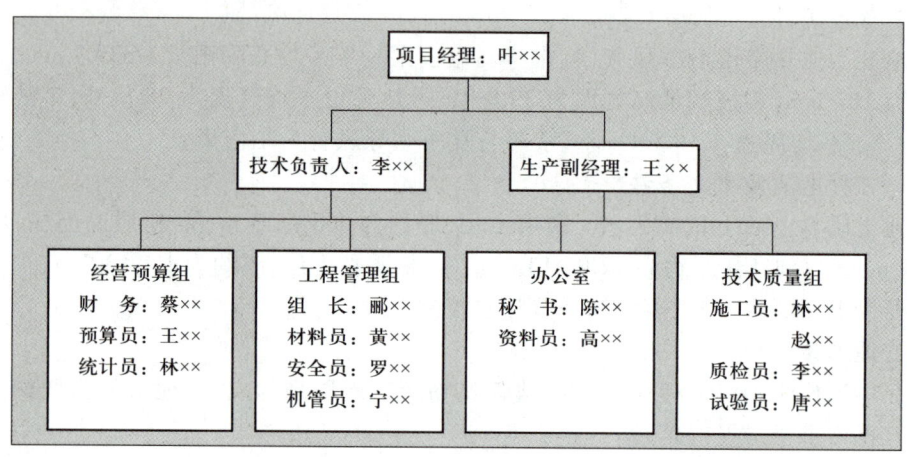

图9.2.1 ××省××单位办公大楼工程项目组织机构图

2. 各级管理人员职责

(略)

9.2.3.3 施工任务划分与组织安排

施工流水段的划分及施工工艺流程如下:

(1) 施工流水施工段的划分

本工程以每层为一施工段,分别进行交叉流水施工。

(2) 施工工艺总流程

根据本工程结构特点和本公司的技术装备、劳力、机械状况及现场情况,计划在本工程施工时采取以±0.00以下及主体结构施工为主导工序进行工期控制;主体结构施工期间以土建施工为主,安装等预留预埋随土建进度及时跟上。本工程施工工艺总流程如图9.2.2所示,具体各工序的施工工艺流程详见分项工程施工内容。

9.2.3.4 确定施工顺序

1. 地下室施工顺序

定位→桩基施工→支护结构施工→挖土→砖胎模与垫层→底板防水及砂浆保护层→扎底板钢筋→浇底板混凝土→扎墙柱钢筋→立墙、柱、楼板模板→浇墙、柱混凝土→扎±0.00梁板钢筋→浇±0.00梁板混凝土。

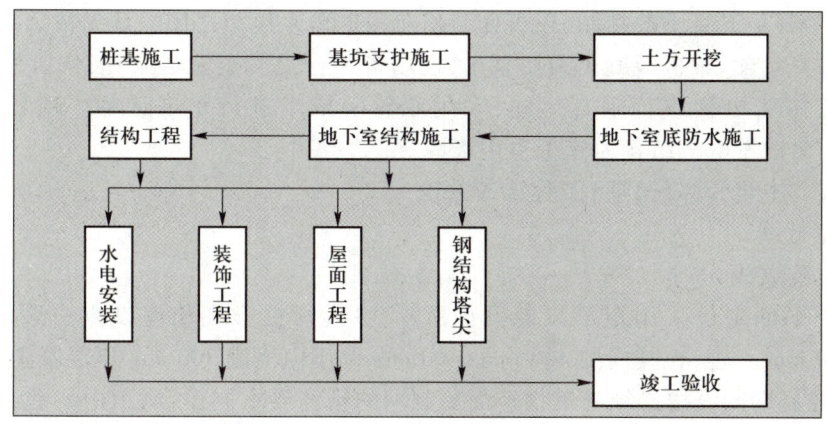

图 9.2.2 施工工艺总流程图

2. 主体结构施工顺序

在同一层中:弹线→绑扎墙柱钢筋、安装预埋→立墙柱、梁板模板→浇墙柱混凝土→绑扎梁板钢筋→浇梁板混凝土。

3. 装饰工程施工顺序

本工程装饰施工流向:室外装饰分六层以下和六层以上两段进行,每段都采取自上而下装饰;室内同一空间装饰施工顺序为天棚→墙面→地面;内外装饰同时进行。

9.2.3.5 项目工程施工重点与难点

1. 工程重点和难点

(1) 工期紧张

本工程建筑面积 9 840 m²,装饰装修高档,且有电梯、消防处理等部分内容需要专业队伍进行分包施工,但总工期仅为 390 日历天,工期紧张是本工程要解决的首要难题。

(2) 技术难度较高

本工程在结构设计上采用多项部级推广先进技术,主要为:夹层橡胶垫隔震技术;挤扩支盘混凝土钻孔灌注桩技术;现浇混凝土空心无梁楼盖技术。其中夹层橡胶垫隔震等技术在我省为首次施工,无先例可寻,对公司技术水平的要求较高,难度较大。

(3) 质量是重中之重

对企业来说,工程质量是生存和发展的根本基础。针对本工程的特点,需要解决以下几点质量问题:本工程结构施工正值夏季高温,混凝土表面的干缩裂缝很容易出现;外墙面裂缝,雨水渗漏;橡胶隔震垫的施工质量;现浇混凝土空心无梁楼盖。

(4) 施工面广、接口多

本工程施工面广、内容多,电梯工程、消防工程等需要专业队伍分包施工,施工接口多而复杂,主要体现为:总包与专业分包之间的接口管理,主要表现为与消防施工队伍、电梯安装施工队伍、部分设备安装队伍的接口管理;电梯、机电设备安装与土建施工的接口处理;水电安装施工与土建施工的配合;后期室外道路施工,存在接口处理。

2. 主要施工大型机械选择

本工程计划设一部塔吊(臂长 50 m)、施工电梯一台,主要负责结构施工阶段及装修施工阶段各种材料的垂直运输。混凝土采用预拌混凝土,现场另设 1 台 JZC 350 混凝土搅拌机,作为零星混凝土的拌制,还可作装修阶段的砂浆搅拌之用。计划柱墙混凝土利用塔吊进行垂直运输,梁板混凝土采用泵送,现场备一台混凝土输送泵;装修阶段的零星混凝土则采用施工电梯进行垂直运输,采用双轮手推车进行水平运输。现场配备一台200 kV·A柴油发电机组作为施工备用电源。

9.2.3.6 主要分部(分项)工程施工方法

1. 测量放线

(1) 定位放线

建筑物平面定位采用矩形控制网(图9.2.3),标桩形式和埋设方法采用50 mm×50 mm×500 mm木桩,在其周围400 mm×400 mm范围内浇灌300 mm厚混凝土稳固,并做1 m护栏;控制网测设按二级建筑物平面控制网的精度要求测设,测角中误差:±12″,边长相对中误差:1/15 000。

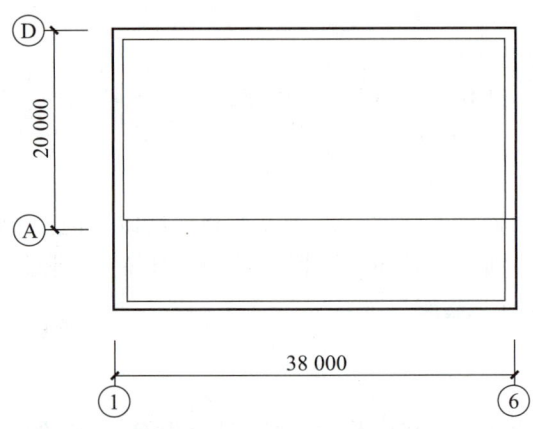

图9.2.3 地下室平面轴线控制网

基础工程平面轴线测设采用J2经纬仪正、倒镜纵转望远镜将控制线投测至施测层。两次投测取中后作为最终投测控制线。每施工流水段控制线投测不少于三条。在施测层使用经纬仪和钢尺校测所投测控制线的夹角和距离,复核其几何关系,合格后作为细部放样的依据。

上部主体结构轴线竖向传递采用内控法。内控点布置在偏离建筑物四周纵横轴线各1 m,具体上部结构轴线控制网如图9.2.4所示。在一层梁板混凝土浇筑时,在内控点布置位置预埋200 mm×200 mm×10 mm的钢板。当混凝土强度达到上人强度时,利用外部轴线控制点测设内控点,设点误差不大于1.5 mm。所有点位测设完成后,用经纬仪校核其几何关系,角度偏差不大于±20″、边长相对误差不大于1/10 000。校测合格后,在最终点位处钻孔嵌入ϕ1 mm铜丝作为内控点标志。二层以上各层施工时,按内控点布置图在相应位置预留200 mm×200 mm的通光孔。

轴线的竖向投测:把激光垂准仪安置在一层内控点上,在施测层相应位置放置半透明磨砂玻璃作为接收靶。投测时应严格整平仪器,激光器启动后仪器照准部旋转一周,以光斑轨迹中心作为内控点在施测层上的竖向投测点。为便于校测,每次投点不少于三点,投点结束后使用J2经纬仪和钢卷尺复核其几何关系,合格后作为细部放样的依据。

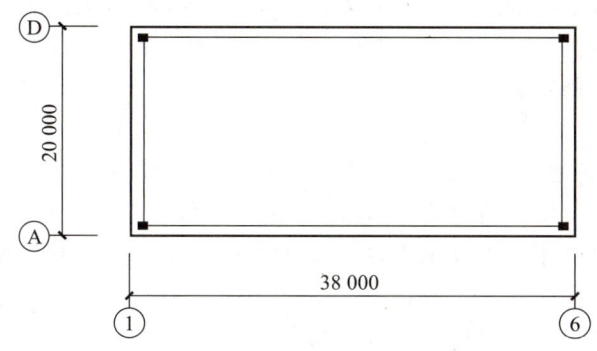

图 9.2.4　上部结构平面轴线控制网

（2）高程控制测量

① 在基坑开挖深度 2 倍范围之外选择安全区域埋设六个现场水准点（兼作基坑围护结构沉降观测水准基点），其标桩形式和埋设方法如图 9.2.5 所示。

② 为保证现场水准点间的相对精度，在水准引测时选择一个起始水准点作为水准测量的依据。引测时使用精密水准仪及其配套的水准标尺，沿闭合水准路线按四等水准测量的技术要求观测，闭合差不应大于 $\pm 6\sqrt{n}$ mm。

③ ±0.00 以下标高传递：依据现场水准点采用悬吊钢尺法将标高引测至施测层。引测时，使用两台 DS3 水准仪在地面和基坑中同时观测，所测高差小于 ±3 mm 时以平均高差作为观测值，计算出基坑内传递点的高程作为施测层标高抄测的依据；标高抄测时应将仪器安置在施测区中央，后视标高传递点进行抄测，其偏差不应大于 ±3 mm。

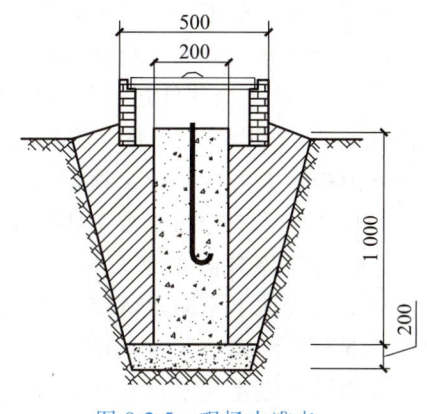

图 9.2.5　现场水准点

④ ±0.00 以上结构标高竖向传递：在首层竖向结构拆模后，依据现场水准点引测首层标高控制线（一般为 +1 000 mm）其误差不大于 ±3 mm。在首层便于竖向量尺处选择三点作为主体结构施工的标高起始点，并做"▼"标志，在其旁注明绝对标高和相对标高。上部各层施工均从首层标高起始点用钢尺竖向量取。当传递高度超过整尺段时，应另设一道标高控制线作为以上结构施工的标高起始依据。层间抄平前应首先校测自首层传递上的三个标高点，当校差小于 3 mm 时，取其平均读数作为后视读数抄测施测层水平线。

⑤ 建筑物沉降变形观测。

据图纸设计要求，沉降观测点按 ≤12 m 布置；沉降点埋设在框架柱脚上，高出室外地面 30～50 cm，距柱面约 5 cm；沉降观测按二等精密水准测量技术要求测量；沉降观测次数：在主体施工到竣工这一时间内，定期和不定期不间断地进行观测，二层结构梁板混凝土完成后进行第一次观测，之后在主体结构施工过程中每层结构梁板混凝土浇筑后观测一次，在主体封顶后，根据沉降量的大小变化情况，适当减少次数，装修阶段一般是每月观测一次。每次沉降观测结束后，及时检查记录，计算正确，进行误差分析，最后将本次所测各个观测点的高程与上次各点高程核对无误后,填写沉降观测记录汇总表,作为工程验收技术资料,工程竣工时应绘出各沉降观测点的沉降曲线,通过沉降曲线来判断沉降观测的精度及沉降是否趋于稳定。

2. 桩基工程

施工工艺流程:场地平整→桩位放样→开挖浆池、浆沟→护筒埋设→钻机就位、孔位校正→冲击造孔、泥浆循环、清除废浆、泥渣→钻机移位到下一桩位钻孔→将分支器吊入已钻孔内→按设计位置压分支和承力盘→清孔换浆→终孔验收→下钢筋笼和导管→灌注水下混凝土→成桩养护。

桩基工程具体施工方法另行编制专项施工方案。

3. 基坑工程施工

本工程基坑支护采用 SWM 工法加预应力钢管内支撑,型钢桩长 15 m,对顶撑采用 $\phi 609 \times 12$ 钢管,水平角撑、八字撑、腰梁采用 400 mm×400 mm H 型钢。水泥搅拌桩水泥参量为 14%,桩径为 $\phi 600$,桩长 5 m,桩中距 500 mm。根据内支撑的位置及现场实际情况,基坑支护支撑施工与土方开挖交叉进行,密切配合,开挖顺序由北向南,随挖随运,并在南侧设一个土方出口并留设 1∶6 坡度的车坡道。计划将上层黏土暂存现场,用于土方回填,上层杂填土全部外运。具体施工顺序为:场地开槽→水泥搅拌桩型钢施工→水泥土搅拌桩龄期达 28 d 以后,第一道钢管内支撑水平梁施工→钢管内支撑预应力施加→第一次土方由机械大开挖→第二道钢管内支撑水平梁施工→第二次土方开挖至设计标高。

具体基坑支护与土方工程施工方法另行编制专项施工方案。

4. 地下室外防水施工

本工程地下室防水等级为二级,设备用房防水等级为一级,底板、顶板和侧墙防水在钢筋混凝土结构自防水基础上,采用封闭的外防水,即地下室底板、外墙、地下室顶板外露部分均设一道水泥基材料防水卷材+一道聚氨酯防水涂料;底板及地下室顶板外露部分防水层上均设 40 mm 厚 C20 细石混凝土保护层(内配 $\phi 6@200$ 双向钢筋网);侧墙防水层外设 120 mm 厚砌块保护墙,用 M5 砂浆砌筑;外墙施工缝采用 350 mm 宽 3 mm 厚钢板止水带。

5. 结构工程

(1) 模板工程

本工程地下室底板、承台、基础梁采取一次浇筑方案,承台、基础梁侧模为砖模,采用 120 mm 厚实心砖,M5 水泥砂浆砌。三桩以上承台垫层施工时,按需要在角部设置若干个直径约 150 mm 的小集水坑,垫层表面分别设坡度坡向集水坑,以利于垫层表面泥浆的清理。

墙、柱、梁、楼板模板采用 18 mm 厚的胶合板;木枋采用 100 mm×100 mm,50 mm×100 mm 木枋;厚度小于 350 mm 的混凝土墙采用 M12@300×915 对拉螺栓;厚度大于 400 mm 的混凝土墙采用 M14@300×915 对拉螺栓。地下室外墙对拉螺栓中间加焊 50 mm×50 mm×2 mm 的止水钢板,在对拉螺栓两端加垫 60 mm×60 mm×18 mm 木板块,在墙面上留置出一凹槽,待切去对拉螺栓后用砂浆找平。内墙对拉螺栓选用直径不小于 25 mm 的塑料管作套管,套管长度为 b(b 为墙厚),以便墙混凝土浇筑硬化后能抽出对拉螺栓重复使用。2 层至 11 层楼板为空心楼板,采用在铺好的楼板模板上预埋 GBF 高强薄壁芯模形成无梁楼盖。

本工程梁板模板支撑系统采用 $\phi48\times3.5$ 扣件式钢管脚手架支撑体系,采用顶托受力。模板安装时,当跨度≥4 m时,按规范或设计要求起拱 1/1 000～3/1 000。根据本工程梁模的支设工艺,为便于管理控制,对其起拱高度明确如下:梁跨度6～8 m时起拱6 mm,梁跨度4～6 m时起拱5 mm,梁跨度为8～10 m时起拱10 mm。

具体模板工程施工方法在施工前应另行编制专项施工方案。

(2)钢筋工程

① 原材料要求:进场的所有钢筋均必须有产品合格证,并按规范规定分批取样做物理力学性能试验,合格者方能使用,无合格证或检验不合格的钢筋,严禁进入施工现场,严格执行见证取样制度。

② 钢筋加工:在现场施工区东南角钢筋加工厂进行,钢筋翻样、下料、领发料统一,以确保钢筋半成品进入施工作业面有条不紊地进行。

③ 钢筋连接。

a. 本工程凡 $\phi\geq22$ mm 钢筋连接采用直螺纹套筒机械连接;16 mm≤ϕ≤20 mm 的柱主筋采用电渣压力焊,16 mm≤ϕ≤20 mm 的梁主筋则采用闪光对焊连接;$\phi<16$ mm 采用搭接连接。钢筋接头应相互错开,且要求避开柱箍加密区。同一连接区段内,纵向受力钢筋的接头面积百分率应符合设计和规范的要求。

b. 柱钢筋伸出梁板部分应通长放线。为保证不发生位移,在梁板面筋上绑扎一根水平筋或箍筋,将其与梁板面筋、竖筋焊牢,确保浇筑混凝土时柱钢筋不变位。

c. 施工楼面时,严禁钢筋集中堆放在浇筑时间不长的楼板上,杜绝由于施工超载而造成楼板损伤。每层楼面混凝土浇筑完毕,运钢筋上楼板均由技术质量组直接指挥调度,无技术质量组的指令,视为违章作业。

④ 梁、柱接头处钢筋安装到位控制。

为进一步确保梁柱节点钢筋安装到位,对于高度大于800 mm 的梁,在先立一面框架梁侧模的基础上安装好节点箍筋,然后原位安装框架梁钢筋,再封另一面侧模,以确保节点钢筋安装到位。

⑤ 钢筋的保护层控制。

本工程地下室底板、外墙钢筋保护层采用 1:1 水泥砂浆垫块,计划其余柱墙、梁侧面钢筋保护层采用钢筋塑料卡子控制,对于梁、柱墙结构塑料卡子设置在箍筋上。楼板钢筋保护层采用塑料垫块控制,梁底面使用水泥砂浆垫块,垫块可以根据钢筋规格做成凹槽,使垫块和钢筋更好地联合在一起,确保不偏移和移位,具体大样如图9.2.6、图9.2.7所示。

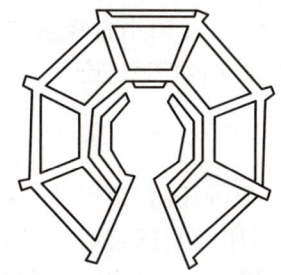

图 9.2.6 柱墙钢筋 PVC 垫块示意图

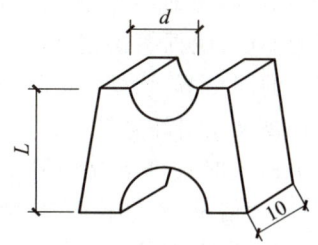

图 9.2.7 楼板钢筋 PVC 垫块示意图

(3) 混凝土工程

本工程地下室及主体结构混凝土均采用预拌混凝土,由建工混凝土有限公司提供。现场存放约 30 m³ 自拌混凝土的原材料作备用。墙、柱混凝土施工采用塔吊运输浇筑,梁板混凝土施工采用泵送浇筑。

① 预拌混凝土的供应及质量要求。

a. 预拌混凝土配合比。预拌混凝土搅拌站提供的配合比和各种质保材料,由项目技术负责人认真审核,并严格控制混凝土外加剂、粉煤灰等材料的品质和掺量。

b. 预拌混凝土开盘鉴定。每次使用预拌混凝土均应做开盘鉴定,由预拌混凝土搅拌站、项目部、监理或建设单位三方一同实施,在施工现场签字确定。

c. 预拌混凝土现场验收及不合格产品处理:

(a) 浇筑柱、墙、悬挑构件等部件时,必须车车检测混凝土坍落度。

(b) 浇筑梁板大面积混凝土时,每小时至少检测一次,有疑问时应增加检测数量。

(c) 坍落度检测达不到要求时严禁使用,应退回预拌混凝土搅拌站,进行处理。

(d) 混凝土试块按混凝土检验计划数量留置试件,并及时做好标识。同条件养护试块拆模后应及时放到工程实体部位附近进行养护,及时记录每天的温度。标养试块拆模后及时送到标养室进行养护。

② 混凝土浇筑与振捣的一般要求。

a. 建立浇筑混凝土现场指挥制度。每次浇筑均由技术质量组委派现场施工人员连续跟班指挥,控制浇捣厚度、方向、时间等一切技术指标,协调各专业人员现场工作,确保安全有序地浇捣。

b. 混凝土浇筑自由倾倒高度不得超过 2 m,否则应用串筒浇筑。混凝土入模后,做到均匀振捣,不漏振,亦不过振。

c. 混凝土入模后,做到振捣均匀,不漏振,振动棒快插慢拔,插点要均匀排列,逐点移动,顺序进行,不得遗漏,做到均匀振实。振点成行列式或梅花式排列,振点间距不大于振捣棒作用半径的 1.5 倍(一般为 30~40 cm)。振捣上层混凝土时,振动棒必须插入下层混凝土表面 3~5 cm,以消除两层间的接缝,使上、下层紧密结合,振点成行列式或梅花式排列,振点间距 40~60 cm。平板振动器的移动间距应保证振动器的平板覆盖已振实部分边缘。

d. 浇筑混凝土应连续进行。如必须间歇,其间歇时间应尽量缩短,并应在前层混凝土凝结之前,将次层混凝土浇筑完毕。间歇的最长时间应按所有水泥品种及混凝土凝结条件确定,一般超过 2 h 时,应按施工缝处理。

e. 钢筋密集处(如柱梁节点)必须采用"慢浇注法"浇捣,并用小直径振捣棒振捣,控制好浇筑层的厚度,确保振捣密实,同时尽量避免浇灌工作在此停歇或分班施工交接。在征得设计部门的同意下,该处可改用同强度等级的细石混凝土。

f. 按交底要求控制好浇筑面的标高和平整度。

g. 浇筑混凝土时各班组应分别经常观察模板、钢筋、预留孔洞、预埋件和插筋等有无移动、变形或堵塞情况,钢筋位置移动时要及时调整,模板胀模与漏浆时应及时处理。如产生较大问题时,应立即停止混凝土的浇灌,并应在已浇筑的混凝土初凝前修正完好。

h. 夜间浇捣混凝土应保证有足够的照明,以便观察柱、墙模内混凝土浇捣状况,确保不蜂窝,不麻面。

i. 浇筑防雨措施:施工现场预备塑料薄膜。

j. 当柱混凝土强度等级比相应楼层的梁板混凝土大 10 MPa 以上时,梁板混凝土浇筑时应按图 9.2.8 所示进行,先浇筑柱头混凝土,如有必要,可用 5 mm×5 mm 钢丝网围住;在柱头混凝土初凝前浇筑梁板混凝土;其中梁柱节点混凝土采用塔吊吊运,梁板混凝土采用泵送。

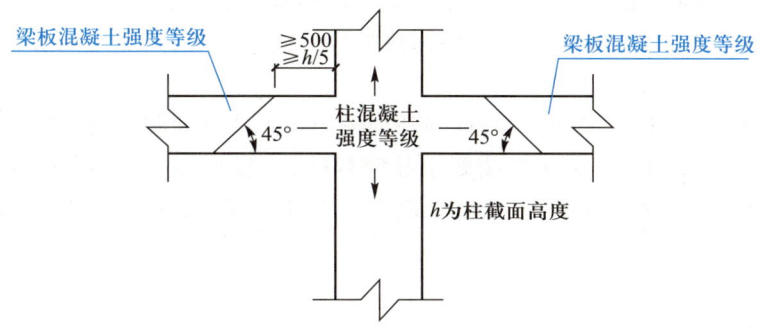

图 9.2.8 梁柱节点不同混凝土强度等级做法

k. 施工缝位置。宜沿着次梁方向浇筑楼板,施工缝应留置在次梁跨度的中间 1/3 范围内。施工缝的表面应与梁轴线或板面垂直,不得留斜槎;施工缝宜用木板或钢丝网挡牢。

l. 施工缝处理。施工缝处须待已浇筑混凝土的抗压强度不小于 1.2 MPa 时,才允许继续浇筑,在继续浇筑混凝土前,施工缝混凝土表面应凿毛,剔除浮动石子,并用水冲洗干净后,先浇一层水泥浆,然后继续浇筑混凝土,应细致操作振实,使新旧混凝土紧密结合。

m. 楼板混凝土用振动棒振实梁板后,必须再次用平板振动器振平振实。平板振动器平行移动,均匀慢速前进,隔行应压半个平板的搭接的振捣,必须纵横各振一遍。振捣时先振标高高处,再振低处。楼面标高降低处采用模板隔拦,严格控制高差。

③ 混凝土养护。

混凝土养护由专人进行,特别是地下室底板及屋面板,混凝土浇筑完毕后的 12 h 以内应对混凝土加以覆盖并保湿养护浇水养护,要求持续养护 7 d 以上,对掺有缓凝型外加剂或有抗渗要求的混凝土,要求持续养护 14 d 以上。

浇水次数以能保持混凝土表面处于湿润状态为准,同时混凝土养护用水应与拌制用水相同。

(4) 砌筑工程

本工程±0.00 以下与土壤直接接触的砖砌体采用 MU10 混凝土多孔承重砖,M7.5 水泥砂浆砌筑;地下室、裙房外墙采用 190 mm 厚 MU7.5 混凝土多孔砖,M7.5 混合砂浆砌筑;地下室、裙房内墙采用 90/190 mm 厚 MU5.0 混凝土多孔砖,M7.5 混合砂浆砌筑;主楼±0.00 以上除核心筒以外的内墙采用轻质隔墙,其自重≤0.8 kN/m²,轻质隔墙与主体结构的连接采用柔性连接。本工程所有卫生间、厕所、垃圾间、开水间及工具间周边墙体基脚均设 200 mm 高的 C20 素混凝土翻口,与墙同宽;其中,卫生间、淋浴房内均采用复合板隔板。

砌块砌筑时应与水电管预埋相配合,墙体砌好后用切割机在墙体上开槽安装水电管,安装好后用砂浆填塞,抹灰前加铺点焊网(出槽≥100 mm)。所有砌体与钢筋混凝土墙、柱接头处,均需在浇筑混凝土时预埋拉结筋。

砌筑时上下错缝,交接处咬槎搭砌,掉角严重的空心砖不宜使用。水平灰缝不大于15 mm,应砂浆饱满,平直道顺,接缝用砂浆填实。内墙空心砖墙在地面或楼面上先砌三皮承重多孔砖,墙砌至梁底下时,要用承重多孔砖斜砌挤紧,待砖墙沉降密实后 7 d,并用砂浆填实。砌筑时各种预留洞、预埋件等,应按设计要求设置,避免后剔凿。

6. 脚手架

根据本工程平面和立面的特点,计划外架采用落地式钢管扣件脚手架,外架要求架体高出操作面 1.5 m 以上,外架全部按要求挂密目网,全封闭施工。脚手架支撑面应夯实,并做好排水设施。具体实施前编制相应的专项施工方案,报有关部门审核同意后组织实施。

7. 屋面工程

(1) 屋面找平层施工

① 基层清理:彻底清除结构层上面的松散杂物,并用水冲洗干净,凡凸出基层的混凝土疙瘩、钢筋头、落地砂浆等用凿子凿去,表面光滑者应凿毛。

② 冲筋或贴灰饼:根据坡度要求拉线找坡贴灰饼,顺排水方向冲筋,冲筋间距为 1.5 m,在排水沟、雨水口处找出泛水。

③ 操作前先将基层洒水湿润,扫纯水泥浆一次,随刷随铺砂浆。

④ 按配合比拌好水泥砂浆,水灰比不能过大,应拌干硬砂浆(即砂浆外表湿润,手握成团,不泌水分),经过 2 m 压尺刮平打实后,木磨板磨平,然后用铁抹子压实抹光。

⑤ 找平层表面压实平整,排水坡度应符合设计要求,对于雨水口部位的直径 50 cm 范围以内,应加大找坡(坡度不小于 5%),形成锅底状。水泥砂浆找平收水应三次压光,充分养护,不得有酥松、起砂、起皮等现象。

⑥ 找平层按弹线留置分格缝,缝宽为 20 mm,留置的位置横纵向按照不大于 6 m 的宽度进行等分布置。

⑦ 基层与突出屋面结构(女儿墙、柱、排烟道、出气孔等)连接处,以及基层转角处(水落口、檐口、天沟、屋脊)均做成圆弧状,圆弧的半径为 20 mm,伸出屋面管道周围的找平层做成圆锥台,管道与找平层间应留凹槽。

⑧ 养护:找平层抹平压实后,常温时应 24 h 后浇水养护,养护时间不少于 7 d。

(2) 屋面高聚物改性沥青防水卷材施工

本工程屋面防水卷材计划采用冷粘法施工,其具体施工方法详见本节地下室防水内容,这里就不再赘述。

(3) 挤塑板保温层施工

① 防水涂料施工完经验收合格后即可铺设挤塑板。

② 铺设挤塑板之前应将防水层上的垃圾扫干净。

③ 挤塑板铺设时采用空铺法,接缝应尽量严密且应相互错开。

④ 铺贴挤塑板时,在分格缝处应断开 20 mm;且在板四周边缘应铺至女儿墙 20 cm

左右处,不得直接伸至女儿墙边。板接缝处应用胶带贴严。

⑤ 雨天和大风时不得铺贴挤塑板。

⑥ 挤塑板上施工细石混凝土保护层时,分格缝及女儿墙边20 mm宽的缝处亦应留设分格缝,待地砖铺贴完后,缝内嵌填柔性密封材料。

⑦ 门窗、幕墙工程。

a. 铝合金门窗。

外墙刮糙完成后开始安装铝合金框,安装前每樘窗下弹出水平线,使铝窗安装在一个水平标高上;在刮完糙的外墙上吊出门窗中线,使上下门窗在一条垂直线上。在框与墙之间缝隙采用沥青砂浆或沥青麻丝填塞,框边粉刷收口后,进行打密封胶。安装前对门窗进行进货检验,检查铝材厚度,保护膜是否粘贴牢固,框有无变形,固定片间距离是否符合要求。厂家提供出厂合格证,并向业主、监理办理报验手续。

b. 幕墙工程。

工艺流程:测量放线→固定支座安装→立梃和横梁安装→结构玻璃装配组件安装→密封及四周收口处理→检查及清洁。

(a) 测量放线及固定支座安装:幕墙施工前进行测量放线,检查主体结构的垂直与平整度,同时检查预埋铁件的位置标高,然后安装支座。

(b) 立梃和横梁安装:立梃骨架安装从上进行,立梃骨架接长,用插芯接件穿入立梃骨架中连接,立梃骨架用钢角码连接件预主体结构预埋件先点焊连接,每一道立梃安装好后用经纬仪校正,然后满焊做最后固定。横梁与立梃骨架采用角铝连接件。

(c) 玻璃装配组件的安装:玻璃装配组件的安装由上往下进行,组件应相互平齐、间隙一致。

(d) 装配组件的整封:先对密封部位进行表面清洁处理,达到组件间表面干净,无油污存在。放置泡沫杆时考虑不应过深或过浅。注入密封耐候胶的厚度取两板间胶缝宽度的一半。密封耐候胶与玻璃、铝材应粘贴牢固,胶面平整光滑,最后撕去玻璃上的保护胶纸。

8. 装饰工程

(1) 外墙

① 外墙抹灰工程。

根据图纸设计要求,在黏土空心砖基层上,先粉12 mm厚1∶3水泥砂浆作为底层,再做6 mm厚1∶2水泥砂浆面层。抹灰前必须先找好规矩,即四角规方,横线找平,竖线垂直,弹出准线和墙裙、踢脚板线,水泥砂浆的墙面阳角可做1∶3的水泥砂浆抹出护脚线,其高度不低于1.5 m。墙面在抹灰前必须先浇水湿润,风干至七成后进行施抹,施工水泥砂浆面层时须将底层灰表面扫毛或划出纹道。砖墙应施工前1 d浇水,要浇透浇匀,采取措施使抹灰砂浆具有良好的和易性和一定的黏结强度,如掺和适量801胶等提高黏结力;底层和中层砂浆配合比应基本相同,以免在层间产生较强的收缩应力,内外墙门窗框边要认真塞缝,要采取措施以保证与墙体连接牢固,室外基层水泥砂浆墙面应做的毛面,用木槎槎毛时,要轻重一致,以圆圈形槎后,然后上下抽拉,方向要一致,在墙面突出部位抹灰时,应做好流水坡度和滴水线槽,外墙窗台抹灰前,窗框下缝隙须用水泥砂浆填实,防止渗漏。

② 干挂花岗岩施工。

本工程局部外墙面采用干挂花岗岩饰面。石材幕墙对整个工程的创优影响较大,为保证石材幕墙质量,尽量避免装修阶段出现凿打等现象,在结构及砌体施工阶段应认真做好干挂花岗岩预埋件的预埋工作。该装饰分项工程施工前应编制合理可行的专项施工方案,并经公司有关部门审批合格后组织实施。

操作工艺:

a. 放线:从所安饰面部位的两端,由上至下吊出垂直线,投点在地面上或固定点上。找垂直时,一般按板背与基层面的空隙(即架空)为 50~70 mm 为宜。按吊出的垂线,连接两点作为起始层挂装板材的基准,在基层立面上按板材的大小和缝隙的宽度,弹出横平竖直的分格墨线。

b. 板格钻孔:按设计要求在板端面需钻孔位置,预先画线,集中钻孔,孔径一般为 $\phi5$,孔深宜 30 mm,孔在纵向要与端面垂直一致。

c. 挂件安装:按放出的墨线和设计以挂件的规格、数量的要求安装挂件,同时必须以测力扳手检测膨胀螺栓和连接螺母的旋紧力度,使之达到设计质量的要求。

d. 板材连接:在板材端面的孔灌入适量的环氧树脂混合料并插入锚固针;环氧树脂混合料的配合比要保证有适当的凝固时间,应视具体情形而定,一般在 4~8 h 为宜,避免过早凝固而出现脆裂,过慢凝固而产生松动,连接节点大样图如图 9.2.9 所示。

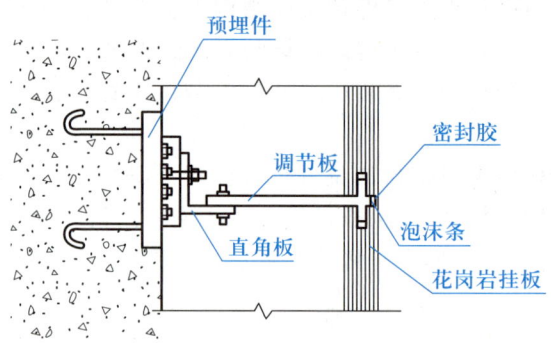

图 9.2.9 花岗岩挂板节点图

e. 板材安装:一般由主要的立面或主要的观赏面开始,由下而上依次按一个方面顺序安装,尽量避免交叉作业以减少偏差,并注意板材色泽的一致性。每层(皮)安装完成,应做一次外形误差的调校,并用测力扳手对挂件螺栓旋紧力进行抽检复验。

f. 封缝:每一施工段安装后经检查无误,可清扫拼接缝,填入橡胶条,然后用打胶机进行硅胶涂封。一般硅胶只封平接缝表面或比板面稍凹少许即可。雨天或板材受潮时不宜涂硅胶。

g. 清场:每次操作结束要清理操作现场,安装完工不允许留下杂物,以防硬物跌落破损饰面板。

(2) 内墙

① 内墙面砖施工。

a. 选砖:一般按 1 mm 差距分类选出 1~3 个规格,选好后要求按房间大小计划用料。

选砖时要求方正、平整,无裂纹、楞角完整、颜色均匀,表面无凹凸和扭翘等毛病,不合格的面砖不用。

b. 排砖、弹线:待基层灰六层七成干时即可按图纸要求排砖,同一面墙应镶贴尺寸一致的面砖。开始镶贴时,一般由阴阳角开始,自下而上的进行,尽量使不成整块的面砖留在阴角。在底层砂浆上应弹垂直与水平控制线,一般竖线间距约为 1 m,横线一般根据面砖规格尺寸每 5~10 块弹一水平控制线,有墙裙的弹在墙裙上口。

c. 贴标准点:标准点是用废面砖贴在底层砂浆上,贴时将砖的棱角翘起,以棱角作为镶贴面砖表面平整的标准。在灰饼面砖的棱角上拉立线,再于立线上拴活动水平线,用来控制面砖表面平整,做灰饼时上下灰饼需要靠尺板找好垂直,横向几个灰饼需拉线或用靠尺板找平。

d. 垫底尺:根据计算好的最下一皮砖的下口标高,垫放好尺板作为第一皮砖下口的标准。底尺上皮一般比地面低 1 cm 左右,以便地面压住墙面砖。底尺安放必须水平,摆实摆稳;底尺的垫点间距应在 40 cm 以内,要保证垫板牢固。

e. 镶贴面砖:首先把一致规格的面砖清扫干净,放入净水中浸泡 2 h 以上,取出待表面晾干,用砂浆由下往上镶贴,镶贴方法是在面砖背面抹一层砂浆约 8 mm 厚,紧靠底尺上皮将面砖贴在墙面,用小铲的木把轻轻敲打面砖,使灰浆挤满,上口要以水平线为标准,贴好底层一皮砖后,再用靠尺板横向靠平,不平时用小铲把敲平,亏灰时应取下面砖添灰重贴。门口或阳角处以及长墙每间距 2 m 左右均先竖向贴一排砖,作为墙面垂直、平整和砖层的标准,然后按此标准向两侧挂线镶贴。

f. 镶贴边角:面砖贴到上口必须平直成一线,上口及阳角的大面一侧必须用一面圆的面砖,这一行的最上面一块必须用两面圆的面砖,总之应镶贴与其配套的配件砖。

g. 擦缝:镶贴完毕应自检有无空鼓、不平、不直等现象,发现问题应及时返工修理,然后用白水泥进行擦缝。

② 大理石内墙面层。

本工程各层电梯厅及大厅内墙面采用大理石面层,需伸至吊顶以上 100 mm。

工艺流程:施工准备(钻孔、剔槽)→穿铜丝或镀锌丝与块材固定→吊垂直、找规矩弹线→安装玻化砖→分层灌浆→擦缝。

a. 钻孔、剔槽:安装前先将饰面板按照设计要求用台钻打眼,事先应钉木架使钻头直对板材上端面,在每块板的上、下两个面打眼,孔位打在距板宽的两端1/4处,每个面各打两个眼,孔径为 5 mm,深度为 12 mm,孔位距石板背面以 8 mm 为宜(指钻孔中心)。如板材宽度较大时,可以增加孔数。钻孔后用金钢錾子把石板背面的孔壁轻轻剔一道槽,深 5 mm 左右,连同孔服形成象鼻眼,以备埋卧铜丝之用。

b. 穿钢丝或镀锌铅丝:把备好的铜丝或镀锌铅丝剪成长 20 cm 左右,一端用木楔粘环氧树脂将铜丝或镀锌铅丝模进孔内固定牢固,另一端将铜丝或镀锌铅丝顺孔槽弯曲并卧入槽内,使大理石板上、下端面没有铜丝或镀锌铅丝突出,以便和相邻石板接缝严密。

c. 绑钢筋网:首先剔出墙上的预埋筋,把墙面镶贴的部位清扫干净。先绑扎一道竖向 $\phi 6$ 钢筋,并把绑好的竖筋用预埋筋弯压于墙面。横向钢筋为绑扎玻化砖板材所用,如板材高度为60 cm时,第一道横筋在地面以上 10 cm 处与主筋绑牢,用作绑扎第一层板材的下口固定铜丝或镀锌铝丝。第二道横筋绑在 50 cm 水平线上 7~8 cm,比石板上口低

2~3 cm 处,用于绑扎第一层石板上口固定铜丝或镀锌铅丝,再往上每 60 cm 绑一道横筋即可。

d. 弹线:首先将贴玻化砖的墙面、柱面和门窗套用大线坠从上至下找出垂直。应考虑大理石板材厚度、灌注砂浆的空隙和钢筋网所占尺寸,大理石外皮距结构面的厚度应以 5 cm 为宜。找出垂直后,在地面上顺墙弹出大理石板等外廓尺寸线(柱面和门窗套等同),此线即为第一层玻化砖的安装基准线。编好号的玻化砖在弹好的基准线上画出就位线,每块留 1 mm 缝隙。

e. 安装大理石:按部位取大理石并舒直铜丝或镀锌铅丝,将大理石就位,石板上口外仰,右手伸入大理石背面,把大理石下口铜丝或镀锌铅丝绑扎在横筋上。绑时不要太紧可留余量,只要把铜丝或镀锌铅丝和横筋拴牢即可(灌浆后即会锚固),把大理石竖起,便可绑大理石上口的铜丝或镀锌铅丝,并用木楔子垫稳,块材与基层间的缝隙(即灌浆厚度)为 30 mm。用靠尺板检查调整木楔,再拴紧铜丝或镀锌铅丝,依次向另一方进行。找完垂直、平整、方正后,用容器调制熟石膏,把调成粥状的石膏贴在大理石上下之间,使这两层大理石结成一整体,木楔处亦可粘贴石膏,再用靠尺板检查有无变形,等石膏硬化后方可灌浆。

f. 灌浆:将益胶泥陶瓷黏合剂按一定比例调成粥状(稠度一般为 8~12 cm),用铁簸箕舀浆徐徐倒入,注意不要碰大理石,边灌边用橡皮锤轻轻敲击大理石使灌入砂浆排气。第一层浇灌高度为 15 cm,不能超过砖高度的 1/3;第一次灌入 15 cm 后停 1~2 h,等砂浆初凝,此时应检查是否有移动,再进行第二层灌浆,灌浆高度一般为 20~30 cm,待初凝后再继续灌浆。第三层灌浆至低于板上口 5~10 cm 处为止。

g. 擦缝:全部大理石安装完毕后,清除所有石膏和余浆痕迹,用麻布擦洗干净,并用白水泥浆嵌缝,边嵌边擦干净,使缝隙密实、均匀、干净。

(3) 楼地面

① 找平层。

a. 在铺设找平层前将下一层表面清理干净,如其下为混凝土垫层时,应湿润,表面光滑时应划毛,铺设时先刷一道水泥浆,其水灰比为 0.4~0.5,应随刷随铺。

b. 水泥砂浆体积比不宜小于 1∶3,水泥砂浆强度等级不小于 M5。

② 地砖面层。

a. 基层清理:彻底清除细石混凝土保护层面上的松散杂物,并提前用水冲洗干净,凡凸出混凝土保护层的混凝土疙瘩等应清除干净。

b. 选砖:应提前对砖的规格尺寸、外观质量、色泽等进行预选,分规格堆放,并应在使用前一天浸水湿润后晾干待用,砖的背面应清理干净。

c. 排砖:根据现场尺寸进行排砖,确定砖缝大小及端部非整砖的尺寸。

d. 贴灰饼:根据屋面的找坡方向及坡度要求,先在屋面的四个角落处用胶皮水管或水准仪定出面砖上表面的高度,并设置灰饼,要求应保证水落口 50 cm 范围内的坡度不少于 5%。

e. 贴起头砖:按地面四周灰饼的高度拉纵横垂直通线,根据事先定好的排砖方案,按线贴起头砖,要求砖缝大小均匀、顺直,缝宽 5~6 mm。

f. 地砖铺贴:按起头砖面挂的通线由里向外逐行铺贴,每块砖均要求跟线铺贴,水落口50 cm范围内的地砖因砖面坡度要求不同应甩至最后铺贴。铺贴时黏结层采用1∶2.5（体积比）的砂浆，砂浆的稠度应控制好。

　　g. 拔缝、修整：已铺好的缸砖，应及时按线或用铝合金杠尺进行检查平整度、接缝等，如有问题，应及时修整、拔缝，将缝找直，并将缝内多余的砂浆刮出，将砖面压实，如有坏砖应及时更换。

　　h. 勾缝：地砖铺贴完后，缝内卫生清理干净后应尽快进行勾缝，材料选用1∶1水泥（细）砂浆，要求勾平缝，缝表面应比砖面低2 mm左右，要求表面光滑、深浅一致，横平竖直、颜色均匀一致。勾缝完后，应及时将砖面上残存的水泥砂浆用湿布擦净，并做好成品保护工作。

　　i. 养护：勾缝完12 h后应进行浇水养护，养护时间不少于7天。

（4）顶棚

① 天棚薄抹灰施工。

因本工程板梁板模均采用胶合板模，支撑系统采用门架支撑，且梁起拱高度小，混凝土成型后外观接近于清水混凝土效果；表面平整度好，柱垂直度好，棱角清晰，几何尺寸准确；鉴于这种情况，设计为中级抹灰、涂料饰面的室内天棚可采用我公司已成功应用好几年的薄抹灰施工工艺进行施工，其抹灰厚度只需3~6 mm，即可使天棚、梁板抹灰平整，线条顺畅。下面简述其施工要点。

　　a. 弹线、找水平：在天棚板底梁四周弹出−20 cm水平线，检查混凝土板底平整情况。对于板底局部平整度相差在5 mm以上的部位，画出范围，而后刮水泥胶浆，随刮随粉1∶2水泥细砂浆至平，并在表面划痕或扫毛。

　　b. 水泥纸筋石灰膏的配制：先将石灰和纸筋按比例投放于灰池中浸泡10天左右，于抹灰前将纸筋石灰和普通硅酸盐水泥按比例一同置于砂浆搅拌机中搅拌，搅拌均匀，拌制时间约需3 min，要求班组应有计划地拌制水泥石灰膏，随抹随用，且要求砂浆搅拌机使用前应清洗干净。

　　c. 每间天棚抹灰时应有两个人配合；前面满刮801水泥胶浆，后面紧接着专用石灰膏粉刷，铁板刮灰厚度控制在3~6 mm，当天棚满刮后用3 m长铝合金刮杠，根据水平拉出天棚四个水平角，而后根据天棚的水平角用刮杠满刮，使天棚表面平整。

　　d. 天棚经刮平后，进行局部凹陷修补，接着进行第一道收光，为防止灰膏出现收缩裂缝，在灰膏干至七成左右，用铁板二次压光，在收（压）光过程中，应注意将灰膏中的气泡赶出，以保证天棚抹灰平整，无明显抹痕，边角应用铁板清理到位。

② 天棚轻钢龙骨吊顶。

本工程局部采用轻钢龙骨铝合金板吊顶、轻钢龙骨铝合金方形板吊顶、轻钢龙骨纸面石膏板（900 mm×2 700 mm×9 mm）吊顶、轻钢龙骨矿岩板（600 mm×600 mm）吊顶。

本工程轻钢龙骨吊顶天棚分布量大面广，对工程的评优影响较大，施工过程中应加强控制，这里仅对轻钢龙骨矿岩板吊顶进行阐述，其余轻钢龙骨吊顶的做法相类似。

　　a. 轻钢龙骨吊顶的安装，先按龙骨的标高沿房间四周的墙上弹出水平线，再按龙骨的间距弹上龙骨中心线，找出吊点中心，将吊杆焊接固定在预埋件上（不设埋件的则按吊点中心用射钉枪射钉固定吊杆或铁丝）。计算好吊杆的尺寸，注意与吊挂件连接的一端套丝长度应留有余地以备紧固，并配好螺帽。

b. 主龙骨安装：用吊挂件将主龙骨连接在吊杆上，拧紧螺丝卡牢，然后以一个房间为单位，将主龙骨调整平直。调整方法可用方木按主龙骨间距钉圆钉，将主龙骨卡住，临时固定，方木两端要顶到墙上或梁边，再按十字和对角拉线，拧动吊杆螺栓，升降调平，调平时，可按 1/200 起拱。

c. 中龙骨安装：中龙骨垂直于主龙骨，在交叉点用中龙骨吊挂件将其固定在主龙骨上，吊挂件上端搭在主龙骨上，挂件 U 型腿用钳子卧入主龙骨内，中龙骨中距应计算准确并要翻样而定。

d. 横撑龙骨安装：横撑龙骨应用中龙骨截取。安装时将截取的中龙骨的端头插入挂插件，扣在纵向龙骨上，并用钳子将挂搭弯入纵向龙骨内。组装好后，纵向龙骨和横撑龙骨底面（即饰面板背面）要求一平。横撑龙骨间距应视实际使用的饰面板规格尺寸而定。

e. 灯具处理：一般轻型灯具可固定在中龙骨或附加的横撑龙骨上，重型的应按设计要求决定，而不得与轻钢龙骨连接。

f. 矿岩板固定，从一块板的中部向长边（钉距@300）短边（钉距@200）同时进行，固定件与板材边缘距离为 15~20 mm，且每个螺钉头须沉入板面 1 mm。每个螺钉固定位置（板材与龙骨）先做预钻孔，孔径比螺钉直径小 1 mm。

（5）油漆工程

① 工艺流程：基层处理润色油粉→满刮油腻子→刷油色→刷第一遍漆（修补腻子，修色，磨砂纸，过水布）→刷第二遍漆（补腻子，修色，磨砂纸，过水布）→刷第三遍漆。

② 施工要点：

a. 油漆工程刷底前应将基层清理，缺陷修理。

b. 底油涂刷后应打腻磨平，油腻须用油性同颜色油漆，每层油漆后均应打腻找补和面上打磨才能再刷后一遍漆。

c. 底油漆应涂刷均匀，不流坠，不漏刷（特别扇的上下端部），涂刷厚度一致，无刷痕，油漆工程不能污染玻璃或其他分项，发生的即应整改。

d. 油漆最后一遍应于其他有污染分项工程完成以后进行，已进行油漆的房间应有产品保护措施。

9.2.4 单位工程施工进度计划

9.2.4.1 主要进度节点工期计划

主要进度节点工期计划见表 9-2-4。

表 9-2-4 主要进度节点计划表

序号	主要控制节点	计划完成节点工期	备注
1	开工时间	2008 年 9 月 27 日	
2	工程桩施工完成时间	2008 年 11 月 20 日	
3	基坑支护及土方施工完成时间	2008 年 12 月 27 日	
4	地下室底板计划浇筑时间	2009 年 2 月 19 日	
5	地下室顶板计划浇筑时间	2009 年 3 月 12 日	

续表

序号	主要控制节点	计划完成节点工期	备注
6	主体结构施工至七层	2009年4月30日	
7	主体结构封顶	2009年5月30日	
8	外脚手架拆除完毕	2009年9月27日	
9	工程竣工验收	2009年10月21日	

9.2.4.2 进度计划

××省××单位办公大楼工程施工进度计划（一级）网络图，见图9.2.10。

9.2.4.3 各项资源需要量与施工准备工作计划

1. 施工准备

（1）施工技术准备

① 备齐规范、标准、图集等。技术质量组按照设计图纸要求备齐本工程所涉及的主要国家规范、标准、图集，常用的规范施工人员人手一册，并按有关要求建立五大类文件清单。

② 施工图设计图纸自审。工程开工前应组织工程技术人员到施工现场对建筑物所处位置及周边的地形地貌、气象、水文地质条件进行了解，并将施工图纸提前交给工程技术人员与项目施工员进行图纸熟悉，将施工图纸设计问题及施工过程可能遇到的问题，以及各专业图纸之间的相互矛盾先进行内部自审。

③ 编制项目质量实施计划，按照确保××市"××杯"优质工程、争创××省"××杯"及以上优质工程质量总目标要求对分部分项工程和检验批质量目标进行分解。施工过程中按住房和城乡建设部建设项目施工现场综合考评标准做好施工组织管理、工程质量管理和安全管理，并做到科学管理、文明施工、保质守约、用户满意。

④ 编制作业指导书和分部分项工程安全施工专项方案。

⑤ 组织人员进行钢筋翻样，预埋件加工，落实成品，半成品的货源。

⑥ 测量基准交底、复测及验收。根据建设单位与规划部门提供的实地放样坐标点，引测至围墙，地面建立半永久性坐标点，并请有关部门进行核样；根据建设单位提供的道路罗零标高，引测至场内，建立四个固定水准点；本工程定位点的具体位置经复核无误后，办理测量定位记录。

⑦ 技术工作计划。

技术工作计划（分项工程施工方案编制计划）见表9-2-5。

9-2: 图9.2.10

表9-2-5 分项工程施工方案编制计划

序号	施工方案名称（作业指导书）	完成日期	编制人	审核人	批准人	备注
1	创文明工地计划	2002.9	吕××	李××	陈××	
2	施工测量方案	2002.9	吕××	李××	陈××	
3	桩基工程施工专项方案	2002.9	吕××	李××	陈××	
	基坑支护结构与土方工程施工方案	2002.9	吕××	李××	陈××	
	地下室结构工程施工方案	2002.9	张××	李××	陈××	

续表

序号	施工方案名称(作业指导书)	完成日期	编制人	审核人	批准人	备注
4	模板工程安全施工专项方案	2002.9	吕××	李××	陈××	
5	临时用电施工方案	2002.9	李××	李××	陈××	
6	脚手架工程安全施工专项方案	2002.11	李××	李××	陈××	
7	现浇空心板作业指导书	2003.2	张××	李××	陈××	
8	施工电梯安装及拆除专项方案	2003.3	李××	李××	陈××	
9	地下/屋面防水工程施工方案	2003.5	李××	李××	陈××	

⑧ 科研计划。

为强化四新技术的应用,计划运用最先进的"施工项目管理软件"(包括梦龙、PKPM、晨曦等),对工程的全过程覆盖管理,项目计算机联网,实现施工现场的远程监控;同时与业主、监理、分包商联网,实现施工信息共享,资料传递及时。

⑨ 实验检验计划。

实验检验计划见表 9-2-6—表 9-2-8。

表 9-2-6 混凝土强度及抗渗试验计划

序号	取样部位	混凝土强度等级	取样组数	见证取样	养护条件	龄期/天
1	垫层	C15	3	1	标准养护	28
2	底板承台地梁	C35 S8	6	1	标准养护	28
			2	1	同条件养护(实体检验)	累计600℃·天
			3	1	标准养护(抗渗检验)	28
3	地下室外墙坡道墙	C40 S8	3	1	标准养护	28
			1	1	同条件养护(实体检验)	累计600℃·天
			3	1	标准养护(抗渗检验)	28
4	±0.00梁板	C35	3	1	标准养护	28
			1	—	同条件养护(实体检验)	累计600℃·天
			2	—	同条件养护(拆模)	按拆模强度
			1	—	标准养护(抗渗检验)	28

续表

序号	取样部位	混凝土强度等级	取样组数	见证取样	养护条件	龄期/天
5	-1—2层框架柱、剪力墙	C40	每层各2组	6组	标准养护	28
			共2组	2组	同条件养护（实体检验）	累计600℃·天
6	2—6层梁板梯	C35	每层各1组	1组	标准养护	28
			共1组	1	同条件养护（实体检验）	累计600℃·天
7	3—7层框架柱、剪力墙	C35	每层各1组	—	同条件养护（拆模）	按拆模强度
			每层各1组	2组	标准养护	28
			共1组	1组	同条件养护（实体检验）	累计600℃·天
8	8—11层梁板梯	C30	每层各2组	10组	标准养护	28
			共1组	5组	同条件养护（实体检验）	累计600℃·天
			每层各2组	—	同条件养护（拆模）	按拆模强度
9	8层以上框架柱、剪力墙	C30	每层各1组	2组	标准养护	28
			共1组	1组	同条件养护（实体检验）	累计600℃·天
10	屋面梁板	C30 S6	2组	1组	标准养护	28
			1组	1组	同条件养护（实体检验）	累计600℃·天
			2组	—	同条件养护（拆模）	按拆模强度
			2组	1组	标准养护（抗渗检验）	28

备注：上表中结构实体检验用同条件养护试件的留置数量仅供参考，具体数量应待上部工程开工前，结合混凝土工程量和构件的重要程度，按相关规范与现场的监理人员共同确定。

表 9-2-7　材料检验和试验计划表

序号	检验和试验项目	检验时间	执行部门或负责人	备注
1	水泥	2002.10—竣工		
2	砂	2002.10—竣工		

续表

序号	检验和试验项目	检验时间	执行部门或负责人	备注
3	石子	2002.10—竣工		
4	钢筋	2002.10—2003.5		
5	砖砌体	2003.5—2003.6		
6	防水材料	2003.1—2003.7		
7	直螺纹接头	2003.1—2003.5		
8	电渣压力焊接头	2003.1—2003.5		
9	闪光对焊接头	2003.1—2003.5		
10	回填土试验	2003.3		
11	铝合金窗三性试验	2003.7		
12	幕墙四性试验	2003.7		
13	梁板钢筋保护层厚度	2003.4—2004.6		
14	室内环境检测	2003.10		
所依据的标准		《混凝土结构工程施工质量验收规范》(GB 50204—2015)		

表 9-2-8 防水工程试验计划

序号	防水工程的部位	试验方法	试验次数
1	屋面、屋面水箱	蓄水试验	各1次
2	地下室防水	周围回填土完后观察	1次
3	1—6层卫生间防水	蓄水试验	2次
4	7—11层卫生间防水	蓄水试验	2次

（2）现场准备
① 工程轴线控制网测量定位及控制桩、控制点的保护。
根据建设单位及规划部门提供的实地放样坐标点定出本工程的控制轴线，在地面用混凝土作控制桩的固定保护，并在围墙上作红油漆标志（具体详测量定位记录），将建设单位及规划部门提供的实地高程基准点引入施工现场，并在现场内设置三个水准点。
② 施工现场临时设施建设。
按照施工平面布置做好施工临时施工道路、临时施工用电用水与排水管线设置、材料堆场的布置，以及临时建筑物的建设。
2. 各种资源准备
（1）劳动力需用量及进场计划
劳动力需用量及进场计划见表 9-2-9。

表 9-2-9 劳动力需用计划

工种	按工程施工阶段投入劳动力情况							
	桩基工程	土方工程	地下室结构	上部主体结构	砌体工程	装饰工程	室外工程	竣工清理
混凝土工	5	25	50	40	10	8	15	—
钢筋工	5	—	70	70	25	5	15	—
木 工	—	—	80	80	15	5	15	—
泥水工	5	—	—	50	60	30	20	10
门窗安装工	—	—	—	—	—	20	—	—
焊 工	3	—	4	2	4	4	—	—
油漆工	—	—	—	—	—	60	15	30
架子工	—	—	5	30	20	20	5	—
机械工	16	4	8	8	8	4	—	—
水电工	—	—	18	15	25	30	5	—
电 工	1	1	2	2	2	2	1	—
普 工	4	6	6	10	15	20	20	10
防水工	—	—	15	—	—	25	—	—
清洁工	1	1	2	2	2	2	2	2
其 他	5	5	10	15	15	20	10	5

（2）材料需用量计划

根据施工组织设计和施工图预算的工料分析，由预算员编制详细的材料、成品、半成品需用计划，以及具体详细的每月材料需用计划和采购计划，项目部从公司建立的合格物质供应商名册中选择物质供应商，根据用料计划备料，所选用材料设备的规格、型号、质量及相应的质保资料，严格按 ISO9002 采购程序执行，做好各种材料的申请、订货、加工、采购、运输、库存等准备工作。

（3）主要施工机械的进场计划

本工程拟投入的施工机械设备应分别根据现场的进度需要情况分阶段进场（表 9-2-10），以最大限度地提高各机械的使用率，尽量减少不必要的投入。

表 9-2-10 本工程拟投入的主要施工机械设备（土建）

序号	机械或设备名称	型号规格	数量	定额功率/KW	用于施工部位
1	塔吊（$R=50$ m）	QT80EA	1	60	基础及上部结构
2	施工电梯	SCD200-200J	1	44.0	砌体装修
3	柴油发电机组	200 KV·A	1	200	全过程

续表

序号	机械或设备名称	型号规格	数量	定额功率/KW	用于施工部位
4	液压履带起重机	QNY35	1	—	基坑支护
5	振动锤	DZ60A	1	39	基坑支护
6	振动锤	DZ45A	1	20.2	基坑支护
7	反铲挖掘机	PC20012 m^3	2	120	土方开挖
8	蛙式打夯机	HW-60	2	2.8	土方回填
9	混凝土输送泵	HBT80(80 m^3/h)	1	85	主体结构
10	混凝土搅拌机	JZC350	1	15.0	基础装修
11	平板振动器	PZ-150	2	3.0	主体结构
12	插入式振动器	HE69-70A	10	1.5	主体结构
13	砂浆搅拌机	UJ200L	2	3.0	砌体装修
14	交流电焊机	BX1-500-F3	4	31.0	主体结构装修装饰
15	对焊机	UN1-100	1	75.0	主体
16	钢筋切断机	GQ40	1	4.0	主体
17	钢筋弯曲机	CW40C-2	1	3.0	主体
18	直螺纹套丝机	HGS-40	2	8.0	主体
19	卷扬机	SH22,1.5T	1	22.0	主体
20	潜水泵	$\phi75$	4	1.1	基础
21	高压水泵	扬程100m	1	5.5	全过程

9.2.5 各项管理及保证措施

9.2.5.1 质量保证措施

① 项目质量保证体系的组成及其分工(表9-2-11)。

表9-2-11 质量管理体系过程责任分配表

要素代号	程序文件	综合办公室	工程管理组	技术质量组	财务预算组
4.2.3	文件控制	▲	△	△	△
4.2.4	记录控制	▲	△	△	△
5.4.1	质量、环境和职业健康安全目标	△	▲	△	△
5.4.2	管理体系策划	△	△	△	△
5.4.3	管理方案	△	▲	△	△

续表

要素代号	程序文件	综合办公室	工程管理组	技术质量组	财务预算组
5.5	职责、权限与沟通	△	▲	△	△
5.5.1	机构、职责、权限	△	▲	△	△
5.5.3	协商、沟通和信息交流	△	▲	△	△
6.1	资源提供	△	▲	△	△
6.2	人力资源	△	△	△	△
6.3	基础设施	△	▲	△	△
6.4	工作环境	△	▲	△	△
7.1	产品实现策划	△	▲	△	△
7.2.1	与产品有关要求的确定	△	△	△	▲
7.2.2	与产品有关要求的评审	△	△	△	▲
7.2.3	与顾客、员工和相关方沟通	△	▲	△	▲
7.2.4	法律法规和其他要求	△	▲	△	△
7.2.5	危险源辨识、风险评价和风险控制策划	△	▲	△	△
7.2.6	环境因素	△	▲	△	△
7.4	采购	△	▲	△	△
7.5.1.1	过程控制	△	△	▲	△
7.5.1.2	运行控制	△	▲	△	△
7.5.1.3	应急准备和响应	△	▲	△	△
7.5.1.4	工程回访保修	△	▲	△	△
7.5.2	生产和服务提供过程的确认	△	▲	△	△
7.5.3	产品标识与可追溯性	△	▲	△	△
7.5.4	顾客财产	△	▲	△	△
7.5.5	产品防护	△	▲	△	△
7.6	监视和测量装置的控制	△	△	▲	△
8.2.1	顾客满意	△	▲	△	△
8.2.2	内部审核	△	△	▲	△
8.2.3	过程监视和测量	△	△	▲	△
8.2.4	工程检验和试验	△	△	▲	△
8.2.5	绩效监视和测量	△	▲	△	△

续表

要素代号	程序文件	综合办公室	工程管理组	技术质量组	财务预算组
8.2.6	合规性评价	△	▲	△	△
8.3.1	不合格品控制	△	△	▲	△
8.3.2	不符合、事故事件控制	△	▲	△	△
8.4	数据分析	△	△	▲	△
8.5	改　进	△	△	▲	△
8.5.1	持续改进	△	△	▲	△
8.5.2	纠正措施	△	▲	▲	△
8.5.3	预防措施	△	▲		

说明：▲表示主要实施责任，△表示协助实施。

② 加强技术管理，认真贯彻国家规范及公司各项质量管理制度，建立健全岗位责任制，熟悉施工图纸，做好技术交底工作。

③ 重点解决大体积及高强混凝土施工、钢筋连接等质量难题。装饰工程积极推行样板间，经业主认可后再大面积施工。

④ 模板安装必须有足够的强度、刚度和稳定性、拼缝严密。

⑤ 钢筋焊接质量应符合规范规定，钢筋接头位置数量应符合图纸及规范要求。

⑥ 混凝土浇筑应严格按配合比计量控制，若遇雨天应及时调整配合比。

⑦ 加强原材料进场的质量检查和施工过程中的性能检测，对于不合格的材料不准使用。

⑧ 认真搞好现场内业资料的管理工作，做到工程技术资料真实、完整、及时。

9.2.5.2　安全及消防技术措施

① 成立以项目经理为核心的安全生产领导小组，设 2 名专职安全员统抓各项安全管理工作，班组设兼职安全员，对安全生产进行目标管理，层层落实责任到人，使全体施工人员认识到"安全第一"的重要性。

② 加强现场施工人员的安全意识，对参加施工的全体职工进行上岗安全教育，增加自我保护能力，使每个职工自觉遵守安全操作规程，严格遵守各项安全生产管理制度。

③ 坚持安全"三宝"，进入现场人员必须戴安全帽，悬空作业必须系安全带，建筑物四周应有防护栏和安全网，在现场不得穿硬底鞋、高跟鞋、拖鞋。

④ 工地上的沟坑应有防护，跨越沟槽的通道应设渡桥，20~150 cm 的洞口上盖固定盖板，超过 150 cm 的大洞口四周设护身栏杆。电梯井口安装临时工具式栏栅门，高度 120 cm。

⑤ 现场施工用电应按《施工现场临时用电安全技术规范》(JGJ 46—2005)执行，工地设配电房，大型设备用电处分设电箱，所有电源闸箱应有门、有锁、有防雨盖板、有危险标志。

⑥ 现场施工机具,如电焊机、弯曲机、手电钻、振捣棒等应安装灵敏有效的漏电保护装置。塔吊必须安装超高、变幅限位器,吊钩和卷扬机安装保险装置,有可靠的避雷接地装置。操作机械设备人员必须考核合格,持证上岗。

⑦ 脚手架的搭设必须符合规定要求,所有扣件应拧紧,架子与建筑物应拉结,脚手板要铺严、绑牢,模板和脚手架上不能过分集中堆放物品,不得超载,拆模板、脚手架时,应有专人监护,并设警戒标志。

⑧ 夜间施工应装设足够的照明,深坑或潮湿地点施工,应使用低压照明,现场禁止使用明火,易燃易爆物要妥善保管。

9.2.5.3　文明施工管理

① 遵守市环卫、市容、场容管理的有关规定,加强现场用水、排污的管理,保证排水畅通无积水,场地整洁无垃圾,搞好现场清洁卫生。

② 在工地现场主要入口处,设置现场施工标志牌,标明工程概况、工程负责人、建筑面积、开竣工日期、施工进度计划、总面积布置图及场容分片包干和负责人管理图及有关安全标志等,标志要鲜明、醒目、周全。

③ 对施工人员进行文明施工教育,做到每月检查评分,总结评比。

④ 物件、机具、大宗材料要按指定的位置堆放,临时设施要求搭设整齐,脚手架、小型工具、模板、钢筋等应分类码放整齐,搅拌机要当日用完当日清洗。

⑤ 坚决杜绝浪费现象,禁止随地乱丢材料和工具,现场要做到不见零散的砂石、红砖、水泥等,不见剩余的灰浆、废铅丝、铁丝等。

⑥ 加强劳动保护,合理安排作息时间,配备施工补充预备力量,保证职工有充分的休息时间。尽可能控制施工现场的噪声,减少对周围环境的干扰。

9.2.5.4　降低成本措施

① 加强材料管理,各种材料按计划发放,对工地所进材料按实收数,签证单据。

② 材料供应部门应按工程进度,安排好各种材料的进场时间,减少二次搬运和翻仓工作。

③ 钢筋集中下料,合理利用钢筋,标准层墙柱筋采用两层一竖,柱筋及墙暗柱筋采用电渣压力焊及冷挤压套筒连接,节约钢材。

④ 混凝土内掺高效减水剂及粉煤灰,节约水泥。

⑤ 混凝土搅拌机后台采用自动上料(电脑计量)和输送泵运送混凝土,节约人工,保证质量。

⑥ 加强成本核算,做好施工预算及施工图预算并力求准确,对每个变更设计及时签证。

9.2.5.5　工期保证措施

① 进行项目法管理,组织精干、管理方法科学的承包班子,明确项目经理的责、权、利,充分调动项目施工人员的生产积极性,合理组合交叉施工,以确保工期按时完成。

② 配备先进的机械设备,降低工人的劳动强度,不仅可加快工程的进度,而且可以提高工程质量。

③ 采用新技术,提高工程质量,加快施工速度,本工程主要采用以下一些新技术:

a. 型钢水泥土复合搅拌桩支护结构技术。

b. 竖向钢筋电渣压力焊。
c. 钢筋直螺纹套筒连接。
d. 橡胶隔震垫施工技术。
e. GBF空心无梁楼盖施工技术。
f. 室内顶棚薄抹灰施工工法。
g. 水泥基复合防水材料应用技术。

9.2.5.6 季节性施工措施

1. 雨季施工技术措施

① 工程施工前,在基坑边设集水井和排水沟,及时排除雨水和地下水,把地下水的水位降至施工作业面以下。

② 做好施工现场排水工作,将地面水及时排出场外,确保主要运输道路畅通,必要时路面要加铺防滑材料。

③ 现场的机电设备做好防雨防漏电措施。

④ 混凝土连续浇筑,若遇雨天,用棚布将已浇尚未初凝的混凝土和继续浇筑的混凝土部位加以覆盖,以保证混凝土的质量。

2. 夏季高温施工技术措施

① 高温季节浇筑混凝土,应防止阳光曝晒,及时用草袋或麻袋覆盖并浇水防止混凝土早期脱水。

② 混凝土中掺加暖凝型外加剂,延缓水泥水化速率,避免出现温度裂缝,大体积混凝土浇筑时采取特别措施。

③ 若施工条件许可,尽量安排夜间浇筑混凝土,避免混凝土表面出现干裂缝。

④ 夏季施工时,抓好防暑降温工作,落实清凉茶水供应,施工现场遮阳通风,分发防暑药品,尽量避开中午高温施工等防暑降温措施,现场做好冲凉房,并对职工进行防中暑急救培训。

3. 台风季节施工组织措施

① 项目部成立防汛抗台领导小组,负责解决防汛抗台工作中的重大问题,对突发事件和紧急事件组织人力和物力,必要时项目部组织成立现场抢救队。

② 工程管理组负责收集台汛情报,协助领导做好防汛抗台工作。

③ 综合办公室负责防汛抗台期间的车辆调度和信息联络,事先公布各方有关的联络电话。

④ 台风到来前,塔吊、施工电梯应进行加固,防止风吹塌。

⑤ 及时收听、收看有关天气预报,提前做好防风、防雨、防洪、防暑准备。

⑥ 应急准备。

a. 在每年台汛季节来临前,工程管理组会同有关部门根据工地区域的水文、气候特点,考虑在建工程结构及施工机械、生产生活临设等实际情况,如有必要,应编制防汛抗台计划,经项目部领导批准后通知各部门、各作业队组织实施。

b. 防汛抗台领导小组在收到防洪抗台信息后组织检查各部门、班组防汛抗台抢险人员、物资等落实情况。

c. 防汛抗台抢险物资一般不得移作他用。

⑦ 应急预案。

a. 台汛来临前

(a) 防汛抗台领导小组接到台汛预报后,立即布置任务,并组织检查防汛抗台各项工作的准备情况,协调解决及明确有关应急事项。

(b) 工程管理组组织有关部门和人员对工地机械、设备、生产生活临设、施工用电、排水系统、脚手架等重要部位进行检查,形成记录。对隐患部位提出限期整改要求,整改后进行验收工作。

(c) 在存放防汛抗台物资的仓库应安排值班人员,及时发放防汛抗台物资。

(d) 办公室应预先公布各方的联络方法,以便台汛期间的相互联络。

b. 台汛期间。

(a) 停止一切露天作业(防汛抗台工作除外)。

(b) 在出现险情时,防汛抗台领导小组立即与有关人员对险情进行紧急分析,提出抢险方案。

(c) 防汛抗台领导小组安排人员昼夜值班,密切注意台汛动向,随时准备组织人员进行抢险。

(d) 在遇重大险情时,防汛抗台领导小组应果断采取应急措施,最大限度地保护抢险人员的人身安全和避免造成重大经济损失,同时向上级领导部门报告险情及采取的应急措施。

(e) 工程管理组必须根据防汛抗台情况调度好车辆,并积极保证内外部的联络顺畅。

9.2.6 单位工程施工总平面的设计

9.2.6.1 现场出入口及围墙

尺寸6.0 m(宽)×2.0 m(高),颜色为中建蓝(C100M50),大门正腰用白色黑体书写"中国建筑"字样,门柱截面尺寸为0.8 m×0.8 m,高度为2.2 m,其中0.2 m柱帽为梯形,门柱通体为蓝色。在场地四周砌筑2.2 m高的围墙。所有围墙外侧均采用涂料刷白,并做好总公司的CI标志。

具体现场CI策划另行制定创文明工地计划。

9.2.6.2 现场道路及排水

本工程现场在围墙四周边设置排水沟,形成有组织排水,分别在入口处及厕所设置一个沉淀过滤池,现场污水经过处理后排入市政地下水道中。根据现场文明施工要求,土方回填完后,现场四周均铺设混凝土施工道路,以便在雨季期间能保持道路整洁,不致产生泥坑、积水。

9.2.6.3 现场机械、设备的布置

详见施工阶段平面布置图9.2.11。

9.2.6.4 现场材料加工、堆放场地

现场钢筋堆放加工区、模板加工区及原材料、半成品等应分规格、分品种整齐堆放,标识牌完整,便于管理、运输,具体详见施工阶段平面布置图9.2.11。

第 9 章 房屋建筑工程施工组织设计实例

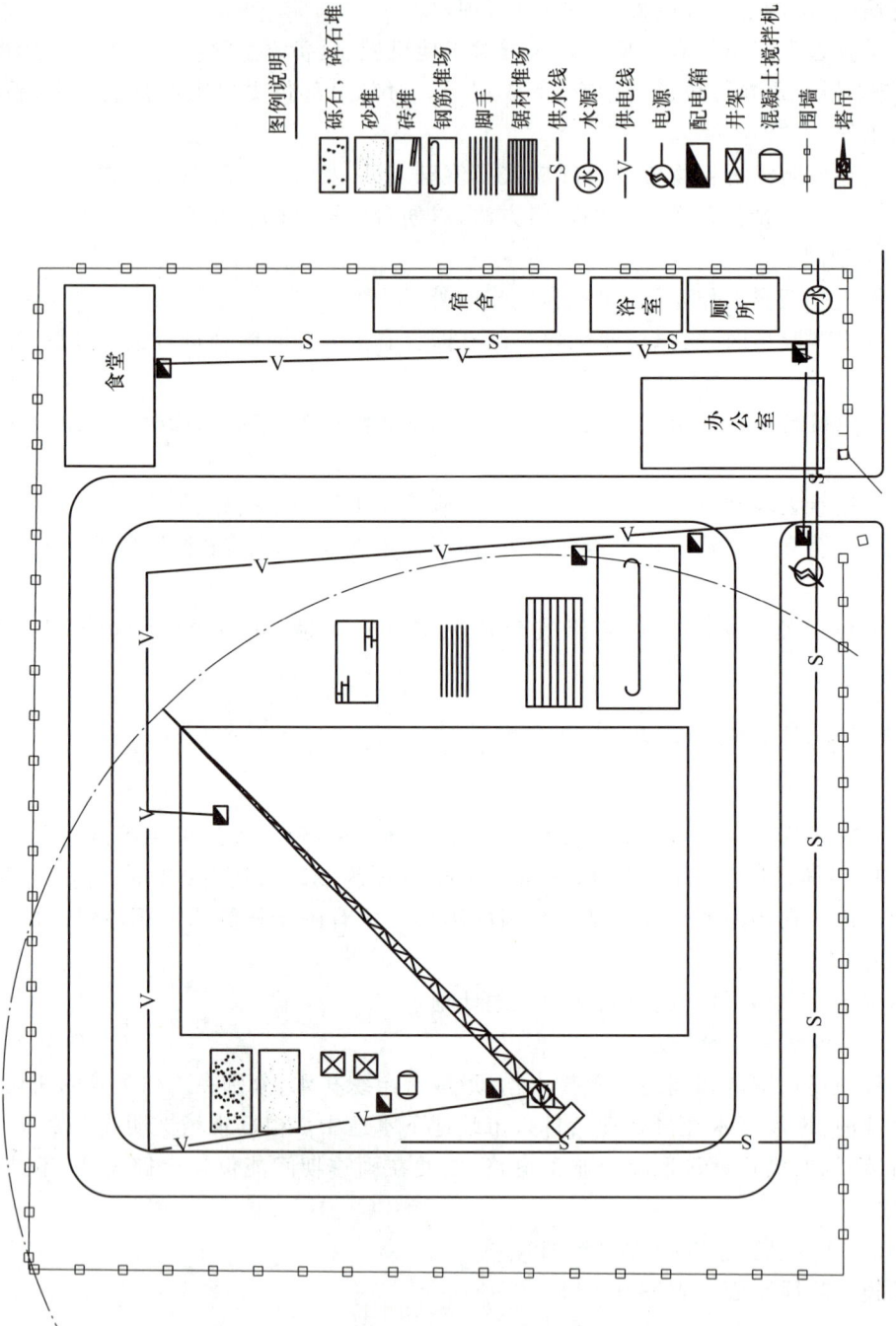

图 9.2.11 某办公大楼施工阶段平面布置图

9.2.6.5 现场办公区、生活区

现场办公室内装饰按照 CI 要求布置,职工宿舍每间住宿 8 人,设上下床架、电风扇,各种消防器材配置齐全;食堂内整洁卫生,要求所有灶台、冲刷池、洗涤池、消毒池等均购置不锈钢成品;现场设置临时厕所,采用自动水冲式,并做好临时粪池、沉淀池等配套设施。

9.2.6.6 临时用水布置

根据消防要求和计算,供水管径选择 $\phi100$,与业主提供的供水主管接水表碰口后沿施工道路一侧布置,并根据需要设分管和水龙头,地下室消防水池结构完成后可作为本工程的现场备用水池,设最大扬程为 100 m 的水泵分二路 $\phi65$ 镀锌管向建筑物楼层供水,随工程主体施工逐层上接,每层设两个 $\phi25$ 管头,施工时用胶皮管接至使用地点。

9.2.6.7 施工临时用电

业主在场内东南角提供一个 400 kV·A 的电源,满足现场用电要求。根据用电设备在施工现场的情况,从变压器配电箱以直埋式引入施工现场,形成环路,各主要用电处或 50 m 设置分配电箱,电缆线沿墙壁敷设,每两层设一分配电箱,采用标准线盒,铜芯橡胶绝缘电缆线引出,施工用电应另行编制临电施工方案。

第10章 道桥工程施工组织设计实例

10-1:某桥梁工程施工组织设计

10.1 实例1——某桥梁工程施工组织设计

10.2 实例2——某道桥工程施工组织设计

10.2.1 施工组织设计的编制依据

① 招标文件及合同文件。
② ××市××规划设计研究院提供的经审批的施工图设计文件。
③ ××市××勘察院提供的工程地质勘察报告。
④ 现场踏勘调查资料报告,以及本单位对同类工程的施工经验。
⑤ 国家及本地区现行的市政道路工程及桥涵工程施工技术规程、施工及验收规范、文件,工程质量检验评定标准。
⑥ 企业质量标准文件及标准化现场施工管理的有关细则。

10.2.2 工程概况

10.2.2.1 工程主要情况

工程主要情况见表10-2-1。

表10-2-1 工程建设概况一览表

工程名称	××地区大学城××期××路工程	工程地址	××市××地区××路
建设单位	××省××地区大学新校区建设领导小组办公室	勘察单位	××省××勘察院
设计单位	××市规划设计研究院	工期	210日历天
监理单位	××监理公司	质量	质量达"工程施工质量验收规范"合格标准
工程承包范围	道路工程,桥梁工程,水电安装工程,防护工程等		

10.2.2.2 工程设计简介

设计内容包括:道路工程,排水工程,桥梁工程,电气工程,市政道路消防给水工程。

××地区大学城××期校际道路起点位于大学城××期学园南路与金上路交叉口(桥下),终点止于乌龙江大道延伸段交叉口,全长 5.291 km。本标段桩号范围为 K3+330—K5+270,K4+322.5 处设有一座预应力混凝土空心板梁桥。

道路设计等级为城市Ⅱ级主干路。道路红线宽度为 35 m,横断面设计为一块板;设计车速为 50 km/h;机动车道设计为水泥混凝土路面;道路抗震设防烈度为 7 度。溪源江桥桥面宽度为 29 m,桥梁上部结构采用 4 m×25 m 预应力混凝土空心板,先简支后桥面连续结构,下部结构为肋板式桥台和柱式桥墩,钻孔灌注桩基础。

10.2.2.3 工程施工条件

(1) 气象条件

路线区域属亚热带海洋性季风气候区,温暖潮湿,雨量充沛,台风频繁。每年 4—9 月为汛期,10 月至次年的 2 月为少雨期,多年平均降雨量 1 200~1 600 mm。

(2) 地质条件

拟建场地地势较平坦,局部路段为低山、丘陵;沿线主要土层可分为 8 层。桥位处地质上部为淤泥层,中部为中粗砂及黏土,下部为强风化花岗岩。

(3) 环境及交通情况

本标段起点靠近已建科技路一期末端大桥桥头,终点与乌龙江大道延伸段相交,拟建某大桥一侧有乡村水泥小路横穿,交通运输环境一般。该路段与料场有一定距离,运输不太方便;且线路穿越村庄,对居民生活会有一定影响。路线所经地区内生活、施工用水水源比较充分,电网发达,电力较充足,可满足工程用水用电要求。

10.2.2.4 工程施工特点

本标段工程道路位于闽江南港的××县××镇,为冲洪积海积口平原地貌,除零星小山丘外,地势平坦,河汊密布。路基填料为中砂,桥头路段及溪源江河段要求超载预压 3 个月以上;软基处理采取清表、清淤换填砂处理,以及超载预压处理;桥台搭板素混凝土垫层下的路基采用搅拌桩处理等。施工内容涉及道路、给水排水、电气等,相互交叉作业错综复杂。此外,本标段设有一座大桥,K3+430.28—K3+660 路段有一座坛埔山小山包需开挖贯通,并且要进行路堑边坡镀锌网植草防护施工。

10.2.3 施工部署

10.2.3.1 确定该工程项目施工目标

质量目标:业主要求工程达到"工程施工质量验收规范"合格标准。
工期目标:工期要求 210 日历天,计划安排为 204 天日历,比要求提前 6 天。
安全目标:争创市级安全标化工地,施工全过程无重大安全事故,重伤率控制在 0.1‰。
文明施工目标:争创市级文明工地。
成本目标:降低工程成本 1%。

10.2.3.2 项目组织机构的建立

1. 项目组织机构图(图 10.2.1)
2. 各级管理人员职责(略)

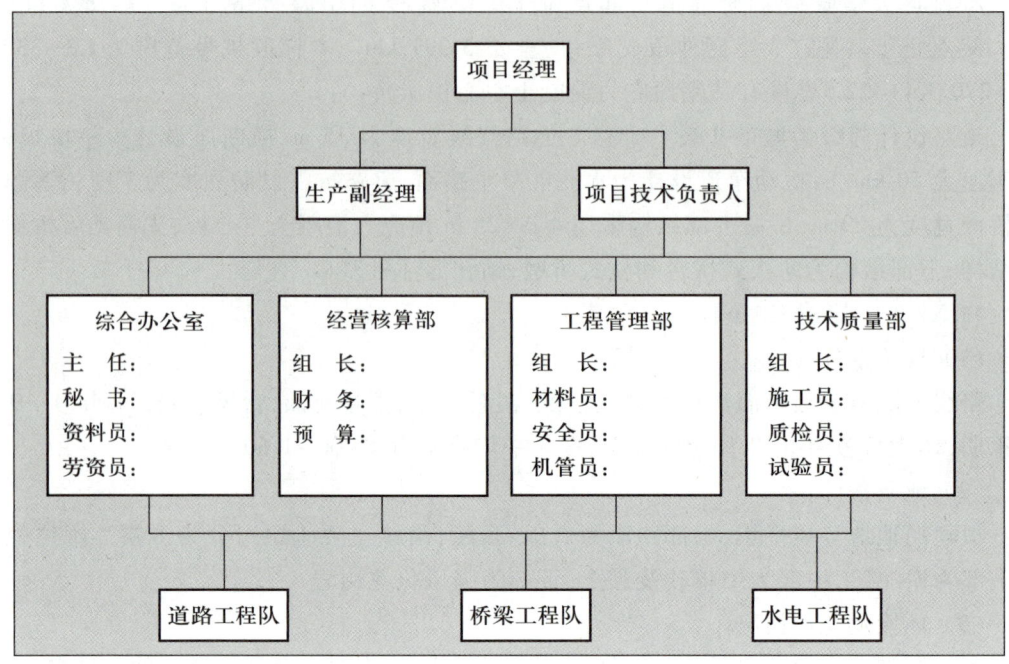

图 10.2.1　工程项目组织机构图

10.2.3.3　项目工程施工重点和难点

① 本标段控制工期的工程为路基工程,其中填方施工为路基施工的关键工序,尤其是桥头路段及溪源江填河路段,因超载预压期大于 3 个月,在施工中尽可能早地安排堆载,是确保工期的重点环节。

② 桥梁工程的关键工序为钻孔灌注桩及后张法预制空心板的施工。桥梁基础应尽量避开雨汛季节,选择在枯水期施工,采用冲击钻机成孔,导管法灌注水下混凝土。桥墩采用特制钢模,一次立模到位;混凝土用吊车提升,用串筒入模。大桥预应力混凝土空心板安排在桥台后路基外空地上预制,采用吊钩吊装,混凝土在搅拌站集中拌制。

③ 超载预压路段管线施工待经过 3 个月充分预压后,再进行反开槽开挖施工。原地面标高以下的人行道地下管线及其他构造物应先期施工做完。防护工程随路基土方的施工及时跟进施工。

10.2.3.4　主要分项工程施工方法

1. 工程测量

(1) 施工准备

① 进行测量仪器配置。

a. 全站仪:依据工程实际情况配置以满足测量精度要求。

b. 经纬仪(J2):进行局部小范围内测量施工使用。

c. 水准仪(S1、S3):控制标高引测及沉降观测等精度要求较高时采用 S1 精密水准仪,一般现场场地标高测量常采用 S3 水准仪。

d. 花杆(2 m):远距离对中及断面测量。

e. 钢卷尺(50 m、5 m):进行实地短距离丈量。

② 根据建设单位提供的工程控制桩,对其坐标、高程进行复核测量。若发现控制桩复核误差超出测量规范中所规定的允许范围,应向建设单位提交书面资料,要求重新提供。

③ 建立测量控制网。根据设计道路总平面图、施工现场地理环境、测量通视效果等因素综合考虑,合理布设测量控制桩,经复核无误后形成完整的能直接指导测量施工的坐标、高程控制网体系,并形成文字记录。

(2) 测量施工工艺流程

道路断面复测→管道工程测量→路基路面工程测量→竣工测量。

① 道路断面复测。

主要复测道路原地面实际断面尺寸是否与设计断面图尺寸存在较大误差。测量人员分为三组同时进行,第一组依据坐标控制网,按照设计横断面图中道路里程桩号把所有与之相对应的道路中桩、左右边桩全部测量放样出来;接着由第二组负责测量道路中桩、左右边桩的原地面实际高程数据;之后由第三组测量人员用钢卷尺、花杆等测量工具负责卡出道路横断面尺寸。最后,将所有复测数据汇总整理成道路断面复测资料报监理、业主确认。

② 管道工程测量。

管道工程施工主要包括雨、污管道系统施工,在路基清表结束后进行。先测量管道系统中心线和检查井中心桩,在适当地点设置施工控制桩并撒出石灰线以便开挖,在机械开挖施工时同步架设水准仪进行跟踪测量,及时控制管槽开挖深度,防止超挖。管槽开挖后应及时恢复管道中心线和控制高程,采用设置坡度板来进行高程、中心线控制,随时检查坡度板设置位置和高程是否准确,确保管道中心线、坡度及附属构筑物位置与沟槽长度准确。

③ 路基、路面工程测量。

a. 清表、清淤测量主要控制道路横断面的清表宽度,测设道路左右清表边桩,确保路基坡脚以外留有一定清表宽度以及临时排水沟位置。

b. 路基填砂测量:在雨、污管道系统施工完毕后进行,道路每隔20 m设置一道填砂控制桩,严格控制填砂面设计高程和填砂边坡线位置,确保路基宽度符合设计要求。

c. 山皮石垫层测量:应准确测量道路中心线和山皮石垫层边线以及相应高程,并撒灰线辅助测量,控制山皮石垫层高程和横坡坡度。

d. 水泥稳定层的测量:是道路测量最为重要的环节,直接影响路面高程和混凝土厚度。不光要严格定出水稳层的边线、高程及横坡,还应在水稳层施工过程中跟踪复核高程。

e. 路面测量:水稳层施工完毕,在其上精确测量道路中线、边线以及胀缝、施工缝位置,控制好路面标高,包括道路横坡、纵坡。

f. 附属构筑物测量:主要是路缘石、侧石放样,直线段采用经纬仪测量确保线直,路缘石顶面高程应顺畅。

④ 竣工测量。

竣工测量包括:道路中心线位置、标高、横断面图式,附属结构及地下管线的实际位置和标高。测量结果应在竣工图中标明,测量复核记录及竣工测量均应整理归档。

（3）质量标准

① 导线方位角闭合差为 40 n''（n 为测站数）。

② 水准点闭合差为 12 L（mm）（L 为水准点之间的水平距离,单位为 km）。

③ 直接丈量测距允许偏差：测距小于 200 m 时允许偏差 1/5 000；测距 200～500 m 时,允许偏差 1/10 000；测距大于 500 m 时允许偏差 1/20 000。

2. 道路工程

（1）清表换填砂施工

清表换填砂施工工艺流程如下：

测量放样→清除表土→整平碾压→换填砂砾→分层碾压。

① 测量放样：根据导线点坐标进行测量放线施工，把图纸中各点道路中心线位置按照设计坐标放样出来，然后依据其实际高程、相应点的左右边端点距离和相对高程，算出清除表层土的左右距离范围（图 10.2.2），并放样定位撒灰线。

② 清除表土：放样施工完毕，依据图纸设计清表厚度进行清表施工，采用推土机设备进行初步大面积清表，以提高施工工效，切记不可超挖。采用人工清表、修平整并考虑预留 5～10 cm 厚表土作为碾压沉降预留量，然后通过碾压密实达到设计清表厚度。道路左右清表范围以外 50 cm 分别挖临时排水沟，排干路中积水以利路基保持干燥。

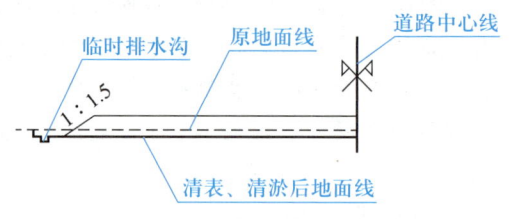

图 10.2.2　清表换填砂断面示意图

③ 整平碾压：压路机对清除表土后的路基原地面进行碾压，人工配合平整，注意控制清表厚度和左右坡度。

④ 换填砂砾：按照清表厚度进行换填砂垫层，材料为中粗砂，含泥量不得大于 10%。

⑤ 分层碾压：换填砂垫层厚度超过 30 cm 应分层换填、碾压，每层厚度不大于 30 cm，左右两边反包 1 m 土方，在第一层换填砂垫层通过碾压并检测密实度合格后，才可以进行下一层换填碾压直至结束。

（2）路基填筑施工

路基填筑施工工艺流程如下：

试验路段填筑→放样、清表、地基碾压→分层摊铺、平整→碾压。

① 试验路段填筑：采用分层填筑法进行不小于 1 000 m³ 试验路段施工，以确定设备组合下的最佳压实遍数、压实厚度、松铺系数，并报监理工程师审批。

② 放样、清表、地基碾压：恢复路基中线并加密中桩，测量标高，放出坡角桩，桩上注明桩号，标上填筑高度。应对砂垫层压实，在超载预压路段埋设沉降盘并观测记录原始数据，提交监理工程师核准。

③ 分层摊铺、平整：采取 PY-160 摊铺平地机均匀地把材料摊铺在路堤的整个宽度上。路堤填筑应分层平行摊铺，分层深度根据压实厚度确定，并形成设计的路基拱度，以利于路面铺筑。每层填土宽度应比设计宽度每边加宽 50 cm，且每填高 0.5 m 要复核一次路堤宽度。当地面横坡陡于 1∶5 时，应将坡面按成台阶，其宽度不小于 1 m，高度为 0.2～0.3 m，台阶顶面组成 2%～4% 的内斜坡。

④ 碾压:路基填筑施工压实机械使用 15 t 振动压路机,为了保证压实质量,必须经常检查砂的含泥量及压实度。压实度检测采用灌砂法控制,含水量检测可采用酒精燃烧法或碳化钙气压法控制。压实度标准见表 10-2-2。

表 10-2-2 压实度标准表

填挖类型		路面底面以下深度/cm	压实度/%
填方路基	上路床	0~30	≥95
	下路床	30~80	≥95
	上路堤	80~150	≥93
	下路堤	大于150	≥90
零填及路堑路床		0~30	≥95

路基填筑施工时还应注意以下事项:桥头路段及溪源江填河路段先填筑施工,且要超载预压 3 个月。桥梁施工完毕后两侧再次填筑时需特别注意,台背填方应分层填筑,桥台附近配合小型压实机械压实,台背回填与路堤填方结合部要特别重视,后填台背要挖台阶,保证压实度合格。填筑至预压填筑高度后,应加强沉降观测,当发现路堤面标高低于设计标高 15 cm 时,要及时补填,不得最后一次性补充填筑,否则会延长沉降稳定时间,增加工后沉降推算困难。当路基沉降速率小于 10 mm/月时方可反开挖路槽,进行路面施工。

(3) 路面底基层施工

路面底基层为 20 cm 厚山皮石层,其施工工艺流程如下:

测量放样→运输→摊铺→初压→撒铺石屑→振动压实→终压。

① 运输和摊铺:根据底基层的宽度、厚度以及松铺系数,计算山皮石的需要量。根据运料车辆的车厢体积,计算每车料的堆积距离。山皮石的松铺系数为 1.2~1.3,填隙石屑用量约为山皮石重量的 30%~40%。

② 初压:压路机初压 3~4 遍,使山皮石稳定就位,每层最大压实厚度不超过 10 cm。碾压从两侧开始,逐渐错轮向路中心进行。错轮时,每次重叠轮宽的 1/3。每遍碾压后应再次找平,做到初压终了时表面平整,并具有设计要求的路拱和纵坡。

③ 撒铺石屑:应均匀地撒铺在已压稳的山皮石层上,松铺厚度第一次约 2.5~3.0 cm,第二次约 2.0~2.5 cm,必要时用人工或机械进行扫均匀。

④ 振动压实:用 15 t 振动压路机慢速碾压,将石屑全部振动入山皮石层的空隙中,方法同初压,但路面两侧应多压 2~3 遍。在最佳含水量时碾压,应满足压实度 96%。

⑤ 终压:采用停止振动的振动压路机碾压 1~2 遍。碾压过程中不应有任何蠕动现象,碾压后,表面山皮石间的空隙要填满,且石屑不得覆盖山皮石而自成一层,山皮石的棱角可外露 3~5 mm,同时固体体积率应不小于 83%。

⑥ 开放交通:山皮石底基层未铺封层时,禁止开放交通。

(4) 路面基层施工

路面基层为 20 cm 厚 5% 水泥稳定砾石,其施工工艺流程如下:

施工测量放样→材料进场→拌和→运输→摊铺、找平、整型→碾压→洒水养生。

① 材料准备:水泥采用 32.5#～42.5# 普通硅酸转窑水泥,砾石的最大粒径不超过 40 mm,且要求连续级配良好,水为洁净可以饮用的自来水。

② 拌和:根据设计配合比调整现场施工配合比进行下料。混合料拌和方式采用现场集中搅拌,设备为强制式拌和机等。拌和时根据集料和混合料的含水量及时调整水量,并保证拌和均匀。混合料应随拌和、随运输、随摊铺、随碾压,存放时间不宜过长。

③ 运输:已拌成的混合料用机动翻斗车及时运送到铺筑现场,运输距离不宜过长,运输道路要求坚实平整,宽度不小于 4 m,并应设有错车道。

④ 摊铺:基层在摊铺混合料之前要适当洒水,保持潮湿。人工将混合料按设计断面和松铺厚度在路槽全宽内摊铺均匀,以避免基层出现纵向接缝。摊铺时设专人消除粗细集料离析现象,特别是及时铲除局部粗集料"窝",并用新混合料填补。

⑤ 整型:人工将混合料摊铺均匀后,用振动压路机立即快速碾压一遍,暴露出潜在的不平整,再用人工进行整型,并用压路机再碾压一遍。整平过程中,对于局部低洼处,应用齿耙将表面 5 cm 以上耙松,并用新拌和的混合料进行找平整平。

⑥ 碾压:摊铺后用 12 t 以上振动压路机进行碾压,由两侧向路中心线重叠 1/2 轮宽进行碾压。压路机的碾压速度,头两遍采用 1.5～1.7 km/h,以后用 2.0～2.5 km/h。初压时要及时找平,高处铲平,低处先挖松、洒水、再填补混合料,然后再碾压成活。切忌贴薄层找平。最后应碾压至表面平整无明显轮迹,一般碾压 6～8 遍,路面的两侧应多压 2～3 遍,严禁压路机在已完成的或正在碾压的路段上"调头"和急刹车。碾压过程中,基层表面应始终保持潮湿,若表层水分蒸发过快,应及时补洒少量的水。混合料从摊铺、整型到成活前要完全断绝交通。

⑦ 养生:养生时间一般不少于 5 天,养生期间多用洒水养生,稳定层表面保持潮湿状态,同时以封闭交通为宜,严禁履带车辆通行及机动车辆在底层上掉头或刹车。5% 水泥稳定砾石层施工完成后,可以立即铺筑混凝土面层。

⑧ 注意事项:混合料要边拌和、边摊铺、边碾压,摊铺层无明显的粗细颗粒离析现象。用 12 t 以上压路机碾压后,轮迹深度不得大于 5 mm,并不得有浮料、脱皮、松散、颤动现象。摊铺混合料时,中间不宜中断施工,若因故(如施工间歇)中断施工时间超过 2 h,应设置横向接缝,横向接缝应按照规范要求进行处理施工。基层施工时还应按规定要求做 7 天无侧限抗压强度试验。

(5) 路面面层施工

行车道路面面层设计为 24 cm 厚 C35 水泥混凝土路面,其施工工艺流程如下:

材料准备→施工放样→模板安装→拉杆和传力杆安装→搅拌混凝土→运输→摊铺→振捣→刮平→真空脱水→提浆抹面→压纹→切缝→养护→填缝。

① 材料选用:水泥采用普通硅酸盐转窑水泥。碎石选用质地坚硬、无风化,含泥量小于 1%,最大粒径不超过 40 mm 的连续级配良好的碎石。砂为 2.5 mm 以上的洁净坚硬中粗砂。水采用洁净的可饮用自来水。

② 施工放样:在基层上恢复中线及边线,根据道路中心线和边线,校核设计图纸的混

凝土分块线。混凝土板分块先由交叉口开始,在曲线段分块时,应注意曲线的内外侧的混凝土分块纵向长度不同,横向分块必须与道路中心线垂直。同时还应根据设计图设置胀缝,根据缩缝间距放出施工缝位置(图10.2.3)。

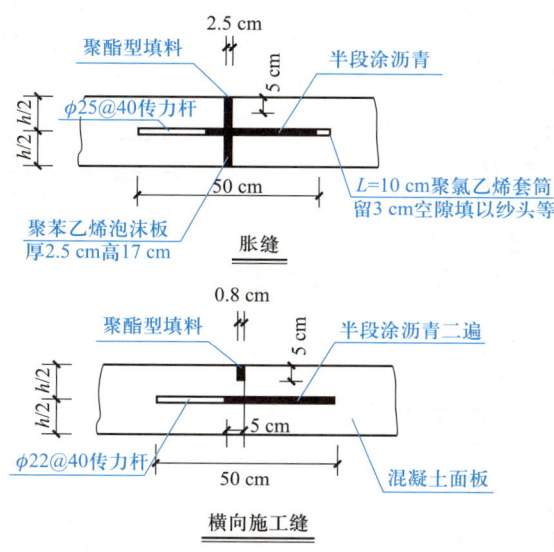

图 10.2.3　胀缝、横向施工缝图

③ 模板的安装与检测:采用槽钢当模板(钢模安装详见图10.2.4所示),局部转弯半径偏小路段可采用木模替代槽钢。模板按照放线位置安装在基层上,用铁钎打入基层以固定槽钢位置,间距为 2 500～3 000 mm。钢模内侧涂刷脱模剂,槽钢安装完毕浇筑混凝土前还应再铺上塑料薄膜。安装过程中随时用水准仪检测钢模标高,同时控制好钢模安装位置是否正确,模板及支撑应安装牢固,接头要严密,错缝应小于规范要求。钢模的高度与混凝土面板厚度保持一致。

④ 拉杆和传力杆安装:模板安装前,在需设拉杆或传力杆的胀缝、纵缝或施工缝位置上按照设计要求钻孔。模板安装好后,把加工好的传力杆穿过模板预留孔中,然后用铁丝把传力杆绑扎固定于钢筋支架上。路面纵向施工缝设置 $\phi16@600$ 拉杆(图10.2.5),拉杆在浇筑混凝土前穿在模板孔内。

⑤ 混凝土拌制:根据设计配合比,按每盘实际使用量称取所有原材料,采用强制式混凝土搅拌机拌和均匀。拌和顺序:碎石、水泥、砂,进料后边拌和边加水。每日拌和施工完后均应对搅拌机内外进行冲刷干净,保持清洁。

⑥ 运输:装运混凝土拌合物要做到不漏浆。运输机械采用1 t翻斗车,出料及铺筑时卸料高度必须控制在 1.5 m 以内,以免产生离析,若发现离析,应重新搅拌。

⑦ 摊铺:混凝土的摊铺采用纵向分条的方法施工,宽度与车道同宽。摊铺从胀缝开始。当混凝土拌合物倒入模内时,卸料要集中,速度慢,虚厚高出模板 2 cm 左右,必要时进行减料或补料工作,纵横断面符合要求。摊铺加筋混凝土时,保持传力杆、拉力杆及角隅钢筋的紧密配合,避免预埋件位移。当混凝土板块出现错缝时,应设置错缝钢筋和角隅钢筋,保证路面不出现裂缝(图10.2.6、图10.2.7)。

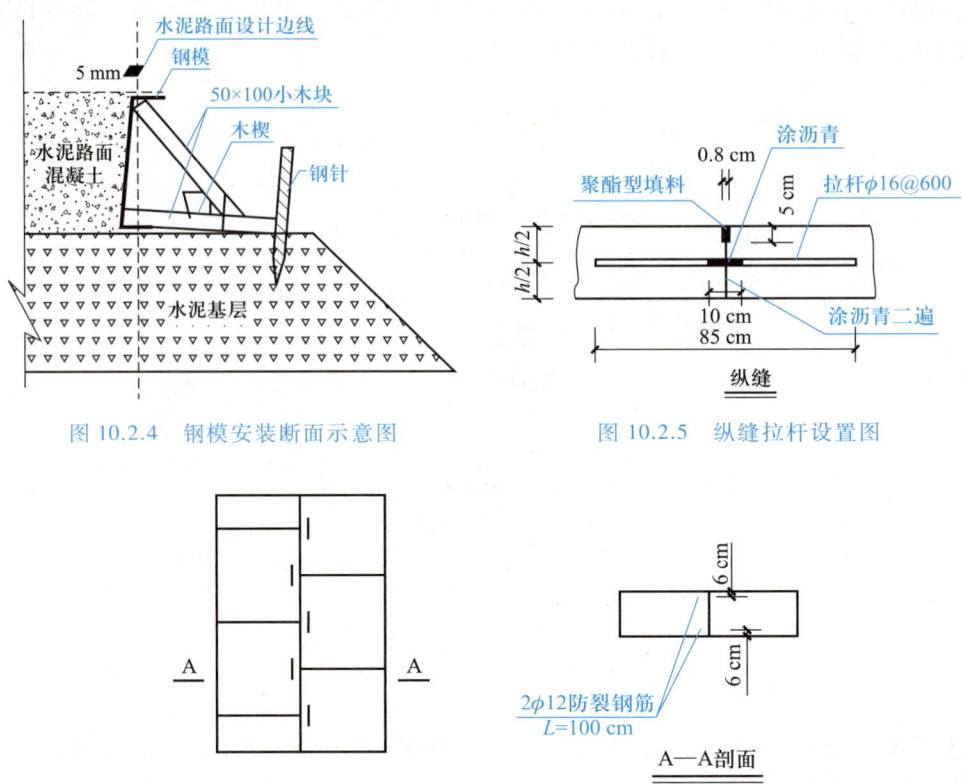

图 10.2.4 钢模安装断面示意图　　图 10.2.5 纵缝拉杆设置图

图 10.2.6 错缝配筋图

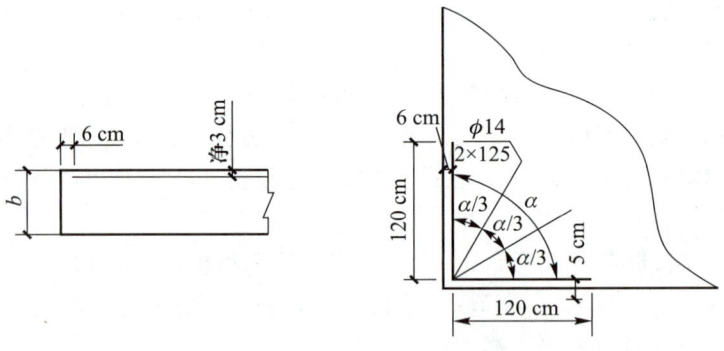

图 10.2.7 角隅钢筋布置图

⑧ 振捣:混凝土板在靠近边、角处应先用插入式振捣器顺序振捣,要快插慢拔按成行或成列顺序前进,其移动间距不应大于其作用半径的 1.5 倍,并应避免碰撞模板与钢筋。然后再用平板振捣器全面振捣,由板边向板中慢速前移,达板中后即快速移到板边,再慢速向板中移动,按顺序前进。每次需重叠 1/3 或 10~20 cm,然后纵向由边向路中央移动振实。振捣器在每一位置振捣的持续时间,应以拌合物停止下沉不再冒气泡并泛出水泥砂浆为准,不宜过振。用平板式振捣器时,不宜少于 15 s;用插入式振捣器时,不少于

20 s。振捣时应辅以人工找平,填补时要用碎石较细的混凝土拌合料,严禁使用纯砂浆。在振实和大致振平以后,即用振动夯板(振动梁)往返刮2~3遍,使表面泛浆整平赶出气泡,之后再用滚浆筒进一步回拉提浆整平,设有路拱时,应使用成型板整平。

⑨ 真空脱水作业:作业面成型后应立即铺入吸垫进行脱水作业。先铺放尼龙布,布边应较作业面缩进8~10 cm,要求平面拉平,少皱折。铺盖气垫薄膜,铺盖时吸口应居作业面中央,并保证有8~12 cm的密封边与新鲜混凝土相贴合。吸垫铺盖完毕,复查密封边的尺寸,并用小棕刷沿用边轻扫一遍,以保证密封效果。启动真空泵开始脱水作业时,要计时、量水、观察和控制真空度值的变化,随时进行搜漏工作。

⑩ 抹面拉毛:用浮动圆盘的重型抹面机在混凝土面上粗抹一遍,几分钟后再人工用抹子光抹一遍。板块表面如仍有凹坑,要及时铲毛补浆;若遇个别脱水不足过于湿软的表面,要待混凝土晾干到一定程度方可抹面;若遇过于干硬的表面,可用喷壶均匀喷洒少量水,迅速抹面补救。抹面时随时控制好平整度,采用3 m直尺检查。抹面后混凝土表面无波纹水迹时沿横坡方向用压纹机具进行压纹,压纹深度一般为1~3 mm,其上口稍宽于下口。以上工作操作人员必须在自制"工作桥"上进行,不得站在混凝土路面上作业。

⑪ 切缝:当混凝土抗压强度达到5~10 MPa时开始切缝。切缝前检查电源、水源及切割机运转情况,切缝机片与所要切的缝成一线。按设计分块图画出切缝线。切缝宽度约8 mm,深度约50 mm(图10.2.8)。

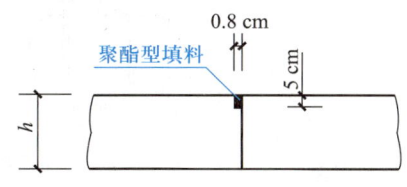

图10.2.8 缩缝做法详图

⑫ 养护:采用人工经常洒水进行养护,路面成活12h内用草袋覆盖混凝土面板洒水养护,始终保持混凝土表面潮湿,养护期不宜少于14~21 d。养护期内应封闭交通,以免混凝土路面表层受损。

⑬ 填缝:混凝土板养护期满后,缝槽应及时填缝,在填缝前必须保持缝内清洁,防止砂石等杂质掉入缝内,灌缝材料必须在缝槽干燥状态下进行,热灌填缝材料加热时应不断搅拌均匀,与混凝土缝壁黏附紧密不渗水,灌缝高度夏天宜与板面平。

3. 桥梁工程

(1) 辅助工程

直径1.2 m的钻孔灌注桩在江心实施,钢筋混凝土墩柱、梁也在江心施工,部分在旱地施工,因此需要有一定的辅助施工措施。主要的辅助工程有施工便桥和钻孔工作平台两部分。

① 施工便桥。

钢便桥宽4 m,采取全河断面贯通搭设,从岸边一侧向另一侧进行,大桥施工结束后予以拆除。根据地质条件和河床断面图,水位最深处确定钢便桥高出常水位2.0 m,同时根据施工中的最大机械设备为25 t吊车,计算钢便桥的基桩入土深度与间距。钢便桥以[30号槽钢作为基础桩,横向5根桩,间距1 m,纵向间距为2 m,根据水深及入土深度不同,桩长度不等长,以具体实际情况为准(图10.2.9)。

钢便桥的安装工艺:钢板桩用25 t履带吊挂振动锤打入,每4 m一个工作循环连续向前推进。再用∟125角钢作上部横向连接,使一排钢板桩连成整体,同时保证钢板桩顶面水平。用25 t履带吊安装纵向槽钢,与钢板桩电焊连接,同时用2 m与3 m角钢作钢板桩大

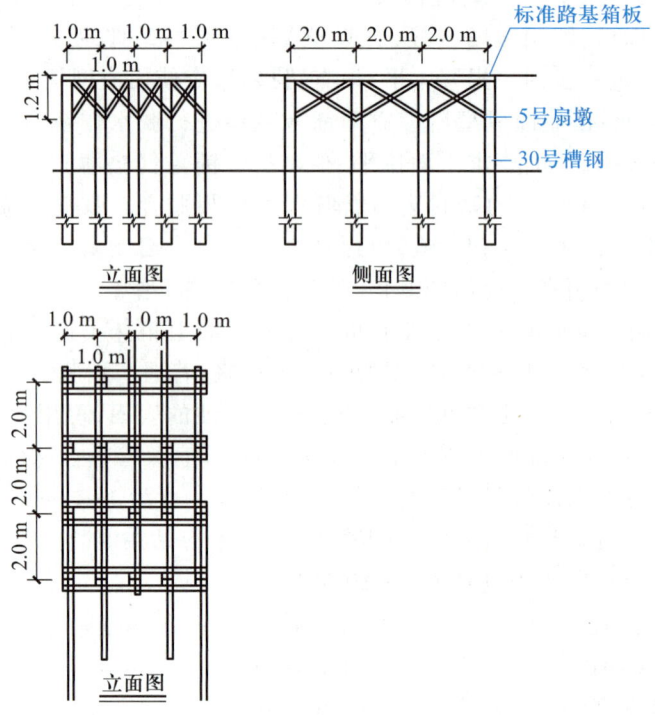

图 10.2.9 钢便桥搭设示意图

横向、纵向斜撑。钢板桩在插入之前预先留好螺孔,保证斜撑在水下用 $\phi25$ 螺栓连接。最后,在支架上铺设标准路基箱板,路基箱板之间留 50 mm 间隙,箱板两侧用电焊焊接护轮木(用[30 号槽钢),以及安装两侧的 $\phi25$ 钢管护栏,栏杆竖杆高 1 m,间距 2 m,纵向拉杆两排。

② 钻孔工作平台。

钻孔工作平台采用竹笼围堰筑岛法垫平工作面,工作面高出常水位 2.0 m,施工完毕后还需拆除围堰。

a. 竹笼加工制作:竹笼原材料采用 $\phi100$ 左右的青毛竹,经辟开下料成竹条,然后编织加工成内径 $\phi800$ 的竹笼筒,筒内壁绑扎固定三根定位整毛竹杆或钢管。

b. 测量定位:依据施工图和建设单位提供的定位坐标,对竹笼围堰进行逐一准确定位。

c. 竹笼安装:将编织好的竹笼筒按照平面布置图外圈位置逐一放入水中,并用铁锤锤击定位毛竹杆,使竹笼筒能够尽量深插入原地面土中来固定竹笼筒基础,然后先往竹笼筒内放入 1/3 大的鹅卵石稳定竹笼筒底部,同时竹笼筒顶端临时串联固定在一起。待外围竹笼筒全部放入水中,采用 $\phi50$ 钢管将外围竹笼筒外边于顶端和竹笼中部加固两道水平封闭钢管箍,以增强石笼围堰稳定性。依此方法安装内环竹笼筒,采用毛竹作内外环竹笼筒的水平拉杆,使内外环紧密牢固联系在一起,最后继续对称向竹笼筒内投放鹅卵石至 2/3 高位置。

d. 填筑土石方:逐步向竹笼筒夹层内对称填筑土方,填筑速度不宜过快,同时密切观察和记录竹笼筒位移、变形情况。待填筑达到 2/3 高度时,将竹笼筒内鹅卵石一次填到位,竹笼筒夹层内土方随之跟着填到位,最后开始向填土区进行大量填土,继续观察竹笼筒位移、变形等变化情况,及时采取相应措施。

(2) 钻孔灌注桩施工

大桥钻孔灌注桩直径均为 1.2 m,采用冲击钻机成孔施工。其施工工艺流程如下:

场地平整→桩位放样→埋设护筒→钻机就位→钻机成孔→清孔→孔径、孔深测量→提钻→下钢筋笼→下导管→二次清孔→水下混凝土浇筑→道渣填孔→机具清理。

① 桩位放样:桩位在放样时要特别细心,随时校对,以防止发生放样时桩位偏差。放样后由主管技术人员进行复核,施工中护桩要妥善看管,不得移位和丢失。

② 泥浆池和沉淀池布置:根据桩位的分布情况,在场地空闲并不影响施工的地方挖设泥浆循环池和沉淀池。

③ 护筒埋设:护筒采用厚 6 cm 钢板制成,护筒内径考虑使用冲击钻,应比桩径大 20~30 cm。首先挖埋设护筒的坑(埋设时一般是护筒的上口与填土后地面平,且高出施工水位 1.5 m),将护筒放到坑内,再进行对中,用线锤进行核样。考虑填筑土方密实性差,须将钢套管埋入低水位以下原地面位置,严格控制垂直度。桩基施工完毕,待桩混凝土强度达到设计强度后,将低水位以上钢套管予以拆除。

④ 桩机就位:桩机就位前场地必须平实,以保证桩机的稳定性。桩机的水平架应与吊起的钻杆保持垂直,桩机在对中时钻头应对准桩位中心并与其垂直。其偏差值不得大于 20 mm,轨道面上任意两点的高差不得大于 10 mm。

⑤ 钻机成孔:采用冲击钻进工艺,应注意下列事项:

a. 开始钻进时,应先在护筒内施一定数量的泥浆或黏土块,上提钻杆空转,从钻杆中压入清水,使之搅拌成浆,开动泥浆泵进行循环,待泥浆均匀后开始钻进。

b. 初钻时应低档慢速钻进,使护筒刃脚处形成坚固的泥皮护壁,钻至护筒刃脚下 1 m 后,可按土质情况用正常速度钻进。

c. 钻具下入孔内,钻头应距孔底钻渣 50~80 mm,并开动泥浆泵,使冲洗液循环冲 2~3 min。然后开动钻机,慢慢将钻头放到孔底,轻压慢转数分钟后,逐渐增加转速和增大钻压,并适当控制钻速。

d. 正常钻进时,应合理调整和掌握钻进参数,不得随意提动孔内钻具,操作时应精力集中,掌握钢丝绳的松紧度,减少钻杆水龙头晃动。应根据不同地质条件,随时取样检查泥浆指标。

e. 在达到设计孔深后,施工员报请监理或甲方一同进行验测孔深和持力层深度,合格后方可进行下一道工序。

⑥ 清孔:采用淘渣法二次清孔工艺,即在钻至设计标高后,停止钻进,然后进行孔底淘渣清理,施工员初测沉渣满足要求后再报请现场管理人员、监理或甲方一同检测沉渣情况,直到合格(沉渣厚度≤10 mm)后方可进行下一道工序。

⑦ 安放钢筋笼。

a. 钢筋笼的制作:在钢筋圈制作台上制作箍筋并按要求焊接。将支承架按 2~3 m 的间距摆放在同一水平面上的同一直线上,然后将配好定长的主筋平直的摆放在支承架上。将主筋按设计要求套入箍筋,加劲箍设在主筋内侧,且保持与主筋垂直,进行点焊。钢筋笼保护层素混凝土垫块采用绑扎。吊筋应该采用两根主筋直接焊接牢固(固定在护筒边上),以防止钢筋笼产生浮笼或掉入孔中。

b. 钢筋笼的吊放:本工程的钢筋吊放是采用桩机自带的卷扬机进行吊装。用卷扬机的钢丝绳挂住钢筋笼,缓慢的起吊,放下钢筋笼,将钢筋笼对中缓慢放到设计标高和中心位置,采取固定措施,待桩身混凝土灌注完毕,混凝土达到初凝后即可解除钢筋笼的固定措施。

c. 钢筋骨架制作和吊放允许偏差:主筋间距±10 mm;箍筋间距±20 mm;骨架外径±10 mm;骨架倾斜度±0.5%;骨架保护层厚度±20 mm;骨架中心平面位置 20 mm;骨架顶端高程±20 mm。

⑧ 导管的下放:导管的下放是利用桩机自带的卷扬机进行吊装,导管吊装完成后必须进行二次清孔,其原理和方法与第一次相同。直至经施工员、监理或甲方检测孔深和沉渣均达到设计要求并同意灌注后再进行下一道工序。

⑨ 水下混凝土灌注:混凝土后台采用自拌式混凝土搅拌机,前台采用斗车将混凝土推到导管孔口,将混凝土倒入接料斗内进行。施工中应满足下列要求:

a. 开始灌注时,导管下到距孔底 40~50 cm 左右。

b. 隔水球用 8#铁丝悬挂于导管内泥浆面上约 5~30 cm,在隔水球的上部先灌入同设计混凝土强度等级的水泥砂浆 0.2~0.3 m³ 和约 2 m³ 的混凝土,使管内的隔水球上方所受的重力较大,以便剪断铁丝后隔水球在导管下行顺畅,不易被卡住。

c. 混凝土灌注过程中要连续不断测量导管外混凝土的顶面高度,并算出埋管深度,确定拆导管的长度,严禁导管提离混凝土上顶面,要求保持至少埋管 2 m,最大不超过 6 m,以防卡埋导管事故的发生。开管时的初次导管埋深一般不应少于 1 m。

(a) 灌注混凝土要连续不断进行,中途不得停止。拆导管要求快拆、快接,一般不超过 15 min。

(b) 当导管内未灌满混凝土时,后续的混凝土应徐徐灌入,如猛灌会在导管内形成较高气压,后面的混凝土将无法再进入导管内,严重的会发生堵管现象或将导管节胶垫挤出而使导管漏水。

(c) 采用质量为 5 kg,底径为 15 cm 的测锤探测桩顶标高,应高出设计标高不小于 0.5 m,并适时提升拆卸导管,拆除的导管应用清水冲洗干净,取下密封圈垫,置放妥当。

(3) 柱及梁施工

① 墩柱钢筋。

墩柱钢筋在场外钢筋加工棚制作,现场安装绑扎、焊接,在墩位处用脚手架钢管搭设简易工作平台。钢筋采用电弧焊接。钢筋绑扎、焊接严格执行施工技术规范。

② 墩柱模板。

本桥墩柱设计为 ϕ100 cm 圆柱式墩身,墩柱模板为两瓣模板式定型钢模板,接缝处错位搭接。采用吊车安拆模型,钢模顶部用支撑固定,四周用钢管搭设脚手架。

③ 墩柱混凝土灌注。

混凝土用搅拌机拌制,采用吊车吊运混凝土,通过串筒下落混凝土,插入振捣器捣实。墩柱一次浇筑到顶,不留施工缝,以确保外表美观。墩柱混凝土养护采用洒水养护。支座处混凝土要精细整平,以便于将来安装支座。台背填筑完成后,预压三个月,再施工枕梁及搭板。为减少桥头路基沉降,应严格控制桥头路堤填筑质量和压实度,搭板下 1 m 范围压实度不小于 95%,其下至地面部分填筑压实度不小于 90%。保证枕梁及搭板下填筑密实。

(4) 预应力混凝土空心板预制及安装

① 预应力混凝土空心板预制施工。

a. 空心板模板安装:空心板外模、芯模均采用整体钢模板,用阔的封箱带粘贴板缝,然后在模板上涂刷脱模剂,以利于拆模。芯模可重复周转使用。

b. 预应力波纹管及穿束:该空心板采用预应力后张法。在钢筋绑扎的同时,须顾及波纹管的设置,需在波纹管穿好以后,部分钢筋再进行绑扎。波纹管在设置过程中要注意外形和顺序,定位正确,接口处要用套管和胶布包牢以防在混凝土浇筑过程中水泥浆漏入、引发堵管。张拉口(喇叭口)采用 4 mm 钢板加工,锚垫板与张拉口的钢板用螺丝固定。在浇筑混凝土前,钢束先穿入波纹管内,在混凝土浇筑过程中和浇筑结束后,均需定时用人工来回拖拉钢束,以防水泥浆漏入后凝固而堵管。

c. 混凝土浇筑工艺:每跨空心板混凝土浇筑均分二次浇筑,先浇底板混凝土,然后在其初凝前浇筑腹、顶板混凝土,保证底、腹板之间不出现施工缝。混凝土振捣时应特别注意并采取措施保证锚具处及板端处混凝土的密实。当混凝土收水结束后,马上盖好土工布浇水养护。

d. 预应力施张和压浆:预应力的施张是空心板施工的关键工序,锚具采用 OVM 系列锚体系,固定端采用 P 锚,张拉力控制为 $0.78F_y$,不允许超张拉。施工工艺以张拉应力控制为主,延伸量作为参考。待预制板的实际强度达到 80% 后,才能张拉预应力钢束。为保证空心板在预应力施张时均匀受力,钢绞线束的施张应左右对称、先上后下、先中后边,施张结束后,张拉口用快凝水泥封口。在压浆前须将管内积水压出,然后压浆。

e. 压浆:要求在 48 h 之内结束压浆。压浆时,一头作为进浆口,一头作为出浆口。当出浆口冒出原浆时,再用木塞塞紧,压力稳定 2 min 以后再关闭压浆口的阀门,等浆液凝固后再卸下阀门。每个张拉口在施张结束后,要把因施张需要而截断的钢筋接好,用同强度的混凝土进行封口。

② 预应力混凝土空心板安装。

a. 安装前的准备工作:结合施工现场条件和设备能力制定相应的安装方案,报监理审查批准。准备吊车以及运输车等起重设备,并组织有关人员鉴定使用之吊装绳索、吊扣、滑车、扒杆等设备。安装桥面板的工作前,应由测量人员在桥梁墩顶上,按设计要求将所有板的纵横位置测出,并按设计要求安装支座板。

b. 预制板吊装:预制空心板吊装采用吊钩进行吊装施工。吊装简易设备拼装后,需全面检查焊缝、螺栓、门架的缆风绳及各部件的牢固与稳定程度。将预制板装于平车上,并做好保险支架,由电动卷扬机拖运。拖运时,速度不应过快,钢丝绳系在板尾的平车上,并应有保险平衡绳。每跨板的吊装顺序,应由两侧边板向中间逐片吊装,最后吊装中间一片。在一跨板安装完后,将龙门架运到前一个墩顶时,必须使门架维持平衡,落到墩顶上后,将门架的四根缆风绳拴好,使门架垂直立于墩顶上,找正位置后,准备下一跨安装板作业。

c. 安装注意事项:空心板在安装前应检查板端部空心部分是否堵好,否则应用 M10 以上砂浆砌砖,将空心部分堵砌后再安装。板的运输与吊装要轻吊轻放,保证梁体的简支状态。吊装时预制空心板须达到设计强度的 100%。板安装后必须保证平稳,如有翘起情况,找出原因后吊起修整,再进行吊装。板缝的灌缝工序应在整孔或全桥板安装完毕,连续板焊好后方可进行。灌浆用铅丝吊板做缝底模板,板必须与梁底密贴,灌缝时先用砂浆铺底,然后再用与板混凝土相同的小石子料混凝土将缝填满,插捣密实,覆盖养护。

(5) 桥面铺装施工

本标段工程某大桥桥面铺装面层为 14 cmC40 混凝土铺装层,其施工工艺流程如下:

① 前期准备:复测预制板面标高,对全线桥面的横坡和纵坡按设计及规范要求进行调整和确定。测放桥面铺装控制点,并采用 60 mm×80 mm 钢方管连接各控制点作为桥面施工的标高控制线,控制点的间距需合理选择。采用高压水对桥面进行冲洗。

② 铺装层钢筋绑扎:桥面钢筋网片采用 $\phi 12$ 钢筋绑扎,在布置钢筋网片时应严格控制间距,注意绑扎是否牢固。布置固定防撞栏模板所用的预埋钢筋。

③ 混凝土浇筑:布置混凝土水平运输和垂直运输方案。控制好混凝土坍落度,石料粒径大小。振捣采用插入式与平板式振动器结合使用,利用滚筒整平桥面。浇筑完成后及时整平抹面,并进行拉毛和养护。

④ 切缝施工和沥青填塞:在混凝土终凝后设横向缩缝。间距 5 m 锯缝,缝深 2 cm,宽 0.5 cm,并用沥青将缝填塞,纵向不设缩缝。

⑤ 混凝土养护:采用人工经常洒水进行养护,用草袋覆盖混凝土面板洒水养护,始终保持混凝土表面潮湿,养护期不宜少于 14~21 d。养护期内应封闭交通,以免混凝土路面表层受损。

10.2.4 工程施工进度计划

10.2.4.1 主要进度节点工期计划

主要进度节点工期计划见表 10-2-3。

表 10-2-3 主要进度节点计划表

序号	主要控制节点	计划完成节点工期	备注
1	施工准备	2004 年 6 月 10 日	
2	特殊路段软基处理	2004 年 7 月 1 日	
3	一般路段清表换填砂	2004 年 7 月 10 日	
4	桥梁钻孔桩	2004 年 7 月 20 日	
5	挖方路段施工	2004 年 8 月 1 日	
6	桥梁空心板预制	2004 年 8 月 1 日	
7	特殊路段路基填筑	2004 年 7 月 20 日	
8	路基防护	2004 年 9 月 10 日	
9	路基填筑	2004 年 9 月 10 日	
10	雨污排水工程	2004 年 11 月 10 日	
11	特殊路段超载预压	2004 年 10 月 20 日	
12	桥梁墩台	2004 年 7 月 20 日	
13	路堑边坡镀锌网植草防护	2004 年 9 月 1 日	
14	桥梁空心板吊装	2004 年 9 月 25 日	

续表

序号	主要控制节点	计划完成节点工期	备注
15	桥面铺装	2004 年 10 月 25 日	
16	山坡石底基层	2004 年 11 月 10 日	
17	5%水泥稳定砾石基层	2004 年 11 月 20 日	
18	给水工程	2004 年 12 月 10 日	
19	路灯工程	2004 年 12 月 10 日	
20	桥面附属设施	2004 年 11 月 15 日	
21	水泥混凝土路面	2004 年 11 月 30 日	
22	其他零星工程	2004 年 12 月 10 日	
23	收尾验收	2004 年 12 月 20 日	

10.2.4.2　进度计划

××地区大学城××期校际道路工程施工进度计划网络图如图 10.2.10 所示。

10.2.4.3　各项资源需要量与施工准备工作计划

1. 施工准备

（1）施工技术准备

① 开工前组织工程技术人员熟悉施工图纸和地质勘察报告，学习国家现行相关规程、规范及有关文件，参加图纸会审会议，将图纸上存在的问题和建议修改的部分报监理工程师和设计单位。

② 由项目经理主持，项目技术负责人向现场技术人员进行技术交底，质量、安全交底，并做好记录。对主要分项工程编制作业指导书，再由技术人员交底到作业班工人，使施工管理人员和操作人员都明确施工过程和技术要求。

③ 编制施工组织设计，指导现场施工组织与管理。

④ 编制施工预算，同施工图预算相比较，确定材料需用计划。

⑤ 组织项目经理部成员编制项目质量保证计划，明确工程质量目标。

⑥ 建立工地中心试验室，由具有丰富经验的试验工程师负责试验工作，配备精度准确且经过法定计量部门标定有效的仪器设备。

（2）施工现场准备

① 测量准备：与建设单位、监理单位办理项目测量资料和现场测量控制点交接手续。对接收的测量控制点复核无误后，依施工放样的需要加密测量控制点。复测道路中线控制桩，做好标志并加设护桩。组织技术人员对道路导线点坐标、高程进行全面复核，并填写复核记录。对施工路段进行断面复测，由监理工程师鉴证认可。做好前期道路测量放样工作。

② 施工现场临时设施建设（图 10.2.11 施工总平面布置）：施工便道充分利用原有的公路、乡村小路及已建成的科技路，局部路段区域适当增设改建临时便道。临时供水系统主管

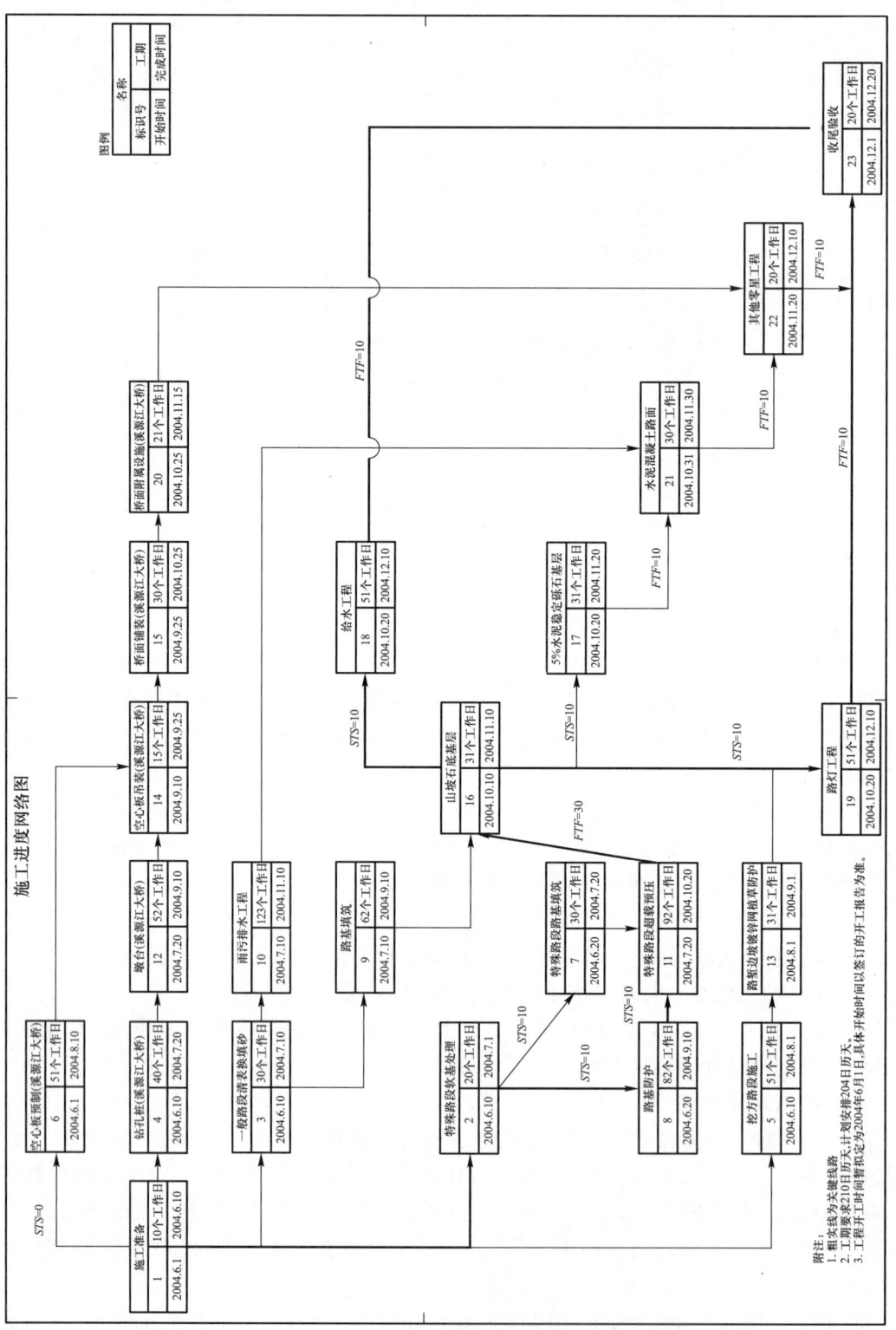

图 10.2.10 ××地区大学城××期校际道路工程施工进度计划网络图

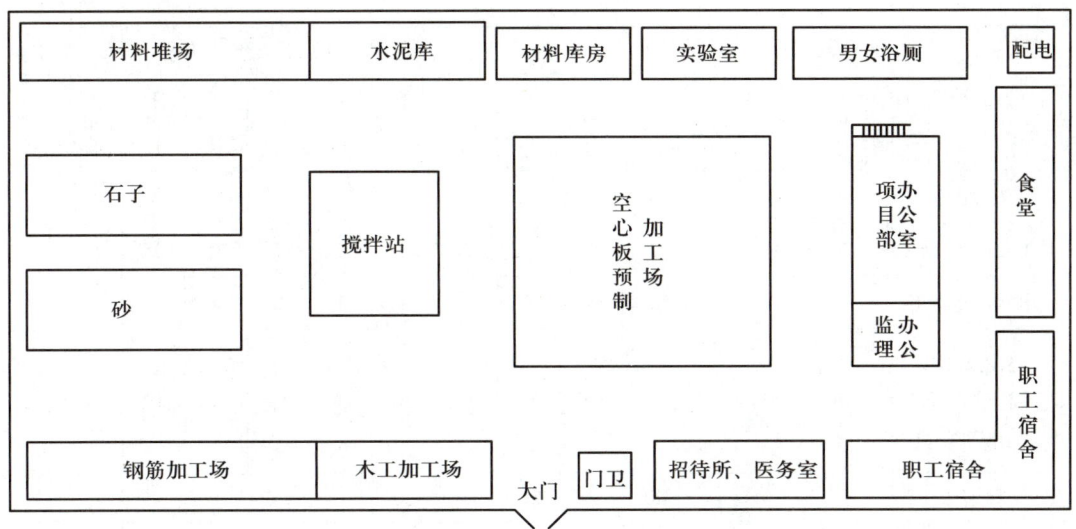

图 10.2.11 某道桥施工总平面图

采用 φ100 镀锌管线铺设,对有用水地点按每 50 m 均匀布设固定水龙头。施工临时供电线路布设按"三相五线制"配置,并满足安全规程要求。施工通信方面,住地接入当地电话网,利用程控电话进行对外联系及生产调度指挥。

③ 污水、垃圾处理及防火消防:在合同履行期间,对所有驻地及场区内的污水、垃圾随时运走或收集处理,符合环保要求。与当地消防部门取得联系,必要时请求协助,在现场采取有效的防火及消防措施,并在相应的料库、房间等处配置适当数量的灭火器材。

2. 主要资源准备

(1) 劳动力配置计划

工程施工期间劳动力需求主要分为 2 个时期:前期清表、清淤换填砂、路基填筑、防护工程、管道铺设施工及桥梁施工阶段需要人员较多,后期为路面底基层、基层、面层施工阶段及给水、路灯工程施工。因此,需要合理调配,保证施工需要,详见表 10-2-4。

表 10-2-4 劳动力计划表

工种	6月		7月		8月		9月		10月		11月		12月	
	上半月	下半月	上半月	下半月	上半月	下半月	上半月	下半月	上半月	下半月	上半月	下半月	上半月	下半月
测量工	8	6	6	6	6	6	3	3	2	3	5	5	1	
钢筋工		5	5	5	5	5		5	5	5	5	3		
木工	6	6	6	6	6	6			2	2	6	6		
混凝土工	8	8	15	15	15	15	10		20	20	20	20	5	4
架子工	3	3	3	3	3	3	3							

续表

工种	6月		7月		8月		9月		10月		11月		12月	
	上半月	下半月	上半月	下半月	上半月	下半月	上半月	下半月	上半月	下半月	上半月	下半月	上半月	下半月
桩机工	6	6	6	6										
电工、水电安装工	3	3	3	3	3	3	3	3	2	2	25	25	25	5
电焊、机修工		5	5	5	5	5	5	2	2	3	4	4	4	
各类机操、起重工及汽车驾驶员	15	25	30	30	35	35	30	20	5	15	12	12	5	2
管道工				20	20	20	20	20						
普工	15	30	20	20	20	20	20	20	10	15	15	20	10	5

（2）设备和物资配置计划

根据本标段工程施工项目内容、工作量大小、工期长短等因素进行综合考虑，投入合理配置的施工机械设备及材料试验、测量仪器设备，详见表 10-2-5、表 10-2-6。

表 10-2-5　拟投入本合同工程的主要施工机械设备

序号	机械(设备)名称	型号规格	数量	序号	机械(设备)名称	型号规格	数量
1	挖掘机	HD820-Ⅱ	6台	16	混凝土振动梁	LZD	3台
2	装载机	ZL50	3台	17	真空脱水设备	ⅡZX60	3台
3	自卸汽车	东风8 t	30辆	18	磨光机	HMD800	3台
4	机动翻斗车	CYT	6辆	19	路面切缝机	HQL10	3台
5	推土机	TY220	6台	20	钢筋切断机	GQ40YF	1台
6	光轮压路机	ZY8-10	2台	21	钢筋弯曲机	WJ-40-1	1台
7	混凝土搅拌机	JS500	1台	22	钢筋调直机	GTJ-14	1台
8	混凝土搅拌站	HZS25型	1座	23	交流电焊机	500A	1台
9	砂浆搅拌机	200L	2台	24	闪光对焊机	UN-100型	1台
10	定型钢模	含配套配件	3套	25	汽车起重机	25 t	1辆
11	冲击钻机	CZ-30	3台	26	蛙式打夯机	HW60	4台
12	电动卷扬机	1～3 t	6台	27	泥浆泵	ϕ100	4台
13	张拉设备		6套	28	发电机	YAH120	2台
14	插入式振动棒	CZ15	10台	29	平板车		2辆
15	平台振捣器	PZ22	3台				

表 10-2-6　主要的材料试验、测量、质检仪器设备表

序号	仪器设备名称	规格型号	数量	序号	仪器设备名称	规格型号	数量
1	经纬仪	J2	1	13	液压限联合测定仪	SY-100	1
2	水准仪	DS3	2	14	混凝土养护箱	40B	1
3	精密水准仪	J1/NI005	1	15	烤箱	DGB/20-002A	1
4	全站仪	APS-350	1	16	土壤含水率测定仪	TS-4	1
5	环刀法容重测定仪		2	17	台秤、磅秤	台秤1,磅秤1	1
6	灌砂法容重测定仪		2	18	路面回填弯沉值测定仪		1
7	手提电动击实仪		1	19	振动测桩分析仪	ADS-6A	1
8	马歇尔稳定试验仪		1	20	天平		1
9	混凝土抗折试验装置	300 kN	1	21	钢卷尺	50 m	2
10	稠度仪（维勃仪）	HGC-1	1	22	钢卷尺	5 m	若干
11	万能试验机	H5-100	1	23	质检工具		1
12	核子密度仪	NC-334400	1				

10.2.5　各项管理及保证措施

10.2.5.1　质量保证措施

① 建立健全的工程质量保证体系，实行项目经理负责制，对工程实行三级管理：即操作人员的自检、互检，项目管理部、监理专检，以及上级部门的抽检。实行工程质量岗位责任制，用奖优罚劣的竞争机制来完善和强化各项管理工作。对质量事故严肃处理，坚持三不放过，即事故原因不放过，不分清责任不放过，没有改进措施不放过。

② 在编制施工组织设计时，把保证工程质量列为主要内容之一，编制项目质量保证计划，确定质量目标。对保证质量的重点、难点和特殊点采取必要的施工技术措施，并列出专门章节阐明技术措施内容和实施细则。

③ 工程实施前，对参与本工程施工的现场施工技术负责人、工地主管、班组长直至每一位操作工人作层层技术交底和质量交底，并组织起由公司质量科、项管部专职质量员、项目组、施工队质量负责人和各班组兼职质量员参加的施工质量管理网，并进行培训明确各质量员的责任，提高其责任心和工程质量意识，协力抓好本工程的施工质量，对特殊工序还要编制作业指导书。

④ 工程实施前，严格按照经过公司审定的施工组织设计和保证质量的项目质量保证计划的要求进行施工，每道工序都要严格按图施工，认真执行有关施工与验收规范和建设单位作出的技术规定。每道工序完毕，先由施工队伍初验，合格后再由项目组质量员同建设单位代表和施工监理正式验收，获准后方可进入下道工序。

⑤ 工程施工过程中，由专人负责测量放样，不得随意换人，贯彻导线控制网点及水准点定期复核制度。对已完成结构进行沉降观测，并填写报表。

⑥ 制定严格的路基填筑层、水泥稳定砂砾层、水泥混凝土路面及桥涵施工验收标准，

并成立小组进行技术攻关。

⑦ 对工程所用原材料及半成品,必须有完整的质保书、现场来料试验及复试。

⑧ 认真填写各类原始报表和"隐蔽工程验收报告单",验收原始报表装订成册,作为竣工资料移交。

10.2.5.2 安全生产保证措施

① 建立健全安全生产保证体系。建立以公司分管经理为领导,公司在职安全员现场监理、指导,项目经理具体负责实施,工地专职安全员现场指挥,并有权责令某分项工程停工整顿安全的安全生产管理网络。

② 施工现场按施工人员的 2%~4% 配备专职的安全员。特殊工种如电工、电焊工、起重工等须经专业培训,并持有专业主管部门签发的合格证方能上岗。对于易燃易爆的材料,除应专门妥善保管之外,还应配备足够的消防设备。

③ 制定安全生产管理制度,从管理人员到工人逐级签订安全生产合同,明确各级、各部门、各人安全生产责任。经常多形式开展安全生产宣传教育,包括:新进工地人员三级安全教育;变换工种人员的安全教育;根据季节、施工特点进行有针对性的安全教育。各项目根据分部分项工程特点进行有针对性的全面的安全技术交底,并履行签字手续。

④ 建立现场安全检查制度。公司每月检查两次。项目组每旬检查一次。施工班组每周检查一次。上述检查活动必须有书面记录。检查中发现的事故隐患整改做到定人、定措施、定时间如期整改完毕并完成书面反馈。

⑤ 安全技术要求。支架搭设前必须进行安全技术交底;必须落实安全生产责任人;支架基础必须坚固,应竖立在混凝土承台或硬质基础上,如基础较差应加垫大于 2 cm 厚度的垫板,增加其受力接触面。脚手架四周必须设置醒目的安全警告标牌,提醒施工人员安全生产。夜间施工必须配足照明灯光。脚手架拆除应按规定进行,必须自上而下,逐步下降进行,在拆除作业和浇捣混凝土时严禁向下抛物,并做好落手清工作,做到防患于未然。

⑥ 主要安全预防措施。现场施工用电必须编制施工用电组织设计。施工机械操作人员必须经过培训合格,并持证上岗,严禁无证人员操作。运输车之间应保持一定的安全距离,运输时不得超载、超速行驶;车停稳后方可提升卸料,车厢未放下时,操作人员不得上车清除残料。压路机应停放在平坦、坚实、对交通及施工作业无妨碍的地方。停放在坡道上时,前后轮应垫三角木。

10.2.5.3 文明施工措施及环境保护

本工程实行文明施工责任制,项目经理部经理为本工程的文明施工责任人。在编制施工组织设计时,制定出以"方便人民生活,维护市容整洁和环境卫生"为宗旨的文明施工措施,健全施工现场管理制度,严格按照 ISO9002 体系要求施工、管理。

① 做到"二通、三无、五必须"。"二通":施工现场人行道路畅通,施工工地沿线和居民出入方便。"三无":无重大管线事故,施工现场周围道路平整无积水,无重大伤亡事故。"五必须":施工区域与非施工区域必须严格分隔;工地现场必须挂牌,管理人员要佩卡上岗;工地现场施工材料必须堆放整齐;工地生活设施必须清洁文明;工地现场开展以创建讲文明工地为主要内容的思想政治工作。

② 按照公司 CI 形象设计要求搭建临时设施。施工区与生活区严格分开,采用砖砌围墙,水泥砂浆抹面。生活设施一律采用活动房,要求内外环境清洁卫生,通风明亮。室

内外排水畅通,保持清洁。做好防腐和饮食卫生工作。生活垃圾入箱,保持环境清洁。

③ 建立和健全从公司到项目部文明施工管理网络,加强文明施工管理、落实和监督。工地设立专职文明施工管理人员。明沟排水有出路,做到晴天无积水,地下管线有明显保护措施。工地临时设施布置整齐,防火安全重点部位有明显的警告标志,配备足够的消防设备。办公室内有形象进度表,各种生产进度、质量安全的图表及相应的管理网络图。高标准、严要求,自始至终做好文明施工,争创市级文明工地,树立良好的施工形象。

④ 认真贯彻各级政府相关水土保护、环境保护的方针、政策和法令,结合设计图纸和工程特点,及时申报有关环保设计,切实按照批准文件组织实施。进行环境保护、污染防护意识教育,动员全体施工人员自觉维护环境卫生,做好污染防护工作。

⑤ 施工现场材料、机具按照施工总平面图整齐堆放,生活及工程污水不得污染水源和耕地,可用渗进或采取其他处理措施后进行排放,工地垃圾要及时运往指定地点集中深埋,保证现场卫生。

⑥ 尽量减少施工机械噪声危害。依据《工业企业噪声卫生标准》合理安排工作员轮流操作筑路机械,减少接触高噪声的时间,或穿插安排高噪声的工作。对噪声较近的施工人员,除取得防护耳塞或头盔等有效措施,还应当缩短其劳动时间。同时,注意对机械的经常性保养,尽量使其噪声降到最低水平。为保护施工现场附近居民的夜间休息,对居民区 150 m 以内的施工现场,施工时间加以控制。

⑦ 采取有效措施减少施工现场的粉尘(灰土拌和、施工车辆和筑路机械运行和运输产生的扬尘),防止对环境的污染。混凝土混合料应集中场站搅拌,其设备污染物排放应符合《大气污染物综合排放标准》中的一级标准的规定。要求拌和设备应有较好的密封或有防尘设备。施工通道、灰土拌和站应经常洒水处理。路面施工应注意保持水分,以免扬尘。

⑧ 保护既有的绿色植被,尽量减少施工对既有植被的破坏,因修建临时工程破坏植被时,应在拆除临时工程时予以恢复。

⑨ 对于路基,施工期间要随时做好防排水工作,修建有足够泄水断面的临时排水渠道,并与永久排水设施相连接,且不得引起淤积和冲刷,防止水土流失或造成污染。施工中的弃土处理,应严格按照设计要求进行,做好防护工作,防止污染河流和农田。

⑩ 定期组织环保检查,及时处理违章事宜,主动联系环保机构,请示汇报环保工作。

10.2.5.4 降低成本措施

① 加强分包工程、外包工程等的管理,特别是工程预算和决算的管理,合理安排流水施工管理,缩短工期,减少施工管理费的支出。

② 加强质量管理,加强工人技术培训,以提高工效和操作工人的工艺水平,保证工程产品一次成优,减少返工损失。

③ 材料的控制和充分利用是降低成本,提高利润的重要因素。对材料供应商及外加工协作单位进行合理选择,做到有比较下的择优采购,对进场的材料,要加强验收制度,材料进出和使用情况及材料价格输入微机,实现计算机动态管理,为项目部进行成本核算提供方便。

④ 合理调度、使用机械及周转设备材料。

⑤ 工程中积极使用新技术、新工艺、新材料、新设备,保证工程质量,提高工效。

⑥ 积极开展"合理化建议"活动,让工程中各施工措施更趋合理、有效、降低施工措施费。

10.2.5.5 工期保证措施

① 迅速组织施工队伍,选派技术水平高,具有丰富市政道路施工经验、水电安装施工经验和桥梁施工经验。组织强有力的项目经理部选派经理丰富技术素质好的人员任项目经理,实行项目经理责任制,实施项目法人施工,对本路段工程行使计划、组织、指挥、协调、监督等六个基本职能。

② 完善、深化施工组织设计,编制切合实际的网络计划,找出工作和关键路线。通过不断调整网络计划选择最优的方案,并在计划执行过程中进行有效的控制和监督。在保证质量的前提下,以最小的消耗取得最大的经济效益。

③ 建立生产周例会制度,检查上一次例会计划执行情况,布置下一次例会前的计划安排,及时处理拖延进度计划的问题,保证计划按时完成。

④ 合理安排施工计划,缩短辅助施工时间,提高时间利用率,设备材料先行到位。

⑤ 采用成熟的科技新成果,向科技技术要速度、要质量,通过新技术的推广应用来缩短工序的施工周期,从而缩短施工工期。

⑥ 根据工期的特点,施工机械配备数量应合理,配足施工机械、设备、机具、模板、构件运输车辆。确保重点,加强维护保养,科学调度,做到进场准时、设备完好、施工有序。

⑦ 保证资金、物资、人员到位。做好后勤,安排好工地人员生活与医疗保险。

⑧ 实行干部 24 h 值班。配备专用交通车及通信工具,保持较强的快速反应能力。

⑨ 实行合理的工期目标奖罚制度。组织开展以"保工期、保优良、增效益、文明施工"为主要内容的劳动竞赛,评选全优兵和单项能手,进行物质和精神奖励。

10.2.5.6 季节性施工措施

(1)夏季施工措施

① 由于本标段道路路线区域属亚热带季风气候区,因此夏天气温较高,在日光曝晒下的水泥混凝土路面表面温度会更高。因此在夏季必须合理安排施工时间,争取做到早出工、晚收工、延长中午休息时间,避开高温。另外,必须在施工现场布置茶水亭、休息处,有专人供应凉开水,供施工人员在工作间隙休息、饮水、降温。在宿舍中也必须配备电风扇,医务室内配备夏季防暑降温药品。

② 夏季和旱季的共同特点是气温高,水分蒸发快、水泥混凝土路面表面容易产生收缩裂缝,为此,应设法防止阳光暴晒,减少水分的蒸发,及时浇筑、及时覆盖和润湿养护。

③ 水泥混凝土路面避开高温浇捣,尽量利用下午 6:00 至次日上午 10:00 之间完成施工。

④ 夏季施工时,根据炎热程度适当增加拌和含水量,一般较设计增加 1%~2%。水泥稳定砾石层碾压施工时,混合料表面如干燥应洒少量水。

⑤ 准备好足够的覆盖工具,必要时采用遮阳棚,防止阳光直晒。遮阳棚亦可在雨季施工时使用。

(2)雨季施工措施

① 路基填筑雨季施工。

在雨季施工中,要注意排水,并注意天气预报,及时碾压成型,防止被雨水冲刷,边坡要采取技术措施防止雨水冲刷形成小冲沟,避免路基填筑宽度不足及虚坡现象。台背回填土施工时,雨季应防止路面水流入,若有积水要及时排除,确保台背压实质量,严防因桥头填筑沉降而造成的跳车。

② 路面基层雨季施工。

对已铺好的混合料,要在雨前或冒雨初压,雨停后再碾压密实。已摊铺尚未碾压的混合料遇雨后,应封闭交通,晾晒至适当含水量后再拌和、压实,连雨天应暂停施工。

③ 水泥混凝土路面雨季施工。

a. 水泥混凝土路面面层在雨季施工时应对堆料场做好排水工作,不使原材料中冲入泥浆,若有泥浆,应加以冲洗、筛过,对水泥仓库应严格保护,尤其在水泥运输中途不能使水泥受雨淋而受潮结硬,对仓库要经常检查。

b. 水泥混凝土在拌和时应随时测定砂、石料含水量,及时调整水灰比。

(a) 水泥混凝土浇筑前必须和气象站密切联系,密切注意天气变化,随时根据天气情况确定施工段长度,必须准备足够的防雨设施和覆盖用的油布、塑料布等,并设法准备适量的雨篷,以便在雨淋时应用。

(b) 刚成型的混凝土路面若遇雨时,不宜用草包直接覆盖,下面用塑料薄膜,上面再盖草袋,否则草包受雨淋后污染混凝土表面,影响路面观感。

(c) 雨季水泥混凝土施工要充分做好运输、劳力准备,使浇筑、摊铺各工序间距要缩短。中间遇雨时拌和站立即停工,已拌料要覆盖、运输以防雨淋;现有料应尽快摊铺完,并完成碾压覆盖;已碾压的混合料,当表面出现严重冲刷或水泥被雨水冲走的情况应予以返工;同时雨季做好路基的防排水工作。

④ 雨季施工其他注意事项。

加强和气象站联系,注意一切工作、生活的安全。对各种电器、机具应加强监护,防止危险。加强值勤工作,下雨时工地上必须认真巡查,发现问题立即及时处理。在雨季施工时,施工现场应及时排除积水,人行道的上、下坡应挖步梯,或铺砂。脚手板、跳板上应采取防滑措施,加强对支架、脚手架和土方工程的检查,防止倾倒或塌方。桥梁不得在雨天施工,当施工中遇雨时,应停止施工。

10.2.6 施工平面图的设计

根据本标段工程特点、工程分布、施工组织机构设置及任务划分,以及施工调查资料和工程沿线的实际情况,通过施工平面图布置能使工程布局合理,工效提高,降低成本,保证质量,安全生产及为文明生产创造条件。经综合比较平衡,本着满足施工需要、节约资金使用的原则,确定临时工程的设置方案,具体安排如下:

施工总平面图见图 10.2.11。

本标段只设置一个驻地,位置设在与本标段某大桥桥头附近 K4+480 里程路基外空地上,该里程位置有一乡村水泥道路横穿拟建道路。工程项目部驻地尽可能兼顾生产、生活两方面,负责全线材料供应,总料库及加工场地也设在驻地内,相应配备会议室、接待室、办公室、宿舍、食堂、厕所等生活辅助设施,同时在某大桥桥台后路基外侧附近设置临时预制场。在合同履行期间,按照合同及监理工程师要求为监理工程师提供办公、生活设施,保证冬季、夏季的采暖与通风,以及卫生医疗条件,并承担一切费用。

第 11 章 轨道工程施工组织设计实例

——××铁路客运专线 NHZQ-Ⅰ标段 CRTSⅡ型板式无砟轨道工程施工组织设计实例

11.1 工程施工组织设计的编制依据

① 施工合同及招投标文件。
② 经铁道部审批的有效施工图。
③ 铁道部相关技术批文。
④ 工程所涉及的主要规范、标准等。
⑤ 企业质量保证、安全管理、环境保护三体系标准文件。

11.2 工程概况

11.2.1 工程主要情况

工程主要情况见表 11-2-1。

表 11-2-1 工程建设概况一览表

工程名称	××铁路客运专线 NHZQ-Ⅰ标段 CRTSⅡ型板式无砟轨道工程	工程地址	××省
建设单位	中华人民共和国铁道部	勘察单位	铁道第×勘察设计院
设计单位	铁道第×勘察设计院	工期	2006.3.10—2008.12.31
监理单位	××铁路建设监理有限公司	造价	85 000 万元

NHZQ-Ⅰ标段起止里程为 DK1+852.4—DK75+213.2,总长 74.03 km,其中路基结构 33.1 km,隧道结构 3.42 km,桥涵 37.5 km,包括特大桥 10 座,大桥 4 座,中桥 2 座,长大隧道 1 座及四座车站。

11.2.2 主要工程量

正线全长 74.03 km,均铺设 CRTSⅡ型无砟轨道板,共计用Ⅱ型板 21 955 块;四座车站共设计 20 组长枕埋入式无砟道岔。

本标段 CRTSⅡ型无砟轨道板厂建于南京市江宁区境内,共生产Ⅱ型板 24 057 块(含

Ⅱ标的 2 102 块),计划 2008 年 2 月 25 日前预制打磨完成,并提前运至现场存放。

11.2.3 主要技术标准

① 铁路等级:客运专线。
② 正线数目:双线。
③ 设计速度:350 km/h。
④ 正线线间距:5.0 m。
⑤ 最小曲线半径:7 000 m。
⑥ 设计活载:ZK 活载。
⑦ 轨道结构:CRTS Ⅱ 型板式无砟轨道。

11.2.4 工程施工条件

1. 工程地质

本标段线路主要位于低山丘陵及丘间谷地等地貌单元,分布在长江支流秦淮河流域,地势平坦、开阔,地表水系发育;沿线地基土特征多为沉积软土地带或粉质黏土,基岩以砂岩为主。

2. 水文地质

本标段沿线河流众多,属长江支流秦淮河水系,主要河流有:秦淮河、句容河、高阳河、二干河,地表水发育。主要河流地表水及地下水大部分水质较好,仅少量地段地下水对混凝土具有二氧化碳酸性或氯盐侵蚀。

3. 气象特征

该客运专线所处地带温暖湿润,四季分明,雨量充沛,湿度大,属亚热带季风气候。每年 7—8 月气温较高,1—2 月气温较低,历史最高气温 38.8~43.0℃,最低气温 −14.0~−10.1℃。年平均降雨量为 1 027~1 600 mm。每年 7—9 月为台风活动期,以 8、9 月份为甚。沿线河流 5—9 月为主汛期,一般由梅雨及台风雨形成。

4. 周边道路及其他条件

沿线公路交通发达。国道、省道、县道基本成网,沿线路走向主要有 104 国道、宁杭高速公路,材料运输较为方便。

沿线石料资源丰富。水系发达,施工用水可利用地表水或地下水,并通过地方供水企业供水等方式取水。

沿线用电来源于华东电网,电力资源丰富。3.5 kV、10 kV、35 kV 等高压电力线交错或平行线路分布,施工用电可就近接入。

11.3 施 工 部 署

11.3.1 确定工程项目施工目标

1. 质量目标

合同质量目标:达到时速 350 km/h 客运专线无砟轨道技术标准,并通过铁道部组织的验收。

项目部质量目标:争创中铁×局优良工程。

2. 工期目标

本标段计划施工总工期为:2006年3月10日—2008年12月31日,其中铺轨时间为2008年4月15日—2008年4月30日。

3. 安全目标

工程施工贯彻以"预防为主,安全第一"为目标,杜绝重大伤亡事故,轻伤事故频率控制在5‰以下,把事故发生率降到最低点,确保每个班组安全施工。

4. 文明施工目标

按照本公司CI形象及铁道部文明施工要求进行布置,争创铁路客运专线文明安全施工工地。

5. 成本目标

通过科学组织,严格管理,依靠科技进步,应用新技术、新工艺、新材料、新设备实现直接工程费利润1%。

11.3.2 项目组织机构的建立

项目组织机构见图11.3.1,由工程指挥部成立NHZQ-Ⅰ标段客运专线无砟轨道施工领导小组,专门负责组织、管理、指挥、协调标段内无砟轨道施工。Ⅱ型板铺设具体由8个分部承担。各部室设部门负责人一名,履行各自岗位职责,接受工程指挥部领导班子直接领导,各分部成立相应的领导班子和部室。

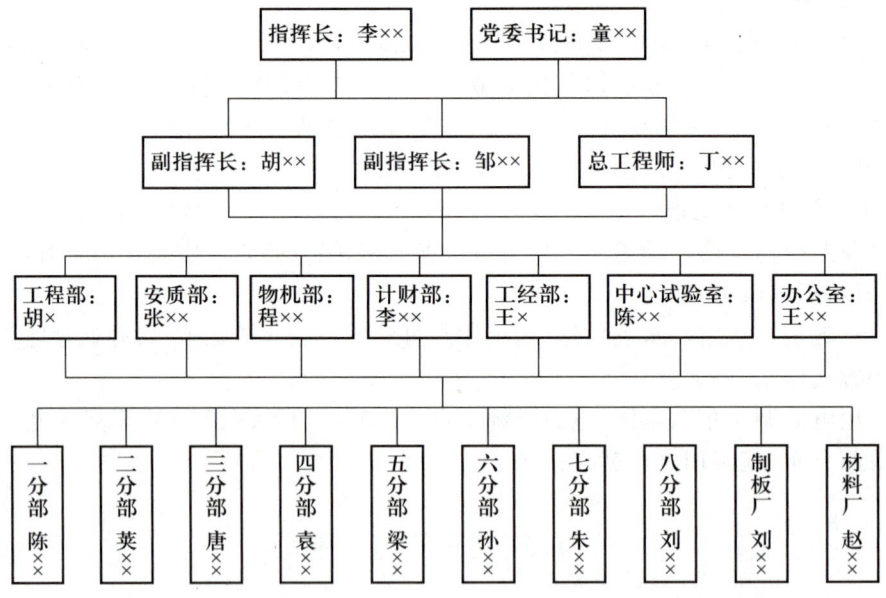

图11.3.1 NHZQ-Ⅰ标段CRTSⅡ型板式无砟轨道工程项目组织机构图

NHZQ-Ⅰ标段无砟轨道施工由8个独立的分部分段承建,平行施工;Ⅱ型轨道板均由制板厂生产,具体任务划分情况见表11-3-1。

表 11-3-1　NHZQ-Ⅰ标段无砟轨道施工各分部任务划分

分部编号	所属公司	管段起讫里程	长度/km	管段内主要构筑物
一分部	四公司	DK1+600—DK5+150	3.37	秦淮河特大桥(0#南京台至101#墩)、L3上下行联络线特大桥(有砟轨道)
二分部	四公司	DK5+150—DK11+650	6.5	秦淮河特大桥(101#墩至287#杭州台)
三分部	二公司	DK13+072.91—DK18+420	5.35	胜利河特大桥
四分部	建筑公司	DK11+650—DK13+072.91、DK18+420—DK24+540.7	7.54	江宁东车站、句容河特大桥、区间路基
五分部	南京分公司	DK24+540.7—DK32+322	7.78	句容西车站、高阳河特大桥、区间路基
六分部	四公司	DK32+320—DK40+702	8.84	溧水跨宁杭高速公路特大桥,卧龙湖特大桥、长乐明洞、区间路基
七分部	四公司	DK40+702—DK46+732	5.58	卧龙山中桥、跨沿江高速公路特大桥、溧水站车站、卧龙1#、2#隧道、区间路基
八分部	七公司	DK46+732—DK75+213.16	28.48	东芦山隧道、吕家山大桥、隐烛山大桥、老鸦坝水库1#特大桥、老鸦坝水库2#大桥、张巷大桥、湖北岗特大桥、章家棚中桥、南旺坝特大桥、瓦×山车站、区间路基

11.3.3　确定施工顺序

根据本工程结构特点和本公司的技术装备、劳力、机械状况及现场情况,计划本工程施工工艺总流程如图 11.3.2 所示,具体各工序的施工工艺流程详见分项工程施工内容。

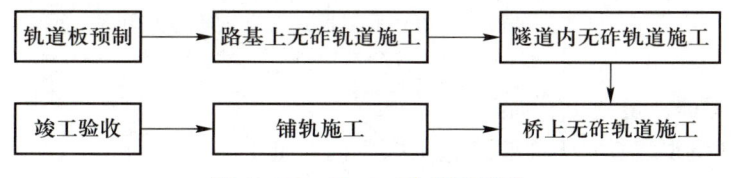

图 11.3.2　施工工艺总流程图

1. 轨道板预制施工顺序

模板安装→预应力筋下料→钢筋编组及预埋件安装→施加预应力→混凝土配制和浇注→混凝土养护→预应力放张→轨道板脱模→轨道板存放、养护→轨道板磨削。

2. 路基上无砟轨道施工

路基上 CRTS Ⅱ 型板式无砟轨道施工顺序如图 11.3.3 所示。

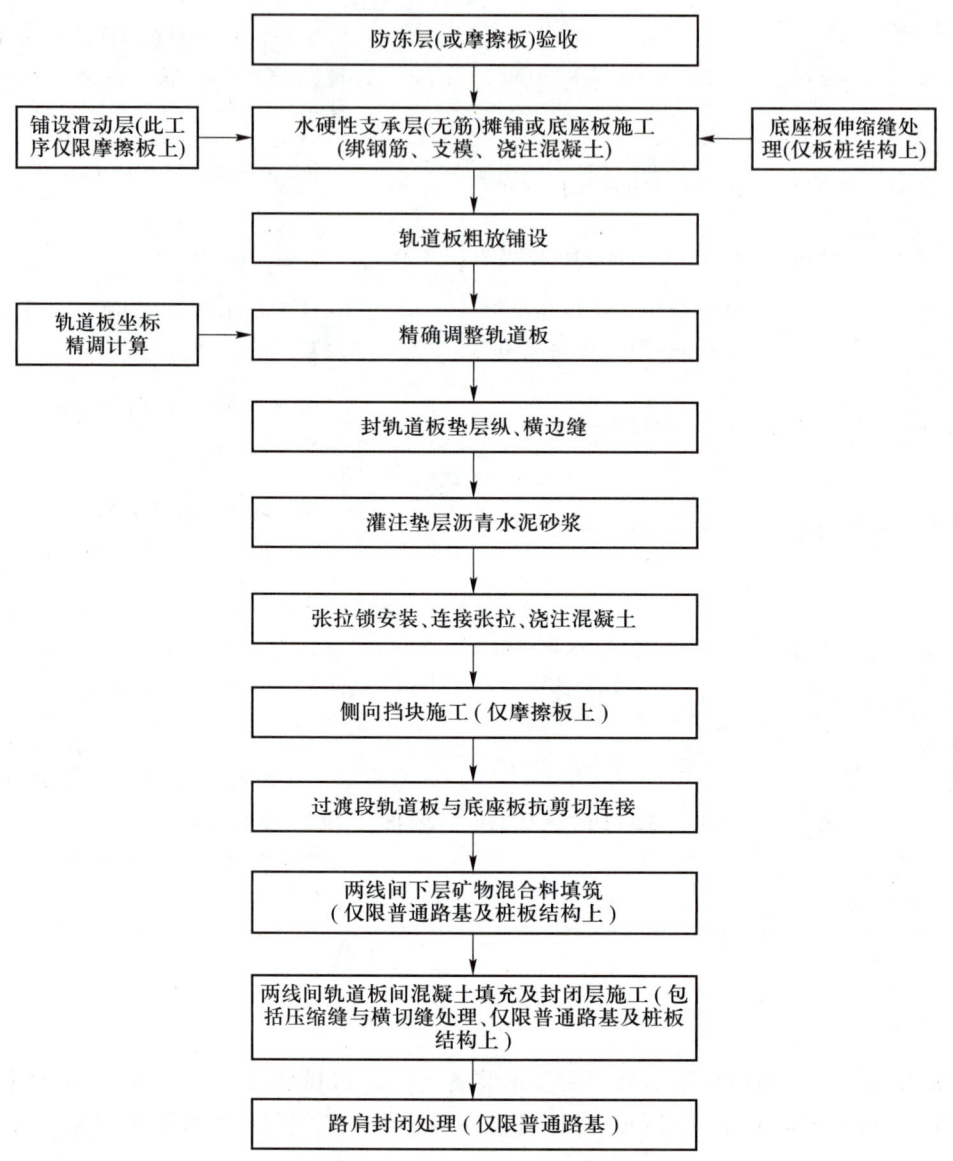

图 11.3.3　路基上 CRTS Ⅱ 型板式无砟轨道施工顺序

3. 隧道内无砟轨道施工

隧道内 CRTS Ⅱ 型板式无砟轨道施工顺序同路基上。

4. 桥上 CRTS Ⅱ 型板式无砟轨道施工顺序

桥上 CRTS Ⅱ 型板式无砟轨道施工顺序如图 11.3.4 所示。

5. 铺轨施工顺序

基地长钢轨焊接→铺轨作业→工地钢轨焊接→无缝线路应力放散及锁定→轨道整理及钢轨预打磨。

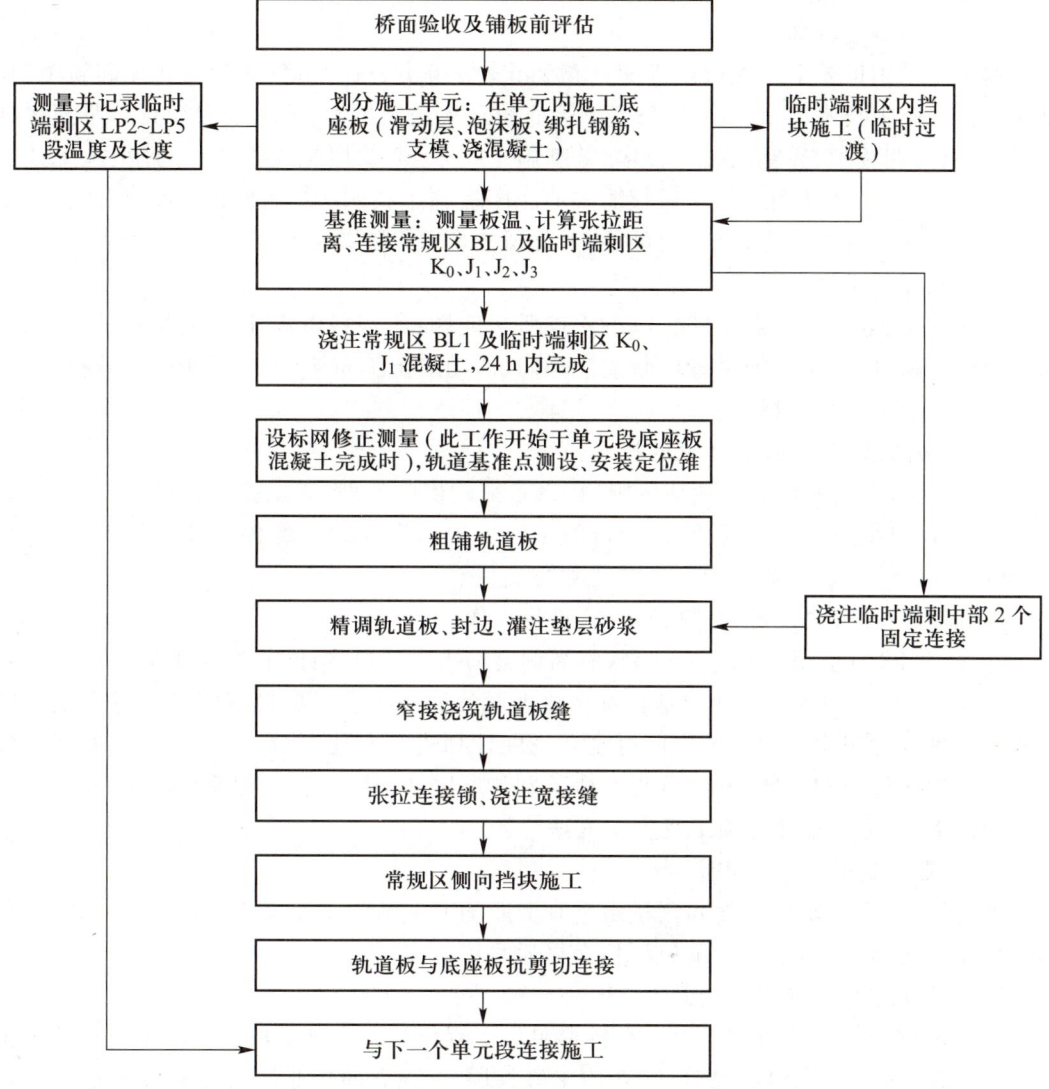

图 11.3.4 桥上 CRTS Ⅱ 型板式无砟轨道施工顺序

11.3.4 项目工程施工重点与难点

11.3.4.1 主要大型施工机械选择

根据本工程计划采用的 CRTS Ⅱ 型板式无砟轨道的施工设备主要有：混凝土搅拌站、混凝土运输车、混凝土泵车、混凝土输送泵、滑模摊铺机、钢筋加工设备、轨道板运输车、轨道板铺设龙门吊、轨道定位精调装置、移动式水泥沥青砂浆拌和车、水泥沥青砂浆灌注设备、定位圆锥体。各机具设备具体数量见施工资源配置计划部分。

11.3.4.2 工程特点与难点

（1）工期紧张

本工程正线全长 74.03 km 均铺设 CRTS Ⅱ 型无砟轨道板，共计用 Ⅱ 型板 21 955 块，工程需进行 Ⅱ 型板预制、无砟轨道铺设和铺轨等多项大型施工，但总工期仅为 991 日历天，工期紧张是本工程要解决的首要难题。

(2) 技术难度较高

本工程采用世界上最先进的高速铁路无砟轨道系统——CRTSⅡ型板式无砟轨道,具有多项先进施工技术,主要为:CRTSⅡ型无砟轨道板预制技术、乳化水泥沥青砂浆灌注技术、轨道板精调技术、底座板施工技术、端刺施工技术、滑动层施工技术、摩擦板施工技术等。其中桥上CRTSⅡ型无砟轨道板需要的底座板施工技术、端刺施工技术、摩擦板施工技术等在该局为首次施工,无先例可寻,对公司技术水平的要求较高,难度较大。

(3) 精度要求高

针对本工程的特点,需要解决以下几点质量问题:底座板混凝土浇筑及其纵向连接、轨道板铺设精度、乳化水泥沥青砂浆灌注均匀、滑动层土工布褶皱、轨道板纵向张拉。

针对难点应采取的措施:

① 加强图纸会审,做好施工的技术交底。

② 编制施工进度计划及相应的材料、设备采购供应计划、质量验收计划。

③ 定期组织施工协调例会,让接口施工双方提前介入统一的接口施工管理,通过合同、补充协议等方式,明确接口部位施工双方责任。

④ 提前安排有关设备、材料的采购、供货工作。

⑤ 每月28日前报送月进度计划,每周例会前报送周进度计划(并对上周的工作计划进行总结),检查周、月进度计划是否符合总进度计划的要求。项目部每半个月由项目经理和生产副经理组织对项目的实际进度和进度计划进行对比,找出二者之间的差别并分析产生差别的原因和问题,并将分析产生差别的原因和问题向公司和业主传递。

11.3.4.3 主要分部分项工程施工方法

1. CPⅢ控制网建设和测量

本标段CPⅢ控制网建设和测量由具有资质的专业队伍负责建测,按×公司规定的平差软件平差合格,并通过评估单位评估合格后采用。

2. 桥上无砟轨道施工

本标段桥梁无砟轨道施工以一个桥梁单位工程作为一个施工段落。本标段有特大桥10座,大桥4座,中桥2座,共计17个施工段,以9个独立的作业面同时组织施工。

(1) 临时和固定端刺的设置

根据底座板施工区段划分以4~5 km为宜;避开连续梁及其前后各相邻两孔简支梁、道岔区;后浇带缝与轨道板缝不能重合;按底座板每次灌注长度不大于164 m等临时端刺的设置原则,本标段暂拟设置临时端刺8组(除秦淮河特大桥上必须设1组临时端刺外,满足施工工期要求时,可取消)。

(2) 梁面打磨、检测

为了使梁面达到喷涂聚脲防水层所要求的,需满足:3 mm/4 m的平整度,粗糙度为SP3~SP4,高程偏差在0~−20 mm内的要求。在喷涂防水层之前要对梁面进行处理,对超出设计标高的部位采用L550A重型研磨机打磨,对低于设计标高的部分进行梁面修补。

按规定,对桥面高程、梁面平整度、梁端剪力齿槽等凹槽几何尺寸、桥面预埋件、排水坡、伸缩缝等进行检测验收。

(3) 聚脲防水层施工

本工程聚脲防水层由具有实际施工经验的专业施工队伍进行施工。采用抛丸机处理基面;底漆、聚脲防水涂料、脂肪族聚氨酯面层等喷涂均采用机械喷涂,人工涂刷相辅。

(4) 滑动层及高强挤塑板施工

施工程序为:梁面清扫检查→滑动层铺设边缘放样弹线→黏结剂涂刷带放样弹线→梁端接缝处高强度挤塑板铺设→底层土工布粘贴铺设→土工膜铺设→上层土工布铺设→碾平压紧。

(5) 桥梁底座板施工

底座板分为多个单元,可由一个单元开始向相邻单元依次施工,也可分多个工作面同时施工。同一单元内底座板施工顺序为临时端刺区施工→常规区施工→另一侧临时端刺区→钢筋连接器张拉→后浇带混凝土浇筑,具体施工程序如下:底座板钢筋笼场内加工→钢筋笼整体吊装就位→钢板连接器及剪力齿槽锚固筋安装→模板制作安装→测温电偶安装→底座板混凝土浇筑(后浇带除外)→顶面边缘收坡→顶面拉毛→顶面边缘横坡收光→模板拆除→混凝土养护→钢筋连接器张拉→后浇带混凝土浇筑→后浇带混凝土顶面收坡、拉毛→后浇带混凝土模板拆除养护。

① 钢筋加工及安装温差电偶。

a. 底座钢筋绑扎由于受工期、场地、钢筋运输等的限制,拟在钢筋加工场内集中加工,根据分节绑扎成型后吊装上桥,再在现场安装成型。

b. 剪力齿槽钢筋、钢板连接器等均在钢筋棚中加工后上桥安装。

c. 温差电偶埋设:底座板混凝土浇筑前,在每个浇筑段距离后浇带约1/3浇筑段长位置处,在横断面的轨道板放置边缘处埋设温差电偶,用于测量混凝土芯部温度变化。

② 模板安装。

根据施工进度安排制作相应数量的底座板模板。一般情况下,一个工作面底座模板配置数量以满足一个施工段落左右线的底座板同时浇筑为宜。为适应振动梁行走需要及曲线超高段底座板加厚需要,底座板模板采用高度可调式钢模。模板上部采用4 mm厚钢板作为面板,背肋为上下两道10#槽钢,下道槽钢大面可紧贴面板背面上下滑动,兼作可调部分的面板。

侧模安装方法:按照计算出的模板安装高度安装底座侧模板,使模板顶面与底座顶面边缘的变坡点平齐,并用$\phi 48$钢管支撑。外侧模板支撑在竖墙上,内侧模板左右线采用对撑。端模加工成梳形,梳齿间的净距应根据其所卡纵向钢筋的直径来确定。

③ 底座板混凝土浇筑。

混凝土由拌和站集中搅拌,混凝土罐车运到工地,再由泵车泵送入模。用$\phi 50$插入式振捣器振捣,最后采用提浆振动梁进行混凝土面振捣并提浆整平。

④ 底座板混凝土拉毛、边缘横坡收光。

底座板表面拉毛采用轨道板厂专用的硬塑拉毛刷拉毛。拉毛槽深按1~2 mm控制。

底座板边缘25 cm宽横坡收光先采用特制木抹子抹压出规定坡度,并检查横坡率符合设计要求后,再用铁抹子对两侧20 cm的范围进行收光处理。底座板边缘横坡面收光不少于两遍。

底座板两侧排水坡面抹面收光完成后,应及时进行覆盖养护。

⑤ 设临时侧挡。

底座板混凝土拆模后,在曲线地段的底座板,要加设临时侧挡,防止底座板在张拉时横向位移。临时侧向挡块设置的原则为:曲线半径≤2 500 m 时,每个侧向挡块处设置一个;曲线半径在 2 500~4 500 m 时,每跨简支梁设置两处;曲线半径>4 500 m 时,每跨简支梁设置两处。

⑥ 底座板连接施工。

底座板连接施工是围绕并确保板内 25℃时零应力状态而进行的连接筋张拉施工。连接方法是遵照一定程序将钢板连接器(BL1)螺母紧固,实现底座板张拉连接。按照环境温度和底座板的温度,可分为三种情况:当 10℃≤t<25℃时,底座板应进行张拉连接;当 25℃≤t≤35℃时,不张拉,直接用手拧紧螺母连接施工;当 t>35℃或 t<10℃时,禁止张拉连接施工。底座板连接时混凝土强度必须达到 20 MPa,所有类型单元段底座板的连接施工均须在温差较小的 24 h 内完成且左右线同步。

(6) 桥梁轨道板粗铺

① 定位锥点安放。

用评估合格的 CPⅢ 控制网 4 点对,测设基准点和定位锥点。定位锥采用植入 ϕ16 精轧螺纹钢作为定位锥锚杆。

② 轨道板粗铺。

轨道板粗铺采用悬臂龙门吊提吊轨道板上桥铺设。铺板前一定要对所铺设处的底座板标高进行复测,确保板腔最小空间不小于 2 cm(控制在 2~4 cm 内),同时对于精调爪位置处预留 2.5 cm 的空缺,避免不能精调到位。粗铺时,采用 300 mm×50 mm×40 mm 厚松木条在板下支垫。直线上每块板放置 6(曲线上每块板放置 8)个精调千斤顶,并在每个精调千斤顶安装位置处用黏胶粘贴"凹"型弹性密封止浆垫。检查板号,"对号入座",完成粗铺作业,粗铺轨道板平面位置精度控制在 5 mm 之内。

(7) 轨道板精调

精调施工前,要对 CPⅢ 控制网进行核查,确保有效可用。并要将现场不同的曲线要素输入到仪器中,精调哪一段要用相应的曲线要素。对精调仪器、装置进行检查,确保测量系统正常工作。精调完毕后,砂浆灌注前,应对精调好的轨道板进行复核。

(8) 水泥乳化沥青砂浆施工

砂浆灌注施工,应注意以下事项:

① 原材料检验、进场检查、日常检验及砂浆的日常检验工作,确保砂浆质量合格。

② 按试验段揭板试验确定的工艺参数和操作工艺进行灌注施工。

水泥乳化沥青砂浆搅拌采用专用搅拌车,汽车吊提吊灌注。封边采用专用的砂浆封边土工布,槽钢制封边压紧横梁压紧封边角钢。窄接缝处第一次采用土工布封,以后采用稠化的 CA 砂浆封堵。轨道板压紧采用翼形压板装置。排气孔在板四角设置(4个,中部必要时对称增设 2 个)。砂浆灌注采用"先慢、再快、后慢"的工艺方法进行。灌注完成的充填层 CA 砂浆应及时做好洒水养护。

(9) 轨道板纵向连接张拉

轨道板纵向连接张拉顺序如图 11.3.5 所示。

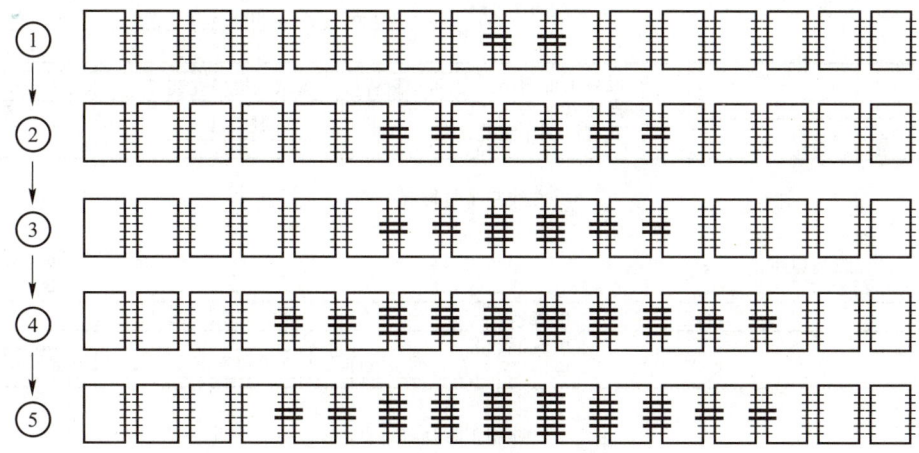

图 11.3.5 轨道纵向张拉步骤图

（10）桥上无砟轨道铺板施工物流组织方案

本标段桥梁无砟轨道施工主要物流组织措施为：

① 底座板。

底座板钢筋用汽车吊吊上桥面进行绑扎，或直接在钢筋加工厂绑扎好后，再用吊车吊上桥进行连接；混凝土使用罐车配合汽车泵，泵送上桥进行混凝土灌注。

② 轨道板。

桥梁用轨道板提前运至现场，存放于桥下便道上，个别便道宽度不足 7 m 的困难地段桥梁轨道板集中存放。粗铺工序开始前，轨道板提前使用汽车吊吊运上桥，以三块一垛存放于施工完成的底座板上（底座板等强度 75% 以上），以提高悬臂龙门吊工作效率，或直接使用悬臂龙门吊提板上桥进行粗铺。对于集中存放的桥梁轨道板在粗铺时，用平板车临时运送至桥下，用上述方法上桥。

③ CA 砂浆。

CA 砂浆拌制出仓后，用汽车吊提中转罐上桥，使用小型叉车运至灌注作业面，注入移动式灌注小车进行灌注。每辆 CA 砂浆车配备两个中转罐。

④ 施工便道。

桥梁无砟轨道施工便道宽度应大于 7 m，便道每 200 m 设置一处 3.5 m×10 m 的回车区域，确保全程贯通。桥梁施工物流组织如图 11.3.6 所示。

⑤ 作业人员及小型器具、材料等通过上桥钢斜道上下，上桥钢斜道购置厂制成品。每 1km 左右设置一处。

11.3.4.4 路基上无砟轨道施工

1. 路基上支承层施工

路基上水硬性混凝土支承层，采用摊铺机摊铺模压，压路机碾压成型。其他工序的具体工艺、方法参照桥上无砟轨道施工。

2. 路基上无砟轨道铺板施工物流组织方案

① 路基上混凝土支承层施工由施工便道进入路基面，每次浇筑长度约 200～300 m，且左右线之间相应错开 30 m，方便机械施工。混凝土运输采用小型汽车，以便在路基上调头。

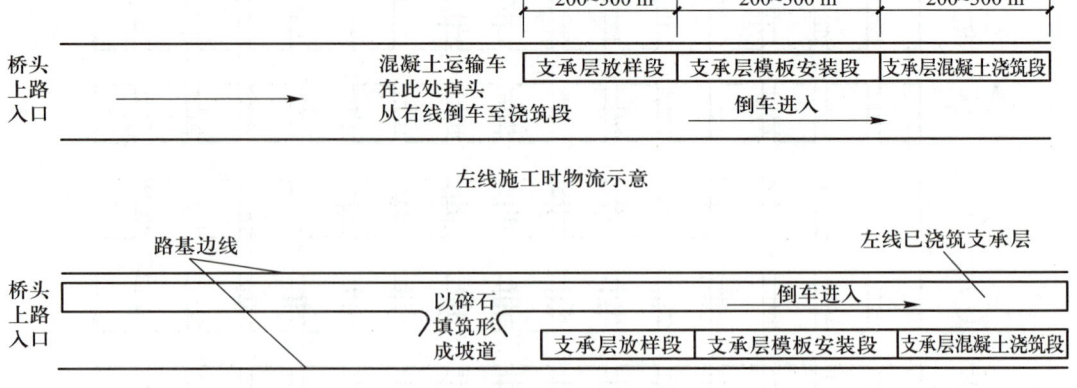

图 11.3.6　支承层施工物流组织示意图

② 路基上支承层先施工远离施工便道一侧,再施工靠近便道的一侧。路基上支承层施工物流组织参考桥上支承层物流组织。

③ 路基用Ⅱ型板在施工前应集中存放于路基上。先使用汽车吊从便道上将轨道板吊运至路基面,采用三支点存放(曲线地段路基不宜存板);轨道板粗铺前,再使用小型龙门吊配合双向运板车运送至铺板作业面,运输过程中满足 4 点支承 3 点平衡。

④ 路基用 CA 砂浆采用汽车吊吊运中转罐至路基面,叉车运输中转罐至灌注作业面,注入灌注小车进行灌注。

3. 隧道内无砟轨道施工

本标段隧道结构为 3.42 km,分别为:长乐明洞(136 m)、卧龙 1#隧道(183 m)、卧龙 2#隧道(193 m)和东庐山隧道(2 908 m),除东庐山隧道作为一个单独的施工段外,其余短隧道均划入相邻路基无砟轨道施工段落。

(1) 隧道底板凿毛及各道工序施工

隧道底座施工前应将隧道底板(或仰拱填充)进行凿毛,凿毛范围:横向为轨道中心线两侧各 1.375 m 内,纵向范围为至施工缝 0.50 m 处。凿毛深度以见到粗骨料(10 mm 左右)为准,凿毛率≥50%。凿毛宜优先采用铣刨机进行,辅以人工手持风镐凿毛。

隧道无砟轨道施工其他各道工序施工工艺、方法参照桥上无砟轨道施工方法。

(2) 隧道内无砟轨道施工物流组织方案

针对隧道内施工空间狭小的特点,对物流组织的要求为:

① 对于长大隧道(东庐山隧道),在隧道基础凿毛后,将Ⅱ型轨道板陆续运输进洞内进行存放,根据施工组织关系,洞内存板的方式主要有:

a. 异线存放:施工左(右)线底座板时,该线别的轨道板存放于右(左)线。该方式存板可使粗铺龙门吊走行距离最小,但另一线底座板无法同时施工,该存板方式长度以不大于 1 km 为宜。当左(右)线轨道板 CA 砂浆灌注完成,养护达到 75%以上强度时,可将右(左)线轨道板存放于该线上,轨道板叠放不超过 3 块,并以 CPⅢ点通视高度为准,控制存板层数。该存板方式不适宜用于曲线超高地段。

b. 同线存放:施工一段底座板时,将该段用轨道板存放于施工段的大(或小)里程端。

在底座板施工方向上,存板点应距离混凝土浇筑作业面 1 km 左右为宜,以确保底座板可连续向前施工。

c. 洞口存放:对于较短的隧道,轨道板存放于两个洞口外的路基上,粗铺用轮胎式龙门吊走行距离不大于 500 m 为宜。

② 洞内存板仍采用三点垫木支撑。支撑位置提前预留,支撑处底座板不凿毛,进行打磨平整,并确保凿毛区的总凿毛率不低于 50%。板垛叠放层数不超过 3 块,防止遮挡 CPⅢ点照射视线,放置时注意轨道板朝向和线别,使用 10t 轮胎式龙门吊吊卸。洞内存放的板垛使用塑料布包裹,并粘贴反光标志。

③ 在长大隧道(东庐山隧道)内进行粗铺板施工时,一个工作面配置两台 10t 轮胎式龙门吊,以弥补龙门吊走行距离拉长的影响;同时应采取多种存板位置相结合的方式进行物流组织,使一个工作面上的底座板双线同时作业,并使底座板工序和粗铺工序之间形成流水作业,确保整体进度指标的实现。

④ 洞内 CPⅢ点埋设位置适当加高。点位埋置高度离隧道地面应大于 1.6m,防止存板后阻挡 CPⅢ点视线。

⑤ 隧道内作业空间狭小,CA 砂浆中转罐的运输方式拟采用两种:

a. 使用小型叉车运输,在两线底座板之间行走,以节约施工空间。

b. 直接采用铺板龙门提吊进行灌注。

⑥ 隧道底座板浇筑拟采用两方式。

a. 使用混凝土罐车运输,HBT80/1613S 型地泵泵送混凝土入模。

b. 混凝土罐车运输,铺板龙门提吊专制料斗灌注入模。

⑦ 隧道内轨道板运输:进洞存放时采用专用汽车运输;轨道板装卸及洞内倒运采用 MEBL 型系列轮胎式可变跨龙门吊进行,吊运方式如图 11.3.7 所示。

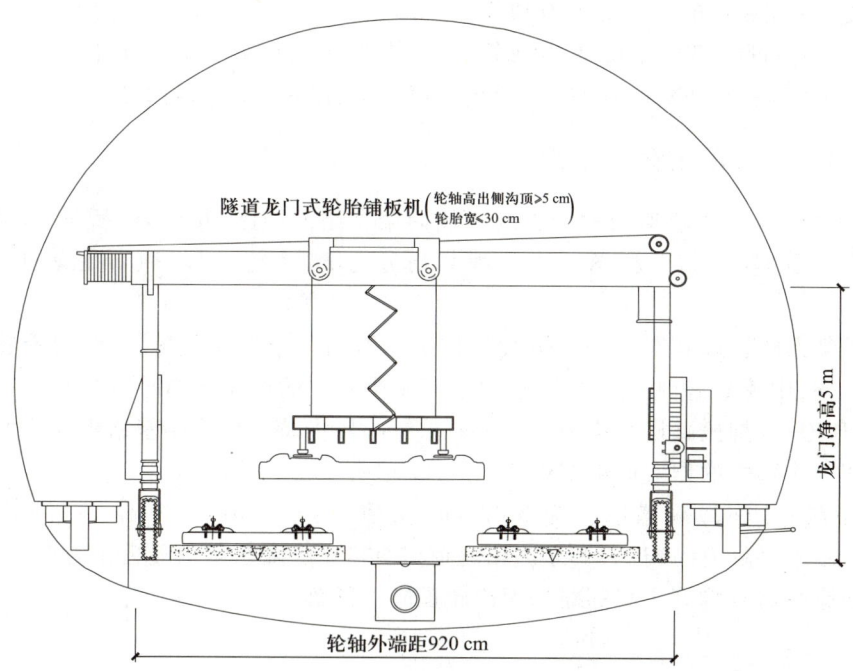

图 11.3.7　隧道内轨道板吊运示意图

11.4 工程施工进度计划

11.4.1 总体工期计划

1. 正线无砟轨道结构

本标段铺轨时间为 2008 年 4 月 1 日—2008 年 4 月 18 日，正线上无砟轨道施工时间为 2007 年 9 月 21 日—2008 年 4 月 6 日，累计 6.5 个月，先导段计划于 2007 年 9 月 21 日开始施工。由于受到铺轨工序的制约，桥梁上侧向挡块计划于 2008 年 4 月 30 日前完成。

2. 线外模拟试验段

本标段试验段场地计划建设时间为 2007 年 6 月 15 日—2007 年 7 月 15 日，模拟施工时间为 2007 年 7 月 21 日—2007 年 9 月 21 日。

3. 车站内无砟轨道

管段内四座车站无砟道岔共计 20 组，计划于 2008 年 5 月上旬施工完成。

4. Ⅱ型板预制

Ⅱ型板预制生产时间安排在 2006 年 12 月 25 日—2008 年 2 月 25 日，日均打磨量控制在 80~100 块，满足总体工期计划的要求。

11.4.2 主要进度指标

① 底座板施工：130 m/d，每个工作面配置 3 套（单侧累计 780 m）底座板模型；周转期按 15 d 考虑。

② 轨道板粗铺：160 m/d，约 50 块板。

③ 轨道板精调：130 m/d，约 40 块板，每天按两个工作班约 12 h 计算。

④ CA 砂浆灌注：200 m/d，约 62 块板，每车每天按 8 h 工作时间计。

11.4.3 施工段划分及进度

根据 CRTS Ⅱ 无砟轨道结构特点及标段内架梁组织线路，按路基、桥梁、长大隧道等构筑物划分无砟轨道施工段落。本工程共划分为 34 个施工段落（详见表 11-4-1），其中：

① 桥梁无砟轨道施工以一个桥梁单位工程作为一个施工段落，本管段有特大桥 10 座，大桥 4 座，中桥 2 座，共计 17 个施工段，以 9 个独立的作业面同时组织施工。

② NHZQ-Ⅰ标段路基结构为 33.1 km，根据标段内特大桥将路基结构划分为 16 个施工段落，以 9 个独立的作业面组织施工。

③ NHZQ-Ⅰ标段隧道结构为 3.42 km，分别为：长乐明洞（136 m）、卧龙 1#隧道（183 m）、卧龙 2#隧道（193 m）和东庐山隧道（2 908 m），除东庐山隧道作为 1 个单独的施工段外，其余短隧道均划入相邻路基无砟轨道施工段落。

表 11-4-1 无砟轨道施工段落划分

序号	单位	工点起讫里程	长度/km	工点名称或范围 起点	工点名称或范围 止点	作业面
1	一分部	DK1+782.41—DK4+100 DK4+100—DK5+150	3.37	秦淮河特大桥		1
2	二分部	DK5+150—DK11+650	6.50	秦淮河特大桥(设1个临时端刺)		2
3	三分部	DK13+071.682—DK18+438.985	5.37	胜利河特大桥(设1或2个临时端刺)		1
4	四分部	DK11+649.81—DK13+072.91	1.43	秦淮河特大桥杭州台	胜利河特大桥南京台	1
5	四分部	DK18+440.91—DK20+383.24	1.94	胜利特大桥杭州台	句容河特大桥南京台	1
6		DK20+384.775—DK24+540	4.16	句容河特大桥		1
7	五分部	DK24+540.7—DK27+494.7	2.96	句容河特大桥南京台	高阳河特大桥杭州台	1
8	五分部	DK27+494.74—DK32+322.76	4.83	高阳河特大桥		1
9		DK32+322.76—DK33+256.08		高阳河特大桥杭州台	溧水跨宁杭高速特大桥南京台	
10		DK33+256.105—DK37+965.715	7.55	跨宁杭特大桥		2(含长乐明洞)
11	六分部	DK37+965.05—DK39+635		溧水跨宁杭高速特大桥杭州台	长乐明洞进口	2(含长乐明洞)
12		DK39+788—DK40+020		长乐明洞出口	卧龙湖特大桥南京台	
13		DK40+020.4—DK40+622.58	0.60	卧龙湖特大桥		
14		DK40+622.58—DK40+702		卧龙湖特大桥杭州台	卧龙1#隧道进口	
15		DK40+885—DK40+956	1.35	卧龙1#隧道出口	卧龙2#隧道进口	2(含卧龙1、2#隧道)
16	七分部	DK41+149—DK41+177.27		卧龙2#隧道出口	卧龙山中桥南京台	2(含卧龙1、2#隧道)
17	七分部	DK41+177.26—DK41+288.93		卧龙山中桥		
18		DK41+288.93—DK42+462.75		卧龙山中桥杭州台	跨沿江高速公路特大桥南京台	
19		DK42+462.76—DK45+074.53	2.61	跨沿江特大桥		
20		DK45+074.53—DK46+732	1.66	跨沿江高速公路特大桥杭州台	溧水站	1

续表

序号	单位	工点起讫里程	长度/km	工点名称或范围 起点	工点名称或范围 止点	作业面
21	八分部	DK46+732—DK49+225	2.50	溧水站	东庐山隧道入口	1
22		DK49+225—DK52+133	2.91		东庐山隧道	
23		DK52+133—DK57+601	5.50	东庐山隧道出口	老鸦坝水库1#特大桥南京台	1
24		DK58+957—DK63+584	4.63	老鸦坝水库1#特大桥杭州台	湖北岗特大桥南京台	1
25		DK65+247—DK69+951	4.70	湖北岗特大桥杭州台	南旺坝特大桥南京台	1
26		DK71+150—DK75+213	4.10	南旺坝特大桥杭州台	Ⅰ标终点	
27		DK52+303.27—DK52+447.64	0.14	吕家山大桥		
28		DK53+151.27—DK53+328.33	0.18	隐烛山大桥		
29		DK57+601.31—DK58+957.2	1.36	老鸦坝水库1#特大桥		
30		DK60+043.72—DK60+449.68	0.41	老鸦坝水库2#大桥		1
31		DK60+760.51—DK61+022.98	0.24	张巷大桥		
32		DK63+583.92—DK65+246.72	1.66	湖北岗特大桥		
33		DK66+017.26—DK66+128.93	0.11	章家棚中桥		
34		DK69+951.1—DK71+149.91	1.20	南旺坝特大桥		
合计/km			73.96			19

各施工段落进度根据总体工期计划由各分部细化并严格落实,工程指挥部定期进行检查。

11.4.4 各项资源需要量施工准备工作计划

11.4.4.1 主要大型设备配备计划

根据施工计划时间安排,本标段拟投入17套独立的无砟轨道板施工设备(其中2套分由2个作业面共用)。主要大型设备应于正式施工前1~2个月进场,以便进行线外试验、调试及安装。主要大型设备配备见表11-4-2。

表 11-4-2　NHZQ-Ⅰ标无砟轨道施工主要大型设备表

序号	施工单位	管段长度/km	主要大型设备(成套)	数量台套	最迟进场时间	工作面
1	一分部（四公司）	3.368	CA砂浆搅拌车	1	2007.11.1	桥-1
2			移动式灌注小车	1		
3			悬臂龙门吊	1		
4			35 t吊车	2		
5			精调设备	1		
6	二分部（四公司）	6.5	CA砂浆搅拌车	2	2007.11.1	桥-2
7			移动式灌注小车	2		
8			悬臂龙门吊	2		
9			35 t吊车	4		
10			精调设备	2		
11	三分部（二公司）	5.4	CA砂浆搅拌车	1	2007.8.20	桥-1
12			移动式灌注小车	1		
13			悬臂龙门吊	1		
14			35 t吊车	2		
15			精调设备	1		
16	四分部（建筑公司）	7.5	CA砂浆搅拌车	2	2007.10.1	桥-1路-1
17			移动式灌注小车	2		
18			悬臂龙门吊(桥专用)	1		
19			35 t吊车	3		
20			双向运板车(路用)	1		
21			轮胎式门吊(路用)	1		
22			精调设备	2		
23	五分部（南京分公司）	7.8	CA砂浆搅拌车	2	2007.8.20（其中试验段用砂浆车和模型板7月20日前进场）	桥-1路-1
24			移动式灌注小车	2		
25			悬臂龙门吊(桥专用)	1		
26			35 t吊车	3		
27			双向运板车(路用)	1		
28			轮胎式门吊(路用)	1		
29			精调设备	2		

续表

序号	施工单位	管段长度/km	主要大型设备(成套)	数量台套	最迟进场时间	工作面
30	六分部(四公司)	8.3	CA 砂浆搅拌车	2	2007.10.20	桥-1 路-1
31			移动式灌注小车	2		
32			悬臂龙门吊(桥专用)	1		
33			35 t 吊车	3		
34			双向运板车(路用)	1		
35			轮胎式门吊(路用)	1		
36			精调设备	2		
37	七分部(四公司)	6.1	CA 砂浆搅拌车	1	2007.10.20	桥-1 路-1
38			移动式灌注小车	1		
39			悬臂龙门吊(桥专用)	1		
40			35 t 吊车	3		
41			双向运板车(路用)	1		
42			轮胎式门吊(路用)	1		
43			精调设备	1		
44	八分部(七公司)	29.5	CA 砂浆搅拌车	5	2007.10.1	桥-1 路-4
45			移动式灌注小车	5		
46			悬臂龙门吊(桥专用)	1		
47			35 t 吊车	6		
48			双向运板车(路桥用)	4		
49			轮胎式门吊(路桥用)	4		
50			精调设备	5		

11.4.4.2 主要试验、质检仪器设备计划

为确保施工质量,加强现场检测,施工现场设三级试验室一个,配备必要的试验检测仪器,具备水泥乳化沥青砂浆、乳化沥青、干料三个项目试验检测工作,共计21个参数的检测能力。施工现场主要试验检测仪器设备配置见表11-4-3。

表 11-4-3 NHZQ-Ⅰ标无砟轨道施工主要试验检测仪器设备配置表

序号	仪器设备名称	规格型号	数量	进场日期	备注
1	针入度试验仪	XCH-28010	1 台	2007.7.5	
2	软化点试验仪	SLR-C	1 台	2007.7.5	

续表

序号	仪器设备名称	规格型号	数量	进场日期	备注
3	红外线测温仪	MODEL TN18	1+14 台	2007.7.5	
4	延度试验仪	SY-1.5	1 台	2007.7.5	
5	含气量测定仪	LS-546	1+8 台	2007.7.5	
6	数显沥青闪点仪	SLD-3536	1 台	2007.7.5	
7	pH 测试仪	PHS-3C	1 台	2007.7.5	
8	沥青旋转烘箱	SMBM-85	1 台	2007.7.5	
9	恒温去湿养护箱	HBY-30	1+8 台	2007.7.5	
10	电子天平	JF	1 台	2007.7.5	
11	掌上型电子秤	XES-500A	1 台	2007.7.5	
12	电子天平	TD	1+8 台	2007.7.5	
13	电子秤	BS1500	1 台	2007.7.5	
14	电子秤	BS-30KA	1 台	2007.7.5	
15	深度游标卡尺	0-200	1+8 台	2007.7.5	
16	低温槽	THD-0506	1 台	2007.7.5	
17	秒表	504	1+8 台	2007.7.5	
18	微机控制恒加载试验机	TYA-300B	1 台	2007.7.5	
19	弹模仪	TM-2	1 台	2007.7.5	
20	具塞三角瓶	100 ml	6+8 个	2007.7.5	
21	烧杯	1 000 ml	6+80 个	2007.7.5	
22	量筒	50 ml	10+80 个	2007.7.5	
23	量筒	100 ml	10+80 个	2007.7.5	
24	量筒	250 ml	60+800 个	2007.7.5	根据实际使用消耗定
25	量筒	1 000 ml	4 个	2007.7.5	
26	蒸馏发生器	YA.ZD.10	1 台	2007.7.5	
27	沥青乳液稳定性管	—	3 根	2007.7.5	
28	八字模及底板	—	4 套	2007.7.5	

续表

序号	仪器设备名称	规格型号	数量	进场日期	备注
29	抗冻试模	10*300	4+32 组	2007.7.5	
30	CA 砂浆试模	ϕ50*50	4+80 组	2007.7.5	
31	锥形瓶	—	6 个	2007.7.5	
32	夹钳台	—	1 台	2007.7.5	
33	容量瓶	250 ml	4 个	2007.7.5	
34	扩展度筒	内径 50 mm,高 190 mm	1+16 个	2007.7.5	
35	乳化沥青流动度测定仪	—	1+16 台	2007.7.5	
36	砂浆试验漏斗	—	1 个	2007.7.5	
37	自由膨胀试验仪	内径 5.9 cm,高 50 cm	1 个	2007.7.5	
38	砝码	F2 级/20 kg,10 kg,5 kg	3+16 组	2007.7.5	
39	砂浆电动轻型搅拌机	SJ-10L	1 台	2007.7.5	
40	可调试电炉	1 000 W	1 台	2007.7.5	
41	不锈钢数显卡尺	0-200 mm	1+8 把	2007.7.5	
42	笔式酸度计	PHB-1 型	1 只	2007.7.5	
43	沥青微粒离子电荷仪	HDH-1A	1 台	2007.7.5	
44	黏结强度拉拔仪	ZQS6-2000 型	1+4 台	2007.7.5	
45	电动防水卷材不透水仪	DTS-96	1 台	2007.7.5	
46	电热鼓风恒温干燥箱	101-2	1 台	2007.7.5	
47	沥青砂浆搅拌机	CAJ-5	1 台	2007.7.5	
48	CA 砂浆搅拌机	CA-20	1 台	2007.7.5	
49	电子式万能试验机	WDW-50	1 台	2007.7.5	
50	超声波漆膜测厚仪	Positector 200	1+4 台	2007.7.5	
51	圆模	ϕ60*35*60	1 个	2007.7.5	
52	撕裂强度裁刀	直角形	1+4 个	2007.7.5	
53	哑铃裁刀	I 型	4+16 个	2007.7.5	

11.4.4.3 专业精调仪器设备配备计划

根据本标段施工计划及无砟轨道施工作业面安排,拟计划投入17套精调设备,各设备的具体进场时间见表11-4-4。

表11-4-4 NHZQ-Ⅰ标无砟轨道施工专业精调仪器设备配备表

序号	施工单位	管段长度/km	主要大型设备(成套)	数量台套	最迟进场时间
1	一分部	2.3(3.368)	徕卡TCR1201+R400全站仪	1	2007.11.1
2			徕卡精密棱镜(leica GPR121)	9	
3			无砟轨道板精调测量定位系统	1	
4			CRTS Ⅱ施工布板软件	1	
5	二分部	7.55(6.5)	徕卡TCR1201+R400全站仪	2	2007.11.1
6			徕卡精密棱镜(leica GPR121)	18	
7			无砟轨道板精调测量定位系统	2	
8			CRTS Ⅱ施工布板软件	1	
9	三分部	5.4	徕卡TCR1201+R400全站仪	1	2007.8.20
10			徕卡精密棱镜(leica GPR121)	9	
11			无砟轨道板精调测量定位系统	1	
12			CRTS Ⅱ施工布板软件	1	
13	四分部	7.5	徕卡TCR1201+R400全站仪	2	2007.10.1
14			徕卡精密棱镜(leica GPR121)	18	
15			无砟轨道板精调测量定位系统	2	
16			CRTS Ⅱ施工布板软件	1	
17	五分部	7.8	徕卡TCR1201+R400全站仪	2	2007.7.15
18			徕卡精密棱镜(leica GPR121)	18	
19			无砟轨道板精调测量定位系统	2	
20			CRTS Ⅱ施工布板软件	1	
21	六分部	8.3	徕卡TCR1201+R400全站仪	2	2007.10.20
22			徕卡精密棱镜(leica GPR121)	18	
23			无砟轨道板精调测量定位系统	2	
24			CRTS Ⅱ施工布板软件	1	

续表

序号	施工单位	管段长度/km	主要大型设备(成套)	数量台套	最迟进场时间
25	七分部	6.1	徕卡 TCR1201+R400 全站仪	2	2007.10.20
26			徕卡精密棱镜(leica GPR121)	18	
27			无砟轨道板精调测量定位系统	2	
28			CRTS Ⅱ施工布板软件	1	
29	八分部	29.5	徕卡 TCR1201+R400 全站仪	5	2007.10.1
30			徕卡精密棱镜(leica GPR121)	50	
31			无砟轨道板精调测量定位系统	5	
32			CRTS Ⅱ施工布板软件	3	
33	合计		徕卡 TCR1201+R400 全站仪	17	
			徕卡精密棱镜(leica GPR121)	158	
			无砟轨道板精调测量定位系统	17	
			CRTS Ⅱ施工布板软件	10	

11.4.4.4 物资供应计划

物质供应计划见表 11-4-5。

表 11-4-5 NHZQ-Ⅰ标无砟轨道线上施工主要用材数量表

序号	材料名称	规格型号	单位	数量
1	HRB500 钢筋	$\phi 10$	t	2 818.07
2		$\phi 14$	t	7.95
3		$\phi 16$	t	5 540.70
4		$\phi 20$	t	1 004.24
5	HRB500 精轧螺纹钢钢筋	$\phi 25$	t	69.86
6	HRB335 精轧螺纹钢	$\phi 28$	t	19.67
7	冷轧带肋钢筋	CRB550ϕR10	t	8.72
8		CRB550ϕR11	t	56.49
9		CRB550ϕR12	t	182.68
10	限位板	长*宽*厚=0.65 m*0.1 m*0.018 m	块	33 515.60
11	高强挤塑板	长*宽*厚=2.95 m*1.45 m*0.05 m	块	2 417.30
12	两布一膜	专供	m²	220 440.00
13	喷涂聚脲		t	2 400.00

续表

序号	材料名称	规格型号	单位	数量
14	钢板连接器		套	563.00
15	不锈钢连接线		m	4 568.95
16	锚固板	Q235	块	5 055.40
17	无砟轨道板张拉锁件	专供	个	120 600
18	乳化沥青	专供	t	3 900
19	干料	专供	t	19 500
20	散装水泥	硅酸盐水泥(详见配合比设计)	t	42 000
21	混凝土粗细骨料	二级级配(详见配合比设计)	m^3	240 000

11.4.4.5 主要劳动力配置及模拟演练计划

1. 主要劳动力配置

NHZQ-Ⅰ标无砟轨道施工包括桥梁作业面 9 个,路隧作业面 10 个,高峰期间累计有 17 个工作面同时作业,对施工人员数量、组织统筹要求如下:

施工时每个工作面配置一套专业工班,主要包括:聚脲防水层作业班 81 人,每班 9 人;两布一膜作业班 90 人,每班 10 人;底座板(含水硬性支撑层)作业班 544 人,每班 32 人;粗铺作业班 442 人,每班 26 人;精调作业班 170 人,每班 10 人;CA 砂浆作业班 476 人,每班 28 人;加料站 80 人,每站 20 人;轨道板纵连、剪切连接、窄接缝浇筑、侧向挡块作业班 136 人,每班 8 人。NHZQ-Ⅰ标无砟轨道施工累计需投入工班操作人员 2 019 人,管理人员 765 人。

2. 模拟演练计划

无砟轨道所有施工人员均提前组织进场,确保培训工作和正式工程的顺利展开。

第一阶段:本标段线外试验段计划于 2007 年 7 月 20 日开始进行模拟施工,各分部无砟轨道施工领工员、架子队长、安质检人员、试验人员、测量人员、技术人员按时进场进行模拟操作。

第二阶段:标段内先导段计划于 2007 年 9 月 20 日开始施工,各分部无砟轨道专业工班组及管理人员按时进场进行跟班学习。

11.4.4.6 先导段施工安排

根据《无砟轨道先导段评估实施细则》要求:"先导段不小于 2 km 长度,应包含曲线地段,宜包含桥梁及路基地段,统筹考虑 CPⅢ精测网段落划分及搭接处理。"结合本标段线下工程施工进度情况,本标段先导段设置在五分部高阳河特大桥(DK30+345.7—DK32+372.76),总长度 2.03 km。

先导段施工时间计划如下:

2007 年 9 月 21 日—10 月 20 日进行底座板的浇筑和张拉施工;10 月 21 日—11 月 5 日进行轨道板粗铺;10 月 23 日—11 月 8 日进行轨道板精调;10 月 24 日—11 月 10 日进行轨道板 CA 砂浆灌注;11 月 10 日—11 月 15 日进行轨道板张拉和剪切连接;11 月 20 日完成全部工序施工,达到报验评估条件。

11.5 各项管理及保证措施

11.5.1 质量责任

客运专线轨道施工质量要明确质量责任,严格落实质量终身负责制。建设单位是轨道建设管理的责任主体,全面负责轨道施工组织、技术质量管理。设计单位是轨道设计质量的责任主体,全面负责轨道设计及施工技术支持。施工单位是轨道施工质量的责任主体,全面负责轨道实施的质量控制。监理单位对轨道施工质量承担监理责任。专项技术咨询单位对轨道专项技术进行审核、指导,对咨询工作的质量负责。

11.5.2 技术管理

建设单位要建立健全轨道施工图审核、技术交底、技术培训、测量复测、沉降变形观测评估、专用材料准入、试验检验、技术资料管理、专项技术咨询等技术管理制度。重点抓好无砟轨道板(枕)制造、主要机械设备选型、乳化沥青砂浆灌注、轨道精调、专业接口等关键技术方案审查。施工和监理单位要落实技术管理相关要求,细化工程技术措施和监理细则,确保落实到位。

11.5.3 作业标准

本工程各施工分部要根据颁布的客运专线轨道施工标准、规范、验标和《客运专线铁路无砟轨道施工手册》等,编制作业指导书、施工作业要点卡片等技术文件。建设单位要组织有关单位按照定量化、标准化的原则进行审查,统一无砟轨道和道岔作业标准。

11.5.4 人员培训

本工程实行全员培训、持证上岗制度。建设单位要组织对施工、监理等单位的无砟轨道技术、管理人员进行专项技术培训,考试合格后方可上岗。施工单位要组织对精密测量、轨道板(枕)制造、底座(支承层)施工、乳化沥青砂浆灌注、轨道板铺设与调整、道床板混凝土浇筑、轨道精调等关键工序的操作和质检人员进行深化培训,理论和实做考核合格后持证上岗。

11.6 工程施工总平面图的设计

本工程施工总平面布置遵循如下原则:方便施工、便于管理;保障环保及文明施工;珍惜土地、保护耕地;避免施工交叉干扰,确保施工的安全、质量和进度。Ⅱ型无砟轨道施工总平面布置如图 11.6.1 所示。

本工程其他主要临时设施布置如下:

11-1:
图 11.6.1

11.6.1 CA 砂浆加料站

根据施工区段布置,按照每个临时储料站供应周边 15~20 km 左右的原则,本标段拟建 4 座 CA 砂浆原材料临时储料站。CA 砂浆加料站设置如表 11-6-1 所示。

表 11-6-1 CA 砂浆加料站设置表

序号	加料站所在位置	供应范围		作业区域/km	所属
		主要工点	里程		
1	原二分部秦淮河搅拌站（约 DK8 处）	秦淮河特大桥、江宁东站、胜利河特大桥	DK1+852—DK18+420	16.8	二分部
2	原五分部高阳河搅拌站（DK28 处）	句容河特大桥、句容西站、高阳河特大桥、溧水跨宁杭特、卧龙 1#隧道	DK18+420—DK40+702	22.7	五分部
3	原八分部搅拌站（约 DK53 处）	卧龙 1#隧道、跨沿江高速特大桥、溧水站—老鸦 1#特大桥	DK40+702—DK57+601	16.9	八分部
4	原八分部搅拌站（约 DK70 处）	老鸦 1#特大桥—湖北岗特大桥—终点	DK57+601—DK75+213	17.8	

11.6.2 工地三级试验室

本标段工地三级试验室拟在项目工地中心试验室增设，并配足配齐试验、检测仪器设备。

11.6.3 现场存板布置

本标段所预制的Ⅱ型板提前运送至工地进行存放，工地存板场累计用地 126 亩，均利用施工便道、搅拌站空地、制梁场空地等加固后浇筑台座，用于轨道板存放。

11.6.4 线外揭板试验段

本标段线外揭板试验施工场地选在宁茅公路与 S243 省道交接处，距五分部混凝土拌和站及 CA 砂浆车加料站 100 m，交通运输、水源、电力、原材取料均较为方便，且地处Ⅰ标段中部位置，方便各分部进场进行相关模拟试验。试验段规模按四直六曲共 10 块Ⅱ型板底座进行设置，总长度 65.9 m。试验段曲线段超高模拟本标段内的最大曲线超高 175 mm，故拟定模拟秦淮河特大桥 107#—108#墩左线轨道板的铺设，拟定曲线半径 2 200 m；直线段模拟高阳河特大桥 47#—48#墩左线轨道板铺设。

揭板试验段的主要目的：一是验证原料质量、各分部所有进场的 CA 砂浆搅拌车的工作性能，确定施工配合比和灌注工艺参数；二是分工序培训和提高岗位操作人员的操作能力。

试验段计划：2007 年 7 月 21 日开始各道工序模拟演练和揭板试验，2007 年 9 月 10 日结束。

11.6.5 其他临设布置

混凝土搅拌、钢筋加工、施工用电用水等均利用线下施工时的既有设施。

参考文献

[1] 罗布·托姆塞特.极限项目管理[M].北京:电子工业出版社,2003.
[2] 詹姆斯·刘易斯.项目计划进度与控制[M].北京:清华大学出版社,2002.
[3] PINTO J K.项目管理[M].北京:机械工业出版社,2007.
[4] 丛陪经.实用工程项目管理手册[M].2版.北京:中国建筑工业出版社,2005.
[5] 郭邦海.建筑施工现场管理全书[M].北京:中国建材工业出版社,1999.
[6] 铁道部工程管理中心.客运专线铁路无砟轨道施工手册[M].北京:中国铁道出版社,2009.
[7] 栾显国.铁路客运专线施工与组织[M].成都:西南交通大学出版社,2006.
[8] HAROLD K.项目管理[M].北京:电子工业出版社,2003.
[9] 黛博拉·凯兹伯,等.动态项目管理[M].北京:人民邮电出版社,2004.
[10] 彭圣浩.建筑工程施工组织设计实例应用手册[M].北京:中国建筑工业出版社,2008.
[11] 中华人民共和国住房和城乡建设部.GB/T 50502—2009 建筑施工组织设计规范[S].北京:中国建筑工业出版社,2009.
[12] 赖少武,李文华.公路施工组织与管理[M].北京:人民交通出版社,2007.
[13] 田克平,张志新,张铁成.桥梁施工组织设计与实例[M].北京:人民交通出版社,2006.
[14] 黄绳武.桥梁施工及组织管理:上册[M].北京:人民交通出版社,1999.
[15] 邬晓光.桥梁施工及组织管理:下册[M].2版.北京:人民交通出版社,2008.
[16] 魏红一.桥梁施工及组织管理:上册[M].2版.北京:人民交通出版社,2008.
[17] 筑龙网.道桥工程施工组织设计范例精选[M].北京:中国电力出版社,2006.
[18] 郁超.实施性施工组织设计及施工方案编制技巧[M].北京:中国建筑工业出版社,2009.

郑重声明

高等教育出版社依法对本书享有专有出版权。任何未经许可的复制、销售行为均违反《中华人民共和国著作权法》，其行为人将承担相应的民事责任和行政责任；构成犯罪的，将被依法追究刑事责任。为了维护市场秩序，保护读者的合法权益，避免读者误用盗版书造成不良后果，我社将配合行政执法部门和司法机关对违法犯罪的单位和个人进行严厉打击。社会各界人士如发现上述侵权行为，希望及时举报，本社将奖励举报有功人员。

反盗版举报电话　　（010）58581999　58582371　58582488
反盗版举报传真　　（010）82086060
反盗版举报邮箱　　dd@hep.com.cn
通信地址　　　　　北京市西城区德外大街4号
　　　　　　　　　高等教育出版社法律事务与版权管理部
邮政编码　　　　　100120

防伪查询说明

用户购书后刮开封底防伪涂层，利用手机微信等软件扫描二维码，会跳转至防伪查询网页，获得所购图书详细信息。也可将防伪二维码下的20位密码按从左到右、从上到下的顺序发送短信至106695881280，免费查询所购图书真伪。

反盗版短信举报

编辑短信"JB,图书名称,出版社,购买地点"发送至10669588128

防伪客服电话

（010）58582300

高等学校工程应用型
土建类系列教材